Grundlagen der Tektonik

Claus-Dieter Reuther

Grundlagen der Tektonik

Kräften und Spannungen der Erde auf der Spur

Claus-Dieter Reuther
Universität Hamburg
Hamburg, Deutschland

ISBN 978-3-8274-2065-7 (Hardcover)   ISBN 978-3-8274-2724-3 (eBook)
ISBN 978-3-662-58078-3 (Softcover)
https://doi.org/10.1007/978-3-8274-2724-3

Die Deutsche Nationalbibliothek verzeichnet diese Publikation in der Deutschen Nationalbibliografie; detaillierte bibliografische Daten sind im Internet über http://dnb.d-nb.de abrufbar.

Springer Spektrum
© Springer-Verlag GmbH Deutschland, ein Teil von Springer Nature 2012, Softcover 2018
Das Werk einschließlich aller seiner Teile ist urheberrechtlich geschützt. Jede Verwertung, die nicht ausdrücklich vom Urheberrechtsgesetz zugelassen ist, bedarf der vorherigen Zustimmung des Verlags. Das gilt insbesondere für Vervielfältigungen, Bearbeitungen, Übersetzungen, Mikroverfilmungen und die Einspeicherung und Verarbeitung in elektronischen Systemen.
Die Wiedergabe von Gebrauchsnamen, Handelsnamen, Warenbezeichnungen usw. in diesem Werk berechtigt auch ohne besondere Kennzeichnung nicht zu der Annahme, dass solche Namen im Sinne der Warenzeichen- und Markenschutz-Gesetzgebung als frei zu betrachten wären und daher von jedermann benutzt werden dürften.
Der Verlag, die Autoren und die Herausgeber gehen davon aus, dass die Angaben und Informationen in diesem Werk zum Zeitpunkt der Veröffentlichung vollständig und korrekt sind. Weder der Verlag noch die Autoren oder die Herausgeber übernehmen, ausdrücklich oder implizit, Gewähr für den Inhalt des Werkes, etwaige Fehler oder Äußerungen. Der Verlag bleibt im Hinblick auf geografische Zuordnungen und Gebietsbezeichnungen in veröffentlichten Karten und Institutionsadressen neutral.

Einbandabbildung: Kantabrisches Gebirge, Foto: Professor Dr. Claus-Dieter Reuther
Verantwortlich im Verlag: Stephanie Preuß

Springer Spektrum ist ein Imprint der eingetragenen Gesellschaft Springer-Verlag GmbH, DE und ist ein Teil von Springer Nature
Die Anschrift der Gesellschaft ist: Heidelberger Platz 3, 14197 Berlin, Germany

Gewidmet meiner Frau

Vivian Reuther

für ihr fortwährendes und liebevolles Verständnis
für mein begeistertes Interesse an der Tektonik – nicht nur
während der Verfassung dieses Buches, sondern durch die gesamte Zeit
meiner bisherigen geologischen Tätigkeit

Vorwort

Das Buch wendet sich an Studierende der geowissenschaftlichen Disziplinen sowie an eine geologisch interessierte Leserschaft. Nicht nur dem Fachmann fallen die meist an kahlen Berghängen, in Schluchten und an Steilküsten zu sehenden Verfaltungen und Verwerfungen des Gesteins auf. Meine Absicht beim Schreiben dieses Buches war es, die geometrische Eleganz tektonischer Strukturen zu zeigen und die dafür verantwortlichen Kräfte, Spannungen und Deformationen zu erklären. Den Ausführungen liegen die von mir an der Universität Hamburg im Bachelor- und Masterstudiengang Geowissenschaften gehaltenen Lehrveranstaltungen zu Grunde. Die Fotos der Geländebeispiele stammen bis auf die wenigen, gekennzeichneten Bilder von mir selbst. Die erläuternden Graphiken basieren auf einer Auswahl von grundlegenden älteren sowie auf modernen Publikationen und Lehrbüchern und auf eigenen Entwürfen. Text- und Abbildungszitate zeigen die Primärliteratur auf und schaffen den Zugang zu den in der Fachwelt diskutierten Hintergründen der vielschichtigen geologischen Vorgänge. Der Schwerpunkt des Buches liegt auf der Darstellung von tektonischen Strukturen; grundlegende plattentektonische Prozesse werden zu Beginn der entsprechenden Kapitel zusammengefasst.

Das Buch ist in vier Teile gegliedert. Teil A gibt einen Überblick der Erde als dynamischer Körper und schildert die Ursachen von Kräften und Spannungen im Erdinneren. Teil B bildet mit den tektonischen Strukturen den Hauptteil des Buches. Ausgehend von der Entstehung von Brüchen im Gestein werden die durch spröde Deformation der oberen Erdkruste verursachten Klüfte und Verwerfungsarten erläutert und es wir erklärt, wie diese Strukturen unter anderen tektonischen Bedingungen reaktiviert und „umgedreht" werden können. Das folgende Kapitel „Falten" behandelt die bruchlosen Deformationen. Daran anschließend werden die unter zunehmenden Drucken und Temperaturen entstehenden Foliationen besprochen. Das Kapitel „Diapirismus" zeigt Ursachen und Formen, die durch das Aufdringen von Gesteinsmaterial aus tieferen in höhere Bereiche der Erdkruste entstehen. Im Kapitel Neotektonik werden die in der Forschung und im praktischen Bereich existierenden Wechselbeziehungen zwischen der Tektonik und den geowissenschaftlichen und physikalischen wie felsmechanischen Nachbardisziplinen aufgezeigt und es wird auf die mit tektonischen Prozessen verbundenen Georisiken eingegangen. Der zweite Teil schließt mit einem Ausblick auf die Zusammenhänge zwischen Tektonik und Klima und zeigt an Bespielen, wie sich klimatische und tektonische Prozesse gegenseitig beeinflussen. Teil C behandelt die Theorie der hinter den tektonischen Strukturen stehenden Spannungen, Spannungszustände, Deformationen und Verformungsverhalten. Teil D gibt mit ausgewählten Beispielen einen Einblick in die praktische Bedeutung von tektonischen Strukturen bei der Exploration von Lagerstätten und dem Vorkommen von Grundwasser. Desweiteren werden Zusammenhänge tektonischer Strukturen mit der Nutzung geothermischer Energie beleuchtet und Beispiele zur Baugeologie erörtert. Im letzten Kapitel wird der Umgang mit dem Geologenkompass erklärt und die graphische Verarbeitung dieser Messungen zur Darstellung der räumlichen Lage von tektonischen Strukturen gezeigt.

Das Buch soll als Grundlage und Anregung dienen, weiter in die komplexen Fragestellungen und faszinierenden Strukturen im angewandten und akademischen Bereich der Tektonik einzudringen.

Danksagung

An erster Stelle sei hier Frau Dipl.-Geol. Nadine Künze genannt. Sie hat die Abbildungsvorlagen digital umgesetzt, graphisch verarbeitet und ihnen die Farbe gegeben.

Frau Dipl.-Bibliothekarin Kirstin Schuett hat mit bewundernswertem Elan nicht nur die digital zur Verfügung stehende Literatur herbeigeschafft, sondern auch die alten Werke in kürzester Zeit aufgespürt. Dankenswert unterstützt wurde die Literaturbeschaffung von Frau Dipl.-Geol. Annemarie Gerhard. Frau Gun Rabe danke ich herzlich für die Durchsicht einiger Abschnitte des frühen Manuskripts.

Folgende Fotos wurden mir von den Kollegen Dr. Franz Tessensohn (Abb. 11.12), Prof. Dr. Friedhelm Thiedig (Abb. 6.7), Prof. Dr. Gerd Tietz (Abb. 4.1) und Dr. Peter Schaubs (Abb. 18.3b) überlassen. Die Fotos (4.24, Eröffnung von Kap. 16 u. Abb. 16.9) wurden von Frau Eva Virx am Geologischen Institut hergestellt, das Foto 4.15 von Herrn K.-C. Lyncker am Mineralogischen Institut.

Herrn Dr. Christoph Iven und Frau Merlet Behncke-Braunbeck von Springer-Spektrum, Heidelberg danke ich für ihren ausdauernden Beistand während der Abfassung des Manuskripts. Frau Dipl.-Geol. Monika Huch, der die redaktionelle Bearbeitung des Buches oblag, danke ich für ihre engagierte und konstruktive Kritik.

Inhalt

A Die Erde als dynamischer Körper

1 Grundlagen der Tektonik und Strukturgeologie **2**

2 Kräfte in der Lithosphäre **4**
2.1 Körperkräfte und Oberflächenkräfte 4
2.2 Abriss zur dynamischen Entwicklung unserer Erde 6

B Tektonische Strukturen

3 Brüche **12**
3.1 Definition und Mechanismen der Bruchausbreitung 12
3.2 Bruchmechanik 13
3.2.1 Entstehung von Zugbrüchen 14
3.2.2 Entstehung von Extensionsbrüchen (Longitudinales „splitting") 15
3.2.3 Entstehung von Scherbrüchen 15

4 Klüfte **18**
4.1 Definition zu Klüften und Kluftsystemen 19
4.2 Kluftstrukturen 20
4.2.1 Haupt- und Nebenklüfte 20
4.2.2 Besenstrukturen 22
4.3 Kluftentstehung im lokal- und regional-geologischen Kontext 24
4.3.1 Nicht-tektonische Klüfte 24
  Kluftentstehung durch Auflast 24
  Entlastungsklüfte 24
  Kluftentstehung durch Volumenschwund 25
  Klüfte durch Meteoriteneinschlag 26

4.3.2 Tektonische Klüfte 27
4.4 Kluftanalyse 29
4.4.1 Geometrische Beziehung von Klüften zueinander 29
4.4.2 Übergang zwischen verschiedenen Klufttypen 32
4.5 Gänge 34
4.5.1 Entstehung magmatischer Gänge 34
  Sedimentäre Gänge 35

5 Verwerfungen **37**
5.1 Terminologie von Verwerfungen 37
5.2 Bewegungssinn von Verwerfungen 39
5.3 Zusammenhang zwischen Verwerfungsart und Hauptspannungsrichtungen 43
5.4 Verwerfungen im krustalen Spannungsfeld 45

6 Abschiebungen **47**
6.1 Definition 48
6.2 Dehnungstektonik und ihre Ursachen 48
6.3 Nomenklatur und Geometrie von Abschiebungen 51
6.4 Schichtverbiegungen und Faltung an Abschiebungen 54

7 Horizontalverschiebungen **58**
7.1 Terminologie 58
7.2 Horizontalverschiebungstektonik und ihre Ursachen 60
7.2.1 Transformstörungen 60
7.2.2 Horizontalverschiebungen (transcurrent faults) 62
7.3 Mechanik von Horizontalverschiebungen 65
7.3.1 Horizontalverschiebung bei reiner Scherung 65
7.3.2 Horizontalverschiebung bei einfacher Scherung 67
7.3.3 Verbindungsstrukturen 69
7.3.4 Transpression und Transtension 72

8	**Auf- und Überschiebungen** **74**		11.3.4	Geometrische Beziehungen zwischen Faltenbildung und gleichzeitiger Schieferung 138
8.1	Definitionen 74			
8.2	Auf- und Überschiebungstektonik 74			
8.2.1	Plattentektonische Konvergenzzonen 74		11.3.5	Schieferung in duktilen Scherzonen 138
8.2.2	Weitere Ursachen von Auf- und Überschiebungen 78		**11.4**	**Lineationen** **140**
			11.4.1	Strukturelle Lineationen 140
8.3	Klassifikation und Kinematik von Auf- und Überschiebungen 80		11.4.2	Boudin-Linien und Boudinage 141
			11.4.3	Mullions 142
8.4	Nomenklatur von Auf- und Überschiebungen 84		11.4.4	Minerallineationen 142
			11.4.5	Nicht-penetrative Lineationen 143
9	**Inversionstektonik – Reaktivierung präexistenter Krustenstrukturen** **95**		**12**	**Diapirismus** **144**
			12.1	Definition 144
			12.2	Gneis-Dome 145
9.1	Definition 96		12.3	Salzstöcke 146
9.2	Positive Inversion 96		12.3.1	Übersicht der Salzstrukturen 146
9.3	Negative Inversion 98		12.3.2	Salztektonik 147
9.4	Reaktivierung von Grabenstrukturen als Horizontalverschiebungen 99		12.3.3	Gravitativ bedingte Salzbewegung 148
			12.4	**Halotektonischer Diapirismus** **149**
			12.4.1	Tektonische Extension und Salzdiapirismus 149
10	**Falten** **101**			
10.1	Definition 101		12.4.2	Tektonische Kompression und Salzdiapirismus 150
10.2	Tektonischer Rahmen und Mechanismus von Faltung 103			
			12.4.3	Salzdecken 151
10.2.1	Elemente und Geometrie von Falten ...103		12.4.4	Passiver Salzdiapirismus 151
	Elemente von Falten 103		12.4.5	Salzbewegungen durch gravitativ bedingte Extension und Kompression ..152
	Lage von Falten im Raum und ihre Geometrie 105			
10.2.2	Faltungsmechanismen 112		**13**	**Neotektonik** **153**
	Stauch- oder Buckelfalten 112		13.1	Defintion 153
	Biegefalten 112		13.2	Wechselbeziehungen zu geowissenschaftlichen Nachbardisziplinen 154
	Schichtparalleles Gleiten 113			
	Scherfalten 117		13.2.1	Fernerkundung 154
	Biegescherfalten 121		13.2.2	Geodäsie 155
	Erzwungene Falten 121		13.2.3	Tektonische Geomorphologie / Morphotektonik 155
10.2.3	Zusammenwirken verschiedener Faltungsmechanismen bei der Entwicklung von Sekundärstrukturen in Falten 122			
			13.2.4	Paläoseismologie 156
			13.2.5	Seismotektonik 157
			13.2.6	Weitere geophysikalische Verfahren 160
10.3	Falten und Spalten 124		13.2.7	Felsmechanik 162
10.4	Atektonische Falten 125		13.3	*In situ*-Bestimmung aktiver Gesteinsspannungen 162
10.4.1	Fließfalten 125			
10.4.2	Rutschfalten 125		13.3.1	Messungen an der Oberfläche 162
			13.3.2	Oberflächennahe Messungen in flachen Bohrlöchern 163
11	**Foliation und Lineationen** **127**			
11.1	Definition 127		13.3.3	Spannungsbestimmungen in tiefen Bohrlöchern 165
11.2	Tektonite 128			
11.3	Foliationen 132		13.4	Ermittlung von potentiell aktiven Verwerfungen mit Radon-Messungen im Bodengas 167
11.3.1	Mechanismen zur Entstehung von Schieferungen 132			
			13.5	Neotektonik und Georisiken 167
11.3.2	Morphologische Klassifizierung von Schieferungen 133		13.5.1	Tsunamis 169
			13.5.2	Bergstürze und Massenbewegungen ...171
11.3.3	Die Beziehungen zwischen Schieferung und Falten 137		13.5.3	Erdfälle in der Folge von Salztektonik ..171

13.6	Altersbestimmung in der Neotektonik 172	17	**Verformungsverhalten** **213**	
		17.1	Zusammenhang zwischen Spannung und Deformation 213	
14	**Tektonik und Klima** **173**	17.1.1	Elastische Verformung 213	
14.1	Wechselwirkungen zwischen Tektonik und Klima 173	17.1.2	Viskose Verformung 214	
14.2	Regionale Beispiele 176	17.1.3	Plastische Verformung 214	
14.2.1	Die Anden 176	17.1.4	Spröde und duktile Gesteinsdeformation 215	
14.2.2	Das Ostafrikanische Grabensystem 177	17.1.5	Spannung und Gesteinsdeformation ...216	
14.3	Plattentektonik und Klima 178	17.2.1	Elastizitätsmodul 217	
		17.2.2	Poisson-Zahl 219	

C Theorie und Auswertung

D Anwendung in der Praxis

15	**Spannungen** **180**	**18**	**Angewandte Tektonik**.......... **222**	
15.1	Allgemeine Definition von Spannung 180	18.1	Tektonische Strukturen und Lagerstätten 222	
15.2	Der Spannungsbegriff 181	18.1.1	Strukturbedingte Erzlagerstätten und nichtmetallische Minerallagerstätten 223	
15.3	Spannungszustand an einem Punkt .. 182			
15.3.1	Spannungsellipsoid 183			
15.4	Der Mohr'sche Spannungskreis 186	18.1.2	Strukturbedingte Erdöl- und Erdgas-Lagerstätten 224	
15.4.1	Maximale Scherspannung 187			
15.4.2	Reine Scherspannung 188	18.2	Tektonische Strukturen und Grundwasser 229	
15.5	Grenzen der Spannung 188			
15.5.1	Der Bruch des Gesteins 189	18.2.1	Überblick Grundwasser 229	
15.5.2	Reibung 191	18.2.2	Strukturgeologische Beispiele 230	
15.5.3	Bruchkriterium für Zugbrüche 192	18.3	Tektonische Strukturen und Geothermie 231	
15.5.4	Auswirkungen von Porenflüssigkeiten auf das Bruchverhalten und Reibungsgleiten von Gesteinen 196			
		18.3.1	Überblick Geothermie 231	
		18.3.2	Tektonik und Geothermie 231	
16	**Deformation** **199**	18.4	Tektonische Strukturen und Baugeologie 234	
16.1	Definition 199			
16.2	Arten der Deformation 200			
16.2.1	Translation, Rotation, interne Deformation und Volumenänderung ...200	**19**	**Einmessung und graphische Darstellung von Flächen und Linearen** **237**	
16.2.2	Homogene Deformation und inhomogene Deformation 201			
16.3	Deformationsanalyse 202	19.1	Messungen mit dem Geologenkompass im Gelände 237	
16.3.1	Lineare Deformation 202			
16.3.2	Winkelscherung ψ und Scherverformung γ 203	19.2	Graphische Darstellung von Flächen und Linearen 240	
16.3.3	Volumenverformung 204	19.3	Eintragung von Flächen und Linearen in das Schmidt'sche Netz ... 241	
16.3.4	Deformationsellipsoid 204			
16.3.5	Allgemeine Verformung von Linien 205		**Literatur** **250**	
16.3.6	Infinitesimale Verformung und finite Deformation 207			
			Index der deutschen Fachbegriffe **258**	
16.3.7	Die Deformationsgleichungen 208			
16.3.8	Der Mohr'sche Deformationskreis 208			
16.3.9	Reine versus einfache Scherung 211		**Index der englischen Fachbegriffe** **266**	
16.3.10	Teilchenbewegung bei progressiver Deformation 211			

A Die Erde als dynamischer Körper

1 Grundlagen der Tektonik und Strukturgeologie

Woher kommen die Kräfte und Spannungen, die zu solchen Deformationen führen? (vergente Sattelstruktur, Cornwall, England)

Tektonik ist die Wissenschaft vom strukturellen Bau der Erdkruste und des obersten Erdmantels. Deformationsstrukturen im Gelände wie Klüfte, Verwerfungen, Falten und Mineralgefüge geben Hinweise auf die verursachenden Spannungen und Kräfte in unserer Erde und erlauben somit Rückschlüsse auf die geodynamischen Prozesse, welche die Formveränderungen und Bewegungsabläufe in den Gesteinen steuern.

Die **strukturgeologische Forschung** befasst sich mit der Analyse von Gesteinsdeformationen in unterschiedlichen Skalenbereichen, die vom mm-Bereich bis zu großen Gebirgsformen reichen. Aus den Formen und der räumlichen Anordnung der tektonischen Strukturen werden die Mechanismen zur Deformationsgeschichte des Gesteins rekonstruiert. Die Zusammenhänge zwischen tektonischen Strukturen und ihren Ursachen sind in Abbildung 1.1 dargestellt.

© Springer-Verlag GmbH Deutschland, ein Teil von Springer Nature 2012
C.-D. Reuther, *Grundlagen der Tektonik*,
https://doi.org/10.1007/978-3-8274-2724-3_1

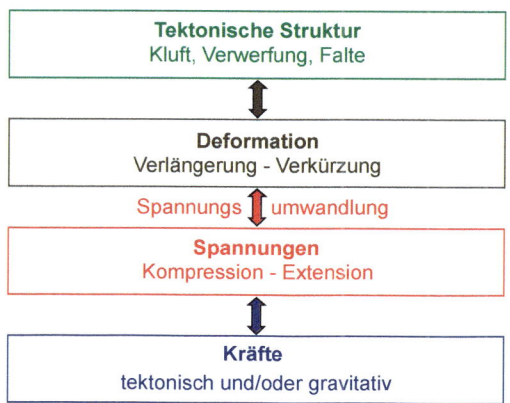

Abb. 1.1 Zusammenhänge zwischen tektonischen Strukturen und ihren Ursachen

Kenntnisse über die Entstehung tektonischer Strukturen finden ihre praktische Bedeutung in der Exploration und Analyse bestimmter Lagerstätten, die vom artesischen Wasser über Erdgas- und Erdölvorkommen bis hin zur Goldader reichen. Die Analyse von Spannungszuständen und die Rekonstruktion der Deformationsmechanismen in der Erdkruste erlauben eine Abschätzung von Geogefahren, z. B. bezüglich Gebirgsstabilitäten oder Erdbebenzonen.

2 Kräfte in der Lithosphäre

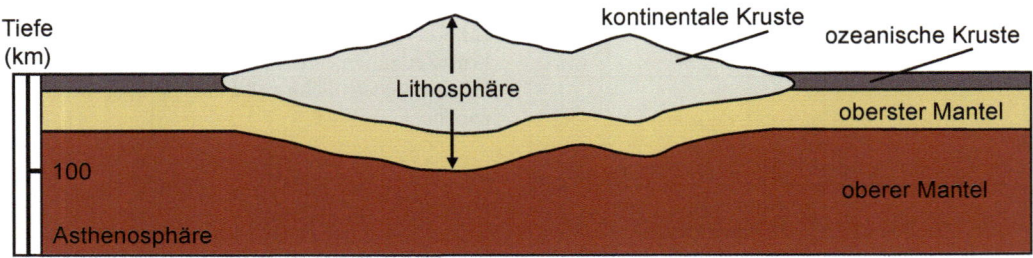

Die Lithosphäre bildet die äußere feste Schale unserer Erde und besteht aus der Erdkruste und dem obersten Teil des Erdmantels. Die Mächtigkeit der Lithosphäre ist regional unterschiedlich. Dies hängt davon ab, ob es sich um ozeanische oder kontinentale Lithosphäre handelt und wie stark die Lithosphäre bzw. die Kruste unter den Gebirgen verdickt ist.

2.1 Körperkräfte und Oberflächenkräfte

Kräfte (*forces*) erkennt man an ihren Wirkungen. Sie können Körper beschleunigen, abbremsen, ihre Bewegungsrichtung verändern und/oder sie verformen. Eine Kraft wird durch ihre Größe und Richtung definiert und als Vektor dargestellt. Die Maßeinheit der Kraft ist das Newton: $1\,N = 1\,kg \cdot m \cdot s^{-2}$. Ein Newton ist demnach die Kraft, die einem Körper mit der Masse 1 kg die Beschleunigung $1\,m \cdot s^{-2}$ erteilt.

Ein Körper, auf den keine Kraft wirkt, verharrt im Zustand der Ruhe oder der gleichförmigen geradlinigen Bewegung (1. Newton'sches Axiom). Wirken auf einen festen Körper äußere Kräfte ein, so erfährt er eine Beschleunigung. Diese ist proportional zur Kraft und verläuft in deren Richtung (2. Newton'sches Axiom). Kräfte treten nur paarweise auf: *actio = reactio*. Eine wirkende Kraft verursacht also immer eine gleich große, entgegengesetzte Kraft (3. Newton'sches Axiom).

Setzt der Körper der Kraft einen Widerstand entgegen, baut sich in dem Körper eine **Spannung** (*stress*) auf, die zur Verformung (*strain*) des Körpers führt. Im Sinne der Mechanik können Kräfte, die Deformationen verursacht haben, auf **Körperkräfte** (*body forces*) und auf **Oberflächenkräfte** (*surface forces*) zurückgeführt werden. Die Körperkraft ist eine Volumenkraft. Sie wirkt auf jeden Partikel eines Körpers und ist proportional zu dessen Masse. Die Schwerkraft ist eine solche Körperkraft und äußert sich z. B. im Gewicht eines Steins oder eines überlagernden Gesteinsverbands. Eine Oberflächenkraft wirkt im Gegensatz zur Körperkraft auf die Oberfläche eines Körpers oder auf Flächen in einem Körper und wird durch den Körper weitergegeben (**Kraftübertragung** *traction*). Dies ist das „Drücken" und „Ziehen", welches das umgebende Material auf ein Mineral, einen Gesteinsblock oder eine Lithosphärenplatte ausübt.

Die **Erdanziehungskraft** ist eine Körperkraft. Sie setzt sich aus der Gravitationskraft der Erde und zu einem verhältnismäßig geringen Anteil aus der Zentrifugalkraft, die durch die Erddrehung hervorgerufen wird, zusammen. Auf jeden Körper der Masse m auf der Erdoberfläche wirkt die Schwere- oder Fallbeschleunigung g ($g = F/m$; F = Kraft, m = Masse). Der Wert für die Schwerebeschleunigung beträgt durchschnittlich $9{,}81\,m \cdot s^{-2}$. Dieser Wert ist zwischen den Polen und dem Äquator leicht unterschiedlich, denn durch die Zentrifugalkraft ist die Erde an den Polen leicht abgeflacht und am Äquator schwach aufgewölbt; dort ist die Schwerebeschleunigung etwas niedriger (Äquator: $9{,}750\,m \cdot s^{-2} \pm 0{,}010$), an den Polen ist sie etwas höher (Pole: $9{,}851\,m \cdot s^{-2} \pm \pm 0{,}010$). Zusätzlich weist die Erde Beulen und Dellen auf, die

2.1 Körperkräfte und Oberflächenkräfte

durch eine unregelmäßige Verteilung der verschiedenen Gesteine in der Erdkruste und im Erdmantel zustande kommen.

Allgemein gilt: Die Erdanziehungskraft oder Gewichtskraft F_G ist gleich dem Produkt von Masse m und der Schwerebeschleunigung g.

Erdanziehungskraft = Masse · Schwerebeschleunigung

$$F_G = m \cdot g$$

Ein mächtiger Gesteinsverband übt demzufolge eine beachtliche Gewichtskraft auf die darunter liegenden Gesteine in der Erdkruste aus.

Eine weitere in der Erde wirkende (negative) Körperkraft ist der Auftrieb. Die **Auftriebskraft F_A** (*buoyancy force*) eines Körpers entspricht nach dem Gesetz von Archimedes dem Gewicht, d.h. der Gravitationskraft F_{G1}, der durch sie verdrängten Flüssigkeit. Übertragen auf geologische Prozesse bedeutet dies: Dringt ein leichteres Gestein mit der Dichte ρ_2 und dem Volumens V in ein schwereres Gestein der Dichte ρ_1 ein, so beträgt die auf das leichtere Gestein wirkende Auftriebskraft: $F_A = F_{G1} = \rho_1 \cdot V \cdot g$. V ist das Volumen des eindringenden Gesteinskörpers und daher auch das Volumen des verdrängten Gesteins. Die nach oben wirkende Auftriebskraft F_A verringert die nach unten wirkende Gravitationskraft $F_{G2} = \rho_2 \cdot V \cdot g$ des eindringenden Gesteinskörpers. Die resultierende Kraft, welche auf den eingedrungenen Gesteinskörper wirkt, ist folglich

$$F_{res} = F_{G2} - F_A$$
$$F_{res} = \rho_2 \cdot V \cdot g - \rho_1 \cdot V \cdot g \text{ oder}$$
$$F_{res} = V \cdot g (\rho_2 - \rho_1)$$

und nach oben gerichtet (Abb. 2.1). Der eingedrungene Gesteinskörper steigt auf.

Auftriebskräfte treiben die Konvektionsströme im Erdinneren an, da sich Fluide bei Erwärmung ausdehnen und dadurch eine geringere Dichte bekommen. Auftriebskräfte steuern so den Aufstieg von heißen Magmen, da diese meist eine geringere Dichte als das überlagernde Gestein haben. Auf diese Weise entsteht z. B. ein Granitpluton. Befindet sich leichteres Material der Erdkruste bzw. der Lithosphäre auf Grund von plattentektonischen Prozessen in größeren Tiefen, wo Gesteine höherer Dichte vorherrschen, so erfährt es einen Auftrieb und steigt nach oben, es entsteht ein Gebirge. Die Entstehung von Salzdomen ist ebenfalls auf Dichteunterschiede zurückzuführen. Zum Beispiel gibt es in Norddeutschland in etwa 5000 m Tiefe Salzschichten aus der Perm-Zeit (Dichte des Salzes $\rho \leq 2{,}2\,g \cdot cm^{-3}$). Die Dichten der überlagernden Sedimentgesteine (z. B. Sandstein,

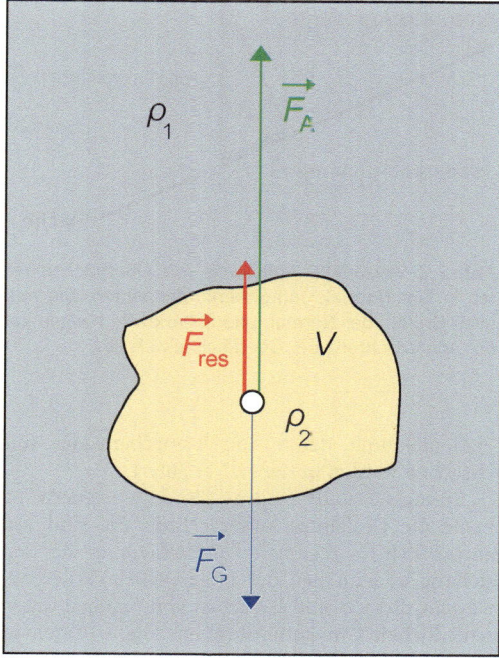

Abb. 2.1 Aufdringen eines leichteren Gesteinskörpers

Kalk) sind höher. Salz hat ferner eine niedrige Viskosität, reagiert plastisch und ist leicht beweglich, was durch eine höhere Temperatur oder durch eine geringe Menge an freiem Wasser noch unterstützt wird. Eine unregelmäßige Auflast führt nun zu lateralen Veränderungen des Überlagerungsdrucks (Gewicht pro Fläche); das Salz wird zusammengedrückt und fließt in Bereiche mit einem geringen Überlagerungsdruck. Dort, z. B. an einer Verwerfung, dringt es bei genügend hoher Auftriebskraft nach oben und bildet einen Salzdom, auch Salzstock oder Salzdiapir genannt (s.a. Kap. 12).

Oberflächenkräfte entstehen, wenn ein Körper über eine Kontaktfläche auf einen anderen Körper wirkt. Je nach Richtung der auf die Fläche wirkenden Oberflächenkraft F_O, lässt sich der Vektor in in zwei senkrecht aufeinander stehende Komponenten zerlegen (Abb. 2.2): Die eine Komponente wirkt senkrecht auf die Fläche (**Normalkraft** *normal force* F_N), die zweite wirkt parallel zur Fläche (**Scherkraft** *shear force* F_S).

Körper- und Oberflächenkräfte charakterisieren die geodynamischen Kräfte, die auf und in der Lithosphäre wirken und ihre Ursachen in plattentektonischen Prozessen haben. Die Zusammenhänge zwischen den in der Erde wirkenden Kräften, der

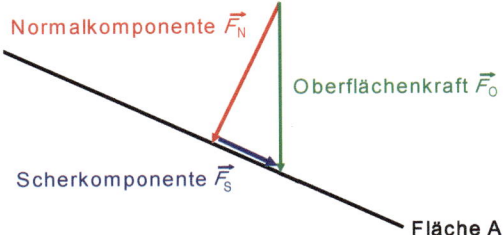

Abb. 2.2 Vektorielle Auflösung von Oberflächenkräften in ihre Normal- und Scherkomponenten. Die relativen Größen der Normal- und Scherkräfte hängen von der Ansatzrichtung der Oberflächenkraft ab.

Plattentektonik, deren Antriebsmechanismen und Ursachen werden in Kap. 2.2 erläutert.

Endogene und exogene Prozesse steuern bis heute die Gestaltung unserer Erde. Sie sind verantwortlich für regionale Unterschiede in der Entstehung und im Bau der Lithosphäre. Variierende Gesteinsdichten sind Ursachen von regional unterschiedlichen Gravitationskräften. Diese führen zu Dichteausgleichsbewegungen, die sich in Spannungen und Gesteinsdeformationen ausdrücken.

2.2 Abriss zur dynamischen Entwicklung unserer Erde

Die heutige **Erde** hat am Äquator einen **Durchmesser** von 12 756 km. Entstanden ist sie nach unseren naturwissenschaftlichen Erkenntnissen vor 4,55 Milliarden Jahren. Es begann mit einer Zusammenballung von kosmischem Staub. Der dadurch wachsende Erdkörper zog immer größere Partikel, so genannte Planetesimale, aus dem Weltall an, die mit großer Wucht auf die Erde einprasselten. Diese Bewegungsenergie wurde beim Aufprall schlagartig in Wärmeenergie umgewandelt. Die Erde wurde so zu einem immer größer werdenden glühenden Ball, der von riesigen Magmenozeanen bedeckt war. Der starke Planetoidenbeschuss dürfte bis vor ca. 3,2 Milliarden Jahren gedauert haben. Mit dessen Ende hörte die Wärmeenergiezufuhr von außen auf, aber die Hitze im Erdinneren blieb bis heute bestehen. Dies liegt daran, dass die Erde durch ihr wachsendes Eigengewicht (Gravitationskraft) auf ein geringeres Volumen zusammengepresst wurde, was im Erdinneren zu hohen Drucken und einer starken Erwärmung geführt hat. Durch den Zerfall von radioaktiven Elementen im Erdinneren wird bis heute Wärme freigesetzt.

Die schweren Bestandteile des Magmas reicherten sich im Erdinneren zum überwiegend aus Nickel und Eisen bestehenden Erdkern an. Darum herum entstand der so genannte Erdmantel. An der Erdoberfläche bildete sich vor ca. 4 Milliarden Jahre eine erste Erdkruste. Die große Hitze im Erdinneren, die aber nicht überall gleich stark war, setzte Wärmeströme (Konvektionsströme) in Gang. Diese drangen bis unter die Oberfläche auf, zerrissen die junge Erdkruste, die sich wie eine Milchhaut über dem glutflüssigen Magma gebildet hatte und schoben sie über- und untereinander und als Falten zusammen. Überbleibsel dieser ältesten Erdkruste mit einem Alter von fast 4 Milliarden Jahren finden sich in den archaischen Kernen von Kanada, Grönland, Brasilien und Australien, den so genannten Schilden.

Der Magmenozean an der Oberfläche der jungen Erde kühlte sich immer mehr ab. Festgewordene Teile der Kruste wurden durch die Wärmeströme in die Tiefe gezogen und wieder aufgeschmolzen. Zur eigentlichen Bildung der Erdkruste kam es, als die Magmentemperatur einen bestimmten Wert unterschritt (Liquidus-Temperatur der Schmelze). Es setzte eine auf die Schwerkraft zurückzuführende stoffliche Trennung ein. Diese so genannte gravitative Kristallisationsdifferentiation führte zu einer Gliederung in verschiedene Erdschalen mit von außen nach innen zunehmenden Gesteinsdichten. Die Kenntnis vom Schalenbau unserer Erde beruht auf der zu Beginn des vorigen Jahrhunderts gemachten Entdeckung von auffallenden Veränderungen in den Ausbreitungsgeschwindigkeiten von Erdbebenwellen. Die so genannten seismischen Diskontinuitäten im Erdinneren werden auf die sich mit der Tiefe ändernde unterschiedliche physikalische und chemische Zusammensetzung der Erde zurückgeführt. Danach lassen sich drei Hauptschalen unterscheiden. Von außen nach innen sind dies die Erdkruste, der Erdmantel und der Erdkern. Die mechanisch feste Außenhaut der Erde wird als **Lithosphäre** (*lithosphere*) bezeichnet und besteht aus der Erdkruste und dem aufgrund seiner relativ „geringen" Temperatur ebenfalls festen obersten Teil des Erdmantels. Die Mächtigkeit der Lithosphäre ist regional unterschiedlich. Dies hängt davon ab, ob es sich um ozeanische oder kontinentale Lithosphäre handelt und wie stark die Lithosphäre bzw. die Kruste unter den Gebirgen noch verdickt worden ist. Die durchschnittlich 100 km mächtige Lithosphäre ist, stark vereinfacht, dadurch charakterisiert, dass sie sich gegenüber Deformationen elastisch verhält. Hohe Spannungen in der

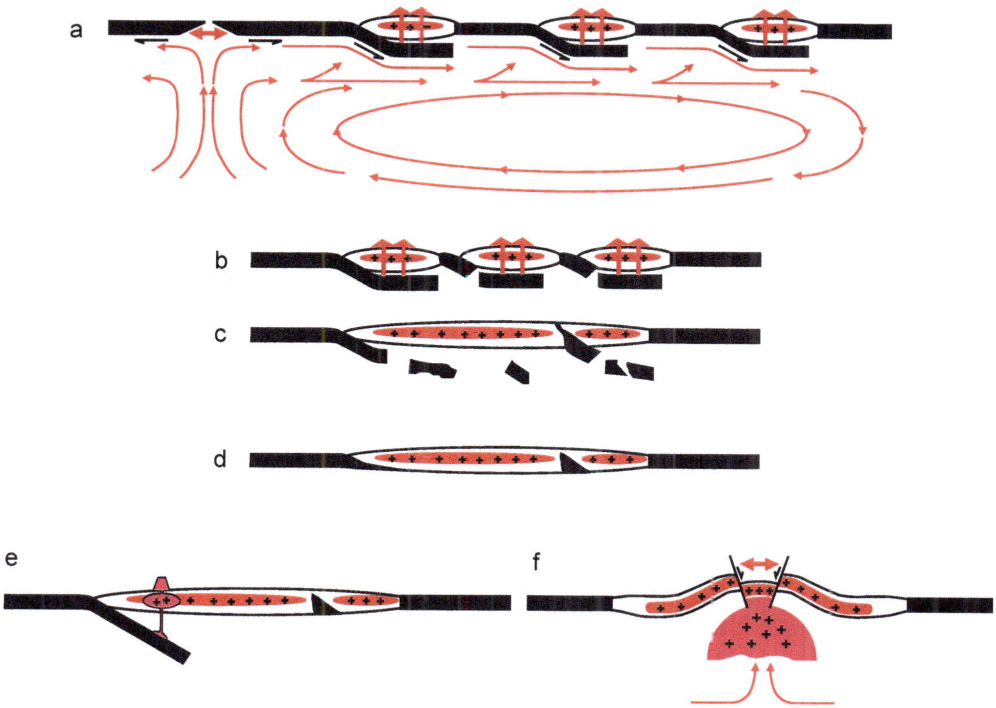

Abb. 2.3 Modell zur Entstehung der Lithosphärenplatten in der Frühzeit der Erde.
a) Aufdringen eines Wärmestroms, Zerreißen und Zusammenschub sowie teilweise Unterschiebung der abgekühlten frühen Erdkruste. Teilweise Wiederaufschmelzung der unterschobenen Bereiche, Magmenaufstieg in die obere Platte.
b) Zusammenschub von Mikroplatten führt zur
c) Entstehung einer größeren Platte mit leichterer Kruste (Kontinentale Kruste). Abreißen der subduzierten schwereren Plattenbereiche.
d) Entstandene kontinentale Lithosphärenplatte mit passiven Plattenrändern – Weitere mögliche Entwicklung:
e) Einsetzen erneuter Subduktion am linken Rand der kontinentalen Platte und Bildung eines aktiven Plattenrandes oder
f) Wärmestau unter einer großen Platte, Aufdringen von heißem Mantelmaterial und Zerreißen der kontinentalen Platte

Lithosphäre führen zu starken Deformationen, die z.B bei Erdbeben durch die Bildung von Brüchen abgebaut werden. Unterlagert wird die Lithosphäre von der **Asthenosphäre** (*asthenosphere*), die den „weichen" und fließfähigen Teil des oberen Erdmantels charakterisiert. Unter den sehr alten kontinentalen Kernbereichen ist die Asthenosphäre seismologisch nur gering ausgebildet, unter den Kontinenten liegt sie in 150-200 km Tiefe und in einem Temperaturbereich um 1200°. Unter den aktiven mittelozeanischen Rücken liegt die Grenze Lithosphäre und Asthenosphäre nur in wenigen Kilometern Tiefe.

Schon in der Frühzeit unserer Erde, als die älteste kontinentale Kruste entstand, könnte es etwas Vergleichbares zu den späteren plattentektonischen Prozessen gegeben haben (Abb. 2.3). Als sich die erste erstarrte Erdkruste untereinander schob, waren diese „Subduktionszonen" aufgrund der zunächst ähnlichen Dichten von Ober- und Unterplatte vermutlich sehr flach. Die sich unterschiebenden Platten wurden in dem heißen, glutflüssigen und näher unter der Erdoberfläche liegenden Erdmantel teilweise wieder aufgeschmolzen. Das entstehende Magma differenzierte sich nach der Schwere. Die leichteren Bestandteile stiegen nach oben und bedingten eine andere Zusammensetzung der an der Oberfläche neu entstehenden leichteren Erdkruste. Die kontinentale Erdkruste war geboren. Wahrscheinlich entstanden in der Frühzeit der Erde zunächst viele relativ kleine kontinentale Krustenbereiche. Diese wurden durch

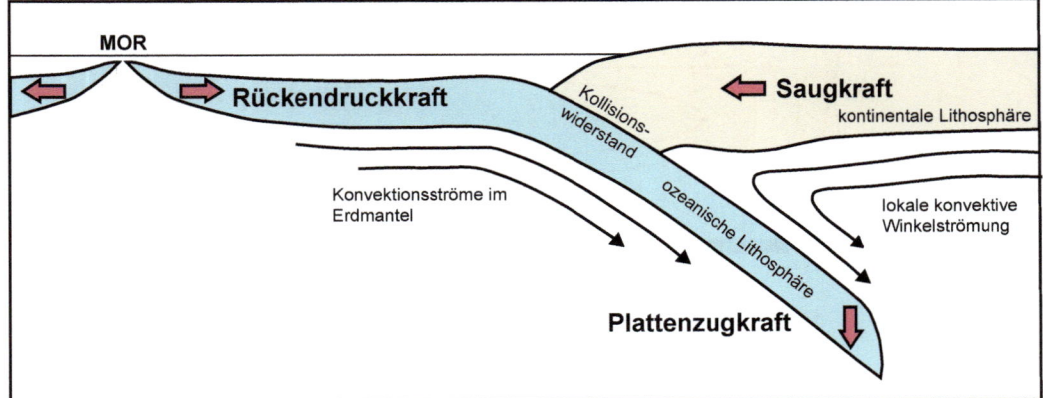

Abb. 2.4 Kräfte in der Lithosphäre

plattentektonische Prozesse zu größeren Kontinentalplatten zusammengetrieben (Akkretion).

Die Wärmeströme (Konvektionsströme) bilden auch im heutigen Erdinneren ein sehr kompliziertes Fließmuster aus. Sie dringen zur Erdoberfläche auf, zerren an der Basis der mechanisch festen Außenhaut (**Mantelschleppkraft**, *mantle drag force* = Oberflächenkraft) und zerreißen die Lithosphäre in verschiedene Platten. Dort, wo das glutflüssige Magma durch große Risse an die Erdoberfläche kommt, setzt sich das abkühlende Magma an den Rändern der auseinanderweichenden Platten an und drückt diese auseinander. Je mehr Magma aus der Tiefe aufdringt, umso schneller spreizt sich der Meeresboden auf und desto schneller werden die Platten auseinander gedrückt (**Rückendruckkraft**, *ridge-push force*; Körper-und Oberflächenkräfte). Am heutigen Mittelatlantischen Rücken sind dies 3 cm pro Jahr; am Ostpazifischen Rücken bis zu 18 cm pro Jahr. Die Rückendruckkraft kommt durch das keilförmig aufdringende Asthenosphärenmaterial zustande und bewirkt eine beidseitig vom Rücken weggerichtete gravitative Kraft (Körperkraft). Durch den Nachschub von frischem Magma entfernt sich die neu gebildete ozeanische Lithosphäre im Laufe der Zeit von den Mittelozeanischen Rücken (MOR), die Gesteine kühlen ab und mit zunehmendem Alter nimmt die Mächtigkeit der Lithosphäre zu ungunsten der Asthenosphäre zu. Die Tatsache, dass an den Mittelozeanischen Rücken in flachen Tiefen Erdbeben (**Flachbeben**, *shallow earthquakes*) auftreten, deutet darauf hin, dass hier ein **Reibungswiderstand** (*ridge resistance*) zwischen neu gebildeter Lithosphäre und Asthenosphäre überwunden wird, welcher der Rückendruckkraft entgegen wirkt.

Weitere Auswirkungen auf die Rückendruckkraft hat die Mantelschleppkraft. Bewegt sich die Asthenosphäre unter der Platte „schnell" in dieselbe Richtung wie die Rückendruckkraft schiebt, dann unterstützt sie die Plattenbewegung in diese Richtung. Bewegt sich der Asthenosphärenstrom sehr langsam, kann er die durch die Rückendruckkraft erzeugte Plattenbewegung abbremsen. Verlangsamt wird die Plattenbewegung auch durch dickere Bereiche in der Lithosphäre. Besonders unter Gebirgen reicht die kontinentale Lithosphäre tief in den Erdmantel hinein und erzeugt so einen Widerstand, der den Bewegungskräften entgegen wirkt.

Wenn die Platten an den Mittelozeanischen Rücken wachsen, sich die Erde aber nicht ausdehnt, muss die Lithosphäre irgendwo zusammengestaucht werden – die größer werdenden Platten müssen irgendwie wieder kleiner werden oder sogar verschwinden. Dies geschieht in großen Verschluckungszonen, den Subduktionszonen. Hier schiebt sich eine schwerere Lithosphärenplatte unter eine leichtere Lithosphärenplatte und zieht sich dabei praktisch selbst in die Tiefe (**Plattenzugkraft**, *slab-pull force* = Körperkraft). Beim Abtauchen sind zwischen Platte und Erdmantel Reibungswiderstände zu überwinden, die zusammen mit dem Widerstand des zähen, sich deformierenden Mantelmaterials der Plattenzugkraft entgegenwirken und diese etwas vermindern. Über der Subduktionszone verläuft an der Oberfläche normalerweise eine tiefe topographische **Tiefseerinne** (*trench*). Hier biegt die abtauchende Platte unter die obere Platte ab. Dadurch wird die Plattenbewegung ebenfalls gehemmt, zusätzlich kommt es im Kollisionsbereich zwischen der Ober- und Unterplatte zu einer starken Reibung und die Platten verhaken sich (**Kollisionswiderstand,** *collisional resistance force*). Nun bauen sich große Spannungen auf, denn die plattentektonischen Kräfte mit ihrem Drücken und Ziehen wirken ja weiter. Irgendwann reißt sich die unterschiebende Platte schlagartig los, die Spannungen werden urplötzlich abgebaut und es kommt zu einem Erdbeben. Die Stärke derartiger Erdbeben ist unterschiedlich, je nach dem, wie viel Spannung sich zuvor bei der Plattenverhakung aufgebaut hat. Eine weitere Kraft im Subduktionssystem entsteht in dem von der Ober- und Unterplatte eingeschlossen Mantelkeil. Dieser wird durch die kalte Unterplatte an seiner Basis abgekühlt, was eine lokale konvektive Winkelströmung induziert (Abb. 2.4). Die Strömung saugt dann weiteres Mantelmaterial in den Keil und diese **Saugkraft** (*suction force*, eine Oberflächenkraft die von unten an der Platte angreift) zieht die Oberplatte in Richtung Tiefseerinne.

Generell ist das Muster der Konvektionsströme äußerst komplex. Konvektionsströme im oberen Erdmantel können z. B. von Konvektionsströmen, die an einem *hot spot* entstehen, beeinflusst oder überlagert werden. Die daraus resultierenden Mantelschleppkräfte können die Wirkung der Plattenrandkräfte verstärken oder abmindern. Weil die mittelozeanischen Rücken unterschiedliche Spreizungsraten haben und weil die Mantelschleppkräfte in den verschiedensten Richtungen an der Unterseite der Platten angreifen und weil die Platten aufgrund unterschiedlicher Dichten unterschiedlich schnell in den Subduktionszonen abtauchen, bewegen sich die Platten unterschiedlich schnell.

B Tektonische Strukturen

3 Brüche

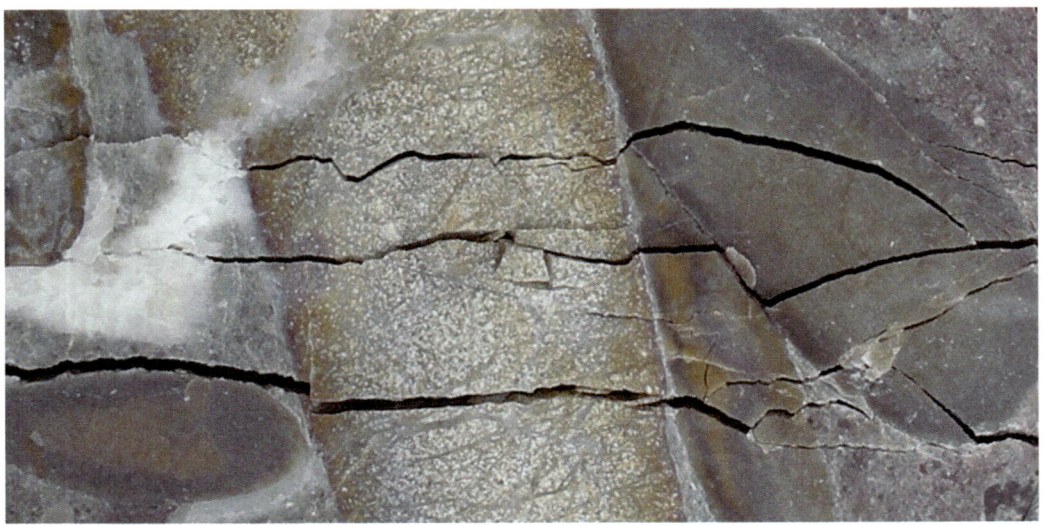

Bruchbildung im felsmechanischen Versuch (das Kalkgestein wurde vor der Bruchentstehung in der Aufsicht angeschliffen).

3.1 Definition und Mechanismen der Bruchausbreitung

In der Tektonik versteht man unter einem **Bruch** (*fracture, rupture*) eine Ebene im Gestein, entlang derer ein Kohäsionsverlust stattgefunden hat und somit kein Zusammenhalt mehr existiert. Ein idealer Bruch besteht aus zwei sich gegenüberliegenden, mehr oder weniger ebenen Flächen, die sich entweder berühren oder eine gewisse **Öffnung** (*aperture*) aufweisen. Einen Bruch entlang dem keine oder nur sehr geringfügige Bewegungen stattgefunden haben, bezeichnet man als **Kluft** (*joint*); ein Bruch mit deutlichem Versatz ist eine **Verwerfung** (*fault*).

Generell kann die Bruchausbreitung auf drei verschiedene Arten geschehen:

(I) Die entstehenden Bruchflächen weichen senkrecht zur Bruchebene auseinander. Das Fortschreiten des Bruches, oder bildlich das „Aufreißen" des Risses, geschieht senkrecht zu den Bruchflächen (Abb. 3.1a). Je nach Spannungszustand, Dehnung oder Kompression entsteht ein **Zugbruch** (*tensile fracture*) oder ein **Extensionsbruch** (*extension fracture*) (Abb. 3.2).

(II) Eine zum Bruch parallele Relativbewegung senkrecht zur Bruchfront initiiert einen **Scherbruch vom Typ A** (Abb. 3.1b).

(III) Eine ebenfalls bruchparallele Relativbewegung, die aber parallel zur Bruchfront verläuft, führt zum **Scherbruch Typ B** (Abb. 3.1c).

Zugbrüche entstehen, wenn am Bruch mindestens eine Zugspannung (= negative Spannung) beteiligt ist. Extensionsbrüche entstehen in einem kompressiven Spannungsfeld unter positiven Spannungen (Abb. 3.2; s. a. Abb. 15.19 und 15.20).

Felsmechanische Versuche zeigen, dass die Zugfestigkeit eines Gesteins um durchschnittlich das

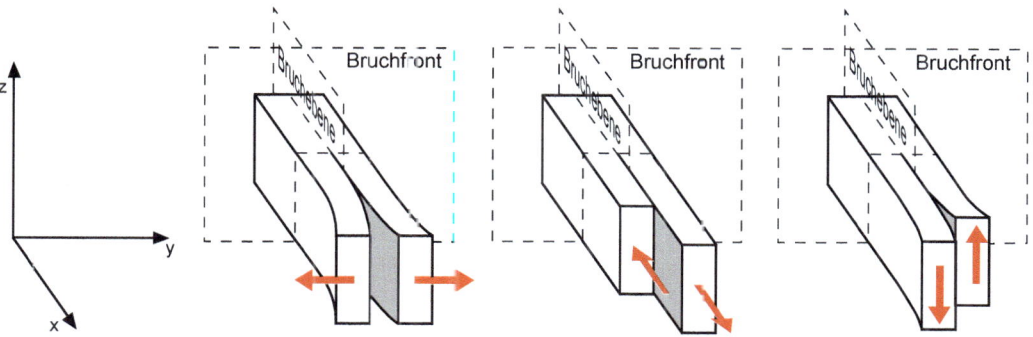

Abb. 3.1
a) Zug- resp. Extensionsbruch
b) Scherbruch Typ A
c) Scherbruch Typ B
(Bildrechte: ergänzt nach HATCHER 1990)

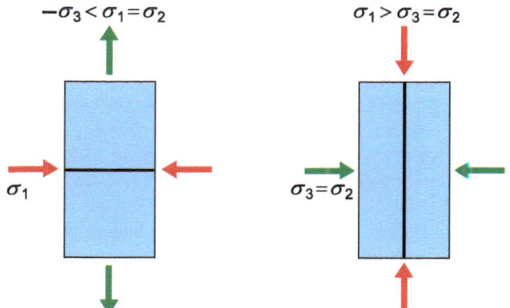

Abb. 3.2 links: Zugbruch, rechts: Extensionsbruch

Zehnfache geringer ist als seine Druckfestigkeit. Neben den von außen auf einen Festkörper wirkenden Spannungen hängt dies mit der generellen Initiierung von Brüchen und den Mechanismen ihrer Ausbreitung zusammen.

3.2 Bruchmechanik

C. E. INGLIS, ein britischer Ingenieur, hat 1913 in einem Artikel den Einfluss von Löchern auf lokale Spannungszustände in Stahlplatten beschrieben, an denen diese miteinander verschraubt oder vernietet werden. In einer mathematischen Betrachtung untersuchte er die Spannungen um ein ellipsenförmiges Loch in einer elastischen Platte. Wirkt auf die Platte eine äußere Zugspannung, dann findet an den Enden der langen Achse dieses Loches eine Konzentration lokaler Zugspannungen statt. Diese verstärken die von außen wirkende Spannung und induzieren einen Riss. INGLIS hat gezeigt, dass eine Verlängerung des Risses die Zugspannung noch erhöht und sich der Riss demzufolge noch weiter ausbreitet. Für einen ellipsenförmigen Riss mit einer langen Achse 2a und einer kurzen Achse 2b gilt: für die maximale lokale Zugspannung:

$$\sigma_z = \sigma_3 \left(1 + \frac{2a}{b}\right) \quad \text{(Gleichung 3.1)}$$

Die lokale Zugspannung ist proportional zu der von außen angreifenden Zugspannung und abhängig von der Form des Loches bezüglich des Verhältnisses zwischen größtem und kleinstem Durchmesser.

Mit der Gleichung (3.1) konnte INGLIS erstmalig eine quantitative Vorhersage treffen, welche lokale Spannungen im Bereich von Löchern und an Rissenden in Stahlplatten auftreten und so Materialkonstruktionen gefährden. Denn eine von außen angreifende Spannung kann an einer Fehlstelle im Material so verstärkt werden, dass die ohne Fehlstellen ausreichende Festigkeit überschritten wird und sich ein ausbreitender Riss bildet. Dies geschieht, wenn die lokale Spannungskonzentration am Rissende die Magnitude der uniaxialen kritischen Zugspannung (Zugfestigkeit) T_u (= σ_{Zkrit} in Kapitel 3 Spannungen) des Materials erreicht. Setzt man $T_u = \sigma_z$ und löst man die obige Gleichung nach σ_3 auf, dann gilt unter Berücksichtigung einiger mathematischer Umformungen, wenn b << a ist,

$$\sigma_z \approx T_u \left(\frac{b}{2a} \right) \qquad \text{(Gleichung 3.2)}$$

Kennt man also die uniaxiale Zugfestigkeit eines Materials und die Maße des Loches oder Risses, kann man nach Gleichung (3.2) die von außen wirkende Zugspannung so begrenzen, damit sich ein Riss nicht weiter ausbreitet.

Aufbauend auf den Erkenntnissen von INGLIS (1913) begründete der britische Ingenieur A. A. GRIFFITH (1920, 1924) mit einem **theoretischen Bruchkriterium** (*theoretical criterion of rupture*) die Disziplin der modernen Bruchmechanik. Griffith postulierte, dass alle Festkörper eine große Anzahl von zufällig verteilten Mikrorissen enthalten, die die Materialfestigkeit substanziell herabsetzen. **Griffith-Risse** (*Griffith cracks*) sind submikroskopische Fehlstellen im Material, z. B. Defekte im Kristallgitter von Mineralien, Risse in oder zwischen einzelnen Mineralkörnern oder kleinste Poren oder Gasbläschen.

Griffith-Risse lassen sich als **münzenförmige Risse** (*penny-shaped cracks*), bzw. als sehr flache Scheiben oder als sehr flache Ellipsoide veranschaulichen. GRIFFITH hat ausgehend von der Gleichung 3.1 und unter Betrachtung des Krümmungsradius ($r = b^2/a$) einer sehr langen und schmalen elliptischen Fehlstelle ($a \gg b$) aufgezeigt, dass eine von außen angelegte Zugspannung bei elastischem Materialverhalten an der Oberfläche der Materialfehlstellen (Ellipsoide) zu lokalen Spannungskonzentrationen führt und an den Rissenden sehr hohe lokale Zugspannungen bewirkt (GRIFFITH 1924, TWISS & MOORES 2007, POLLARD & FLETCHER 2008). Das kann dazu führen, dass diese hohen Zugspannungen die Atombindungen im Festkörper durchbrechen und sich der Riss ausbreitet. Je größer das Verhältnis zwischen der langen und der kurzen Achse des ellipsenförmigen Risses ist, desto kleiner ist der Krümmungsradius am Rissende und um so höher ist die lokale Zugspannungskonzentration am Rissende (Abb 3.3). Die Richtung der lokalen Zugspannungen verlaufen theoretisch parallel zu den an den Mikrorissen (Ellipsoiden) angelegten Tangenten.

An welcher Stelle der Bruch nun initiiert wird, hängt davon ab, wo die Mikrorisse im Gestein vorkommen, wie sie zu der von außen angreifenden Spannung orientiert sind und welche Form sie haben. Liegen einige der ellipsenförmigen Risse mit ihrer Längsachse senkrecht zu der von außen angreifenden Zugspannung, so verlaufen die Tangenten am Ende der Risse und damit die maximalen lokalen Zugspannungen in Richtung der von außen

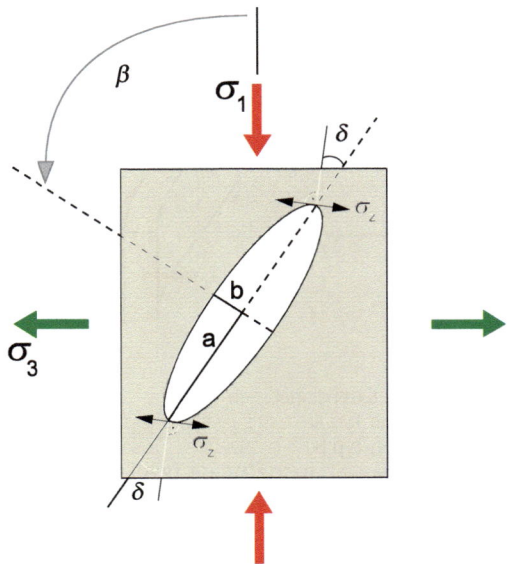

Abb. 3.3 Schematisierte Darstellung des Querschnitts eines Griffith-Risses.
a und b = Halbachsen der Ellipse, σ_z = lokale Zugspannung parallel zur Ellipsenoberfläche. Diese Zugspannung wirkt in einem Punkt auf der Ellipse in Richtung der hier angelegten Tangente. Der Punkt wird durch den Winkel δ zwischen der Senkrechten auf der Tangente und der langen Hauptachse der Ellipse definiert. β ist der Winkel zwischen der σ_1 Richtung und der Senkrechten auf die lange Hauptachse der Ellipse. Die lange Hauptachse entspricht der Länge des Bruches. (Bildrechte: verändert nach TWISS & MOORES 2007).

angreifenden Zugspannung und diese Griffith-Risse werden unter den vielen richtungslos im Festkörper verteilten Mikrorissen am meisten „gestresst" (Abb. 3.4). Diese Mikrorisse steuern dann die Initiierung und weitere Entwicklung des Bruchs.

3.2.1 Entstehung von Zugbrüchen

Der Mikroriss verläuft senkrecht zur von außen angreifenden Zugspannung (Abb. 3.4). An den Rissspitzen ist die lokale Zugspannung maximal. σ_{zmax} ist parallel zu σ_3 orientiert. Der Riss wächst senkrecht zur Richtung der lokalen maximalen Zugspannung σ_{zmax} und damit senkrecht zu σ_3. Je länger die Griffith-Risse sind, desto niedriger ist die makroskopische Zugfestigkeit des Materials. Ausführli-

3.2 Bruchmechanik

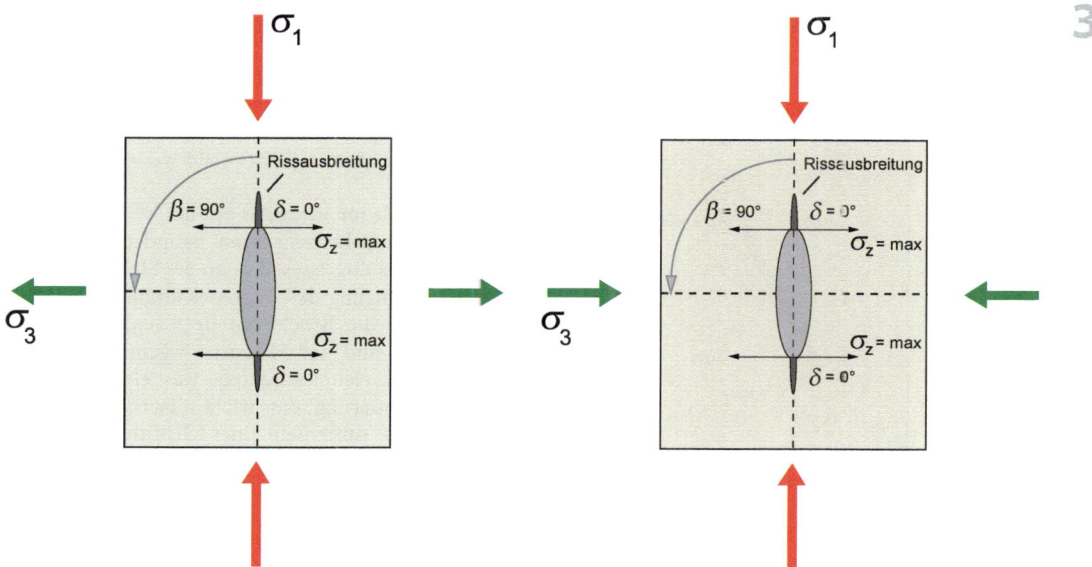

Abb. 3.4 Entstehung maximaler Zugspannungskonzentrationen an den Enden eines Griffith-Risses und Ausbreitung des Mikrorisses unter einer sehr niedrigen, von außen angreifenden Zugspannung. (Bildrechte: verändert nach TWISS & MOORES 2007)

Abb. 3.5 Zugspannungskonzentration σ_{zmax} bei geringem kompressivem Umlagerungsdruck $\sigma_3 = \sigma_2$ in einem Griffith-Riss parallel zur kompressiven Hauptspannung σ_1.

che mathematische Erklärungen zur Griffith-Theorie und zu deren geologischen Anwendung unter Berücksichtigung von Fluiddrucken, finden sich bei POLLARD & FLETCHER (2008).

3.2.2 Entstehung von Extensionsbrüchen (Longitudinales „splitting")

Unter einaxialen Druckbedingungen werden die Griffith-Risse, die nicht parallel zur kompressiven, von außen wirkenden Spannung liegen, durch die auf ihre Fläche wirkende Normalspannung geschlossen. Mikrorisse, die parallel zur kompressiven Spannung verlaufen, müssen sich aber nicht schließen. Trotz der von außen wirkenden kompressiven Spannung ist die lokale Spannungskonzentration an den Rissenden eine Zugspannung, die senkrecht zur von außen angreifenden kompressiven Spannung σ_1 orientiert ist. Ab einer bestimmten Spannungsmagnitude wird entlang den in σ_1-Richtung orientierten Mikrorissen ein Extensionsbruch entstehen (Abb. 3.5).

3.2.3 Entstehung von Scherbrüchen

Unter triaxialen Druckbedingungen werden sich die Griffith-Risse ebenfalls schließen. Die Fehlstellen, d. h. die ehemalige Umhüllung des scheibenförmigen Ellipsoids, werden zusammengedrückt und die Begrenzungsflächen kommen in Reibungskontakt. Je nach Orientierung der geschlossenen Mikrorisse findet an diesen, nach Überwindung der Reibung, eine Scherbewegung statt. Die von außen wirkende kompressive Spannung bewirkt eine andere Verteilung der lokalen Spannungen im Bereich dieser Mikrorisse als eine von außen wirkende Zugspannung. Die Rissbildung hängt nun auch vom Reibungswiderstand ab. Durch die Scherung werden dann entlang der geschlossenen Mikrorisse lokale Zugspannungen im Bereich der Rissenden induziert (Abb. 3.6), wobei deren Maxima jedoch nicht ganz am Rissende liegen (TWISS & MOORES 2007). Durch die Öffnung von Zugrissen wächst der Riss dann schräg zu seiner ursprünglichen Richtung in sogenannten **Flügelrissen** (*wing cracks*) weiter (SEGALL & POLLARD 1983, RENSHAW & SCHULSON 2001), an

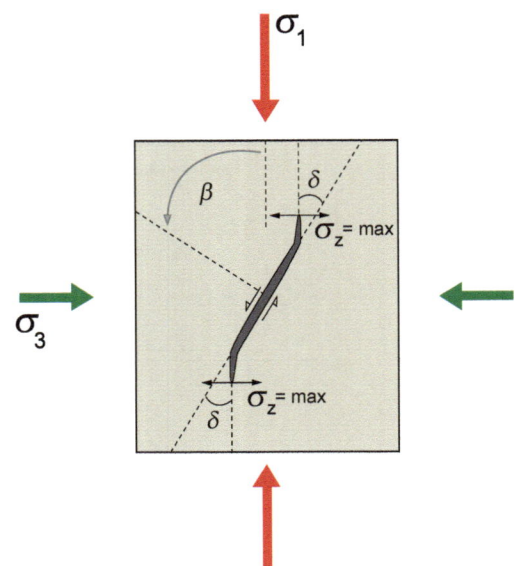

Abb. 3.6 Geometrisch am günstigsten orientierter Griffith-Riss zur Entstehung lokaler Zugspannungen im allgemeinen kompressiven Spannungszustand (Winkeldefinitionen in Abb. 3.3). (Bildrechte: verändert nach Twiss & Moores 2007)

denen die Scherung ausgeglichen wird (Abb. 3.6). Die Richtung der Flächen der geschlossenen Mikrorisse, von denen die Flügelrisse ausgehen, bildet mit der maximalen kompressiven Hauptspannung einen Winkel zwischen 0° und 45°. Dies ist der Winkelbereich, unter dem sich normalerweise Scherbrüche bilden.

Die Stelle im Mikroriss mit der höchsten lokalen Zugspannungskonzentration befindet sich an der „Spitze" des Zugrisses, d. h. an der Stelle, wo die äußere Begrenzung des Zugrisses umbiegt (Abb. 3.6). Das heißt, die Bruchfront liegt senkrecht zur σ_1-Richtung und der Mikroriss wächst parallel zur maximalen Hauptspannung, was einer stabileren Bruchorientierung entspricht (Twiss & Moores 2007). Das Aufreißen eines Griffith-Risses unter Kompressionsspannungen führt also nicht unmittelbar zum Scherbruch. Es bedarf eines beträchtlichen Anstiegs der Differentialspannung, die weit über die Initialspannung der beginnenden Ausbreitung der Griffith-Risse hinausgehen muss, damit es zum Bruch des Gesteins kommt (Abb. 3.7).

In der Natur entstehen Zugspannungen und damit verbundene Risse und Mikrorisse durch eine Ausdehnung oder Kontraktion des Gesteins. So wird das Gestein in der Nähe der Erdoberfläche

Abb. 3.7 Entwicklungsstadien eines spröden Scherbruches.
(a) Offene Griffith-Risse vor der Kompression.
(b) Schließung der Mikrorisse bei beginnender Kompression.
(c) Zunehmende Kompression und Wachsen der längsten und geometrisch am günstigsten orientierten Mikrorisse in Richtung der maximalen Hauptspannung.
(d) Die lokalen Spannungsfelder der Mikrorisse überlagern sich und einzelne Mikrorisse verbinden sich.
(e) Durch den Zusammenschluss von vielen Mikrorissen entwickelt sich ein durchgehender Scherbruch.
(Bildrechte: verändert nach Twiss & Moores 2007)

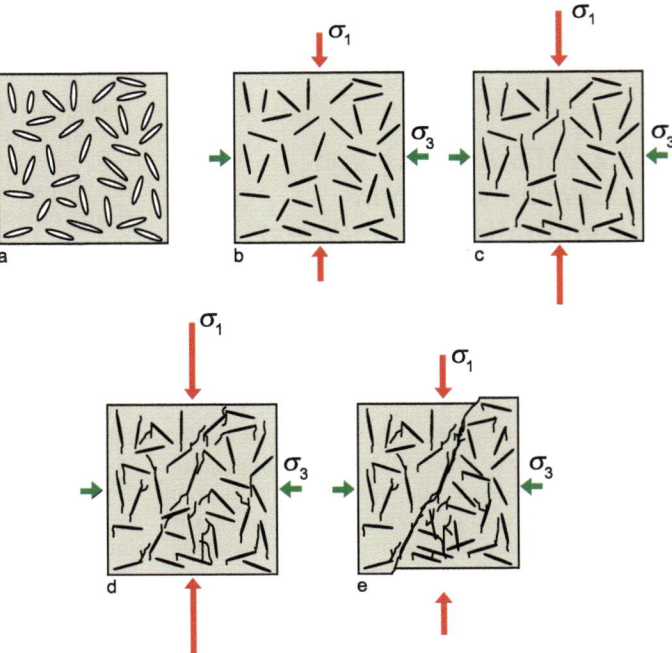

durch natürliche Erosion oder künstliche Abtragung entlastet und dehnt sich dabei aus. Weitere Ursachen für eine Ausdehnung des Gesteins ist eine Wasseraufnahme bestimmter Minerale die zu so genanntem Quellen führt; beispielsweise wird Anhydrit durch Hydratisierung unter Volumenzunahme zu Gips umgewandelt. Zugspannungen entstehen des weiteren bei der Entwässerung von Sedimenten im Zuge der Volumenabnahme. Magmatische Gesteine werden bei der Abkühlung im Volumen reduziert. Gravitativ induzierte Zugspannungen entstehen z. B. an Berghängen oder Steilküsten.

Generell ist der Spannungszustand in der Erdkruste kompressiv. Von den drei senkrecht aufeinander stehenden Hauptspannungen liegen zwei parallel zur Erdoberfläche und charakterisieren die größte und kleinste Horizontalspannung (S_H und S_h). Die dritte Hauptspannung ist vertikal orientiert. Die vertikale Hauptspannung (S_v) ist an der Erdoberfläche gleich Null und entspricht mit zunehmender Tiefe dem Überlagerungsdruck (lithostatischer Druck). Mit der Tiefe nehmen auch die beiden horizontalen Spannungen zu. Dieser gravitativ bedingte Spannungszustand kann nun durch tektonische Spannungen überlagert werden. In den oberen Krustenstockwerken kann jede der drei Hauptspannungen S_H, S_h und S_v je nach ihrer Größe σ_1, σ_2 und σ_3 entsprechen. In großen Erdtiefen weichen die Hauptspannungsrichtungen von der horizontalen Ebene und der Vertikalrichtung ab. Besonders an konvergenten Plattengrenzen sind die Hauptspannungsrichtungen in Ober- und Unterplatte je nach Tiefenlage unterschiedlich orientiert.

4 Klüfte

Corroboree-Felsen – Versammlungsfelsen der Aborigines im östlichen MacDonnell-Gebirge, Northern Territories, Zentral Australien: Steilgestellte, geklüftete Schichten der präkambrischen Bitter Springs Formation (800 Millionen Jahre).

4.1 Definition zu Klüften und Kluftsystemen

Klüfte kommen als feine Fugen oder Spalten in fast allen Gesteinen vor und tragen ein erhebliches Maß zur Strukturierung der Erdkruste bei. Sie beeinflussen die Entwicklung von spektakulären Landschaften (Abb. 4.1) und sie bilden Wegsamkeiten für Fluide im geologischen Untergrund, sei es für Grundwasser oder bei der hydrothermalen Mineralisation, d.h. der Vererzung von Spalten im Gestein. In undurchlässigen Gesteinen führt eine große Anzahl von offenen Klüften zu einer höheren Durchlässigkeit und ein großes Kluftvolumen kann zu Bildung einer produktiven Erdöllagerstätte beitragen. Die Genese und Entwicklung von Klüften ist oft sehr komplex, denn je nach dem ursächlichen Spannungszustand des Gesteins entstehen Klüfte tektonisch oder nicht-tektonisch. Zu einem späteren Zeitpunkt können existierende Klüfte unter jüngeren, tektonisch oder nicht-tektonisch bedingten Spannungsfeldern reaktiviert werden. Sie haben dann hinsichtlich des Bruchvorgangs und der Entstehungszeit keinerlei Bezug zu ihrer ursprünglichen Entstehung.

Klüfte gibt es in allen Größenordnungen. Im mikroskopischen Bereich spricht man von Mikrorissen; Klüfte im Meso- und Makrobereich, die im Zentimeter- und Meterbereich über eine längere Entfernung durchhalten bezeichnet man als **Hauptklüfte** *(master joints)*. Verlaufen mehrere Klüfte zueinander parallel oder sub-parallel, bilden sie eine **Kluftschar** *(joint set)*. Der Raum zwischen den Klüften ist der **Kluftabstand** *(joint spacing)*. **Kluftspur** *(joint trace)* nennt man die Schnittlinie einer Kluft auf einer sie schneidenden anderen Fläche, z. B. auf einer Schichtfläche (Abb. 4.2).

Im Profil, z. B. in einer Steinbruchswand, hängt das Erkennen von Kluftsystemen davon ab, wie die Beobachtungsfläche zur Geometrie des Kluftsystems verläuft. Die Orientierung des Anschnitts bestimmt das Erkennen bestimmter Kluftflächen sowie die beobachtbare Klufthäufigkeit. Dieses Phänomen wird als Schnitteffekt bezeichnet.

Kluftscharen können orthogonal oder diagonal zueinander verlaufen. Klüfte bzw. Kluftscharen unterschiedlicher Orientierung, die genetisch zusammengehören, bilden ein **Kluftsystem** *(joint system)*. Bei der Überlagerung mehrerer Kluftsysteme ist es schwierig bzw. nicht möglich, bestimmte Kluftscharen genetisch einander zuzuordnen. Sämtliche in

Abb. 4.1 Bryce Canyon, Utah, USA. Die Säulen bilden sich zwischen den durch Wasser- und Winderosion immer weiter werdenden Klüften heraus. (Foto G. Tietz)

Abb. 4.2 Grasbewachsene Kluftspuren auf der Sohlfläche eines Steinbruchs (Malmkalke, Schwäbische Alb).

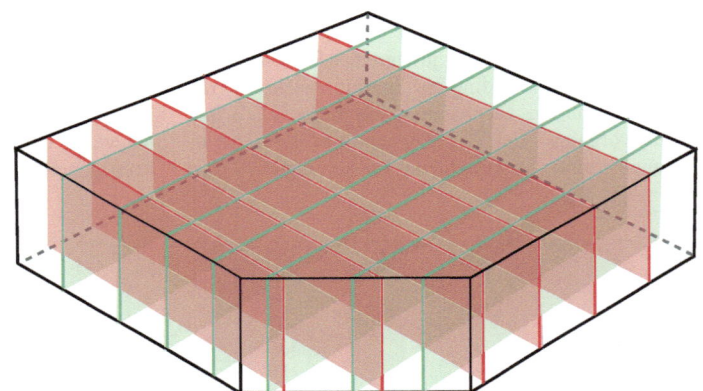

Abb. 4.3 Unterschiedliche Klufthäufigkeit auf unterschiedlich orientierten Profilflächen durch Schnitteffekt

einem bestimmten Bereich vorkommenden Klüfte werden dann ohne Berücksichtigung ihrer zeitlichen und primären Entstehung als **Kluftnetz** (*joint network*) bezeichnet.

4.2 Kluftstrukturen

4.2.1 Haupt- und Nebenklüfte

Alle Klüfte sind Extensionsstrukturen. Sie können offen sein oder sie werden durch Mineralisationen bzw. durch Erosionsmaterial (z. B. feinsandige Tone, sog. Kluftletten) verfüllt. Ist die Kluftfüllung verwitterungsresistenter als das umgebende Gestein, so wittern die Klüfte oder ein ganzes Kluftnetz als positive Leisten heraus (Abb. 4.4).

Relativ lange Klüfte, die regelmäßige sub-parallele Flächenscharen bilden, werden in der deutschsprachigen Fachliteratur **Hauptklüfte** genannt oder, aus der englischsprachigen Fachliteratur übernommen, als **systematische Klüfte** (*systematic joints*) bezeichnet. Demgegenüber stehen die irregulären **Nebenklüfte** oder **nicht-systematischen Klüfte** (*nonsystematic joints*). Diese sind viel kürzer, haben keine bestimmte Richtung und verlaufen in ungleichmäßigen Abständen orthogonal, schräg oder kurvig zu den ersteren (Abb. 4.5).

Wie weit sich eine Kluft in einer Schicht fortsetzen kann, hängt von der Differentialspannung an der Bruchfront ab und inwieweit natürliche Barrieren die Bruchausbreitung blockieren oder

4.2 Kluftstrukturen

Abb. 4.4 Positiv herausgewittertes Kluftnetz (Qalet Marku, Malta)

Abb. 4.5 Systematische, lang durchziehende Klüfte (rot) und nicht systematische, kurze, quer verlaufende Klüfte (gelb) (Lias-Kalke, Südküste Wales, UK)

behindern. Natürliche Kluft-Barrieren sind lokale Heterogenitäten im Gestein. Eine Kluft endet entweder gerade oder leicht gebogen, verzweigt sich bzw. biegt auf eine benachbarte Kluft ein oder sie geht in staffelförmig angeordnete kleinere Klüfte über. Das Bruchmuster am Ende von Klüften deutet darauf hin, dass das lokale Spannungsfeld im Bereich einer Kluft die Ausbreitung und Ausbreitungsrichtung einer benachbarten Kluft beeinflussen kann (POLLARD & AYDIN 1988). Nach OLSON & POLLARD (1989) können die gekrümmten Enden von sich staffelförmig überlappenden Extensionsklüften Hinweise auf die Spannungsrichtungen geben, die bei der Entstehung der Klüfte geherrscht haben.

Der Abstand zwischen systematischen Klüften derselben Größenordnung bleibt auffallend gleich. In Sedimentgesteinen nimmt der Kluftabstand meist mit der Mächtigkeit einer Gesteinsschicht zu. Daneben spielt die Lithologie eine Rolle, d. h. in gleichmächtigen Kalk- und Sandsteinschichten entwickeln sich unterschiedliche Kluftabstände (TWISS & MOORES 2007). Klüfte können auf einzelne Schichten begrenzt sein oder sie stehen über die Schichtflächen hinweg in Verbindung. Wie sich die Klüfte in eine benachbarte Schicht fortsetzen, hängt von der **Festigkeit (*strength*)** der Zwischenlage, von den Elastizitätsmoduli der aufeinanderfolgenden Schichten, der Schichtdicke und von der Belastung ab. Detaillierte Analysen und finite Elemente-Modellierungen zur Kluftausbreitung in Siltsteinen mit unterschiedlich dicken Schieferzwischenlagen wurden von HELGESON & AYDIN (1991) durchgeführt. Danach setzt sich eine Kluft

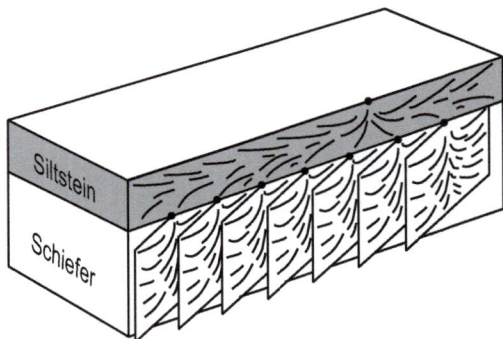

Abb. 4.6 Unterschiedliche Kluftrichtungen in Siltsteinen und Schiefern durch unterschiedliche zeitliche Entstehung der beiden Kluftscharen (s. Text). (Bildrechte: verändert nach Twiss & Moores 2007 verändert nach Helgeson & Aydin 1991)

Abb. 4.7 Gerade Besenstruktur im Sandstein. Der Pfeil weist in Ausbreitungsrichtung des Bruchs.

vertikal in der gleichen Ebene von einer Schicht in die andere fort, wenn die übereinander liegenden Gesteinsschichten ähnliche Materialeigenschaften haben. Werden zwei feste, d. h. kompetente Schichten durch eine dünne bzw. nicht zusammenhängende, weniger feste, inkompetente Zwischenlage getrennt, dann verspringt die Kluft aus der Vertikalebene ein wenig nach rechts oder links. Dies liegt an den unterschiedlichen Elastizitätsmoduli. Liegen zwischen den kompetenten Schichten relativ dicke inkompetente Schichten, endet die Kluft an dieser Lage, und in der nächsten kompetenten Schicht bilden sich unabhängige Kluftsegmente aus. Sind die dicken Zwischenlagen geklüftet, dann sind diese Klüfte aufgrund ihrer Materialeigenschaften später entstanden. Sie beginnen normalerweise an der Spitze einer präexistenten Kluft der Nachbarschicht (Abb. 4.6) und breiten sich in der Zwischenlage unter einer etwas anderen Orientierung aus (Helgeson & Aydin 1991). Nach Engelder (1985) können solche jüngeren Klüfte auch sehr viel später in einem anderen Spannungsfeld entstanden sein.

4.2.2 Besenstrukturen

Die Kluftbildung im Gestein beginnt an Punkten, an denen sich Spannungen aufbauen können. Spannungskonzentrationen entstehen an Inhomogenitäten im Gestein wie z. B. am Übergang zu festeren Gesteinsbereichen, an Konkretionen, Lösungshohlräumen, Fossilien oder an Mikrorissen. In Abhängigkeit der Orientierung von Fehlstellen im Gestein und den Spannungsbedingungen bricht das Gestein, und der Bruch breitet sich senkrecht zur Richtung der kleinsten Hauptspannung σ_3 aus (vgl. Abb. 3.2). Beim „Aufreißen" des Gesteins entstehen auf den **Hauptkluftflächen** (*main joint faces*) oft reisigbesenartige oder federartige Strukturen (Abb. 4.6 u. 4.7). Diese **Besenstrukturen** (*plume structures*) haben fächerförmig-radial angeordnete, nach außen divergierende **Strahlen** (*hackles*), die von einem Ursprungspunkt ausgehen und ein mehr oder weniger stark ausgeprägtes Relief bilden (Abb. 4.7). Aus der Anordnung der Besenstrukturen lassen sich somit klare Rückschlüsse auf den Punkt der Bruchentstehung und auf die Ausbreitungsrichtung des Bruches (Hodgson 1961) ziehen.

Bezogen auf den Verlauf der Achse einer Besenstruktur, unterscheidet man nach Bahat & Engelder (1984) drei Strukturtypen, die **gerade Besenstruktur** (*straight* oder *s-type plume*), die **gekrümmte Besenstruktur** (*curving* oder *c-type plume*) und die **rhythmisch gekrümmte Besenstruktur** (*rhythmic c-type plume*).

4.2 Kluftstrukturen

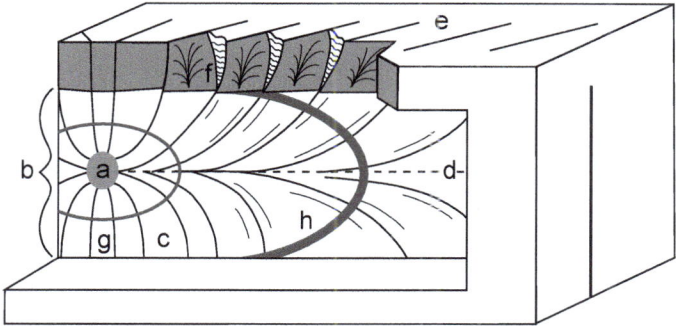

Abb. 4.8 Gerade Besenstruktur auf einer Kluftfläche
a) Ausgangspunkt des Bruchs
b) Hauptkluftfläche mit gerader Besenstruktur
c) Strahlen
d) Achse der Besenstruktur
e) gestaffelte Randbrüche
f) Besenstrukturen auf Randkluftflächen
g) ellipsenförmige Bruchstufe
h) parabelförmige Bruchstufe
(Bildrechte: verändert nach HODGSON 1961)

(1) Die geraden Besenstrukturen haben eine lineare, parallel zur Schichtung verlaufende Achse. Da sich diese Besenstrukturen auf der Kluftfläche einer einzigen Schicht befinden, ist ihre horizontale Ausbreitung größer als ihre vertikale. Die Achse der Besenstruktur verläuft meistens nicht genau in der Mitte der Schicht, so dass die Strahlen asymmetrisch angeordnet sind. Zu den Rändern der Kluftfläche fiedern die Besenstrukturen meist auf und gehen in kurze, staffelförmig angeordnete **Randklüfte** (*fringe joints*) über, die ihrerseits ebenfalls kleine Besenstrukturen auf ihren Flächen aufweisen (Abb. 4.8). Der Übergang der Hauptkluftfläche zu den Randklüften erfolgt, je nach der Lithologie der benachbarten Schichten, graduell, abrupt oder in einem Knick und hängt vom Spannungsfeld, dem Porenflüssigkeitsdruck und den elastischen Eigenschaften der Schicht ab. Aus der Art der Randklüfte lassen sich Rückschlüsse auf die Spannungszustände in unterschiedlichen Lithologien ziehen (YOUNES & ENGELDER 1999).

(2) Gekrümmte Besenstrukturen haben eine Achse, die sich in verschiedene Zweige aufspaltet und die sich ihrerseits erneut aufspalten können (Abb. 4.9). Die von den verschiedenen Achsenabschnitten ausgehenden Strahlen sind nicht so regelmäßig angeordnet wie bei den geraden Besenstrukturen und das Verhältnis zwischen horizontaler und vertikaler Ausdehnung ist bei den gekrümmten Besenstrukturen, pro Schicht, viel geringer als bei den geraden Besenstrukturen.

(3) Die rhythmisch gekrümmte Besenstruktur (ohne Abb.) ist eine Abwandlung der gekrümmten Besenstruktur. Sie besteht aus einer Reihe von Fächern die sich auf einer Kluftfläche wiederholen. Die Oberflächenstruktur in jedem Fächer nimmt allmählich zu, bis sie an einem konvexen Rand aufhört.

Die rundlichen, parabel- oder **muschelförmige Bruchstufen** (*conchoidal step fractures*,) in allen

Abb. 4.9 Gekrümmte Besenstruktur auf einer Hauptkluftfläche

Abb. 4.10 Muschelformige Bruchstufen (Pfeile) von Besenstrukturen (Die Pfeillänge beträgt ca. 20 cm).

Besenstrukturen entstehen höchstwahrscheinlich bei einer Unterbrechung der Bruchausbreitung (Abb. 4.10). Diese auch **Haltelinien** (*arrest lines*) oder **Rippen** (*ribs*) genannten Strukturen verlaufen auf der Kluftoberfläche senkrecht zu den Strahlen der Besenstruktur und senkrecht zur Hauptachse.

Über den auslösenden Mechanismus der Besenstrukturen wurde in der Fachliteratur sehr viel diskutiert. Dabei vorherrschende Meinung ist, dass sie bei Extensionsbrüchen entstanden sind.

4.3 Kluftentstehung im lokal- und regionalgeologischen Kontext

Klüfte sind das Ergebnis von Spannungen. Die Spannungszustände in der Erdkruste haben tektonische und nicht tektonische Ursachen. Sämtliche Klüfte entstehen primär durch Dehnung bei einem im allgemeinen kompressiven Spannungszustand.

4.3.1 Nicht-tektonische Klüfte

Kluftentstehung durch Auflast

Jeder geologisch Interessierte hat schon einmal in horizontal gelagerten Kalk- oder Sandsteinschichten das sehr regelmäßig ausgebildete orthogonale Kluftsystem gesehen (vgl. Abb. 4.5). Dieses wird von langen Hauptklüften und kurzen, senkrecht dazu verlaufenden, Nebenklüften gebildet. BOCK (1980) hat aufgezeigt, dass dieses „fundamentale Kluftsystem" aus Trennbrüchen besteht. Die größte Hauptspannung σ_1 ist dabei senkrecht zur Schichtung orientiert und wird durch die Auflast kontrolliert (σ_1 = Auflast > σ_2 = σ_3).

Nicht-tektonische Klüfte in Sedimentgesteinen entwickeln sich unter zwei Voraussetzungen. Zum einen entstehen sie während der Absenkung und entsprechender Sedimentzufuhr in einem Sedimentbecken bei zunehmender Belastung durch die überlagernden Sedimente (Erhöhung des Überlagerungsdrucks). Zum anderen werden Klüfte durch Entlastung initiiert, wenn das Gestein aus größeren Erdtiefen durch Hebungsprozesse und Erosion wieder in die Nähe der Erdoberfläche gelangt.

Die zunehmende Überlagerung von Sedimenten bedingt deren Verfestigung (Diagenese) durch vertikale Kompaktion und Zementation. Dies führt zu einer Verringerung des Porenraums und der Permeabilität der Sedimente. Sind in den Sedimenten Porenflüssigkeiten vorhanden und hält die Verringerung des Porenraums mit der Entwässerung der Schicht nicht mehr Schritt, erhöht sich der Porenflüssigkeitsdruck. Der nicht tektonische Spannungszustand in den Sedimenten wird bei zunehmender Tiefe somit durch ansteigende Porenflüssigkeitsdrucke gesteuert, die neben der gravitativ bedingten vertikalen (lithostatischer Druck) und der damit verknüpften horizontalen Spannung wirken. In größeren Tiefen kommen noch Spannungsanteile durch eine temperaturbedingte Volumenausdehnung hinzu.

Ein hoher Porenflüssigkeitsdruck vermindert die effektive minimale Hauptspannung (σ_3) und führt bei entsprechend geringer Differentialspannung (s.a. Kapitel 15 Spannungen, Abb. 15.23) zu Extensionsklüften. In größeren Tiefen (> 3 km) können hohe Porenflüssigkeitsdrücke natürliche hydraulische Brüche initiieren. Hinweise auf eine Kluftentstehung in noch unverfestigten Sedimenten durch hydraulischen Bruch sind **klastische Gänge** (*clastic dikes*). Das sind mit Sediment verfüllte Klüfte, die dadurch entstehen, dass bei der plötzlichen Öffnung eines Bruchs der Porendruck jäh abfällt. Dadurch strömt das Porenwasser sehr schnell in den Riss ein und nimmt dabei unverfestigtes Sediment mit.

Aufgrund der unterschiedlichen mechanischen Eigenschaften der verschiedenen Gesteine brechen nicht alle Gesteine einer Abfolge gleichzeitig. TWISS & MOORES (2007) veranschaulichen dazu die Spannungszustände einer Sandstein-Schiefer-Wechsellagerung unter gravitativer Auflast (σ_1). Sandstein ist fester als Schiefer, d.h. er hält eine größere Differentialspannung aus. Das bedeutet, die Horizontalspannung $\sigma_3 = \sigma_2$ kann im Sandstein geringer als im Schiefer sein. Daraus resultiert, dass für den Sandstein ein geringerer Porenflüssigkeitsdruck notwendig ist, um einen hydraulischen Bruch zu initiieren, als im Schiefer (vgl. auch Abb. 4.6). Da der Porenflüssigkeitsdruck während der Überlagerung graduell zunimmt, entstehen hydraulische Klüfte zunächst nur im Sandstein und erst bei höherem Überlagerungsdruck auch in den Schiefern. Durch Hebungsprozesse oder wenn eine über lange Zeit andauernde erosionsbedingte Abtragung von Gesteinen zu einer Entspannung der einst tiefer gelegenen Gesteine führt, entwickelt sich subparallel zur Erdoberfläche eine weitere Art von nicht-tektonischen Klüften.

Entlastungsklüfte

In größerer Tiefe ist, gravitativ bedingt, die größte Hauptspannung σ_1 vertikal orientiert, $\sigma_3 = \sigma_2$ sind horizontal. Bei einer Hebung, oder wenn das überlagernde Material erodiert wird, nimmt die vertikale und die horizontale Gravitationsspannung ab. Die Abnahme der Vertikalspannung verursacht eine Ausdehnung in der vertikalen Richtung und eine Kontraktion in der horizontalen Richtung (Poisson-Effekt, siehe Poisson-Zahl, Kapitel 17 Verformungsverhalten). Während der Hebung nimmt die vertikale Spannung stärker ab, als die von der Poisson-Zahl abhängige horizontale (Umlagerungs-) Spannung, bis schließlich die horizontale Spannung in Oberflächennähe zur größten Hauptspannung wird und die vertikale Spannung zur kleinsten. Das Gestein dehnt sich dann senkrecht zur Oberfläche (σ_3 = vertikal) aus.

Entlastungsklüfte (*unloading joints, sheeting*) können in verschiedenen Sedimentgesteinen (z. B. grobkörnigen Sandsteinen) vorkommen, sind aber meist in massiven magmatischen und metamorphen Gesteinen (z. B. Granit, Gneis) sehr gut ausgeprägt. Der Abstand zwischen den Entlastungsklüften beträgt nahe der Erdoberfläche wenige Zentimeter und nimmt mit der Tiefe rasch auf Kluftabstände im Meter-Bereich zu. Diese natürliche Zerlegung des Gesteins wird schon seit dem Altertum in Steinbrüchen zum Abbau von Gesteinsblöcken genutzt.

Entlang der durch Entlastung, Auflast oder auch durch Temperaturabnahme (s.u.) entstandenen Klüfte setzen Verwitterungsprozesse ein, die vor allem in Graniten zur Bildung von abgerundeten Quadern bis hin zu großen Gesteinskugeln (**Wollsackverwitterung**, *spheroidal weathering*) (Abb. 4.11) führen und großartige Landschaftsformen schaffen.

Kluftentstehung durch Volumenschwund

Eine weitere Ursache atektonischer Kluftentstehung ist ein Volumenschwund des Gesteins. Für die dabei entstehenden Zugspannungen ist in Sedimentgesteinen deren Entwässerung verantwortlich. Abbildung 4.12 zeigt **Trockenrisse** (*desiccation fissures, mud-cracks*), die bei zunehmender Austrocknung eines tonigen Sediments durch **Schrumpfung** (*shrinkage*) entstanden sind. Die offenen Risse verbinden sich zu polygonalen Netzen. Die Risse verlaufen keilförmig nach unten zusammen. In feinkörnigen Tonen und Silten ist oft zu beobachten, dass sich die eingetrocknete oberste Schicht ablöst und zwischen den Rissen nach oben wölbt.

Die Trockenrisse können bei nachfolgender Sedimentation von oben verfüllt werden. Wenn sie fossil erhalten sind (Abb. 4.13), geben sie als Oberflächenmerkmal einer Schicht eindeutige Hinweise auf die Schichtlagerung, eine eventuelle Verzerrung der Polygone gibt Hinweise auf Deformationen des Gesteins.

In magmatischen Gesteinen führt deren Abkühlung zu einem Volumenschwund und somit zur Kluftentstehung. Besonders augenfällig ist die säulenförmige Klüftung in Basalten. Basaltsäulen eines Lavastroms (Abb. 4.14) bilden sich senkrecht zur Abkühlungsfront, d.h. senkrecht zu den oberflächenparallelen Isothermen.

Die Orientierung von Klüften, die bei der Abkühlung von Plutoniten entstehen, wird von der internen Struktur und der Form des Plutons beeinflusst. Somit sind Klüfte in manchen Plutonen mehr oder weniger konzentrisch zu deren Kern angeord-

Abb. 4.11 Klüftung und Wollsackverwitterung Devils Marbels Granit, Unteres Proterozoikum (Northern Territory, Australien)

Abb. 4.12 Trockenrisse im Boden eines eingetrockneten flachen Gewässers, Länge der Polygone ca. 20 cm (Provinz Almería, Südspanien)

Abb. 4.13 Fossile Trockenrisse in einer Feinsand-/Siltlage des Buntsandsteins / Untere Trias (Gueberschwihr, Elsass, Frankreich)

Abb. 4.14 Basaltsäulen. Abkühlungsklüfte eines Lavastrom (Patagonische Anden, Argentinien)

net; im Übergangsbereich zum umgebenden Gestein können sie in ihrer Ausrichtung von der Form der Kontaktfläche beeinflusst werden (Hatcher 1990).

Klüfte durch Meteoriteneinschlag

Beim Einschlag eines Meteoriten entstehen durch die Ausbreitung der Stoßwellen innerhalb von Sekundenbruchteilen und wenigen Sekunden im Gestein konische Brüche. Diese **Druck-, Schmetter- oder Strahlenkegel** (*shatter cones*) können bis über einen Meter lang werden und sind in Richtung der Ausbreitung der Stoßwelle geöffnet. Abbildung 4.15 zeigt so genannte Strahlenkalke aus dem Nördlinger Ries, das durch einen Metoriteneinschlag in der Tertiärzeit (Oberes Miozän) vor ca. 14,8 Millionen Jahren im heutigen Süddeutschland zwischen Schwäbischer und Fränkischer Alb entstanden ist.

Eingangs dieses Kapitels wurde darauf hingewiesen, dass es schwierig sein kann, nicht-tektonische Klüfte von tektonischen Klüften zu unterscheiden. So können Plutone durch sehr verschiedene lineare Gefügeelemente charakterisiert sein. Diese **Lineatio-**

4.3 Kluftentstehung im lokal- und regional-geologischen Kontext

nen (*lineations*) können unterschiedliche Ursachen haben und von den primären Fließgefügen, über die Orientierung von Schieferungsflächen bis zu Bruchlinien von Klüften und Verwerfungen reichen. Die Strukturierung eines Plutons hat Hans Cloos in seiner inzwischen klassischen Veröffentlichung zum Gebirgsbau Schlesiens (1922) an einem Granitkörper bei Strehlen (Strzelin) dargestellt (Abb. 4.16).

Nach Cloos (1922) veranschaulichten die von ihm definierten Strukturen die granittektonischen Elemente in ihrer gegenseitigen Beziehung während der Entwicklung eines Plutons. Die von Cloos definierten Begriffe **Querklüfte** (*cross joints*), **Längsklüfte** (*longitudinal joints*) und **Lagerklüfte** (*bedding joints*) sind in den gezeigten Beziehungen zu einer Aufwölbungsstruktur bis heute gebräuchlich. Bei den Streckflächen handelt es sich meist um konjugierte, d. h. sich unter einem bestimmten Winkel kreuzende Scherflächen (Scherbrüche), die quer zur Aufwölbung oder flach einfallend zur Lagerung orientiert sind. Diese werden als **Diagonalklüfte** (*oblique joints*) bezeichnet.

Der von Cloos geprägte Begriff **Granittektonik** (*granite tectonics*) wird heute aufgrund der komplexen Zusammenhänge zwischen dem Gefüge eines Plutons und seinem Bruchmuster abweichend definiert. Žák et al. (2009) weisen auf die komplexe Geschichte eines Plutons hin und schlagen vor, hier klarer zwischen Abkühlungsklüften, syntektonischen und hebungsinduzierten Klüften sowie Klüften, die nach der Hebung entstanden sind, zu unterscheiden.

4.3.2 Tektonische Klüfte

Tektonische Klüfte entstehen als Reaktion auf tektonische Spannungen, die durch unterschiedliche plattentektonische Prozesse (s. Kap. 2) erzeugt werden. Die Lithosphäre wird dabei in bestimmten Regionen der Erde entweder zusammengedrückt oder gedehnt. Regional herrscht in der Erdkruste bereits ohne tektonisch verursachte Spannungen im allgemeinen ein kompressiver Spannungszustand. Kommen nun tektonische Spannungen hinzu, werden die gravitativen Spannungen überlagert und die Porenflüssigkeitsdrucke erhöht. Die horizontal gerichtete tektonische Spannung steigert in größeren Tiefen den Umlagerungsdruck in ihrer Richtung und wird mit abnehmender Tiefe an einem bestimmten Punkt größer als die gravitativ bedingte Vertikalspannung (Means 1976). Dann ist die maximale Hauptspannung σ_1 horizontal orientiert und

Abb. 4.15 Strahlenkalke oder Strahlenkegel aus dem Nördlinger Ries – untere Breite der Struktur 28 cm (Sammlung Mineralogisches Museum, Universität Hamburg, Bildrechte: Foto K.-C. Lyncker)

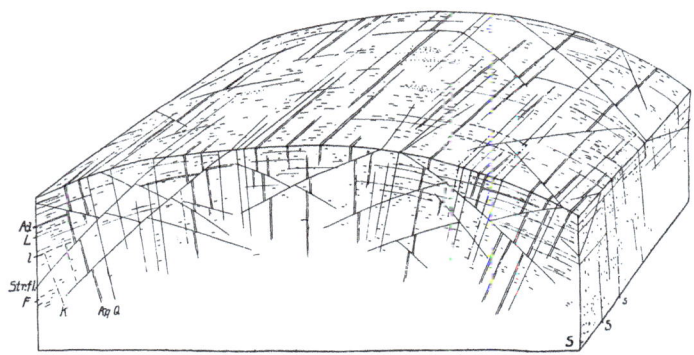

Abb. 4.16 Strukturen in einem Granitpluton. F = Fluidaltextur des Granits und Streckflächen im Granit, Aq, Al = Aplitgänge (Doppellinien), Queraplite respektive Lageraplite, Str.fl. Streckflächen, diese versetzen die älteren Klüfte und Gänge, Q = Querklüfte mit K (Teilbarkeit) nach der Querfläche, S = Längsklüfte mit s (Teilbarkeit nach der Längs- bzw. Schieferfläche), L = Lagerklüfte mit l (Teilbarkeit nach der Lagerfläche). (Bildrechte: aus Cloos 1922)

wirkt bis an die Erdoberfläche. Dies lässt sich mit in-situ-Spannungsbestimmungen aufzeigen (u.a. Illies & Greiner 1978, Reuther 1990, Amadei & Stephansson 1997). Durch eine horizontale tektonische Spannung werden die Porenflüssigkeitsdrucke auch in sehr geringen Tiefen erhöht und können dort natürliche hydraulische Brüche erzeugen (Engelder 1985, Engelder & Oertel 1985).

Hinweise auf eine Kluftentstehung unter Mitwirkung horizontal gerichteter tektonischer Spannungen kann die Oberflächenmorphologie einer Kluftfläche geben (Engelder 2004; Engelder & Whitaker 2006). Zur Interpretation der Besenstrukturen auf den Kluftflächen werden Vergleiche aus den Materialwissenschaften herangezogen. In Keramiken beobachtet man, dass die Rauigkeit auf Bruchflächen mit der ansteigenden dynamischen Spannungsintensität an der Bruchfront und mit der Bruchgeschwindigkeit zunimmt (Hull 1999). Generell bezeichnet die **Spannungsintensität** (*stress intensity*) einen Faktor (K), der von der Geometrie und den Beträgen der auf das Material wirkenden Spannung abhängt und die Intensität des lokalen Spannungsfeldes an der Bruchfront definiert (Scholz 1990). Legt man die Ähnlichkeit der in materialwissenschaftlichen Versuchen beobachtbaren Entstehung von Bruchoberflächen mit den in der Natur zu beobachtenden Kluftoberflächen zugrunde, kann man auf eine „schnelle" und eine „langsamere" Bruchausbreitung im Gestein schließen. In Abhängigkeit von der höheren Spannungsintensität durch tektonisch gerichtete Spannungen und dem dadurch bedingten höheren Porenflüssigkeitsdruck können dann „schnelle" Brüche mit einer rauen Oberfläche und geraden Besenstrukturen entstehen (vgl. Kapitel 4.2 Kluftstrukturen). Nimmt die tektonische Spannung z.B. nach dem Höhepunkt einer Gebirgsbildung ab, d.h. nachdem zwei Lithosphärenplatten kollidiert sind und sich eine stabile Platte konsolidiert hat, wird die tektonisch bedingte Spannungsintensität an den Bruchfronten der Klüfte geringer. Die Bruchausbreitung geschieht langsamer und wird z.T. unterbrochen, auf den Kluftflächen entsteht bei einer geringeren Spannungsintensität eine andere Oberflächenmorphologie. Die Besenstrukturen können dann gebogen und viel kleiner sein, die Achsen haben bezüglich der Schichtung unterschiedliche Richtungen und multiple Bruchfronten mit den unterschiedlichsten Orientierungen. Engelder (2004) zeigt, dass die Klüfte mit den raueren Oberflächen Konkretionen durchschlagen, die glatteren Kluftflächen jedoch nicht, was deren Unterschied hinsichtlich der Spannungsintensität an deren Bruchfront widerspiegeln dürfte. Neben der Oberflächenstrukturierung und der Angabe der räumlichen Lage der Flächen ist bei der Kluftanalyse die zeitliche Einstufung der Klüfte von großer Wichtigkeit. In Abb. 4.17 sind Klüfte in einer gefalteten Schicht gezeigt. Diese Klüfte können zu unterschiedlichen Zeiten entstanden sein.

Rein deskriptiv können diese Klüfte als Längsklüfte, Querklüfte, Lagerklüfte und Diagonalklüfte bezeichnet werden. Um Klüfte im geometrischen Zusammenhang mit tektonischen Strukturen zu klassifizieren, wurde von Sander (1930) ein der Faltengeometrie zugeordnetes, orthogonales Koordinatensystem mit den Achsen a, b, c vorgeschlagen. Danach bildet die b-Achse die Faltenachse, die a-Achse verläuft parallel zur Schichtfläche und senkrecht zur b-Achse, die c-Achse senkrecht zur Faltenachse und Schichtfläche. Diese Einteilung der Klüfte wurde lange in vielen Veröffentlichungen

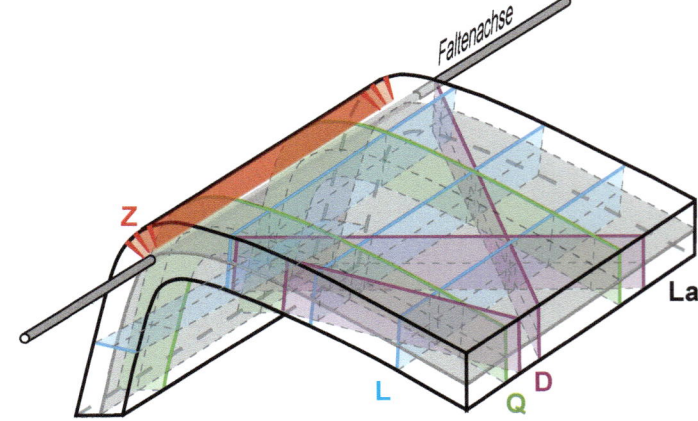

Abb. 4.17 Klüfte in einer gefalteten Schicht mit veranschaulichter Faltenachse. Längsklüfte (blau), Querklüfte (grün), Diagonalklüfte (violett), Lagerklüfte (grau), Zerrklüfte (orange)

übernommen und wird verschiedentlich in Lehre und Forschung bis heute verwendet. Der Autor dieses Lehrbuches sieht die an der Faltengeometrie orientierte Nomenklatur der Klüfte kritisch, da daraus falsche Schlussfolgerungen zur Kluftentstehung und den Kluftarten gezogen werden können. Die Problematik dieser Klassifikation von Klüften besteht darin, dass geklärt werden muss, wann sich die Klüfte relativ zu Faltenentwicklung gebildet haben bzw. ob sie später reaktiviert und überprägt wurden. Betrachtet man die Klüfte in Abb. 4.17 im Verbund mit der gefalteten Schicht, so kann man sich vorstellen, dass sich hier z. B. je nach Entwicklungsstand der Faltung in der Schicht bestimmte Klüfte entwickelt haben. Die blauen Längsklüfte sind vor der Faltung entstanden und wurden mit der Schicht mitgefaltet. Die grünen Querklüfte sind ebenfalls vor der Faltung entstanden und können während der Faltung reaktiviert werden. Die quer zur Falte in Richtung der Faltenachse verlaufenden Zerrklüfte (orange) sind während der Faltung entstanden. Die violetten Diagonalklüfte können während oder nach der Faltung als konjugierte Scherklüfte entstanden sein. Die Querklüfte könnten auch nach der Faltung, in einem jüngeren tektonischen Spannungsfeld reaktiviert worden sein, oder sie dienen als vorgeprägte Bahnen für Horizontalverschiebungen – in beiden Fällen würden sie zu ihnen quer verlaufende ältere Klüfte versetzen. Welche Faktoren die Richtung und Verteilung von Klüften in Falten kontrollieren, wurde von FISHER & WILKERSON (2000) aufgezeigt. Sie haben die Kluftentwicklung für Falten modelliert, die bei der Verbiegung von geschichteten Sedimentgesteinen stattfindet, wenn diese über einer tiefer im Grundgebirge liegenden Aufschiebung verbogen werden

Tektonische und nicht-tektonische Klüfte kommen zusammen mit geologischen Großstrukturen vor, z. B. als tektonische Extensionsklüfte parallel zu Abschiebungen bzw. Gräben (Abb. 4.18) oder als gravitativ verursachte nicht-tektonische Zugrisse entlang einer Küste (Abb. 4.19)

4.4 Kluftanalyse

4.4.1 Geometrische Beziehung von Klüften zueinander

Abb. 4.18 Tektonisch induzierte Kluft im Bereich eines Grabens. Die σ_1-Richtung kann je nach regionaltektonischem Rahmen und entsprechendem Spannungsfeld sowohl horizontal (parallel zur Grabenachse) als auch vertikal gerichtet sein. Die σ_3-Richtung verläuft senkrecht zur Grabenachse

Bei der **Kluftanalyse** ist auf die Verteilung und Geometrie der Klüfte bezüglich der Schichtung zu achten, denn die geometrischen Beziehungen von Klüften untereinander spiegelt eine Vielfalt an mechanischen Wechselwirkungen wieder. Daher muss bereits im Gelände auf die Altersbeziehungen der Klüfte zueinander geachtet werden. Treffen jüngere, sich öffnende Klüfte auf ältere offene Klüfte, enden sie normalerweise an diesen, da sich ein Extensionsbruch nicht über eine freie Oberfläche hinweg fortsetzen kann. Die jüngere Kluft bildet mit der älteren Kluft eine T-förmige Kreuzung (Abb. 4.20). Die Form, wie Klüfte enden oder sich kreuzen, hat HANCOCK (1985) unter dem Begriff **Bruchsystem-Architektur** (*fracture-system architecture*) beschrieben und die Art der Kluftenden bzw. Kluftkreuzungen mit Großbuchstaben des Alphabets benannt. So entsteht im orthogonalen Kluftsystem aus zwei zusammengesetzten Ts ein H-Muster (Abb. 4.20).

Bei der Interpretation von X-Mustern (Abb. 4.21) ist darauf zu achten, ob diese als konjugierte Klüfte (Übergangs- oder Scherklüfte) im selben Spannungsfeld entstanden sind, oder ob sich zwei unterschiedlich alte Extensionskluftscharen unter einem

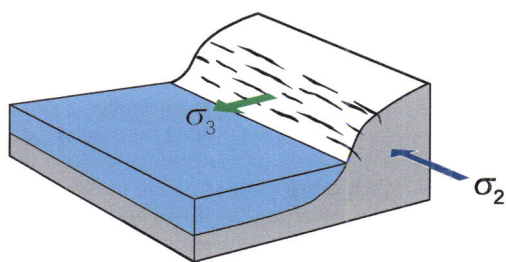

Abb. 4.19 Nicht-tektonisch (gravitativ) induzierte Klüfte im Küstenbereich

Abb. 4.20 T- und H-Kreuzungen im orthogonalen Kluftsystem (Maßstab 50 cm)

Abb. 4.22 Aufsicht bogenförmig aufeinander zu laufender Parallelklüfte (Maßstab 50 cm).

Abb. 4.21 X-Muster von unter spitzem Winkel verlaufenden Klüften

spitzen Winkel überlagern. Laufen parallele Klüfte bogenförmig aufeinander zu und treffen senkrecht aufeinander, sind sie gleichzeitig entstanden (Abb. 4.22). Wird in einem orthogonalen Kluftsystem eine Kluftrichtung als z. B. horizontale Verschiebungsfläche reaktiviert, verschieben sich die älteren, senkrecht zu dieser Fläche verlaufenden Klüfte (Abb. 4.23).

Sind die Klüfte mineralisiert, so quert die jüngere Kluftfüllung die ältere (Abb. 4.24).

Mit Hilfe von in Klüften gewachsenen langgestreckten **Kristallfasern** (*mineral fibers*) kann die Öffnungsrichtung bzw. eine spätere Veränderung der Öffnungsbewegung festgestellt werden. Die Kristalle wachsen während der Kluftöffnung senkrecht zur Bewegungsrichtung etwa mit der gleichen Geschwindigkeit wie die Öffnung vonstatten geht; ändert sich die Bewegungsrichtung, ändert sich auch die Wachstumsrichtung der Kristalle. Somit spiegelt die Orientierung der Kristallfasern unmittelbar den schrittweisen Bewegungsablauf der Kluftöffnung wieder. Bei der Kluftfüllung unterscheidet man das syntaxiale und antitaxiale Kristallwachstum (Durney & Ramsay 1973).

4.4 Kluftanalyse

Abb. 4.23 Aufsicht einer als Horizontalverschiebung reaktivierten systematischen Kluft

Beim **syntaxialen Wachstum** (*syntaxial growth*) zeigen die wachsenden Kristallfasern unter dem Mikroskop einen optischen Zusammenhang (= Syntax) mit Mineralkörnern, die im umgebenden Gestein an den initialen Bruchflächen dieselbe Zusammensetzung haben. Von den sich gegenüber liegenden Kluftflächen wuchsen die Mineralfasern während der Kluftöffnung aufeinander zu und treffen sich an einer Median-Sutur (Abb. 4.25 links). Diese Sutur

Abb. 4.24 Altersbeziehung zwischen mineralisierten Klüften. Die jüngere Füllung der von rechts oben nach links unten verlaufenden Kluft quert die von links oben nach recht unten verlaufende Kluftfüllung.

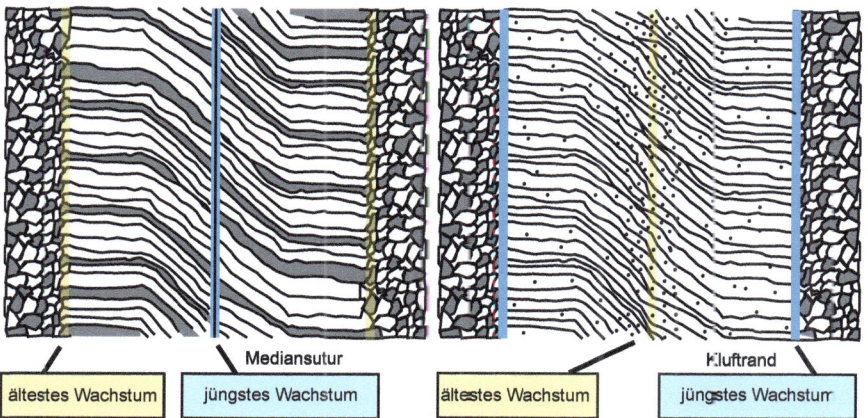

Abb. 4.25 (links): Syntaxial gewachsene Kristallfasern. Der älteste Bereich der Fasern liegt an den Rändern der Kluft. Während der Kluftöffnung ist die σ_3 - Richtung zunächst horizontal und die Fasern wachsen horizontal; dann wechselt, wie das weitere Faserwachstum zeigt, die σ_3 - Richtung in eine von links oben nach rechts unten gerichtete Orientierung. (rechts): Antitaxial gewachsene Kristallfasern. Der älteste Bereich der Faser liegt nach der weiteren Öffnung der Kluft in deren Zentrum. Die σ_3 - Richtung hatte also zunächst eine von links oben nach rechts unten gerichtete Orientierung und wurde dann horizontal. Die Fasern wachsen an den Kluftränderr (in Anlehnung an RAMSAY & HUBER 1983 und DAVIS & REYNOLDS 1996).

oder Naht unterbricht den optischen und strukturellen Zusammenhang der Fasern. Die Fasern wachsen progressiv auf die Mineralkörner der Wand auf, und zwar in der Richtung, in der sich die Kluft zur Zeit des Zuwachses ausdehnt. Die Richtung des ältesten Zuwachses bildet sich in den Kristallfasern an den Rändern des Ganges ab. Die Fasern im Bereich der Median-Sutur charakterisieren die Richtung des jüngsten Zuwachses. Aus einer wechselnden Orientierung der Kristallfasern kann eine Änderung der σ_3-Spannungsrichtung abgeleitet werden.

Beim **antitaxialen Wachstum** (*antitaxial growth*) weicht die chemische Zusammensetzung der Kristallfasern in den Mineralkörner vom umgebenden Gestein stark ab. Die Kristallfasern stehen über die gesamte Kluft hinweg im optischen Zusammenhang. Die Kristallfasern wachsen an den Rändern der Kluft (Abb. 4.25 rechts). Dabei können kleine Bruchstücke des Wandmaterials in die Kristalle eingebaut werden. Diese Einschlüsse wandern dann zur Mitte der Kluftfüllung. Die Richtung der Kristallfasern in der Mitte der Kluft kennzeichnet somit das älteste Kristallfaserwachstum. Die mit kleinen Gesteinsbruchstücken gefüllten Kristalle stehen in deutlichem Gegensatz zu den saubereren Kristallen, die beim syntaxialen Wachsen entstehen.

Zusammengesetztes Wachstum (*composite growth*) kommt vor, wenn die Kristallfasern aus zwei oder mehr Kristallkomponenten bestehen, die in den Kluftwänden mehr oder weniger häufig vorkommen. Die Faserstruktur kann dann ein Band mit einer zentralen antitaxialen Ansammlung von Einschlüssen zeigen, das an beiden Seiten von syntaxialen Fasern begrenzt wird. Beide Fasertypen wachsen an der Grenzfläche zwischen den unterschiedlichen Bändern (Twiss & Moores 2007)

4.4.2 Übergang zwischen verschiedenen Klufttypen

Innerhalb einer einheitlichen Lithologie zeigen Klüfte manchmal eine systematische Krümmung. Diese Krümmung wird dahingehend interpretiert, dass hier unterschiedliche Bereiche verschiedener Bruchklassen vom Trennungsbruch bis zum Scherbruch ineinander übergehen (Hancock 1985). Abbildung 4.26 zeigt Klüfte mit der maximalen Hauptspannung σ_1 senkrecht zur Schicht (bedingt durch Auflast) und schichtparallel (tektonisch bedingt). Parallel zur maximalen Hauptspannungsrichtung entstehen Extensionsklüfte. Ein möglicher Grund für die Kluftkrümmung und damit für den Übergang

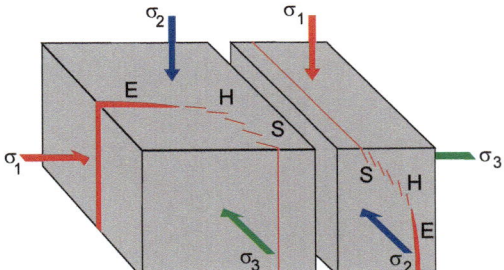

Abb. 4.26 Systematische Krümmung von Klüften bei unterschiedlicher Orientierung der Hauptspannungen (Bildrechte: verändert nach Hancock 1980)
E = Extensionskluft,
H = Hybrid-Kluft,
S = Scherkluft

Abb. 4.27 Vertikal (weiß)- und Horizontalstylolithen (gelb), die Pfeile sind 2 cm lang

zu einer anderen Kluftart ist die Veränderung der ursprünglichen Differentialspannung ($\sigma_1 - \sigma_3$) innerhalb der Schicht. Die Extensionsklüfte gehen über **hybride Klüfte** (*hybrid joints*), einer Mischung aus Extensions- und Scherbruch, in **Scherklüfte** (*shear*

4.4 Kluftanalyse

joints) über. In der Fachliteratur wird kontrovers diskutiert, ob die Bezeichnung Kluft auf Extensionsklüfte beschränkt sein soll (POLLARD & AYDIN 1988) und ob die meist konjugierten Hybrid- und Scherklüfte, entlang derer eine Bewegung stattgefunden hat, noch als Klüfte oder bereits als Verwerfungen zu bezeichnen sind (DUNNE & HANCOCK 1994).

Stylolithen (*stylolites*) sind Drucklösungserscheinungen, so genannte Drucksuturen (Drucknähte), im Gestein und kommen hauptsächlich in Karbonaten vor (vgl. auch Kapitel 11.3.2). Bei den Stylolithen handelt es sich um zapfenförmige Gebilde. Dabei liegen die Zapfen in der Druckrichtung; die Stylolithenfläche steht senkrecht zur Druckrichtung. Mit der Drucklösung, bei der z. B. gelöster Kalk abgeführt wird, geht eine Volumenverminderung einher. In den Drucksuturen reichern sich die schwerer löslichen Rückstände wie Silikate oder Tonminerale an. Wird der zur Stylolithenbildung notwendige Druck durch die natürliche Überlagerung (σ_1 = vertikal) verursacht, entstehen Vertikal-Stylolithen. Bei tektonischer Kompression (σ_1 = horizontal) entstehen Horizontalstylolithen. Mit dem Einmessen der Zapfenrichtung kann man die maximale Kompressionsrichtung eines tektonischen Spannungsfelds ermitteln (Abb. 4.27).

Kluft-Deformationsdiagramm

Sämtliche Klüfte und kluftbezogene Strukturen lassen sich in einem Kluft-Deformationsdiagramm darstellen (Abb. 4.28). Im undeformierten Zustand sind die λ1-Achse = Verlängerung und λ3-Achse = Verkürzung der Deformationsellipse gleich lang und haben die Einheitslänge 1 (Kreis im Diagramm). Veränderungen der λ-Werte führen zu den dargestellten Deformationsstrukturen.

Das Expansionsfeld ist durch zwei Kluftscharen repräsentiert, die sich unter einem hohen Winkel kreuzen. Das Kontraktionsfeld ist durch zwei zueinander senkrecht stehende Stylolithenflächen gekennzeichnet. Das Feld der linearen Verlängerung zeigt eine Kluftschar mit subparallelen Extensionsklüften; das Feld der linearen Verkürzung zeigt eine Kluftschar mit subparallelen Stylolithenflächen. Im Feld der Kompensationserscheinungen können mit vier kinematisch koordinierbaren Kluftarten gleichzeitig Verkürzungen und Verlängerungen stattfinden. Die Verkürzung an Stylolithenflächen ist senkrecht zur Extension mit Kluft- und Spaltenbildung. Die Bewegungen an den konjugierten Scherklüften (Mikroverwerfungen) verursacht bei reiner Scherung (*pure shear*) senkrecht gerichtete Verkürzung und horizontal gerichtete Verlängerung.

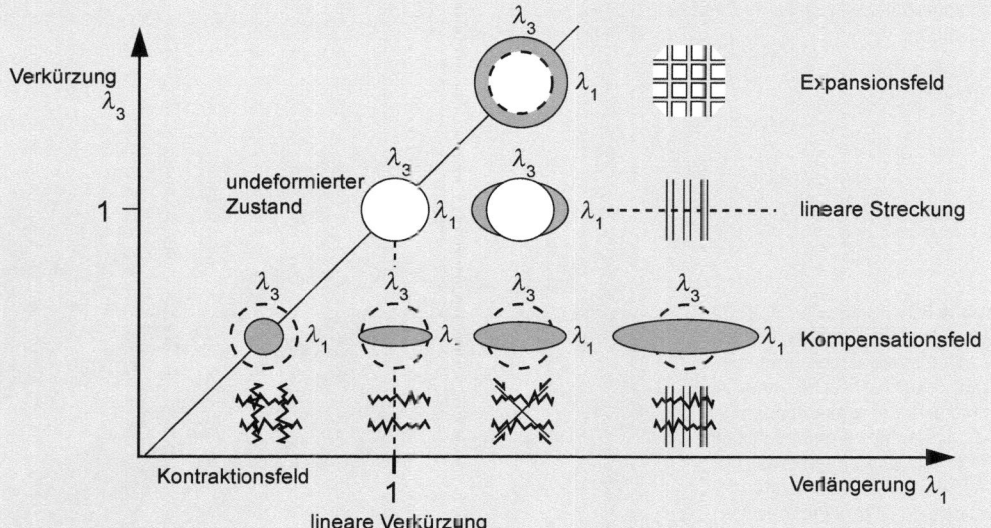

Abb. 4.28 Kluft-Deformationsdiagramm (Bildrechte: aus Lexikon der Geowissenschaften 2001, basierend auf RAMSAY 1967)

4.5 Gänge

Unter dem bergmännischen Begriff Gang versteht man Extensionsklüfte und Spalten, die durch magmatisch intrudierte Gesteine, Mineralien oder Sedimente ausgefüllt werden. Derartige Gänge können in alle Richtungen orientiert sein. Vertikale bis geneigte Gänge bezeichnet man mit dem englischen Begriff als **Dike** (*dike*) (Abb. 4.29 und 4.30). Horizontale magmatische Intrusionen nennt man **Lagergänge oder Sills** (*sills*) (Abb. 4.31). Diese entstehen, wenn Magma, das über Dikes aufgedrungen ist, parallel zwischen die Lagen des umgebenden Gesteins eindringt. Wird dabei das überlagernde Gestein aufgewölbt, bezeichnet man diesen plano-konvexen Intrusivkörper als **Lakkolith** (*laccolith*),

4.5.1 Entstehung magmatischer Gänge

Im Übergangsbereich zwischen einer Magmakammer und dem umgebenden Gestein bauen sich Spannungen auf, da sich das heiße, aus tieferen Bereichen der Lithosphäre aufsteigende Magma unter einem bestimmten **Magma-Druck** (*magma pressure*) ausdehnt. Stellt man sich theoretisch am Rand der Magmakammer einen kleinen Würfel vor (Abb. 4.32), dann drückt das Magma mit einer Spannung Da auf die parallel zur Magmaoberfläche liegende Würfelseite. Der Magma-Druck verursacht außerdem eine Zugpannung Za, die tangential zur Magmaoberfläche wirkt und mit der Ausdehnung des Umfangs der Magmakammer zusammenhängt. Die auf den gegenüberliegenden

Abb. 4.29 Jurassische Andesitdikes in permischen Graniten der Küstenkordillere in Chile, Bildbreite ca. 800 m

Abb. 4.30 Scourie-Dikes, 2200 Mill. Jahre alte Amphibolitdikes (dunkel) sowie Granit- und Pegmatit-Dikes, 1750 Mill. Jahre (hell) verschiedener präkambrischer Dehnungsphasen durchschlagen 3000 Mill. Jahre alte Lewisische Gneise nördlich Loch Laxford, Schottland (Altersangabe aus GILLEN 2003). Die parallelen Rillen im Gestein sind durch Bohrungen bei der Straßenverbreiterung entstanden.

4.5 Gänge

Abb. 4.31 Granit-Sills (helle Gesteine) Cuernos del Paine. Die granitischen Gesteine intrudierten vor ca. 12 Mill. Jahren als Sill (Torres del Paine Nationalpark, Patagonische Anden, Chile.

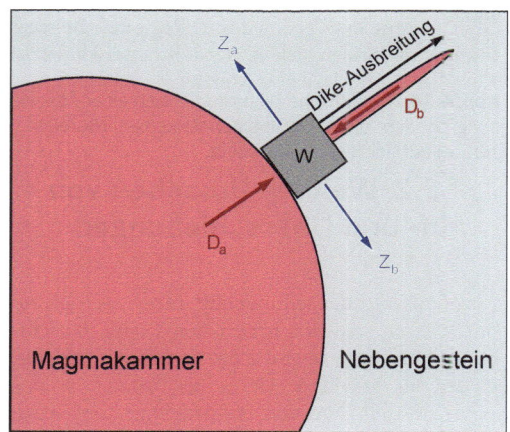

Abb. 4.32 Therorie zur Entstehung eines Dikes. Erläuterung im Text (Bildrechte: verändert nach POLLARD & FLETCHER 2008)

Flächen eines solchen „Elementarwürfels" zueinander entgegengesetzt wirkenden Spannungen haben dieselbe Magnitude (Cauchy-Relation). Demnach erzeugt der Magma-Druck ein kompressives Spannungspaar, das in den Würfel drückt. Ein zweites Spannungspaar erzeugt Zug und zieht den Würfel auseinander (POLLARD & FLETCHER 2008). Wenn die Zugspannungen groß genug sind, wird das Nebengestein senkrecht zum Rand des Magmakörpers aufreißen. In den entstehenden Riss dringt Magma ein und es bildet sich ein Dike. Ausführliche differentialgeometrische Erklärungen zur potentiellen Dikeausbreitung finden sich bei POLLARD & FLETCHER (2008).

Sedimentäre Gänge

Sedimentäre Gänge entstehen, wenn ein hoher Porenflüssigkeitsdruck zur Bildung von Extensionsklüften und gleichzeitigem Eindringen wassergesättigter, unverfestigter Sedimente führt. Durch Dehnung an der Erdoberfläche oder am Meeresboden entstandene Klüfte werden von oben verfüllt. Derartige Risse können bis in mehrere Zehner Meter Tiefe reichen. Die Datierung der terrestrischen (Abb. 4.33) oder marinen Sedimentfüllungen (Abb. 4.34) liefert Rückschlüsse auf die Zeit der Rissentstehung. Submarin entstandene sedimentäre Gänge nennt man **neptunische Dikes** (*neptunian dikes*). Die Füllung der in Abb. 4.33 gezeigten terrestrischen Spalten in präkambrischen Graniten des Großen Gamsberges in Namibia entstammen den diskordant auflagernden triassisch-jurassischen äolischen Sedimenten, die nach WITTIG (1976) während karroozeitlicher Erdbeben in die Spalten gelangt sind.

Abb. 4.33 Terrestrisch verfüllte Dehnungsspalten im präkambrischen Granit des Großen Gamsberg, Namibia

Abb. 4.34 Neptunische Dikes im Bereich einer Abschiebung in den unteren Globigerinenkalken (Burdigal / Tertiär) auf der Insel Gozo, Malta

5 Verwerfungen

Geländestufen der seismisch aktiven Marienbader Verwerfungszone bei Novy Kostel, NW-Böhmen, Tschechien

5.1 Terminologie von Verwerfungen

An einer **Verwerfung oder Störung** (*fault*) wird ein vormals zusammenhängender Gesteinsverband durchtrennt. Im Gelände erkennt man Störungen und ihren Verlauf an der (1) plötzlichen Unterbrechung oder dem Ende einer Gesteinsart, (2) an der Unterbrechung der Schichtung, (3) an der Ausbildung einer **Verwerfungs- oder Störungsfläche** (*fault surface*), (4) an einer mehr oder weniger breiten stark deformierten Störungszone, (5) an nebeneinander liegenden unterschiedlich alten Gesteinen (Abb. 5.1).

Weitere Hinweise auf den Verlauf einer Verwerfung kann die Morphologie geben. Wird während eines starken Erdbebens die Erdoberfläche plötzlich versetzt, entsteht eine **Bruch- oder Verwerfungsstufe** (*fault scarp*). Wurden in der geologischen Vergangenheit an einer Verwerfung härtere gegen weichere Gesteine versetzt und sind letztere seitdem stärker verwittert, hat sich eine Geländestufe ausgebildet.

Je nach zugrundeliegender Deformation – Extension (Ausweitung = Verlängerung) oder Einengung (Verkürzung) – entstehen als bruchhafte Deformationsstrukturen **Abschiebungen** (*normal faults*), **Aufschiebungen** (*thrust/reverse faults*) oder sinistrale (linksseitige) und dextrale (rechtsseitige) **Horizontalverschiebungen** (*strike-slip faults*) (Abb. 5.2).

Die Verschiebungen finden dabei parallel zum Bruch statt. Dieser wird von einer **Hauptgleitfläche** (*principal slip surface*) gebildet und kann zusätzlich sekundäre **Neben- oder Zweiggleitflächen** (*secondary slip surfaces*) umfassen. Bei einer Abschiebung oder Aufschiebung wird der Gesteinsbereich über der Verwerfungsfläche **Hangendblock** (*hanging wall*) genannt, der unter der Verwerfungsfläche liegende Gesteinsbereich ist der **Liegendblock** (*foot wall*) (vgl. Abb. 5.2).

Abb. 5.1 Verwerfung (Abschiebung). Der zentrale Bereich des Bildes zeigt eine deformierte Verwerfungszone mit grünen Störungsletten. Versetzt wurden die rechts der Verwerfung liegenden Kalke (Lias, Unterer Jura) gegen die links der Verwerfung liegenden mergeligen Schichten (Keuper, Obere Trias). Nördliche Randverwerfung des Fildergrabens bei Esslingen (Süddeutschland)

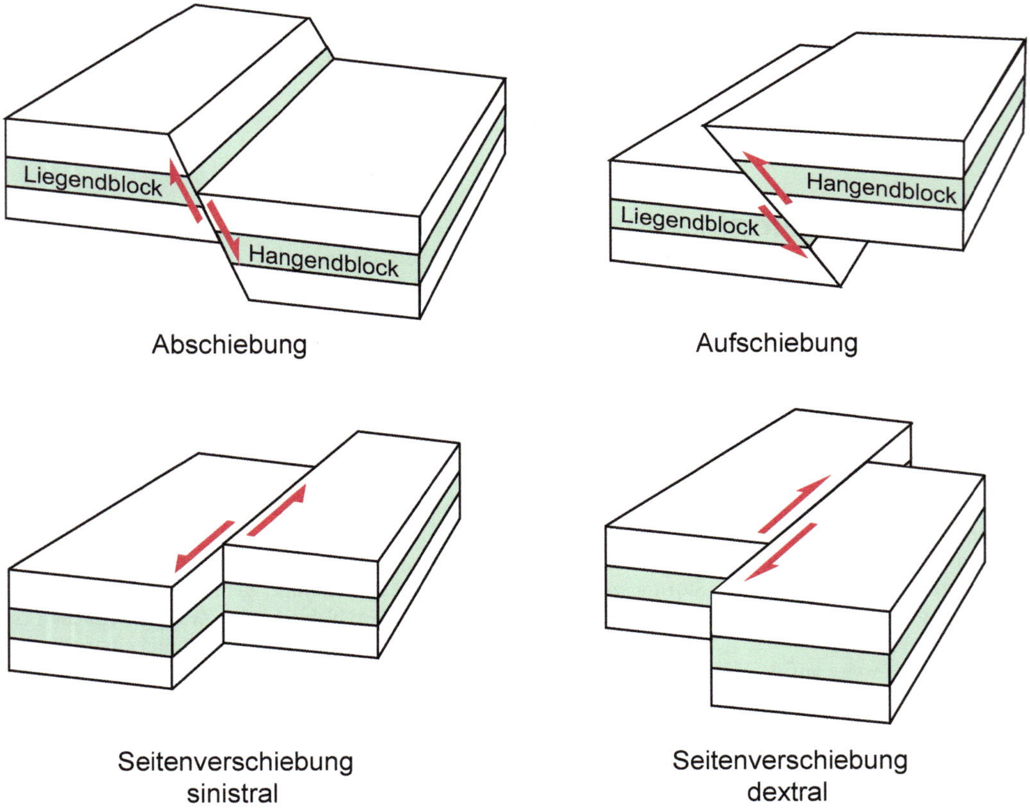

Abb. 5.2 Haupt-Verwerfungsarten

5.2 Bewegungssinn von Verwerfungen

Die räumliche Lage einer Verwerfungsfläche wird durch ihre Streichrichtung oder **Streichen** (*strike*) und **Fallen** (*dip*) definiert. Mit dem Begriff Streichen bezeichnet man ganz allgemein die Schnittlinie = Streichlinie einer geologischen Fläche (Schicht-, Kluft-, Schieferungs- oder Verwerfungsfläche) mit einer gedachten Horizontalebene. Den Winkelbetrag zwischen der Streichlinie und der Nordrichtung (im Allgemeinen im Uhrzeigersinn gemessen), bezeichnet man als Streichwert, z. B. N 40°. Unter dem Fallen oder Einfallen einer geologischen Fläche versteht man den Winkelwert zwischen der Linie der größtmöglichen Neigung der Fläche senkrecht zum Streichen und der Horizontalebene (Abb. 5.3). Der Winkel wird von der Horizontalebene in Fallrichtung nach unten gemessen, z. B. 60° SW. Die Verschiebung auf der Gleitfläche kann sowohl im direkten Fallen (*dip-slip*) oder im direkten Streichen (*strike-slip*) als auch **schräg** (*oblique*) zum Fallen und Streichen erfolgen (Abb. 5.3).

Durch die Bewegung Gestein gegen Gestein wird die Verwerfungsfläche geglättet. Die oftmals auf der Verwerfungsfläche entstehenden Rutschstreifen nennt man **Striemung oder Harnisch** (*slickenside*). Die Striemen verlaufen parallel zur Richtung des Gesamtversatzes, der auch kurz **Versatz** (*displacement*) genannt wird. Der Versatz einer Verwerfung ist die Verbindungslinie zwischen den beiden **Abrisspunkten** (*cut off* oder *piercing points*), die vor der Bewegung an der Verwerfung direkt aneinanderlagen. Diese Verbindungslinie bezeichnet den **Gleitvektor** (*slip vector*), dessen räumliche Lage durch den Winkel zwischen der **Richtung** (*trend*) der einzig möglichen, senkrecht auf dieser Linie stehenden Fläche und dem **Abtauchen** (*plunge*) des Versatzvektors definiert wird.

Spiegelglatte Gleitflächen werden als **Spiegelharnisch** (*polished slip surface*) oder Spiegel bezeichnet. Die Striemung auf der Verschiebungsfläche wird von schmalen geraden **Schrammen** (*scratches, grooves*) und hervorstehenden, langgestreckten feinen **Graten** (*ridges*) gebildet. Ist die Verschiebungsfläche nicht völlig glatt, dann entstehen im Bereich von Unebenheiten und Vorsprüngen auf der der Bewegung entgegen gerichteten Seite, speziell in Kalken und Mergeln, durch Drucklösung **Schrägstylolithen** (*slickolites*). Auf der anderen Seite des Vorsprungs, im Druckschatten, öffnet sich durch die Verschiebung der Blöcke gegeneinander ein Hohlraum, in dem Mineralien ausgefällt werden und **langgestreckte Mineralfasern** (*slickenfibers*) wachsen können (Abb. 5.4). Da sich die Mineralfasern relativ langsam bilden, ist ihr Vorhandensein (Abb. 5.5) auf Störungsflächen ein Hinweis auf eine sehr langsam, **aseismisch = kriechend** (*creeping*) erfolgte Bewegung entlang der Verwerfung, denn das Mineralfaserwachstum muss mit der Öffnung des Hohlraumes Schritt halten können.

Aus der Anordnung von Schrägstylolithen und langgestreckten Mineralfasern auf einer unregelmäßigen Verwerfungsfläche lassen sich somit klare

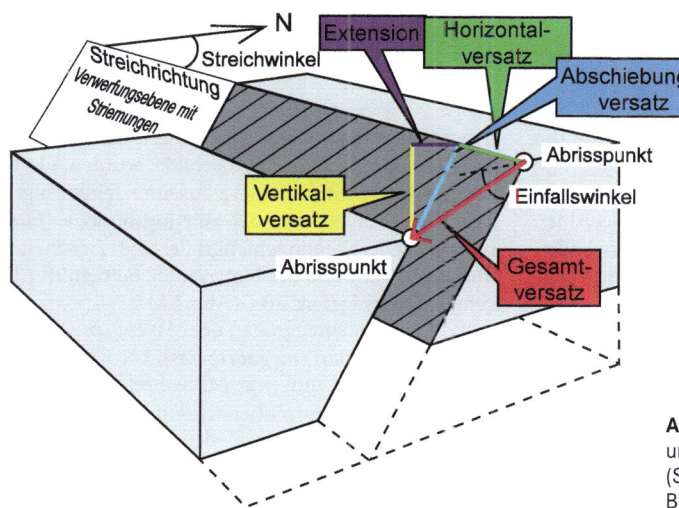

Abb. 5.3 Terminologie zur Raumlage und der Komponenten einer Verwerfung (Schrägabschiebung) (in Anlehnung an BURG 2001)

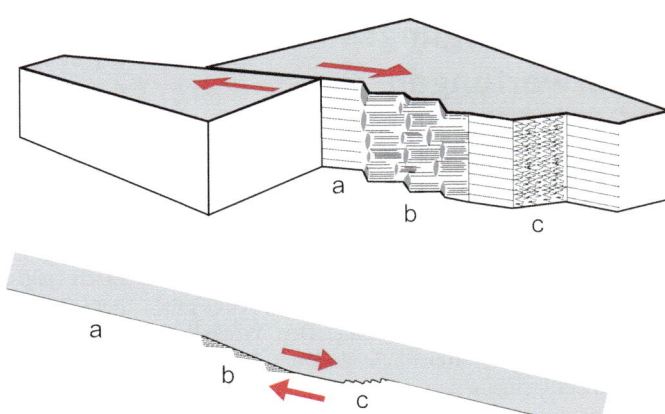

Abb. 5.4 Strukturen auf einer unregelmäßigen Verwerfungsfläche (dextrale Horizontalverschiebung). (a) bewegungsparallele Striemung, (b) Mineralfasern, (c) Schrägstylolithen

Abb. 5.5 Langgestreckte Mineralfasern auf einer Verwerfungsfläche

Rückschlüsse auf die Relativbewegung an der Verwerfung ziehen.

Weitere Hinweise auf den Bewegungssinn einer Verwerfung im Sprödbereich der Erdkruste gibt die Anordnung von Sekundärbrüchen (Abb. 5.6)

Planare Zugrisse (*planar extension fractures*) sind unter 45° oder mehr zur Bewegungsfläche angeordnet. **Planare Scherrisse** (*planar shear fractures*) bilden Winkel von ca. 10° mit der Bewegungsfläche; halbmondförmig auf der Bewegungsfläche ausstreichende **Sichelstrukturen** oder **Parabelrisse** (*crescentic* oder *lunate fractures*) sind ebenfalls Scherrisse (Abb. 5.7). Weitere Sekundärbrüche werden in den Kapiteln zu den verschiedenen Verwerfungsarten behandelt.

Die schrittweise Ausbreitung von Scher- und Zugrissen während weiterer Bewegungen an der Verwerfung führt in deren Umgebung zu einer zunehmenden Fragmentierung des Gesteins. Aus dem zerscherten Material entsteht ein **Tektonit** (*tectonite*), dessen **Gefüge** (*fabric*) sich mit der Tiefe bei ansteigendem Druck und zunehmender Temperatur verändert (Abb. 5.8). Die Gesteinsdeformation an der Verwerfung erfolgt im oberen Bereich der Erdkruste bis in ca. 10 - 15 km Tiefe überwiegend spröde; und wird als **Kataklase** (*cataclasis*) bezeichnet. Die Gesteinsbruchstücke sind unterschiedlich groß, unsortiert, eckig mit scharfen Kanten und meist noch intern zerbrochen. Sie kommen in den Verwerfungszonen in einer feinkörnigeren Grundmasse (Matrix) aus zerriebenem Gesteinsmaterial sowohl richtungslos als auch eingeregelt vor. Im obersten Bereich einer Verwerfungszone finden sich häufig sogenannte **Störungsletten** (*fault gauge*). Diese bestehen aus feinkörnigem, tonartigem oder tonigem Gesteinsmaterial. Im trockenen Zustand ist das Material oft puderartig mit kleinen Gesteinsbruchstücken; bergfeuchte, nasse Störungsletten (vgl. Abb. 5.1) sind zäh und bleiben beim Anschlagen am Geologenhammer hängen. Die relativ geringe Festigkeit der Störungsletten deutet darauf hin, dass diese unter niedrigen Drucken und Temperaturen gebildet wurden. Grobkörnige Gesteinsbruchstücke in einer feinkörnigen Matrix bezeichnet man als **Störungsbrekzie** (*fault breccia*). Die Komponentengröße liegt zwischen 1 mm und 50 cm und der Matrixanteil beträgt im Allgemeinen weniger als 30% (Abb. 5.8).

Bei Komponentengrößen über 50 cm spricht man von **Megabrekzien** (*megabreccias*), bei Komponenten kleiner als 1 mm von **Mikrobrekzien** (*microbreccias*). Die im Sprödbereich einer Verwerfungszone entstandenen verschiedenen Tektonite fasst man unter dem Oberbegriff **Kataklasit** (*cataclasite*) zusammen. Kataklasite aus feinstkörnigem bis glasi-

5.2 Bewegungssinn von Verwerfungen

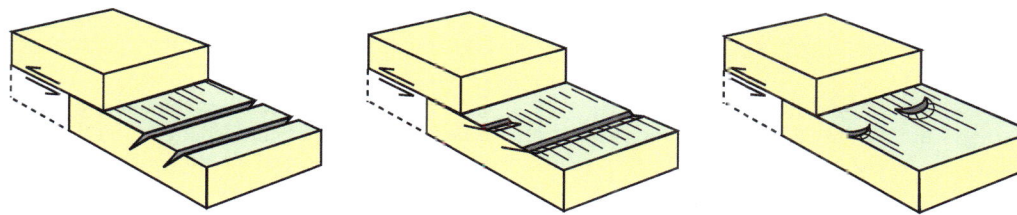

Abb. 5.6 Sekundärbrüche an einer Verwerfungsfläche geben Hinweise auf den Bewegungssinn (Pfeile) der Verwerfung: (links) Zugrisse, (Mitte) Scherrisse (rechts) Sichelstrukturen (Bildrechte: verändert nach BURG 2001)

Abb. 5.7 Ausstrich von Parabelrissen auf einer Abschiebungsfläche der tertiären Unteren Corallinacea-Kalke (Wende Oligozän/Miozän), Maghlaq-Verwerfung, Malta

wiegend Zugrisse zusammen, kommt es mit der damit verbundenen Ausdehnung oder Dilatation zu einer Volumenzunahme des Gesteins und es entsteht eine **Dilatationsbrekzie** (*dilatational breccia*). Die Brekzienbildung wird durch hohe Porenflüssigkeitsdrucke begünstigt. Nach EISBACHER (1996) steigt der Fluiddruck in fluidgesättigten Gesteinsbereichen im Umfeld einer Bruchzone vermutlich kurzzeitig an und es entsteht zwischen Nebengestein und Verwerfungszone ein Porendruckgradient. Wenn dieser größer ist als die Zugfestigkeit des Gesteins, kann es zur Implosion der Randbereiche der Verwerfung kommen und es entstehen **Implosionsbrekzien** (*implosion breccias*). Bei einem lokalen Unterdruck in einer Ausdehnungszone kann ein bereits vorhandener sehr feinkörniger Kataklasit in das verzweigte Bruchsystem der Verwerfungszone eingesaugt werden (EISBACHER 1996) und es entstehen tektonische Dikes mit **Intrusionsbrekzien** (*intrusive breccias*). Ein ähnlicher Prozess liegt der Entstehung von synsedimentären Dikes (Kapitel 4.5 Gänge) zugrunde.

Während des Verwerfungsprozesses werden jedoch die zwischen den groben Gesteinsbruchstücken entstehenden Hohlräume nicht unbedingt sofort mit einer feinkörnigen Matrix verfüllt. Dies kann erst viel später durch die Ausfällung von bestimmten Mineralen geschehen (z. B. Kalzit), die durch die Zirkulation von Grundwasser gesteuert wird. Offene Zwickel zwischen den Gesteinsbruchstücken einer Brekzie können aber auch mit aus hydrothermalen Lösungen ausfallenden Edelmetallen verfüllt werden und die Verwerfungszone wird zur Goldader.

Mit zunehmender Tiefe erfolgt eine generelle diagenetische Verfestigung der Gesteinsbruchstücke durch Kompaktion und Zementation der Bruchstücke und es bilden sich **kohäsive** (*cohesive*) Kataklasite. Kohäsive Kataklasite kommen bis in ca. 15 km Tiefe vor (Abb. 5.9).

In Tiefen unter 10 – 15 km wird die Deformation an der Verwerfung duktil und es entstehen sogenannte **Mylonite** (*mylonitic rocks*). Druck

gem Störungsmaterial (Komponenten kleiner 1 μm) nennt man **Pseudotachylit** (*pseudotachylite*).

Die nach dem Bruch zunächst **unverfestigten** (*incohesive*), **bröckeligen** (*friable*) **Kataklasite** können bis in Krustentiefen von ca. 4 km vorkommen. Die **Brekziierung** (*brecciation*) des Gesteins kann unter relativ geringem Umlagerungsdruck vonstatten gehen. Wachsen in der Verwerfungszone über-

Abb. 5.8 Verwerfungsfläche und Störungsbrekzie an einer Aufschiebung. An der Verwerfungsfläche „kleben" Brekzienkomponenten, die, wie weitere Komponenten der Störungsbrekzie, während der Bewegung in der Verwerfungszone abgerundet wurden. Tertiäre Aufschiebung auf der Halbinsel Formentor, Mallorca

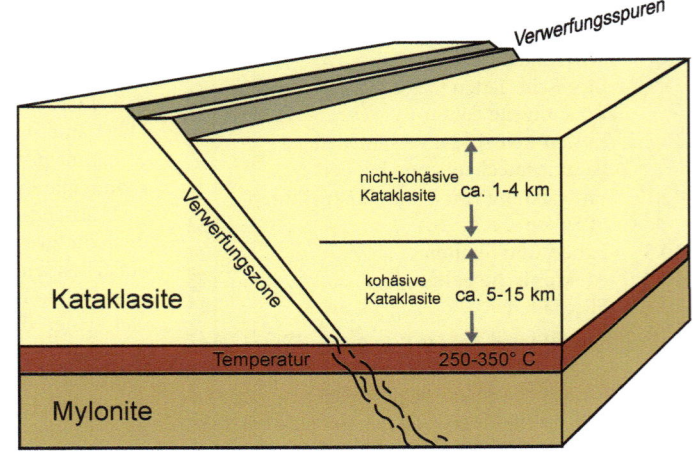

Abb. 5.9 Schema einer Abschiebungszone von der Erdoberfläche bis in eine Krustentiefe von über 15 km. In der spröden Oberkruste bis in ca. 15 km Tiefe entstehen zunächst unverfestigte, dann verfestigte Kataklasite (Störungsbrekzien, Mikrobrekzien und Pseudotachylite). In der duktilen Unterkruste wird die Störungszone breiter und es entstehen Mylonite (in Anlehnung an TWISS & MOORES 2007).

und Temperatur haben weiter zugenommen (SIBSON 1977). Ab ca. 300°C verhalten sich Quarz und Calcit kristallplastisch. In der tieferen Kruste verhält sich Plagioklas und im oberen Erdmantel Olivin plastisch (BAHLBURG & BREITKREUZ 2004). Mylonite haben eine sehr feinkörnige Matrix, die von der Zerscherung des Ausgangsgesteins herrührt. Jedoch enthalten Mylonite auch Relikte größerer primärer Minerale. Diese bezeichnet man als **Porphyroklasten** (*porphyroclasts*). Dazu gehören primäre Glimmerplättchen, die in der Scherzone mitgeschleppt und zu **Glimmerfischen** (*mica fishes*) eingeregelt werden (Abb. 5.10a), und vor allem rundliche und eckige reliktische Mineralkörner (z. B. Feldspäte). Mineralkörner, die während der Deformation und der Metamorphose des Gesteins gewachsen sind, nennt man

5.3 Zusammenhang zwischen Verwerfungsart und Hauptspannungsrichtungen

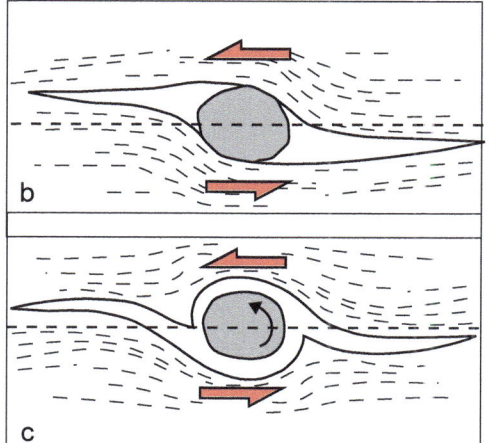
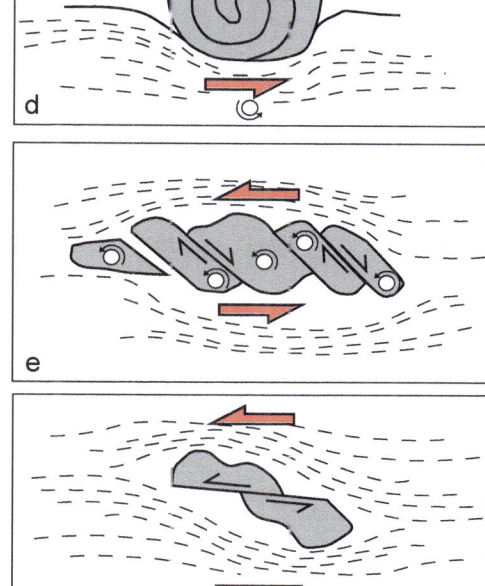

Abb. 5.10 Hinweise auf den Bewegungssinn duktiler Scherzonen: (a) Glimmerfisch, (b) σ-Porphyroklast, (c) δ-Porphoroklast, (d) Schneeballporphyroblast, (e) antithetische Mikrobrüche, (f) synthetische Mikrobrüche (Bildrechte: verändert nach TWISS & MOORES 2007)

Porphyroblasten (*porhyroblasts*). Die genannten Einschlüsse werden in der Verwerfungszone rotiert und zerschert. Bei der Rotation entstehen im **Druckschatten** (*pressure shadow*) der Mineralkörner Mikrohohlräume, in denen sich neue metamorphe Minerale bilden, die als charakteristische **Schwänze** (*tails*) die so genannten Sigma-Klasten (Abb. 5.10b) kennzeichnen. Diese werden bei weiterer Rotation zu Delta-Klasten (Abb. 5.10c). Porphyroblasten, die während ihres Wachstums rotiert werden, so genannte Schneeballporhyroblasten, zeigen interne, spiralförmig angeordnete winzige Einschlüsse (Abb. 5.10d).

Manche Porphyroklasten, wie z. B. Feldspäte, werden entlang von transgranularen Mikrobrüchen zerschert und nehmen so die duktile Deformation der sie umgebenden Matrix auf. Wenn die Mikrobrüche ursprünglich unter einem steilen Winkel zur Scherebene lagen, rotieren die einzelnen Mineralfragmente während der Bewegung in der Verwerfungszone, der Bewegungssinn entlang der Mikrorisse ist dabei entgegengesetzt (antithetisch) zur Bewegung in der umgebenden Matrix (Abb. 5.10e). Waren die Mikrobrüche anfänglich unter einem geringen Winkel zur Scherebene orientiert, dann ist der Bewegungssinn am Mikrobruch der gleiche (synthetisch) wie der in der umgebenden Matrix (Abb. 5.10f).

5.3 Zusammenhang zwischen Verwerfungsart und Hauptspannungsrichtungen

Ein einfaches und verständliches Modell zur Mechanik von Verwerfungen und damit zur Entstehung von Abschiebungen, Horizontalverschiebungen und

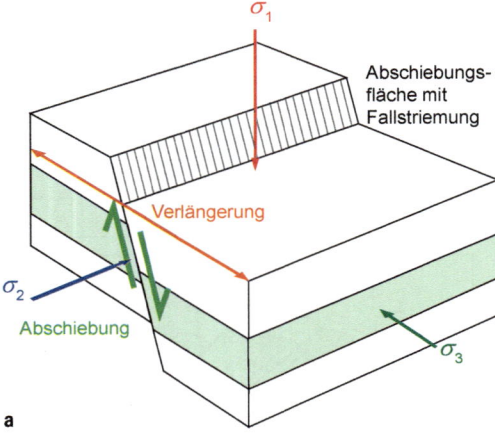

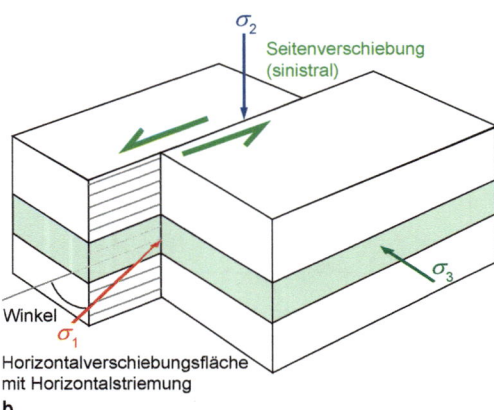

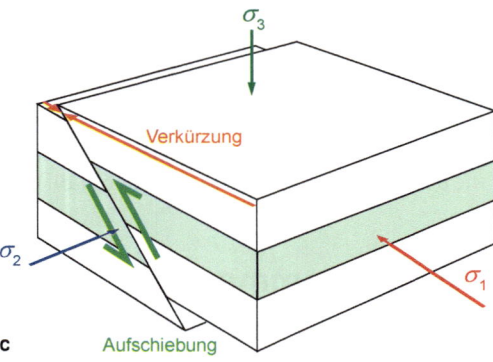

Abb. 5.11
(a) Zusammenhang zwischen tektonischer Struktur, Deformation und Hauptspannungsrichtungen: Abschiebung
(b) Zusammenhang zwischen tektonischer Struktur und Hauptspannungsrichtungen: Horizontalverschiebung
(c) Zusammenhang zwischen tektonischer Struktur und Hauptspannungsrichtungen: Aufschiebung

Aufschiebungen im Zusammenhang mit den drei Hauptspannungen bietet die **Anderson-Theorie** (*Anderson's theory*). ANDERSON (1942, 1951) setzte vereinfachend voraus, dass es sich bei Verwerfungen in geringen Erdtiefen um Scherbrüche nach dem Mohr-Coulomb'schen Bruchkriterium (Kapitel 15.5.1 Der Bruch des Gesteins, Kasten „Mohr-Coulomb'sches Bruchkriterium – Triaxial-Versuch") handelt. Die Erdoberfläche wird als freie Oberfläche betrachtet und als eine der drei Hauptspannungsebenen definiert, auf der keine Scherspannungen wirken. Da die Hauptspannungsrichtungen in den Richtungen der Hauptspannungsebenen liegen (vgl. Abb. 15.2, 15.3), muss demnach die Erdoberfläche als eine Hauptspannungsebene zwei der drei Hauptspannungsrichtungen enthalten. Die dritte Hauptspannungsrichtung verläuft senkrecht dazu und steht somit an jedem beliebigen Punkt auf einer angenommenen idealen Kugeloberfläche der Erde vertikal. Nach dem Mohr-Coulomb'schen Bruchkriterium ist der Winkel zwischen der maximalen kompressiven Hauptspannung σ_1 und der Bruchebene

$$\pm 45° - \frac{\varphi}{2} \ (\varphi = \text{Winkel der inneren Reibung des Gesteins}).$$

Die Entwicklung einer bestimmten Verwerfungsart hängt davon ab, welche der drei Hauptspannungen vertikal steht.

Bei vertikal orientierter maximaler kompressiver Hauptspannung σ_1 entsteht eine Abschiebung (Abb. 5.11a). Die Abschiebungsfläche fällt mit ca. 60° ein. Die Deformationsart ist eine Verlängerung. Bei entsprechendem Gestein hat sich auf der Verwerfungsfläche eine **Fall-Striemung** (*dip-slip striation*) entwickelt.

Bei vertikal orientierter mittlerer kompressiver Hauptspannung σ_2 entwickelt sich eine Horizontalverschiebung (Abb. 5.11b). Die maximale kompressive Hauptspannung σ_1 und die senkrecht dazu liegende minimale kompressive Hauptspannung σ_3 sind horizontal gerichtet. An der senkrecht stehenden Verwerfungsfläche erfolgt eine horizontale Scherung, wodurch eine **Horizontal-Striemung** (*strike-slip striation*) erzeugt werden kann. Die Verwerfungsfläche verläuft, wie auch bei den Ab- und Aufschiebungen, nicht parallel zur Hauptspannungsrichtung σ_1, sondern unter einem Winkel, der gesteinsspezifisch (Bruchflächenwinkel) ist.

Bei vertikal orientierter kleinster kompressiver Hauptspannung σ_3 entwickelt sich eine Aufschiebung (Abb. 5.11c). Die Aufschiebungsfläche fällt mit ca. 30° ein. Die Deformationsart ist eine Verkürzung. Die maximale kompressive Hauptspannung σ_1 und die senkrecht dazu liegende mittlere kompressive Hauptspannung σ_2 sind horizontal gerichtet.

5.4 Verwerfungen im krustalen Spannungsfeld

Die Klassifizierung von Verwerfungen nach ANDERSON (1942, 1951) bezieht sich auf tektonische **Spannungsfelder** (*stress fields*) mit einheitlichen Hauptspannungsrichtungen, wobei der Überlagerungsdruck eine Hauptspannung ist. Ein derartiges Spannungsfeld wollen wir uns an einem großen Würfel in der Erdkruste klarmachen, dem wir ein orthogonales Koordinatensystem mit einer positiven nach unten gerichteten z-Achse, einer positiv horizontal nach rechts gerichteten y-Achse und einer nach vorn gerichteten positiven x-Achse zuordnen. Da an der ebenen Erdoberfläche keine Scherspannungen wirken und auch keine Scherspannungen auf die übrigen Seiten des Blockes angewandt werden, verlaufen die Hauptspannungsebenen senkrecht und parallel zu den Seiten des Krustenblocks. Das heißt die maximale kompressive Hauptspannung $\sigma_1 = \sigma_{zz}$ ist überall im Block vertikal orientiert und die minimale kompressive Hauptspannung $\sigma_3 = \sigma_{yy}$ ist überall horizontal orientiert. Die minimale Hauptspannung σ_3 ist hier gleich der mittleren Hauptspannung σ_2. Das Spannungsfeld des Blockes wird durch Linien definiert, die parallel zur Wirkungsrichtung der Hauptspannungen verlaufen und als **Haupt-Spannungstrajektorien** (*principal stress trajectories*) bezeichnet werden.

Der Spannungszustand in unserem Krustenblock ändert sich mit der Tiefe durch den zunehmenden Überlagerungsdruck. Die daraus resultierende gravitativ bedingte Vertikalspannung ist

$$\sigma_{zz} = \rho g z \qquad (5.1)$$

ρ = Dichte des Gesteins, g = Erdbeschleunigung, z = Tiefe.

Durch die Auflast wird mit zunehmender Tiefe auch eine steigende horizontale, gravitativ bedingte Spannung erzeugt, wobei $\sigma_{yy} = \sigma_{xx}$ ist:,

$$\sigma_y = \rho g z \left(\frac{\nu}{1-\nu} \right) \qquad (5.2)$$

(ν ist die Poisson-Zahl des Gesteins, siehe dazu Kapitel 17.2 Kasten: Poisson-Zahl).

Setzen wir hier zur weiteren Veranschaulichung Zahlenwerte ein, dann ergeben sich für die gravitativ bedingten Spannungen in 1000 m Tiefe eines Gesteinskörpers mit einem spezifischen Gewicht von ρ = 2720 kg/m³, einer Poisson-Zahl ν = 0,25 und der Erdbeschleunigung g = 9,81 m/sec² folgende Spannungsbeträge:

σ_{zz} = 26,68 MPa und $\sigma_{yy} = \sigma_{xx}$ = 8,89 MPa

Allgemein ist zu beobachten, dass die horizontal bedingte Gravitationsspannung ungefähr ein Drittel des Wertes der vertikal bedingten Gravitationsspannung beträgt.

Wirkt nun eine horizontal gerichtete tektonische Spannung auf unseren Krustenblock, z. B. in y-Richtung, so wirkt diese tektonische Horizontalspannung bereits an der Erdoberfläche. Dies bedeutet, die maximale Hauptspannung σ_1 ist jetzt horizontal orientiert. Mit zunehmender Tiefe wird die horizontale tektonische Spannung um die jeweils dort wirkende gravitative Horizontalspannung σ_{yy} erhöht. Je nach Spannungsbetrag der tektonischen Spannung bleibt die maximale Hauptspannung mit zunehmender Tiefe horizontal gerichtet. In einer bestimmten Tiefe kann jedoch die durch Auflast bedingte Spannung die größte Spannung werden, die maximale Hauptspannung ist dann wieder vertikal orientiert (MEANS 1976).

Die Anderson'sche Theorie betrachtet einen tektonisch ungestörten Krustenblock, der auf einer reibungslosen Basis horizontal auseinandergezogen oder zusammengedrückt wird. Beispiele aus der Natur, die dieser Vorstellung sehr nahe kommen, sind Gesteinspakete die auf einer Lage mit geringem Reibungswiderstand gleiten, z. B. auf einer Salzlage. Ein regionales Beispiel dafür ist der Schweizer Faltenjura. Das Deckgebirge wurde hier unter horizontal wirkenden tektonischen Spannungen über Salzlagen des Mittleren Muschelkalkes und Keupers abgeschert und durch die plattentektonisch erzeugten Horizontalspannungen, die durch die Kollision zwischen Afrikanischer und Europäischer Platte entstanden, nach Norden geschoben (BECKER 2000).

Die in tektonisch aktiven Regionen der Erde bestimmten Spannungsrichtungen stimmen im Allgemeinen mit dem Anderson-Modell überein. Demnach lassen sich aus der Geometrie der unterschiedlichen Verwerfungen die Hauptspannungsrichtungen ableiten und das tektonische Spannungsfeld ermitteln, das zur der Zeit aktiv war, als die Verwerfung entstand. Die Anderson-Theorie berücksichtigt jedoch nur planare Verwerfungen in Oberflächennähe und das Mohr-Coulomb Kriterium gilt eigentlich nur für Brüche, die in einem isotropen Material an einem Punkt unter gleichförmiger Spannung entstehen.

Verwerfungsflächen sind jedoch nicht immer planar, sondern verlaufen oft mit zunehmender Tiefe gekrümmt (**listrisch**, *listric*). Außerdem sind natürliche Gesteine nicht isotrop. Sie haben in unterschiedliche Richtungen, z. B. durch Schichtung oder laterale Veränderungen in ihrer Zusammensetzung, unterschiedliche Eigenschaften, sodass die Hauptspannungen nicht parallel zu vertikalen und horizontalen Richtungen liegen müssen.

Die Anderson-Theorie berücksichtigt keine Scherspannungen; aus diesem Grund bilden die Spannungstrajektorien gerade Linien. Wenn aber ein Gesteinsblock auseinandergezogen oder zusammengedrückt wird, sind – wenn die Basis nicht reibungsfrei ist – hier Scherspannungen zu erwarten, die der Bewegung entgegenwirken. Wirken jedoch auf eine Fläche Scherspannungen, so sind diese Flächen nach der Definition keine Hauptspannungsebenen mehr und dies bedeutet, dass die Hauptspannungsachsen nicht mehr vertikal oder horizontal verlaufen. An der Erdoberfläche wirken jedoch keine Scherspannungen, diese bleibt also eine Hauptspannungsfläche. HAFNER (1951) hat für einen Block, auf den hohe horizontale kompressive Spannungen wirken, aufgezeigt, wie diese lateral ausklingen. Abbildung 5.12 oben zeigt die Spannungstrajektorien für σ_1 und σ_3, die von starken horizontal wirkenden kompressiven tektonischen Spannungen, gravitativ induzierten Spannungen und Scherspannungen bestimmt werden. Die Hauptspannungstrajektorien und die potentiellen Verwerfungsflächen (Abb. 5.12 unten) verlaufen gebogen. Die Trajektorien der Hauptspannungen stehen an ihren Schnittpunkten trotzdem immer senkrecht aufeinander.

Der Verlauf der Spannungstrajektorien eines Spannungsfeldes wird von den unterschiedlichen Beträgen und Richtungen der Hauptspannungen bestimmt. Das Spannungsfeld gibt Hinweise auf die Orientierung und Art von potentiellen Verwerfungen. Klüfte und künstlich erzeugte Risse im Untergrund (Hydrofracs) orientieren sich bei ihrer Entstehung am herrschenden Spannungsfeld. Rezente Spannungsfelder können in-situ mit unterschiedlichen Meßverfahren ermittelt werden (AMADEI STEPHANSON 1997, REUTHER & MOSER 2009). Zur Bestimmung von Paläospannungsfeldern werden zeitlich einstufbare Verwerfungen analysiert und daraus Paläospannungsrichtungen abgeleitet (ANGLIER 1994).

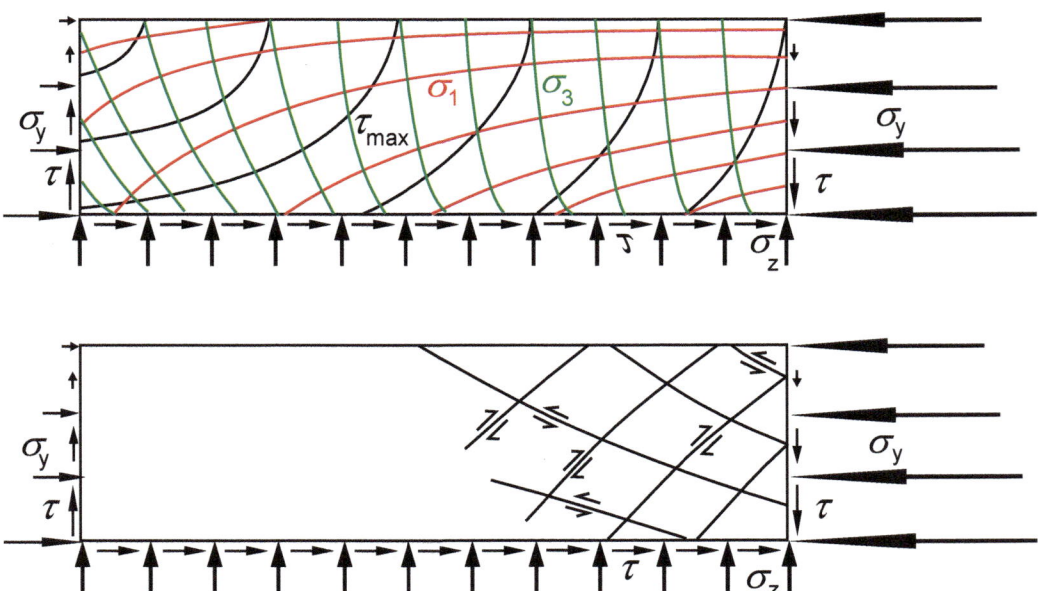

Abb. 5.12 Spannungstrajektorien (oben) und potentielle Verwerfungsflächen in einem Krustenblock (unten) unter von rechts wirkender hoher tektonischer Spannung unter Berücksichtigung von gravitativen Spannungen und Scherspannungen (Bildrechte: verändert nach HAFNER 1951)

6 Abschiebungen

Abschiebung an der Südküste der Insel Gozo / Malta (Ta Cenc Cliff 130 m Höhe)

6.1 Definition

Eine **Abschiebung** (*normal fault*) ist eine Verwerfung, entlang derer der Hangendblock gegenüber dem Liegendblock in Richtung des Einfallens der Verschiebungsfläche nach unten versetzt ist (s. Titelbild des Kapitels). Abschiebungen sind tektonische Ausweitungsstrukturen und entstehen durch eine Dehnung der Erdkruste, die dabei in horizontaler Richtung verlängert wird. Abschiebungsflächen haben in der Nähe der Erdoberfläche eine durchschnittliche Neigung von ca. 60°, sie können aber zur Tiefe hin flacher werden und in einen basalen, horizontalen **Abscherungshorizont** (*detachment*) einmünden. Dieser kann im krustalen Bereich im **sedimentären Deckgebirge** (*sedimentary cover*) liegen und z. B. durch Evaporitschichten, tonige und schiefrige Lagen repräsentiert sein, oder er befindet sich im Grenzbereich zwischen Deckgebirge und kristallinem **Grundgebirge** (*basement*) bzw. in der tieferen Erdkruste in der Übergangszone vom spröden zum duktilen Gesteinsverhalten.

Spannungszustand Abschiebung (Anderson-Modell)

Die größte Hauptspannung ist vertikal gerichtet, die mittlere Hauptspannung verläuft horizontal parallel zur Abschiebungsfläche und die kleinste Hauptspannung ist horizontal orientiert: $S_v (=\sigma_1) > S_H (=\sigma_2) > S_h (=\sigma_3)$ (Anderson-Modell s. Kapitel 5.3). Abschiebungen entstehen, wenn durch zunehmende Dehnung der Wert von σ_3 abnimmt, oder wenn durch eine zunehmende Auflast σ_1 größer wird. Dadurch wird die Differentialspannung erhöht und führt beim Erreichen der kritischen Scherspannung zum Bruch.

6.2 Dehnungstektonik und ihre Ursachen

Eine regionale **Aufdomung** (*doming*) des Erdmantels bzw. der Asthenosphäre oder lokal aufsteigende Plutone oder Salzdome verursachen rundliche oder langgestreckte Aufwölbungen der darüberliegenden Gesteine. Diese werden dadurch gedehnt und es bilden sich konzentrische oder lineare Abschiebungen. Ein von gegensinnig zueinander einfallenden Abschiebungen begrenzter Bereich sinkt ab und es entsteht ein tektonischer Graben (Abb. 6.1). Beispiele hierfür sind der Oberrheingraben in Süddeutschland und das große ostafrikanische Grabensystem.

Eine andere Möglichkeit der Grabenbildung ist die durch plattentektonische Kräfte (z. B. „Saugkräfte" im Bereich der Oberplatte, s. Kapitel 2.2) gesteuerte Lithosphärenstreckung. Zu den Dehnungsmechanismen der kontinentalen Lithosphäre existieren drei Grundmodelle. Bei der **reinen Scherung** (*pure-shear model*, MCKENZIE 1978) wird der spröde und duktile Bereich der Lithosphäre symmetrisch gestreckt. Über dem dabei entstehenden ausgedünnten Bereich senkt sich die Erdoberfläche ab. Es entsteht ebenfalls ein tektonischer Graben, dessen begrenzende Abschiebungen an der Erdoberfläche zunächst relativ steil symmetrisch aufeinander zu einfallen und dann listrisch (schaufelförmig gebogen) nach unten in der spröd-duktilen Übergangszone auslaufen. (Abb. 6.2 oben).

Dem zweiten Modell liegt eine **einfache Scherung** (*simple-shear model*, WERNICKE 1985) zugrunde, bei der die Lithosphäre asymmetrisch gestreckt wird (Abb. 6.2 Mitte). Mit diesem Modell lassen sich sehr breite, unter Krustendehnung stehende Regionen wie die Basin and Range Provinz in den südwestlichen Vereinigten Staaten und NW-Mexiko erklären. Die Abschiebungen fallen an der Oberfläche ebenfalls relativ steil ein und gehen in der Tiefe in eine listrische Abschiebungszone über, die an Basis der Lithosphäre endet.

Im dritten, dem **Delaminations-Modell** (*delamination model*, LISTER et al. 1986) wird die Lithosphäre ebenfalls asymmetrisch gestreckt, wobei die Abschiebungen der spröden Oberkruste listrisch in einen Abscherungshorizont an der Grenze zur duktilen tieferen Kruste einbiegen. Dieser Abscherhorizont geht dann in der duktilen Kruste wieder in eine steilere Abschiebungszone über, um dann in einen Abscherhorizont zwischen Erdkruste und oberen Erdmantel einzumünden. In diesem versteilt sich die Abschiebungszone erneut und läuft dann, nach Durchtrennung der gesamten Lithosphäre, an der Grenze zur Asthenosphäre aus (Abb. 6.2 unten).

Bei extremer großräumiger Dehnung wird die kontinentale Kruste sehr stark ausgedünnt und zerrissen. Die an der Oberfläche zunächst relativ steil einfallende spröde Hauptabschiebungszone wird zur Tiefe hin flacher und geht in der mittleren kontinentalen Kruste in eine duktile Scherzone über. Die spröde Oberkruste des Hangendblockes wird an Zweigabschiebungen, die listrisch in die Hauptab-

6.2 Dehnungstektonik und ihre Ursachen

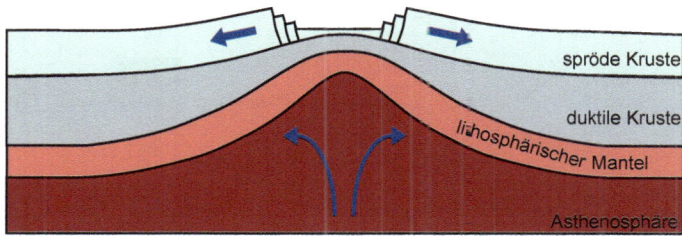

Abb. 6.1 Lithosphärendehnung durch Aufdomung der Astenosphäre

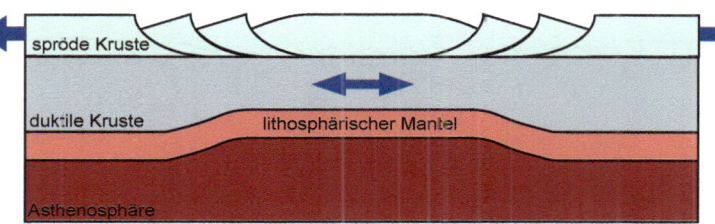

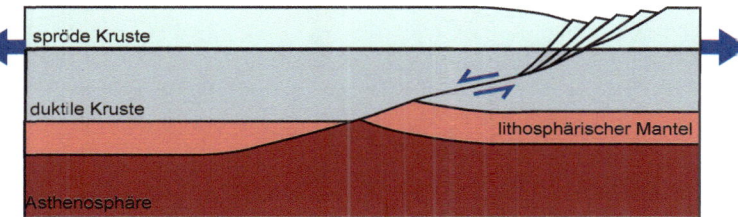

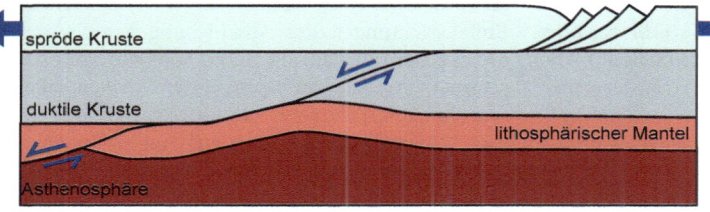

Abb. 6.2 Lithosphärenstreckung: Reine Scherung (oben), McKenzie-Modell; Einfache Scherung (Mitte), Wernicke-Modell und Delaminations-Modell (unten) (Bildrechte: verändert nach LISTER et al. 1986)

schiebung einmünden, in Kippschollen zerlegt, die sich wie Dominosteine gegeneinander verschieben (Abb. 6.3). Die mittlere- und untere Kruste werden durch die starke Dehnung regelrecht weggezogen (LISTER & DAVIS 1989). Durch die zunehmende Dehnung entstehen weitere, unter flachem Winkel einfallende, Abschiebungen. Dadurch wird der Hangendblock immer mehr ausgedünnt. Die daraus resultierende Entlastung des Liegendblocks bedingt dessen isostatischen Aufstieg. Damit gelangen tiefkrustale metamorphe Gesteine an die Erdoberfläche und bilden einen **metamorphen Kernkomplex** (*metamorphic core complex*). Den Prozess bezeichnet man als **tektonische Denudation** (*tectonic denudation*). Der Aufstieg des metamorphen Gesteins des entlasteten Liegendblocks führt unter dem am stärksten ausgedünnten Bereich des Hangendblocks zur Aufbiegung der Mylonitzone. Diese gerät so in eine geringe Krustentiefe, bzw. an die Erdoberfläche und wird dort durch Sprödbrüche überprägt. Generell ist der Dehnungsbereich dadurch charakterisiert, dass unterschiedlich stark metamorphe

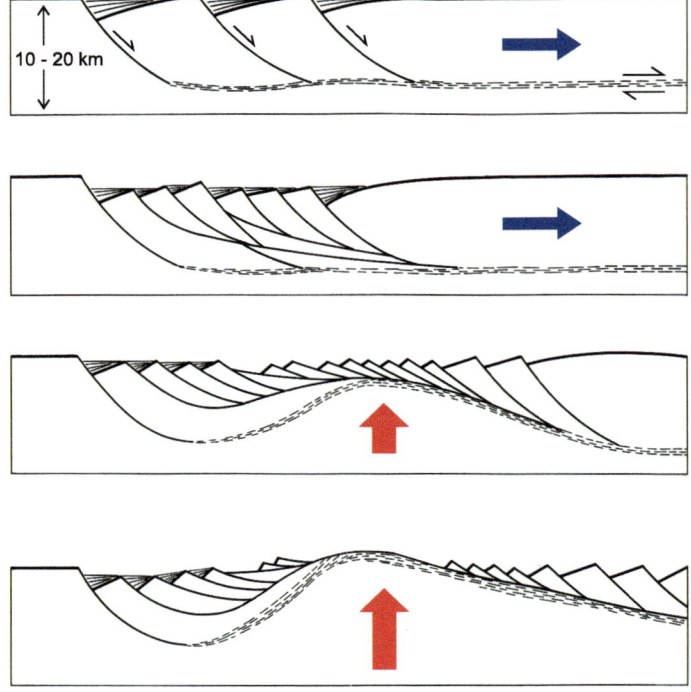

Abb. 6.3 Asymmetrische Krustendehnung und Aufdringen eines metamorphen Kernkomplexes. Von oben nach unten: Krustendehnung, Ausbildung listrischer Abschiebungen, die in einen duktilen Abscherhorizont einmünden. Fortdauernde Dehnung führt zur Ausbildung weiterer listrischer Abschiebungen und rotierenden Krustenblöcken. Die starke Dehnung bedingt eine Verdünnung des Hangendblocks. Dadurch wird die Auflast verringert; dies initiiert den isostatischen Aufstieg des Liegendblocks und weitere Abscherhorizonte. Die älteren Abschiebungen werden stärker gekrümmt. Mylonite und metamorphe Gesteine dringen bis an die Erdoberfläche auf. (Bildrechte: verändert nach LISTER & DAVIS 1989, mit frdl. Genehmigung von Elsevier)

Krustenblöcke im tektonischen Kontakt zu nicht metamorphen Krustenblöcken liegen.

In der ozeanischen Kruste kommen Abschiebungen an **Mittelozeanischen Rücken** (*mid oceanic ridges* – MOR) sowie an großen **Bruchzonen** (*fracture zones*), die sich aus ehemaligen Transformstörungen entwickelt haben, vor.

Entlang von divergenten Plattengrenzen (MOR) können sich unterschiedlich große und unterschiedlich orientierte Abschiebungen entwickeln (BUCK et al. 2005). Ihre Entstehung hängt dabei von den Wechselwirkungen zwischen Magmatismus und Tektonik ab. Ein untermeerisches Gebirge mit einer stark ausgeprägten Topographie (> 2000 m) entsteht an einem MOR, der durch einen geringen Magmennachschub charakterisiert ist. Die Spreizungsrate ist dabei < 2cm/Jahr (z. B. am Mittelatlantischen Rücken). Der zentrale Bereich des MOR wird hier durch einen ca. 20 bis 30 km breiten und 1,5 bis 3 km tiefen Graben gekennzeichnet. An einem schnell spreizenden Rücken, mit bis zu ca. 14 cm/Jahr (z. B. am Ostpazifische Rücken), wird viel Magma in die Dehnungszone nachgeführt. Hier bildet sich kein zentraler Graben aus, der Kernbereich des MOR ist vielmehr durch eine mehrere hundert Meter hohe und bis ca. 20 km breite Schwelle gekennzeichnet. Nach BUCK et al. (2005) hängen die Einfallsrichtungen der Abschiebungen an mittelozeanischen Rücken mit deren Spreizungsrate zusammen. An langsam spreizenden Rücken fallen fast alle Abschiebungen zur Rückenachse hin ein; ihre Entwicklung wird von aufdringenden Dikes gesteuert. An schnell spreizenden Rücken fällt jedoch nur etwa die Hälfte der Abschiebungen zur Achse hin ein; die anderen Abschiebungen fallen entgegengesetzt, von der Achse weg, ein. Dies wird damit erklärt, dass sich die Lithosphärenplatten mit zunehmender Entfernung vom axialen Hoch geradebiegen und so das zu beobachtende Störungsmuster verursachen.

An ozeanischen Bruchzonen, die als abgestorbene Transformstörungen deren Verlängerung bilden (Abb. 7.1), können durch Dichteunterschiede entlang der Bruchzone Abschiebungen entstehen.

Entlang von Küsten, an passiven Kontinenträndern oder Seen kann bei entsprechender Sedimentation die zunehmende Auflast eine Abschiebung initiieren (Abb. 6.4).

6.3 Nomenklatur und Geometrie von Abschiebungen

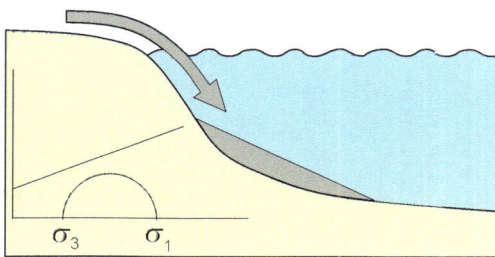

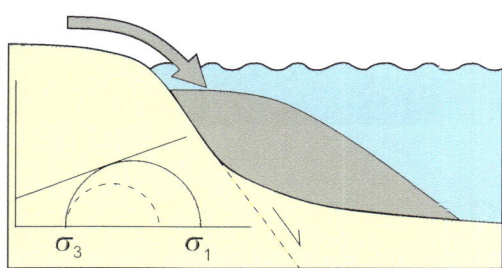

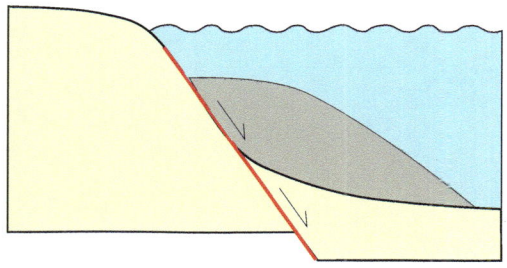

Abb. 6.4 Initiierung von Abschiebungen in Küstenbereichen durch zunehmende Auflast und Darstellung mit dem Mohr-Coulomb'schen Bruchkriterium

Werden bestimmte Bereiche der Erdkruste gedehnt, wird die Verlängerung durch verschiedene Abschiebungen kompensiert, an denen die Gesteine versetzt oder verbogen werden (Abb. 6.5). Zwischen gegensinnig zueinander einfallenden Abschiebungen senkt sich das Gestein ab und es entsteht ein tektonischer **Graben** (*graben*). Einen Bereich, der durch voneinander weg einfallenden Abschiebungen begrenzt wird, bezeichnet man als **Horst** (*horst*). Eine tektonische Horst- und Grabenstruktur kann sich auch in der Morphologie des Geländes widerspiegeln (Abb. 6.6, 6.7). Von einer Reliefumkehr spricht man, wenn durch spätere Verwitterungsprozesse, z. B. in einem Grabenbereich, die härteren abgesunkenen Schichten herauspräpariert werden, während die Grabenschultern stark erodiert sind und der tektonische Graben so morphologisch einen Berg bildet (Abb. 6.8).

Neben den Hauptabschiebungen können weitere, sekundäre Abschiebungen vorkommen. Diese fallen als synthetische Zweigabschiebungen in die gleiche Richtung ein wie die Hauptabschiebung; entgegengesetzt einfallende Zweigabschiebungen werden als antithetisch bezeichnet. Eine Hauptabschiebung und eine die Dehnung ausgleichende antithetische sekundäre Abschiebung bilden einen y-Graben (Abb. 6.5, 6.9). Wird die Dehnung des absinkenden Bereichs durch eine Schichtverbiegung kompensiert, bezeichnet man dies als antithetische Flexur (Abb. 6.5, 6.10). Die abbiegenden Schichten werden dabei ausgedünnt, bzw. an kleinen Störungen versetzt.

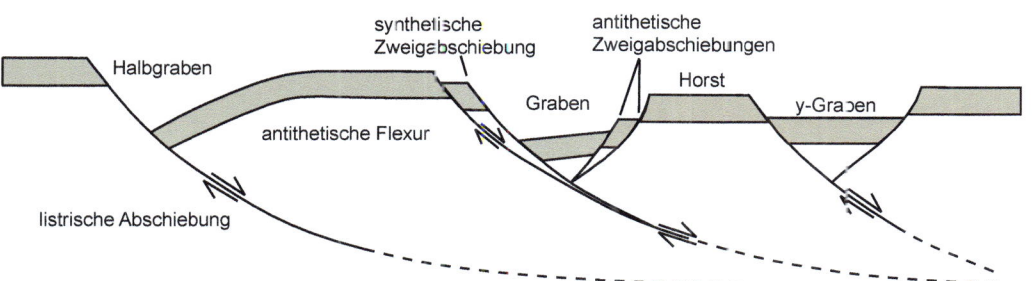

Abb. 6.5 Abschiebungssystem (Bildrechte: kompiliert nach EISBACHER 1996)

Abb. 6.6 Tektonischer Graben an der Südküste der Insel Gozo (Malta). Abgeschoben ist der Untere Globigerinenkalk (gelbe Gesteinschichten, Aquitan/Tertiär) gegen den Unteren Corallinaceenkalk (weiße Gesteinsschichten in der Bildmitte, Chatt/Tertiär).

Abb. 6.7 Blick auf den Nordteil der Insel Malta. Die Morphologie spiegelt eine tektonische Horst- und Grabenstruktur wider. Die Bergrücken entsprechen den Horsten, den Gräben entsprechen sich an den Küsten gegenüberliegende Buchten, die von denselben Abschiebungen begrenzt werden. (Bildrechte: Foto F. Thiedig)

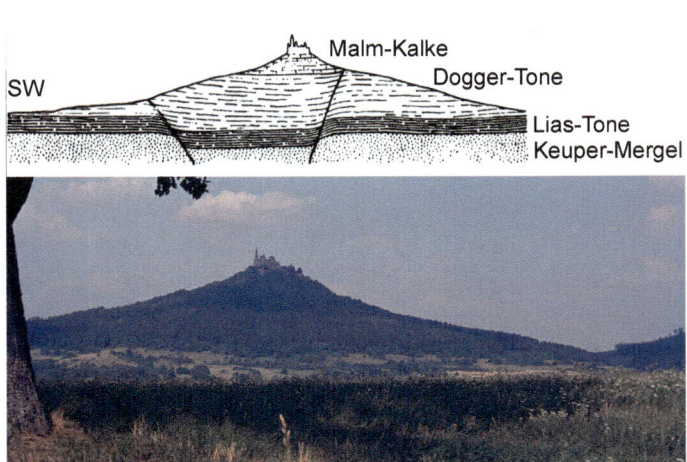

Abb. 6.8 Reliefumkehr Hohenzollerngraben (Bildrechte: Grafik verändert nach Brinkmann 1967)

6.3 Nomenklatur und Geometrie von Abschiebungen

Die Begriffe synthetisch und antithetisch werden auch in einem anderen Sinn gebraucht und dienen dann der Beschreibung des geometrischen Bezugs zwischen dem Einfallen von Abschiebungsflächen und dem Einfallen einer versetzten Schicht. Fällt die Abschiebungsfläche in die gleiche Richtung wie die Schicht ein, bezeichnet man dies als synthetische Abschiebung, fällt sie entgegengesetzt zur Schichtung ein, als antithetisch (Abb. 6.11).

Während der abschiebenden Bewegung können sowohl die Verwerfungsfläche als auch die involvierten Krustenblöcke rotieren. Fällt eine Abschiebung zur Tiefe hin gleichmäßig ein verändert sich die Orientierung des abgeschobenen Hangendblocks nicht. Werden während Dehnung und Abschiebungsvorgang die dabei entstehenden antithetischen Zweigabschiebungen rotiert, rotiert der im y-Graben liegende abgeschobene Block (vgl. Abb. 6.9).

Abb. 6.9 y-Graben an der Südküste der Insel Malta (Malta, Ras-ir Hobz). Sichtbare Höhe der Steilküste = 20 m

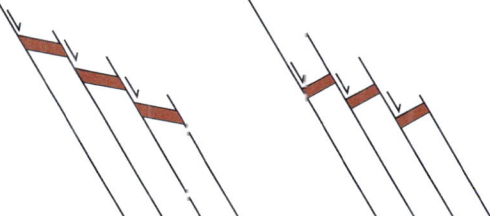

Abb. 6.11 Synthetische (links) und antithetische (rechts) Abschiebungen bezüglich des Schichteinfallens

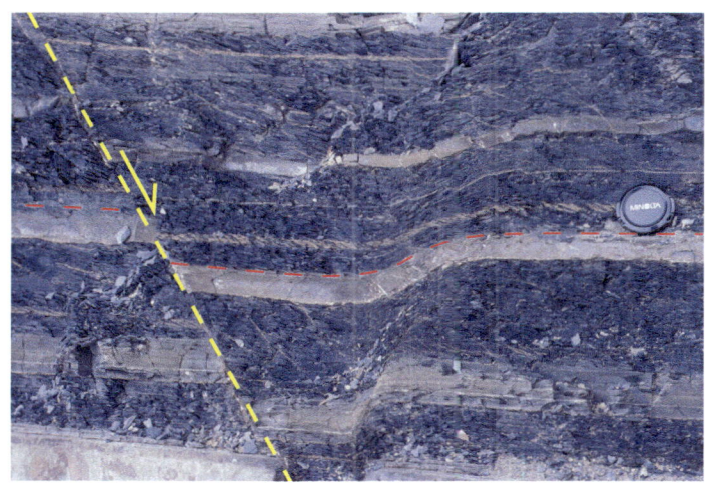

Abb. 6.10 Grabenstruktur im cm-Bereich (Eude, Cornwall). Der Graben wird links von einer Abschiebung und rechts von Schleppfalten begrenzt.

Oberflächennah und im Ausstrichsbereich einer breiten Abschiebungszone können die durch syntethetische Hauptabschiebungen und antithetische Zweigabschiebungen definierten Blöcke im Zuge der andauernden Abschiebungsbewegung weiter rotieren. Dabei können Segmente der Hauptabschiebung überkippt werden und die antithetischen Zweigabschiebungen rotieren in eine immer flachere Lagerung. (Abb. 6.12, 6.13).

6.4 Schichtverbiegungen und Faltung an Abschiebungen

Während des Abschiebungsprozesses werden die Gesteine im Abschiebungsbereich zu **Schleppfalten** (*drag folds*) verbogen (siehe Abb. 6.10 rechts). Wird eine Gesteinsfolge in der Tiefe an einer Abschiebung versetzt, so muss die Bruchfläche jedoch nicht bis an die Erdoberfläche durchgehen. Die höherliegenden Bereiche werden dann durch das Absinken des Hangendblocks verbogen und dabei ausgedünnt. Es entsteht eine **Flexur**, die man auch als **Drapierfalte** (*flexural drape fold, forced fold*) bezeichnet (Abb. 6.14).

Eine interne Faltung der absinkenden Hangendblöcke mit Mulden und Sätteln wird durch das unterschiedliche Einfallen von steileren und flacheren Abschnitten *(ramp-flat geometry)* der Hauptabschiebungsfläche verursacht (Abb. 6.15). Falten im Zusammenhang mit Abschiebungen entstehen in den absinkenden Hangendblöcken, wenn diese über unterschiedlich einfallende Segmente der Abschiebungsfläche bewegt werden. Wird eine steil einfallende Abschiebung in einem Störungsabschnitt flacher, so bildet sich beim Darübergleiten des Hangendbocks in diesem eine Sattelstruktur (Abb. 6.15 oben) (**Flachbahn-Antiklinale, Störungsbiegesattel** *fault-bend anticline*). Eine Muldenstruktur (Abb. 6.15 unten) (**Rampen-Mulde,** *fault-ramp syncline*) entsteht, wenn der Hangendblock über einen Abschnitt hinweggleitet, der steiler einfällt als die Hauptabschiebung (Twiss & Moores 2007).

Im Streichen einer Grabenzone kann der Versatz einer Abschiebung über eine **Akkomodationszone** (*accomodation zone*) zu einer parallel versetzten, in die gleiche Richtung einfallenden Abschiebung übergehen (Abb. 6.16). Die Schichten sind in diesem Übergangsbereich gebogen und bilden eine sogenannte **Relaisrampe** (*relay ramp*, Peacock

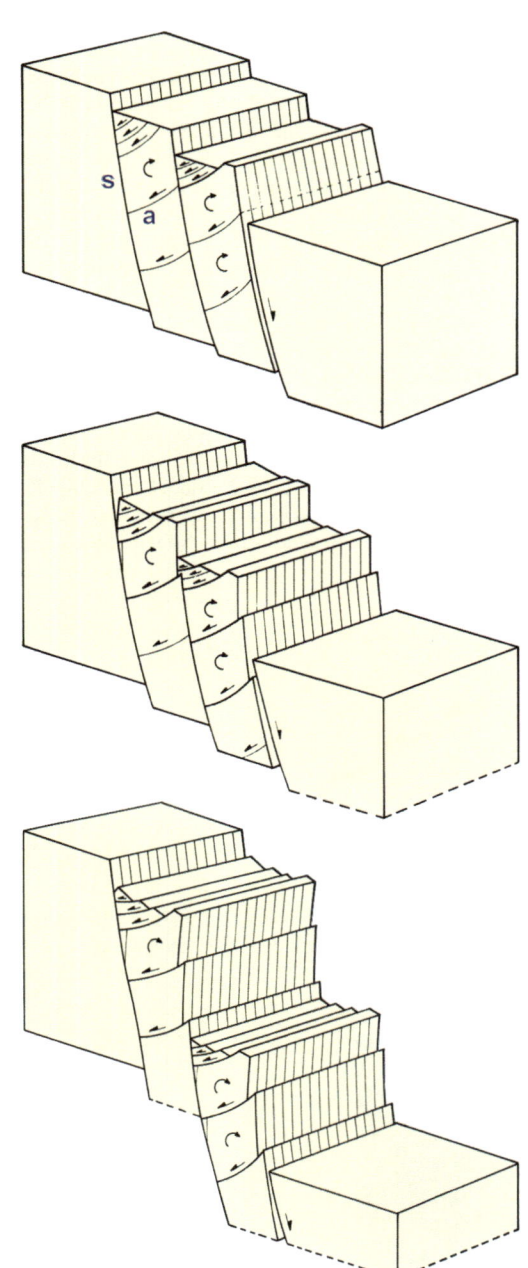

Abb. 6.12 Rotation von Krustenblöcken an synthetischen (s) und antithetischen (a) Abschiebungen im Ausstrichsbereich einer Abschiebungszone (Bildrechte: aus Reuther 1984) (oben). Beginn des Abschiebungsprozesses (Mitte). Blockrotation (unten); durch weitere Blockrotationen werden die synthetischen Abschiebungsflächen überkippt und die antithetischen Abschiebungsflächen rotieren in eine horizontale Lagerung

6.4 Schichtverbiegungen und Faltung an Abschiebungen

Abb. 6.13 Blockrotationen in einer Abschiebungszone (oben links) Überkipptes Segment einer synthetischen Hauptabschiebung (gelb gestrichelt); (oben rechts) in die Horizontale rotierte antithetische Zweigabschiebung mit Bewegungssinn (unten) Blockrotationen mit relativem Bewegungssinn der synthetischen und antithetischen Abschiebungen. (Südküste Insel Malta, Maghlaq-Störungssystem)

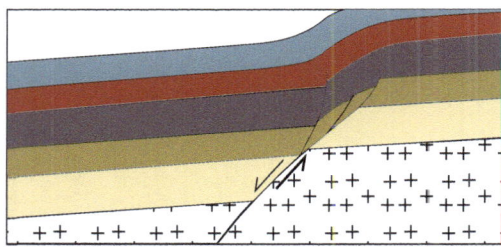

Abb. 6.14 Flexur im Deckgebirge (Drapierfalte) über einer Abschiebung im tieferen Untergrund (Bildrechte: verändert nach Hatcher 1990)

& Sanderson 1994). Endet eine Abschiebung im Streichen durch eine graduelle Abnahme des Versatzes, bezeichnet man dies als **Scharnierverwerfung** (*hinge fault*) (Abb. 6.17).

Biegt die Abschiebungsfläche im Streichen in eine andere Richtung um, dann geht sie in eine **Schrägabschiebung** (*oblique slip*) über, die den absinkenden Hangendblock dann seitlich begrenzt. (Abb. 6.18).

Synsedimentäre Abschiebungen (*synsedimentary normal faults, growth faults*) sind dadurch charakterisiert, dass sich auf dem absinkenden

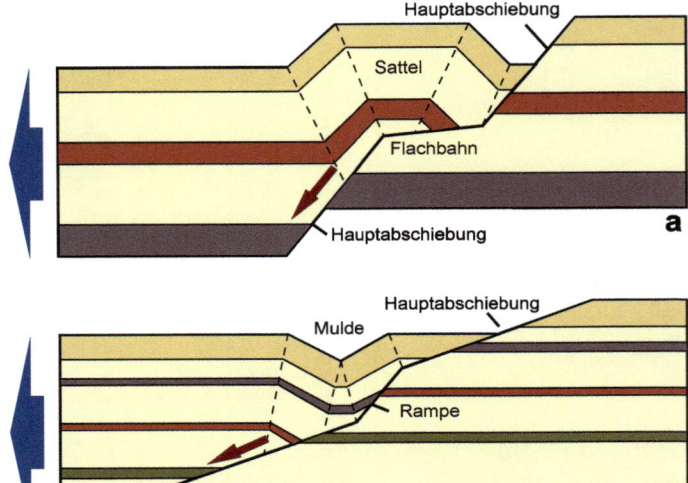

Abb. 6.15 Interne Verfaltung des Hangendblocks über Abschiebungen mit flacheren und steileren Verwerfungsabschnitten (Bildrechte: verändert nach Twiss & Moores 2007)

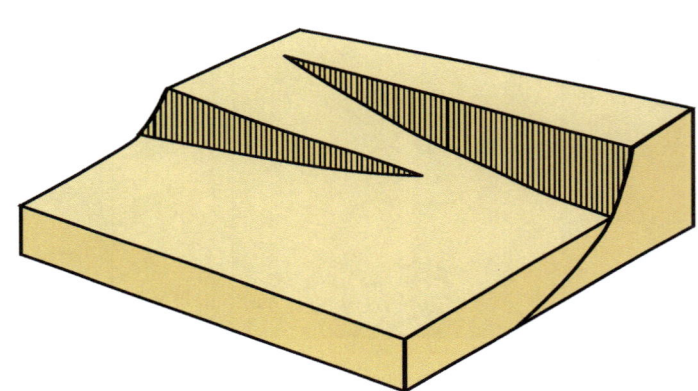

Abb. 6.16 Akkomodationszone. Der Vertikalversatz geht von der ausklingenden äußeren Verwerfung eines Grabenrandes über eine Relaisrampe zu einer in die gleiche Richtung einfallenden Abschiebung über

Abb. 6.17 Scharnierverwerfung. Der Versatz (gelbe Pfeile) nimmt im Streichen der Abschiebung vom rechten vorderen Bildrand nach hinten zum Ende der Verwerfung ab. (Südküste der Insel Gozo, Malta)

6.4 Schichtverbiegungen und Faltung an Abschiebungen

Hangendblock während der Ablagerung mehr Sedimente ansammeln als auf dem Liegendblock. Die schnellere Ansammlung von Sedimenten auf dem absinkenden Block gleicht die an der Abschiebung entstehende Stufe laufend aus, so dass die Sedimentoberfläche über die Störung hinweg relativ eben bleibt. (Abb. 6.19).

Weist eine Sedimentfolge laterale Faziesunterschiede auf, wie z. B. zwischen sandigen und tonigen Ablagerungen, dann werden bei der Verfestigung der Sedimente die Tone stärker kompaktiert als die Sande. Im Übergangsbereich zwischen Sand und Ton bildet sich dann eine **Kompaktionsabschiebung** (*compaction fault*) aus.

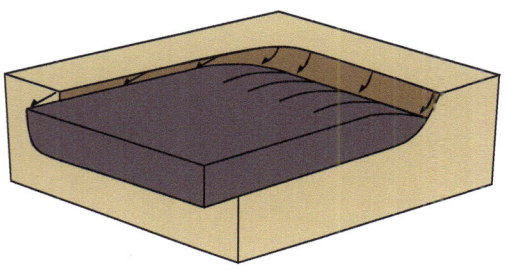

Abb. 6.18 Übergang einer Abschiebung in eine Schrägabschiebung (Bildrechte: verändert nach GIBBS 1984)

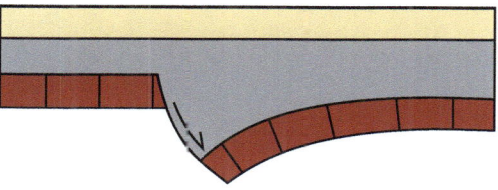

Abb. 6.19 Synsedimentäre Abschiebung. Die Abschiebung wurde nach Ablagerung der unteren (braunen) Schicht initiiert und war während der Sedimentation der grauen Schicht aktiv. Die gelbe Schicht wurde nach der tektonischen Aktivität abgelagert

Ermittlung der abschiebungsbedingten Extension

Für eine listrisch gekrümmte, in einen subhorizontalen Abscherhorizont einmündende Hauptabschiebung mit einer antithetisch dazu einfallenden listrischen Zweigabschiebung lassen sich nach EISBACHER (1996) in einem Profilschnitt die wesentlichen geologischen Kenngrößen aufzeigen und quantitativ gegeneinander ausgleichen (Abb. 6.20).

Kenngrößen: l_{Su} = Länge der undeformierten Schicht, l_{Sd} = Länge der deformierten Schicht, Längenänderung der Schicht $\Delta l_S = (l_{Sd} - l_{Su})$.

Die Längenänderung der Schicht Δl_S lässt sich aus der Summe der Einzellängen (=l_{Su}) der Segmente: $l_a + l_b + l_c$ und der betrachteten deformierten Gesamtlänge l_{Sd} direkt bestimmen.

Mit Daten aus der Reflexionsseismik und Bohrlochinformationen kann der Flächenquerschnitt (ΔF_G) der durch den Graben geschaffenen Hohlform planimetrisch ermittelt werden. Lässt sich die Tiefe (z) des horizontalen Abscherhorizontes aus Seismik oder Bohrungen ermitteln, dann entspricht die planimetrisch ermittelte Fläche ΔF_G der Hohlform der Fläche, die sich aus der Extensionsbewegung (=Δl_T) des Hangendblocks über dem subhorizontalen Abscherhorizont und der Tiefe ergibt: $\Delta F_T = \Delta l_T \cdot z$. Daraus folgt, dass man die Längenänderung in der Tiefe indirekt aus der im Profil planimetrisch ermittelten Fläche der Hohlform und der Tiefe des Abscherhorizonts bestimmen kann. Umgekehrt lässt sich eine unbekannte Abschertiefe aus der messbaren Beziehung $z = \Delta F_T / \Delta l_S$ berechnen (EISBACHER 1996).

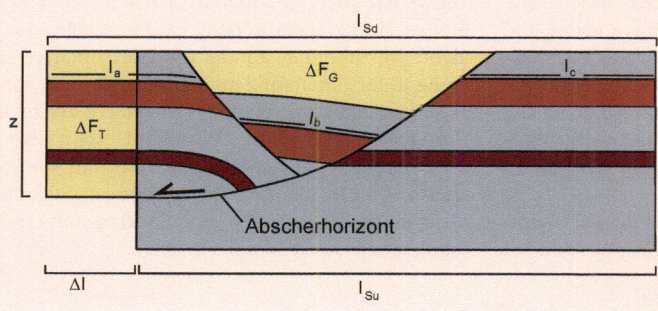

Abb. 6.20 Ausgeglichenes Profil durch einen asymmetrischen Graben. Δl kann direkt bestimmt werden als $\Delta l_S = l_{Sd} - l_{Su}$ oder indirekt als $\Delta l_T = \Delta F_T / z$ (Bildrechte: nach EISBACHER 1996)

7 Horizontalverschiebungen

Great Glen Horizontalverschiebungszone mit Loch Ness (Schottland). Das große Tal (Great Glen) zeichnet eine vor über 400 Millionen Jahren entstandene Horizontalverschiebungszone nach, die im schottischen Hochland die Northern Highlands von den Grampian Mountains trennt.

7.1 Terminologie

Eine **Horizontalverschiebung** (Synonyme: Seitenverschiebung, Blattverschiebung, Transversalverschiebung; *strike slip fault*) ist eine steil einfallende Verwerfung, entlang der die Gesteinseinheiten horizontal gegeneinander nach links (sinistral) oder rechts (dextral) verschoben sind.

Charakteristisch für Horizontalverschiebungen im Gelände ist, dass diese, bedingt durch die steilstehenden Verschiebungsflächen, auch unregelmäßige Oberflächenreliefs als klare Linie queren und sich durch deutliche topographische Merkmale auszeichnen. Dies sind z. B. lineare Täler parallel zur Verwerfung, versetzte bzw. abgelenkte Täler/Flüsse, welche die Verwerfung kreuzen. Derartige Strukturen sind auf Satelliten- und Luftbildern sehr gut zu erkennen.

Horizontalverschiebungen werden in zwei Hauptklassen untergliedert. Die erste Gruppe umfasst die **Transformstörungen** (*transform-faults*), die als Plattengrenzen die gesamte Lithosphäre durchschneiden. Die zweite Gruppe beinhaltet regionale **Horizontalverschiebungen** (*transcurrent faults*) in der kontinentalen Kruste (SYLVESTER 1988). In der deutschen Sprache gibt es für den angelsächsischen Begriff *transcurrent fault* keine eigene Bezeichnung. In beiden Verwerfungsgruppen können die Verschiebungszonen viele hundert Kilometer lang sein und die horizontalen Versätze bis zu mehreren 100 km betragen. Eine **schiefe Horizontalverschiebung** (*oblique stril-slip fault*) entsteht, wenn zu der reinen Horizontalbewegung eine vertikale Komponente hinzukommt. Findet die Horizontalverschiebung unter Einengung oder Extension statt, spricht man von einer konvergenten respektive divergenten Horizontalverschiebung. Wird ein Gesteinsverband, unabhängig von seiner Größe, spröde und/oder duktil durch mehrere Horizontalverschiebungen deformiert, so entsteht eine **Horizontalverschiebungszone** (*strike-slip fault zone*).

© Springer-Verlag GmbH Deutschland, ein Teil von Springer Nature 2012
C.-D. Reuther, *Grundlagen der Tektonik*,
https://doi.org/10.1007/978-3-8274-2724-3_7

Spannungszustand an Horizontalverschiebungen

Die horizontale Verschiebung entlang der Transformstörungen erfolgt in Spreizungsrichtung senkrecht zu den Mittelozeanischen Rücken und wird durch die Rückendruckkraft bewirkt bzw. durch Plattenzugkräfte in den Subduktionszonen verursacht. Die Verschiebungen können aus der Kombination von Rückendruck- und Plattenzugkräften resultieren (Abb. 7.1).

Für Horizontalverschiebungen in der kontinentalen Erdkruste kann der Spannungszustand mit dem Anderson-Modell, dem Mohr-Coulomb-schen Bruchkriterium folgend, dargestellt werden (siehe Kapitel 5 Verwerfungen). Die größte und die kleinste Hauptspannung sind horizontal gerichtet; die mittlere Hauptspannung ist senkrecht orientiert: $S_H (= \sigma_1) > S_v (=\sigma_2) > S_h (=\sigma_3)$. Die Horizontalverschiebungsfläche bildet mit der maximalen Hauptspannungsrichtung einen Winkel, dessen Betrag durch den inneren Reibungswinkel des Gesteins bestimmt wird (s. Kapitel 15 Spannungen).

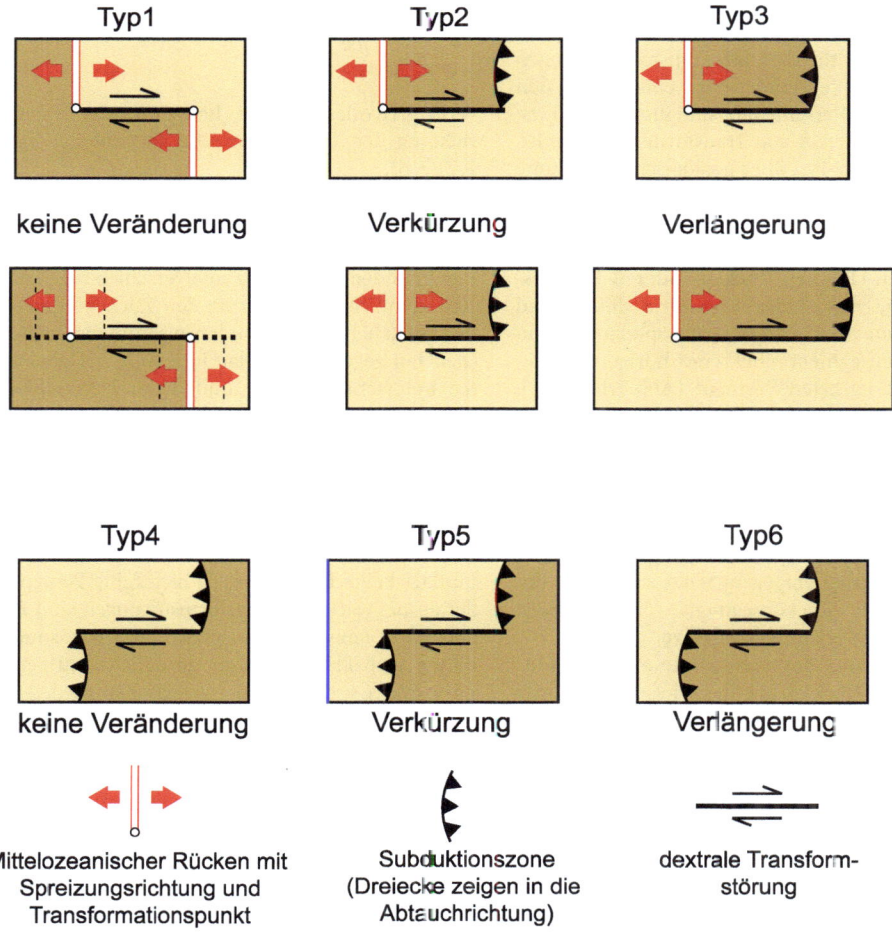

Abb. 7.1 Transformstörungen (Bildrechte: verändert nach WILSON 1965)

7.2 Horizontalverschiebungstektonik und ihre Ursachen

7.2.1 Transformstörungen

Transformstörungen wurden erstmals 1965 von dem kanadischen Geologen und Geophysiker J. Tuzo Wilson beschrieben. Diese Horizontalverschiebungen repräsentieren Plattengrenzen und gehen an ihren Enden abrupt in andere Plattengrenzen wie Mittelozeanische Rücken oder Subduktionszonen über. Nach dem horizontalen Bewegungssinn werden für Transformstörungen jeweils sechs Typen für sinistrale und sechs Typen für dextrale Verschiebungen definiert. In Abb. 7.1 sind die sechs möglichen Arten für dextrale Transformstörungen dargestellt. Die Spiegelbilder dazu entsprechen den sechs sinistralen Verschiebungsmöglichkeiten. Eine besondere Eigenschaft von Transformstörungen ist, dass diese je nach Typ über geologische Zeiträume hinweg ihre Länge verändern (Abb. 7.1).

Die am häufigsten vorkommenden Transformstörungen verbinden Segmente der Mittelozeanischen Rücken (**Rücken-Rücken- oder R-R-Transformstörung,** *ridge-ridge transform fault*) und transformieren die Meeresbodenspreizung von einem Rückensegment über eine horizontale Bewegung zum nächsten Segment (Abb. 7.1 Typ 1). Bei fortdauerndem Magmennachschub entfernt sich die neu gebildete ozeanische Kruste von den Rücken und an der Transform-Störung findet eine Relativbewegung statt, die der Spreizungsgeschwindigkeit der Rückensegmente entspricht. Bezeichnend für eine R-R-Transformstörung ist, dass ihre Bewegungsrichtung entgegengesetzt zu der aus der Anordnung der Rückensegmente erscheinenden Versatzrichtung verläuft (Wilson 1965).

Verbindet eine Transformstörung einen Mittelozeanischen Rücken mit der Tiefseerinne einer Subduktionszone oder einer Kontinent-Kontinent-Kollisionszone, wird diese als **R-T-Transformstörung** (**Rücken-Tiefseerinne-Transformstörung,** *ridge-trench transform fault*) bezeichnet. Eine T-T-Transformstörung (**Tiefseerinne-Tiefseerinne-Transformstörung,** *trench-trench transform fault*) verbindet zwei Tiefseerinnen, deren Subduktionszonen in die gleiche Richtung oder gegenseitig aufeinander zu bzw. voneinander weg einfallen können. Ob sich eine Transformstörung im Laufe der Zeit

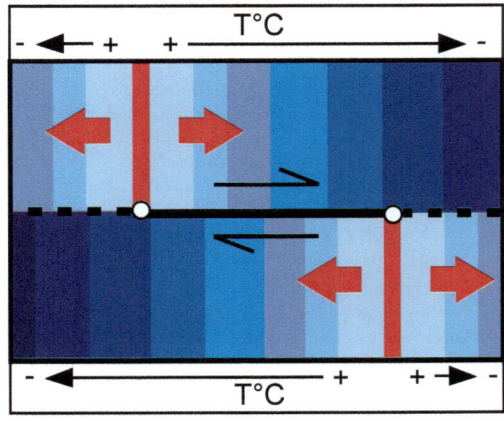

Abb. 7.2 R-R-Transformstörung (durchgezogene schwarze Linie zwischen den weißen Transformationspunkten, rot MOR), Alter der ozeanischen Kruste (Blautöne), Bruchzonen (gestrichelt)

verlängert oder verkürzt, hängt von der Abtauchrichtung der Subduktionszone ab (Abb. 7.1 Typen 2, 3, 5, 6).

Jenseits des Transformationspunktes eines Mittelozeanischen Rückensegments sind im Ozeanboden **Bruchzonen** (*fracture zones*) erkennbar. An diesen finden keine Horizontalverschiebungen mehr statt, denn hier wird der an den Rückensegmenten neu entstehende Ozeanboden zusammengeschweißt (hellblau gegen dunkelblau in Abb. 7.2). Dabei treffen unterschiedlich alte und dadurch verschieden dichte (schwere) Ozeanbodenabschnitte zusammen. Diese können sich im weiteren Verlauf der Bruchzonen unterschiedlich gegeneinander absenken und so Abschiebungen initiieren.

Endet die Transformstörung an einer Subduktionszone, existiert jenseits des Transformationspunktes keine Bruchzone, da hier keine Plattenteile zusammenwachsen. Transformstörungen sind nicht auf die ozeanische Lithosphäre begrenzt, sondern bilden auch Plattengrenzen, an denen kontinentale Lithosphäre gegeneinander verschoben wird.

Neben den Enden der Transformstörungen an Mittelozeanischen Rücken oder Subduktionszonen können Transformstörungen auch an einem **Tripelpunkt** (*triple junction*) enden, an dem drei Lithosphärenplatten aneinander grenzen. Je nach dem Charakter der Plattengrenzen unterscheidet man zwischen RRR, TTT, FFF oder RTF-Tripelpunkten (F bezeichnet die Transform-Plattengrenze, R und T stehen für Mittelozeanischer Rücken resp. Tiefseerinne / Subduktionszone).

7.2 Horizontalverschiebungstektonik und ihre Ursachen

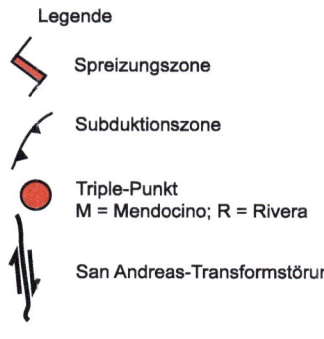

Legende

- Spreizungszone
- Subduktionszone
- Triple-Punkt
  M = Mendocino; R = Rivera
- San Andreas-Transformstörung

BC = Baja California
(gehört zur Pazifischen Platte)

Abb. 7.3 San Andreas-Störung, USA. Transformstörung zwischen zwei Tripel-Punkte (Bildrechte: verändert nach USGS Internet)

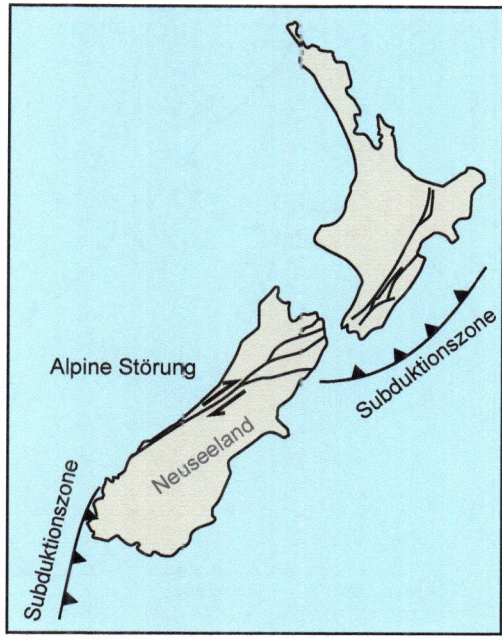

Abb. 7.4 Alpine Störung, Neuseeland. Transformstörung zwischen zwei Subduktionszonen, die aufeinander zu einfallen

Die San Andreas-Transformstörung in Kalifornien ist eine 1300 km lange dextrale Horizontalverschiebungszone, die beidseitig an RTF-Tripelpunkten endet. Am nördlichen Ende treffen die Nordamerikanische, die Pazifische und die bereits größtenteils subduzierte Juan de Fuca-Platte zusammen. An ihrem südlichen Ende geht die San Andreas-Störung im Golf von Kalifornien in ein Rücken-Transformsystem über, das dann an einem RTF-Tripelpunkt mit dem Ostpazifischen Rücken der Mittelamerikanischen Subduktionszone zusammentrifft (Abb. 7.3).

Die ca. 700 km lange dextrale Alpine Fault in Neuseeland ist eine T-T-Transformstörungzone zwischen Australischer und Pazifischer Platte. Sie verbindet die östlich/nördlich der Nordinsel liegende Hikurangi-Kermadec-Tiefseerinne, die entlang einer nach NW abtauchenden Subduktionszone verläuft, mit einer nach Osten abtauchenden Subduktionszone südlich von Neuseeland (Abb. 7.4).

Ein Beispiel für eine R-T-Transformstörung ist die über 1000 km lange sinistral aktive Totes Meer-Horizontalverschiebung im Nahen Osten, die von

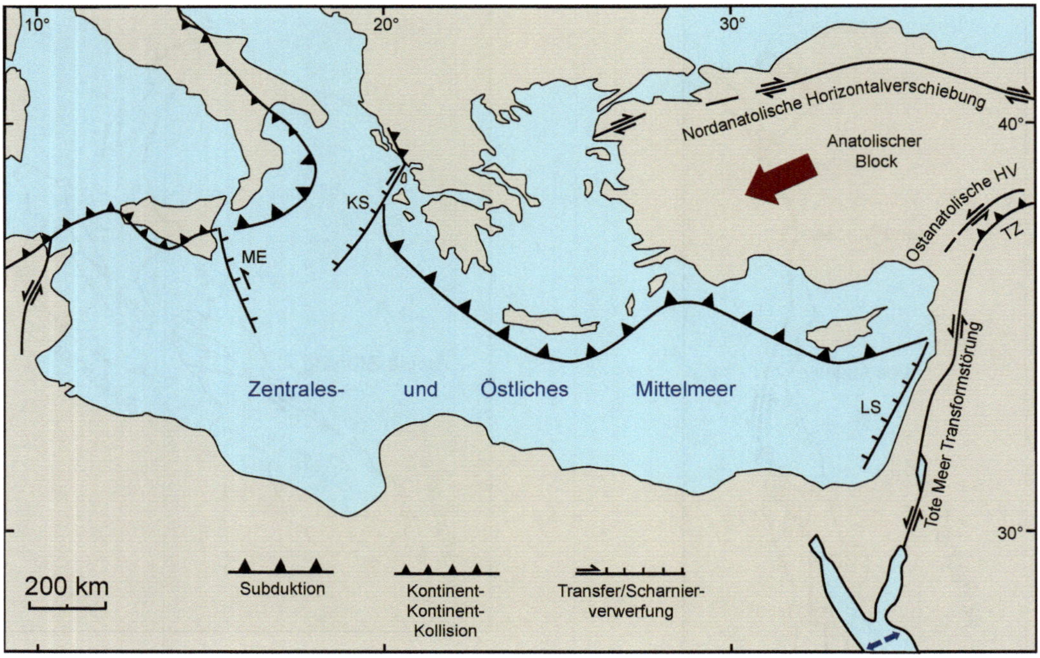

Abb. 7.5 Totes Meer-Transformstörung, Nord- und Ostanatolische Horizontalverschiebungen sowie horizontal verschiebende Transferstörungen im Bereich der Afro-Europäischen Konvergenzzone (ME = Malta Escarpment, KS = Kephalonia Störung, LS = Levante Störung, TZ = Taurus/Zagros-Kollisionszone) (Bildrechte: ergänzt nach REUTHER et al. 1993)

der Spreizungszone im Roten Meer über den Golf von Aqaba, das Tote Meer und das Jordan-Tal nach Norden verläuft und in der Taurus/Zagros- Kollisionszone endet (Abb. 7.5).

7.2.2 Horizontalverschiebungen (*transcurrent faults*)

Wird in einer Subduktionszone die abtauchende Platte schräg unterschoben (**schiefe Subduktion, oblique subduction**), führt dies in der Oberplatte zu einer Aufteilung des Bewegungsvektors in eine senkrecht und eine parallel zum Plattenrand orientierte Komponente (**Aufteilung der Deformation, strain partitioning**, JARRARD 1986). Die zum Plattenrand parallel verlaufende Bewegungskomponente initiiert in der Oberplatte **Tiefseerinnen parallele Horizontalverschiebungen** (*trench parallel strike-slip faults*). Bekannte Beispiele hierfür finden sich entlang des südamerikanischen Plattenrands in Chile bzw. entlang der chilenisch/argentinischen Anden (HOFFMANN-ROTHE et al. 2006). In Nordchile ist dies die über 1000 km lange, N-S verlaufende Atacama-Störung (Abb. 7.6). Diese Horizontalverschiebung wurde in der Jurazeit bei sinistraler Plattenkonvergenz als sinistrale Verschiebung angelegt und im Neogen/Quartär als Abschiebung und dextrale Verschiebung reaktiviert (SCHEUBER & ANDRIESSEN 1990, GONZÁLEZ et al. 2003, CEMBRANO et al. 2005). Die Atacama-Störung schneidet die Oberplatte zwischen Tiefseerinne und Magmatischem Bogen sowie zwischen dem äußeren extensiven vom inneren kompressiven Forearc-Bereich (ADAM & REUTHER 2000). Das parallel zur Atacama-Störung verlaufende Präkordilleren-Störungssystem war während der Entwicklung des südamerikanischen Plattenrandes ebenfalls mit sinistralen und dextralen Verschiebungen aktiv (REUTTER et al. 1991, 1996), und an der ebenfalls zur Tiefseerinne und zum Magmatischen Bogen parallelen El Tigre-Störung in Argentinien werden quartäre Ablagerungen dextral versetzt (SIAME et al. 2006). In Südchile verläuft die über 1000 km lange dextrale Liquiñe-Ofqui-Störungszone (CEMBRANO et al. 1996) entlang des magmatischen Bogens. An der Atacama- und der Liquiñe-Ofqui-Horizontalverschiebung werden Segmente des Forearc-Bereichs

7.2 Horizontalverschiebungstektonik und ihre Ursachen

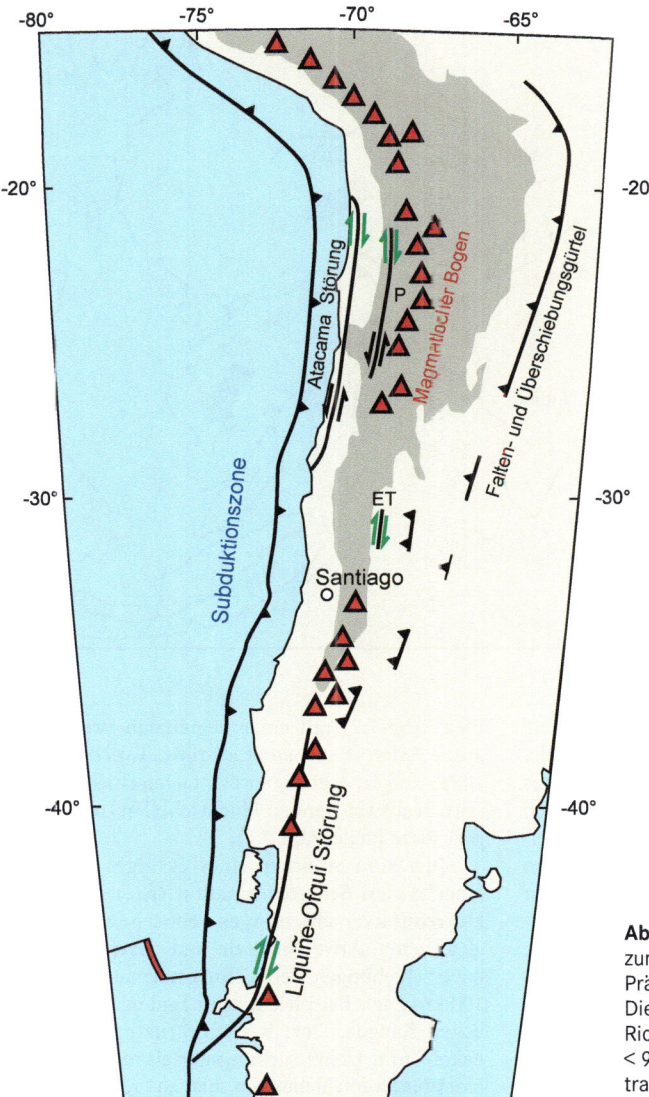

Abb. 7.6 Horizontalverschiebungen parallel zum südamerikanischen Plattenrand. P = Präkordilleren System, ET = El Tigre-Störung. Die Störungen waren bzw. sind, je nach Richtung der schiefen Subduktion (> 90 Ma, < 90 Ma), als sinstrale (schwarz) oder dextrale (grün) Verschiebung aktiv (rote Dreiecke: Vulkane) (Bildrechte: verändert nach HOFFMANN-ROTHE et al. 2006).

als „**Krustensplitter**" (*crustal slivers*) horizontal verschoben und rotiert (ABELS & BISCHOFF 1999, ARRIEGA et al. 2003, REUTHER et al. 2003, ROSENAU et al. 2006).

Horizontalverschiebungen im Konvergenzbereich zweier kontinentaler Platten entwickeln sich als Auswirkung des Zusammenschubs der kontinentalen Kruste. Bei der Kontinent-Kontinent-Kollision werden große Krustensegmente übereinander geschoben und gefaltet und so zu Gebirgen aufgetürmt. Eine weitere Reaktion auf den Zusammenschub der Erdkruste ist das von den Kollisionszonen ausgehende seitliche Ausweichen größerer Krustenblöcke. Die so genannten **Fluchtschollen** (*escape blocks*) werden randlich von Horizontalverschiebungen begrenzt; ihr basaler Abscherhorizont liegt in der tieferen duktilen Kruste. Das klassische Beispiel für **Fluchtschollentektonik** (*escape tectonics*) sind die nach Osten entweichenden Krustenblöcke in Zentral- und Ostasien (TAPPONNIER et al.

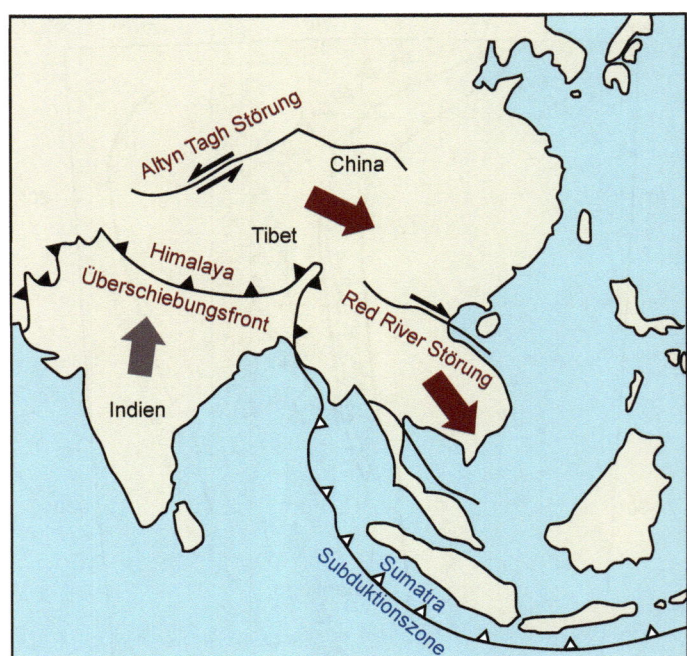

Abb. 7.7 Fluchtschollentektonik Asien (Bildrechte: nach TAPPONNIER et al. 1986)

1986). Die ca. 2000 km lange Altyn Tagh-Störung ist eine der Horizontalverschiebungen, welche die Fluchtschollen begrenzen (Abb. 7.7 oben). Weitere Beispiele für Fluchtschollentektonik finden sich in Anatolien. Die dortige Fluchtscholle (Türkei) weicht nördlich der Kollision der Afrikanischen und Arabischen Platte mit Europa nach Westen aus (vgl. Abb. 7.5) und wird durch die Nordanatolische und Ostanatolische Horizontalverschiebung begrenzt (SENGÖR et al. 1985). Der Mechanismus dieser Horizontalverschiebungen wird mit der Ausbildung von so genannten **Gleitlinien** (*slip lines*) verglichen. Wie von PRANDTL (1920) aufgezeigt wurde, entstehen diese von ihm als „Stromlinien der plastischen Verformung" bezeichneten Gleitlinien in einem plastischen Material, gegen das ein spröd-elastisches Material gedrückt wird. Abhängig von der Breite des spröd-elastischen Materials, z. B. eines Stempels, der in das plastische Material eindringt, wird in diesem ein ganz bestimmtes Spannungsfeld erzeugt, das den Verlauf der entstehenden Gleitlinien kontrolliert. MOLNAR UND TAPPONNIER (1975) und TAPPONNIER & MOLNAR (1976) haben die Abhängigkeit zwischen der Form des spröden Stempels und der Deformation eines spröd-plastischen Körpers aufgezeigt und mit regional tektonischen Störungsmustern verglichen. Indien drückt demnach als Stempel (nordwärts gerichteter grauer Pfeil, Abb. 7.7) mit einer begrenzten Breite in das große Asien (PELTZER et al. 1982, TAPPONIER et al. 1982) und erzeugt so Horizontalverschiebungen mit seitlich ausweichenden Fluchtschollen (rote nach SE gerichtete Pfeile, Abb. 7.7).

Quer zum Streichen eines Gebirges können bei einer reinen Scherdeformation (s. u.) **konjugierte Horizontalverschiebungen** entstehen. Das sind gleichzeitig aktive sinistrale und dextrale Horizontalverschiebungen, deren Länge normalerweise unter 100 km liegt. Beispiele hierfür finden sich im nördlichen Kanada. Dort werden Strukturen des Asiak Falten- und Überschiebungsgürtels an konjugierten Horizontalverschiebungen bis zu 15 km versetzt (SYLVESTER 1988). Der initiale Winkel zwischen der Einengungsrichtung und den konjugierten Verwerfungen beträgt zu beiden Seiten 25° bis 30°. Bei fortwährender Verkürzung rotieren die konjugierten Verwerfungen von der Einengungsrichtung nach außen. Diese um vertikale Achsen stattfindende Rotation von Verwerfungen und kleineren Krustenblöcken im km-Bereich erfolgt in den abgescherten Hangendblöcken von Überschiebungen.

Horizontal verschiebende Transferstörungen (*transfer strike-slip faults*) kommen in kompressiven und extensiven tektonischen Regimen vor. Dabei handelt es sich um Horizontalverschiebungen, die als Querstörung parallel zur Transport- oder

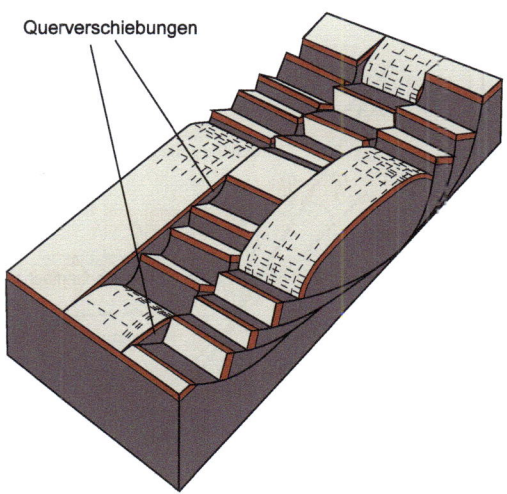

Abb. 7.8 Transfer- oder Querverschiebungen zwischen Abschiebungsbereichen mit unterschiedlicher Verwerfungsgeometrie (Bildrechte: verändert nach Twiss & Moores 2005)

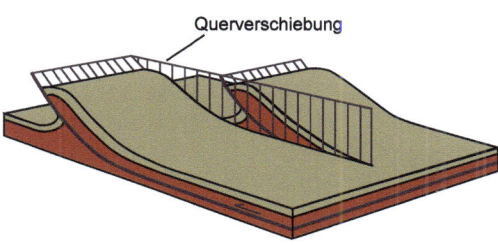

Abb. 7.9 Querverschiebung zwischen Aufschiebungen (Bildrechte: nach Twiss & Moores 2005)

Versatzrichtung verlaufen. Transferstörungen von regionalem Ausmaß entwickeln sich in Konvergenzzonen, wenn an einem aktiven Plattenrand ozeanische Kruste und kontinentale Kruste nebeneinander, durch die Transferstörung getrennt, bei unterschiedlichem Abtauchwinkel in die gleiche Richtung unterschoben werden (vgl. Abb. 7.5). Synonym wird in der Literatur oft auch der Begriff **Querverschiebung** (*tear fault*) verwendet. Diese „Aufreiß-Verwerfungen" entstehen lokal im Hangendblock von Abschiebungen (Abb. 7.8) und Überschiebungen (Abb. 7.9) und grenzen Gebiete unterschiedlicher Ab- oder Aufschiebungsgeometrien gegeneinander ab.

Die zweite Art von Transferstörungen verbindet benachbarte bzw. staffelförmig angeordnete Horizontalverschiebungen miteinander. Die Erdkruste wird an diesen Transferstörungen entweder gedehnt, wodurch die Blöcke schräg zueinander abgleiten, oder sich bei Kompression schräg zueinander nach oben bewegen (vgl. Kapitel 7.3.3).

7.3 Mechanik von Horizontalverschiebungen

Horizontalverschiebungs-Regime sind durch gleichzeitig einengende und verlängernde Deformationen charakterisiert. Zu den strukturellen Zusammenhängen zwischen Spannungsfeld, Horizontalverschiebungen und den damit verbundenen Sekundärstrukturen wurden zahlreiche theoretische Betrachtungen und praktische Laborversuche durchgeführt. Eine Zusammenfassung dazu findet sich bei Sylvester (1988). Die geometrischen Beziehungen zwischen Horizontalverschiebungen, ihren Sekundärstrukturen und den Bewegungsabläufen lassen sich bei definierten Spannungsbedingungen mit zwei Grundmechanismen der Deformation erklären: Deformation bei **reiner Scherung** (*pure shear*) oder Deformation bei **einfacher Scherung** (*simple shear*).

7.3.1 Horizontalverschiebung bei reiner Scherung

Die Entwicklung einer Horizontalverschiebung und ihrer Sekundärstrukturen bei reiner Scherung (Abb. 7.10 links, 7.11) veranschaulicht das Coulomb-Anderson-Modell (s. Kap. 15 Spannungen und 5 Verwerfungen). Wird ein homogener Gesteinsblock zusammengedrückt entwickelt sich ein konjugierten Verwerfungssystem mit einer sinistralen und einer dextralen Horizontalverschiebung an denen das Gestein zerschert wird. Der Winkel, den die beiden Verwerfungen mit der maximalen Hauptspannungsrichtung einschließen, hängt vom Winkel der inneren Reibung des Gesteins ab. In Richtung der Verkürzung entstehen Zugbrüche, senkrecht dazu, in Richtung der Verlängerung bilden sich Faltenachsen und Aufschiebungsflächen (Abb. 7.10). Konjugierte Horizontalverschiebungssysteme kommen im Mikro-, Meso- und Makrobereich vor. Sie können die Deformationen so lange aufnehmen, so lange sie gleichzeitig aktiv sind. Wenn dies nicht der Fall ist, treten Raumprobleme

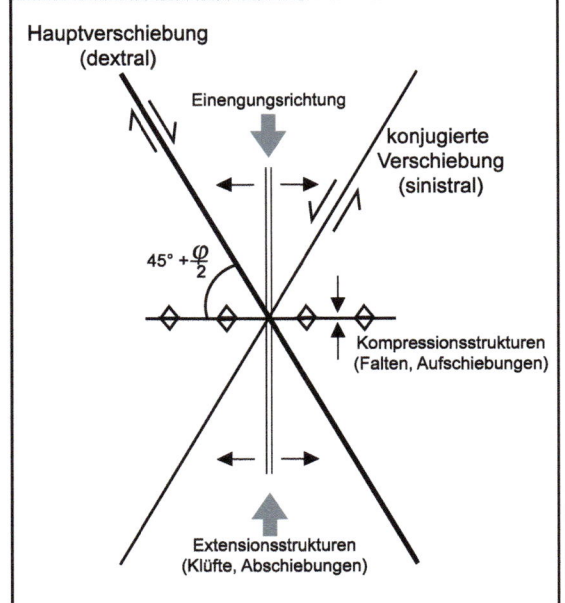
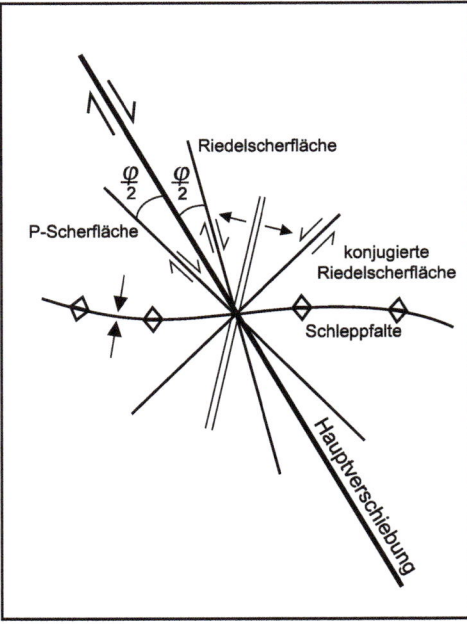

Abb. 7.10 Konjugierte Horizontalverschiebungen und sekundäre Kompressions- und Dehnungsstrukturen bei reiner Scherung (Anderson-Modell) (links) – Aufsicht (Kartenansicht); Horizontalverschiebung und sekundäre Horizontalverschiebungs-, Kompressions- und Dehnungsstrukturen bei einfacher Scherung (Riedel-Modell) (rechts) (Bildrechte: nach SYLVESTER 1988)

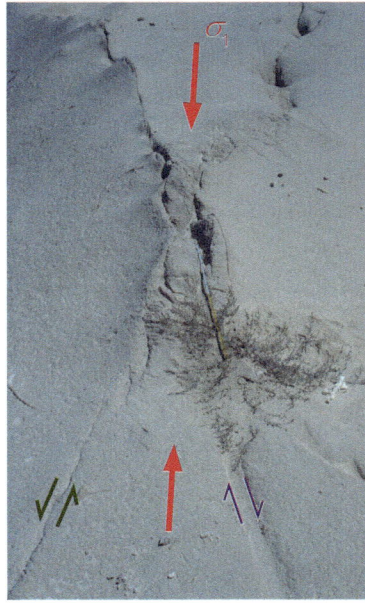
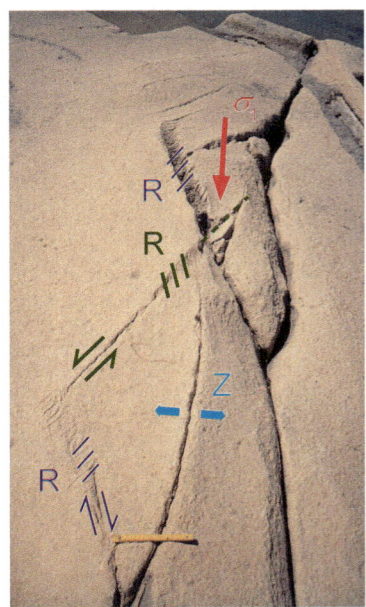

Abb. 7.11 Horizontalverschiebungen bei reiner Scherung mit abgeleiteter maximaler Spannungsrichtung. (links) Konjugierte Scherflächen); (rechts) en-echelon-Riedelscherrisse (violett/grün gestaffelt) eines konjugierten Horizontalverschiebungssystems und Zugrisse (zwischen den blauen Pfeilen), Unterer Globigerinenkalk, Aquitan-Tertiär (Gozo, Malta)

auf, die nur durch Rotationen und abwechselnden Verschiebungen auf den konjugierten Störungsflächen gelöst werden können.

7.3.2 Horizontalverschiebung bei einfacher Scherung

Horizontalverschiebungen, die dem Prozess der einfachen Scherung zuzuordnen sind (vgl. Abb. 7.10 rechts), kommen ebenfalls im Mikro- bis Makrobereich vor und charakterisieren bis zu mehrere tausend Kilometer lange und viele Zehner Kilometer breite Störungszonen unserer Erde. Die ersten Analog-Modelle zur Entwicklung von Horizontalverschiebungszonen hat HANS CLOOS (1928) in seinen „Experimenten zur Inneren Tektonik" präsentiert. Am bekanntesten sind die Scherversuche von W. RIEDEL (1929), die von J.S. TSCHALENKO (1970) erweitert wurden und die die Mechanik und Ähnlichkeit zwischen Scherzonen unterschiedlicher Magnituden aufzeigen.

Bei Scherversuchen wie auch beim Zerreißen der Erdoberfläche an Horizontalverschiebungen während eines starken Erdbebens können folgende Scherstrukturen entstehen (vgl. Abb. 7.10 rechts).

Riedelscherflächen (**R**, *Riedel shears*) oder **Scherungsrisse** (RIEDEL 1929). Diese bilden mit der Hauptverschiebungsrichtung einen spitzen Winkel, der ungefähr dem halben Reibungswinkel ($\phi/2$) des Gesteins entspricht und zwischen ca. 10° bis 20° beträgt. Der Bewegungssinn der Riedelscherflächen entspricht dem der verursachenden Haupthorizontalverschiebung (synthetisch). Riedelscherflächen entstehen zu einer dextralen Hauptverschiebung im Uhrzeigersinn und zu einer sinistralen Hauptverschiebung entgegen dem Uhrzeigersinn.

Konjugierte Riedelscherflächen (**R'**, *conjugate Riedel shears*) entstehen unter einem Winkel von 90° - $\phi/2$ zur Hauptverschiebungsrichtung. Der Bewegungssinn der konjugierten Riedelscherflächen ist entgegengesetzt (antithetisch) zu den Riedelscherflächen und zur Haupthorizontalverschiebung (Abb. 7.12).

P-Scherflächen (*P-shears*, SKEMPTON, 1966). Diese Strukturen sind kompressiv und entstehen spiegelbildlich zu den Riedelscherflächen. Sie bilden mit der Hauptverschiebungsrichtung einen Winkel von $\phi/2$, der sich bei einer dextralen Hauptverschiebung gegen den Uhrzeigersinn und bei einer sinistralen Hauptverschiebung im Uhrzeigersinn öffnet. Der Bewegungssinn an den P-Scherflächen entspricht dem der Hauptverschiebung und den Riedelscherflächen.

Zugrisse (RIEDEL 1929), **Federpalten** (*extension fractures, extension veins*) oder Abschiebungen: Diese sekundären Dehnungsstrukturen sind etwa 45° zur Hauptverschiebungsrichtung geneigt.

Schleppfalten (**drag folds**) bilden mit der Hauptverschiebungsrichtung einen Winkel von ca. 135°.

Scherstrukturen in einer Horizontalverschiebungszone sind staffelförmig (en-echelon) angeordnet (Abb. 7.13, Abb. 7.14 und Abb. 7.15). Blickt man dabei von einer Sekundärstruktur in deren Streichrichtung zur benachbarten Struktur, so kann diese links oder rechts vom Betrachter liegen. Demzufolge definiert man den **Übertritt** (*stepover*) zur Nachbarstruktur als **linkstretend** (*left stepping*) oder **rechtstretend** (*right stepping*).

Abb. 7.12 Ansicht einer sinistralen Horizontalverschiebungsfläche mit Sekundärstrukturen. Von der Hauptfläche zweigen eine Riedelscherfläche (in Richtung des Stiftes) sowie eine konjugierte Riedelscherfläche (schräg zum Ende des Stiftes) ab. Sämtliche Verschiebungsflächen weisen horizontale Striemung (Harnisch) auf. Westrand-Störung des Rheingrabens bei Gueberschwihr, Elsass/ Frankreich, hier überprägen neotektonische Horizontalbewegungen die ehemalige Abschiebungszone

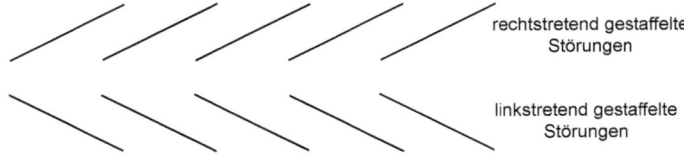

Abb. 7.13 Rechts- und linkstretende Übertritte zwischen staffelförmig (en-echelon) angeordneten Störungen

rechtstretend gestaffelte Störungen

linkstretend gestaffelte Störungen

Abb. 7.14 Horizontalverschiebungen bei einfacher Scherung: Aufsicht auf rechtstretend gestaffelte Riedelscherflächen bei sinistraler einfacher Scherung im Unteren Globigerinenkalk (Aquitan-Tertiär, Gozo / Malta) Objektivdeckel-Durchmesser 5 cm

Abb. 7.15 Horizontalverschiebungen bei einfacher Scherung: 3-D Ansicht und Aufsicht einer sinistralen Horizontalverschiebungsfläche mit Sekundärstrukturen. Ansicht der Hauptverschiebungsfläche mit Brekzie und Aufsicht der damit assoziierten Sekundärstrukturen (rotierte Riedelscherrisse parallel zur gestrichelten Linie). (Unterer Corralinaceenkalk, Chatt-Tertiär, Gozo / Malta)

7.3.3 Verbindungsstrukturen

Die Strukturierung des **Übertritts- oder Überlappungsbereichs** (*stepover zone, overlap*) zwischen zwei gestaffelten Horizontalverschiebungen hängt von deren Anordnung und deren Bewegungssinn ab. Im Übertrittsbereich wird der Horizontalverschiebungsversatz abgebaut bzw. bei fortwährender Horizontalbewegung akkommodiert. Je nachdem, ob es sich um zwei gestaffelte dextrale oder sinistrale Horizontalverschiebungen handelt, entstehen bei rechtsseitigem oder linksseitigem Übertritt dehnende oder kompressive Übertrittsbereiche (Abb. 7.16).

Weisen Horizontalverschiebungen in ihrem Verlauf **Biegungen** (*bends*) auf, wirken diese, abhängig von der übergeordneten Horizontalbewegung, entweder als **blockierende Biegung** (*restraining bend*) an der das Gestein zusammengedrückt wird, oder als **entlastende Biegung** (*releasing bend*), an der das Gestein auseinandergezogen wird. In den Übertrittsbereichen und in den Biegungen entstehen somit je nach deren Anordnung **Aufpressungen** (*push ups*) oder **Zerrgräben** (*pull aparts*) (Abb. 7.17 und 7.18).

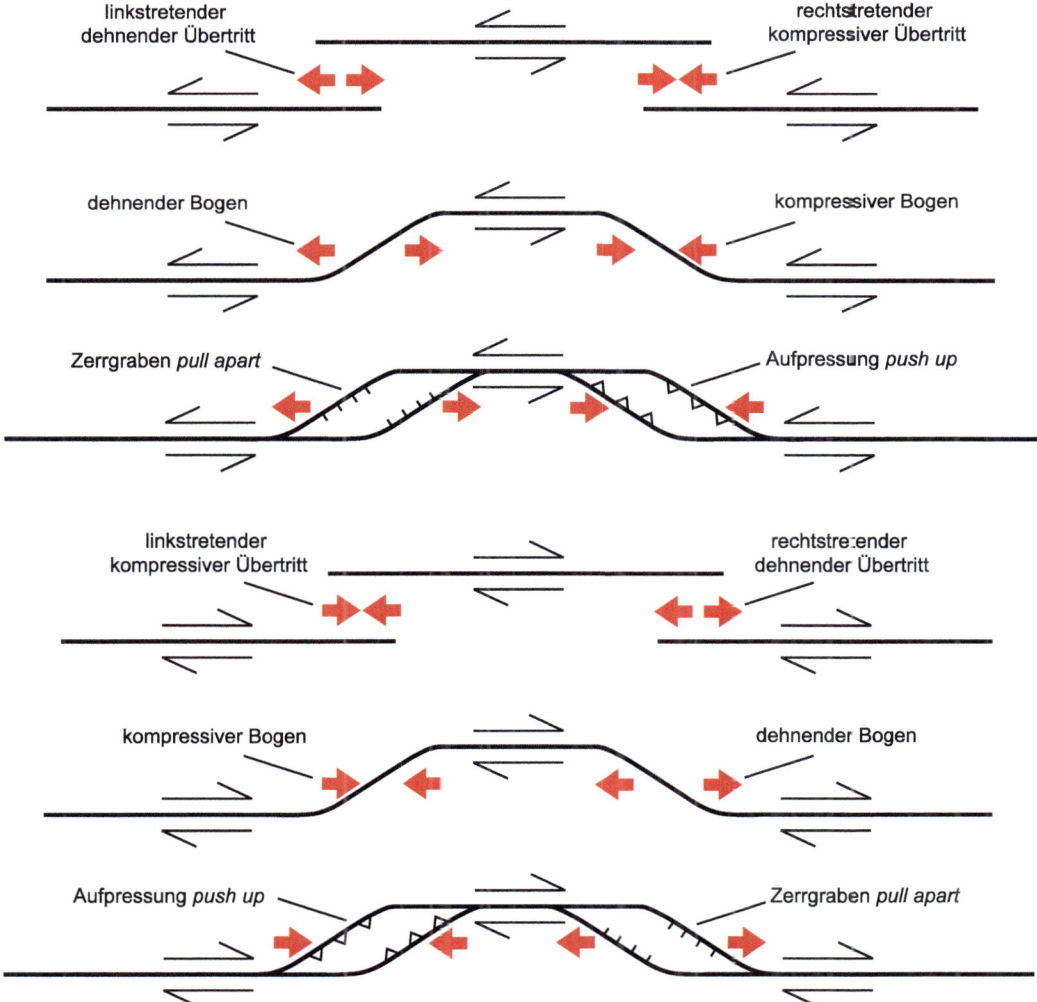

Abb. 7.16 Horizontalverschiebungen mit Übertritten und Bögen

Übertrittsbereiche können sehr komplex strukturiert sein und so genannte **Horizontalverschiebungs-Duplexe** (*strike-slip duplex*) bilden. In einem dehnenden Übertrittsbereich oder an einer dehnenden Biegung entsteht eine dehnende Duplexstruktur mit internen Schrägabschiebungen (Abb. 7.19 oben). In einem kompressiven Übertrittsbereich oder an einer kompressiven Biegung entsteht ein einengender Duplex mit internen Schrägaufschiebungen, an denen das zerscherte Gestein aufgepresst wird (Abb. 7.19 unten). Generell versteht man unter einer Duplexstruktur einen von Verwerfungen begrenzten Gesteinsbereich, der aus einer oder mehreren Gesteinsschuppen besteht.

Die Enden von Horizontalverschiebungen in der Erdkruste können dehnend oder kompressiv sein. Der Horizontalversatz wird hier in einem **Schuppenfächer** (*imbricate fan*) aus gebogenen Abschiebungen oder Aufschiebungen akkomodiert. Abhängig vom Bewegungssinn der Hauptverschiebung und der Lage des Schuppenfächers entstehen negative (extensive) oder positive (kompressive) **Pferdeschwanzstrukturen** (*horsetail structures*). Andere Horizontalverschiebungen enden in einer Pferdeschwanzstruktur, die aus horizontalen Zweig-

Abb. 7.17 Zerrgraben (*pull apart*) bei dehnender Biegung einer linksseitigen Horizontalverschiebung im (Unterer Globigerinenkalk, Aquitan-Tertiär, Gozo / Malta)

Abb. 7.18 Horizontalverschiebungs-Duplexe im Übertrittsbereich (links) zweier dextraler, rechtstretender Horizontalverschiebungen und (rechts) zweier sinistraler, linkstretender Horizontalverschiebungen. Entstehung von Zerrgräben (pull apart) (Unterer Globigerinenkalk, Aquitan-Tertiär, Gozo / Malta)

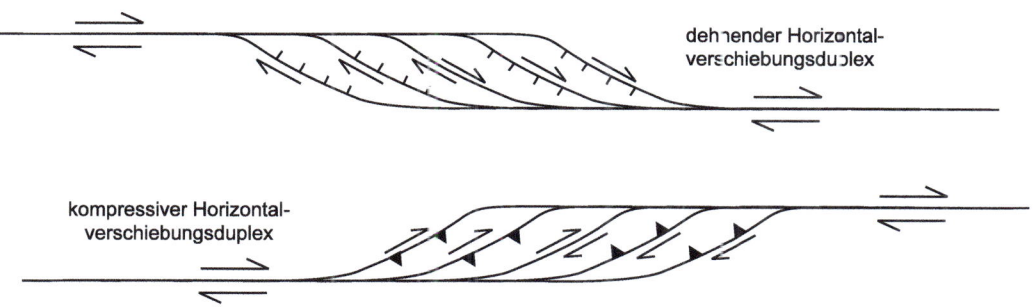

Abb. 7.19 Horizontalverschiebungs-Duplexe

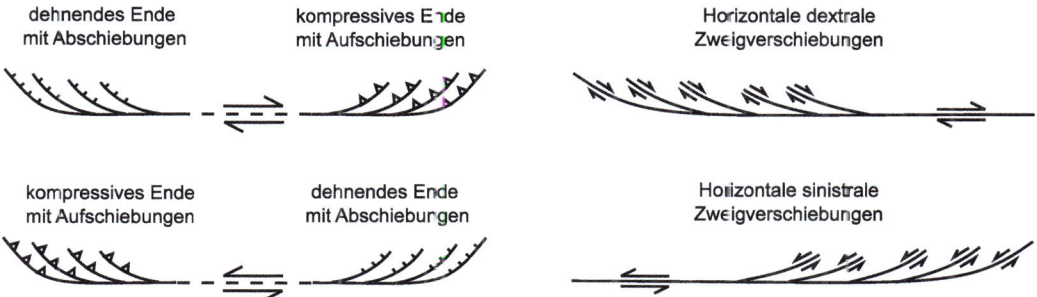

Abb. 7.20 Horizontalverschiebungen und ihre Enden

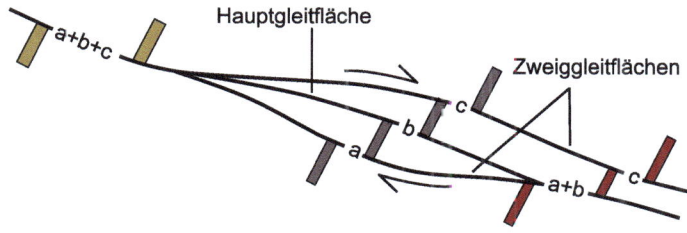

Abb. 7.21 Anastomisierende Horizontalverschiebungszone. Verteilung des Gesamtversatzes a+b+c auf verschiedene Zweigverschiebungen (Bildrechte: nach EISBACHER 1996)

verschiebungen besteht, an denen mit kleinen horizontalen Versätzen der Gesamtversatz abgebaut wird (Abb. 7.20).

Durch das Aufspalten einer Horizontalverschiebung in verschiedene Zweige oder den netzartigen Zusammenschluss von einzelnen Horizontalverschiebungen entsteht eine breite **anastomosierende** (*anastomosing*) Horizontalverschiebungszone, in der sich der Gesamtversatz auf einzelne Störungssegmente verteilt (Abb. 7.21).

Sämtliche Strukturen kommen im Mikro-, Meso- und Makrobereich, d. h. von mm-großen Strukturen bis in den Bereich von km und Zehner km großen Strukturen vor. Besonders gute Aufschlüsse dazu finden sich auf den Maltesischen Inseln und in Südost-Sizilien (REUTHER 1984, 1990, REUTHER & EISBACHER 1985, REUTHER et al. 1993, GRASSO et al. 1986).

Hinweise auf den Spannungszustand an den Enden einer Horizontalverschiebung geben die dort antisymmetrisch angeordneten **Spalten** (*veins*) und Drucksuturen (**Antirisse**, *anticracks*). Mit der Kombination aus im cm-Bereich analysierten dehnenden (verlängernden) und kompressiven (verkürzenden) Deformationsstrukturen (RISPOLI, 1981, FLETCHER & POLLARD 1981, PETIT & MATTAUER, 1995) und einem mathematischen Modell zeigen POLLARD & FLETCHER (2005) auf, dass es am Ende der Horizontalverschiebungen zu starken Spannungskonzentrationen kommt. Am Ende einer dextralen Horizontalverschiebung entstehen annähernd senkrecht dazu im 1. und 3. Quadranten sich öffnende Spalten; im 2. und 4. Quadranten kommt es, bei entsprechendem Gestein, zur Drucklösung und damit zur Ausbildung von Drucksuturen (Abb. 7.22). Die Spalten öffnen sich parallel zur Verschiebungsrichtung; die Stylolithen der Drucksutur liegen ebenfalls parallel zur Verschiebungsrichtung. Das mathematische Modell zeigt, dass die sich rechts und links an den Enden der Horizontalverschiebung gegenüberliegenden Spannungen zwar den gleichen Betrag, jedoch ein unterschiedliches Vorzeichen haben und sich hier Dehnungs- und Kompressionsspannungen gegenüberliegen. Die Spalten und Drucksuturen sind sekundäre Deformationsstrukturen der primären Horizontalverschiebung. Sie entstehen als Reaktion, d. h. durch Spannungsumwandlung und Spannungsabbau während der Horizontalbewegung. Die Symmetrie dieser Sekundärstrukturen lässt sich mit der Symmetrie des Spannungsfeldes korrelieren. Dass die Spannungskonzentrationen an den Enden der Horizontalverschiebung am stärksten sind, spiegelt sich in der Initiierung der Sekundärstrukturen wider, die Abnahme der Spannungskonzentration von den Enden der Verwerfung weg zeigt sich im Ausklingen der Spalten und Drucksuturen mit zunehmender Entfernung von der Horizontalverschiebung (FLETCHER & POLLARD 1981, POLLARD & FLETCHER 2008).

7.3.4 Transpression und Transtension

Die Kombination von einfacher Scherung und gleichzeitiger Einengung oder Dehnung senkrecht zur Horizontalverschiebung führt zur Ausbildung von Transpressions- respektive Transtensionszonen. Die Entwicklung dieser Art von Horizontalverschiebungszonen ist hauptsächlich eine Reaktion auf schiefe konvergente oder divergente Relativbewegungen entlang von Plattengrenzen bzw. auf einen kompressiven oder dehnenden Intraplattenbereich unter einfacher Scherdeformation (DEWEY et al. 1998). Bei Transpression wird die Horizontalverschiebungszone zusammengedrückt, das Gesteinsmaterial wird aufgepresst und es entsteht eine **positive Blumenstruktur** (*positive flower structure*), die durch Aufschiebungen charakterisiert ist, welche zur Tiefe hin in vertikale Störungsflächen übergehen (Abb. 7.23 links, Abb. 7.24). Bei Transtension wird die Horizontalverschiebungszone auseinandergezogen. Es entsteht eine **negative Blumenstruktur** (*negative flower structure*), die durch Abschiebungen charakterisiert ist, welche zur Tiefe hin in steile Störungsflächen übergehen (Abb. 7.23 rechts, Abb. 7.25)

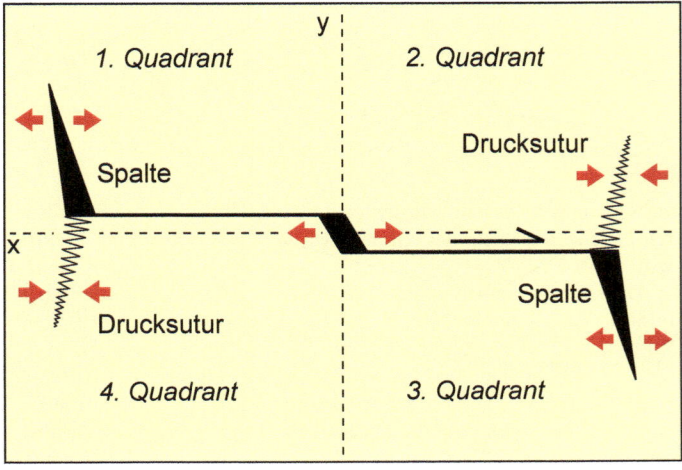

Abb. 7.22 Drucksuturen und Spalten entstehen durch Spannungskonzentrationen an den Enden einer Horizontalverschiebung, Erläuterungen im Text (Bildrechte: nach POLLARD & FLETCHER 2008).

7.3 Mechanik von Horizontalverschiebungen

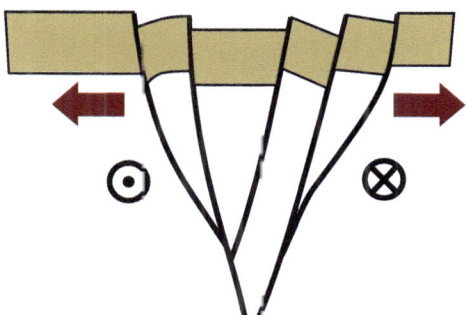

Abb. 7.23 Transpression (links positive Blumenstruktur), Transtension (rechts negative Blumenstruktur) einer sinistralen Horizontalverschiebungszone. Die Kreissignatur mit dem Mittelpunkt zeigt an, dass jeweils der linke Block auf den Betrachter zukommt, das Kreuz im Kreis zeigt an, dass sich der rechte Block vom Betrachter entfernt (Punkt und Kreuz sind aus einem Pfeil abgeleitet, mit der Spitze respektive den Federn am Ende des Pfeils) (Bildrechte: nach WOODCOCK & SCHUBERT 1994)

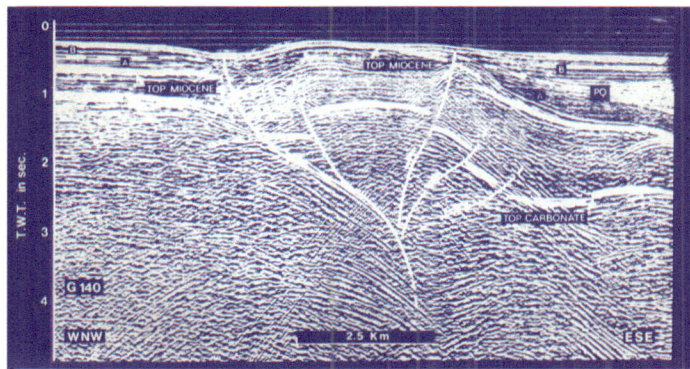

Abb. 7.24 Reflexionsseismisches Profil durch eine positive Blumenstruktur.
Transpressionszone in der Straße von Sizilien (Bildrechte: aus ARGNANI et al. 1986)

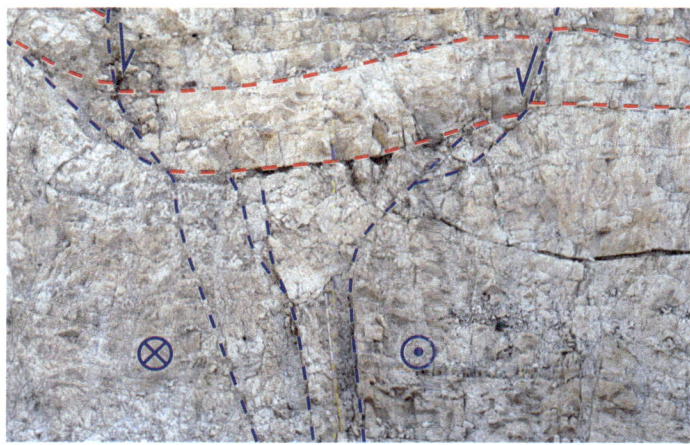

Abb. 7.25 Negative Blumenstruktur, dextrale Transtensionszone im m-Bereich in kretazischen Kalken (Bildhöhe 3 m, Hyblea Plateau, Sizilien, Italien; blau: Verwerfungen, rot: Schichtflächen)

8 Auf- und Überschiebungen

Glencoul-Überschiebung, Schottland / NW-Highlands. Überschiebung der ca. 3 Milliarden Jahre alten präkambrischen Lewisischen Gneise (graue Gesteine) auf ca. 540 Millionen Jahre alte rötliche, kambrische Quarzite. Die Überschiebungsbahn verläuft oberhalb der rötlichen Gesteine.

8.1 Definitionen

Eine **Aufschiebung** (*reverse fault*) ist eine Verwerfung, deren Fläche mit mehr als 45° einfällt und an der sich der Hangendblock über den Liegendblock nach oben verschoben hat. Bei einer **Überschiebung** (*thrust fault*) fällt die Verwerfungsfläche mit weniger als 45° ein. Auf- und Überschiebungen entstehen im Allgemeinen bei tektonischer Einengung. Diese führt in der Horizontalen zu einer **Verkürzung** (*shortening*) der gestörten Gesteinseinheiten und in der Vertikalen zu einer **Verdickung** (*thickening*). Normalerweise wird bei diesem Vorgang älteres auf jüngeres Gestein überschoben. Ein vertikales Profil durch eine Auf- oder Überschiebung zeigt somit eine Wiederholung der stratigraphischen Abfolge.

8.2 Auf- und Überschiebungstektonik

8.2.1 Plattentektonische Konvergenzzonen

Die meisten Auf- und Überschiebungen entstehen in den plattentektonischen Konvergenzzonen. An einem **aktiven Plattenrand** (*active plate margin*) wird in einer Subduktionszone die ozeanische Platte relativ flach unter die kontinentale Oberplatte untersschoben (Abb. 8.2). Die flache Unterschiebung führt zu einer starken Kopplung zwischen den beiden Platten (Chile-Subduktions-Typ). Dadurch wird die Oberplatte zusammengeschoben und vor allem im **Bereich hinter dem magmatischen Bo-**

8.1 Definitionen

Spannungszustand Aufschiebung (Anderson-Modell)

Die größte Hauptspannung ist horizontal gerichtet, die mittlere Hauptspannung verläuft ebenfalls horizontal und parallel zur Aufschiebungsfläche; die kleinste Hauptspannung ist vertikal orientiert (Abb. 8.1): $S_H (= \sigma_1) > S_h (= \sigma_2) > S_V (= \sigma_3)$ (Anderson-Modell s. Kapitel 6).

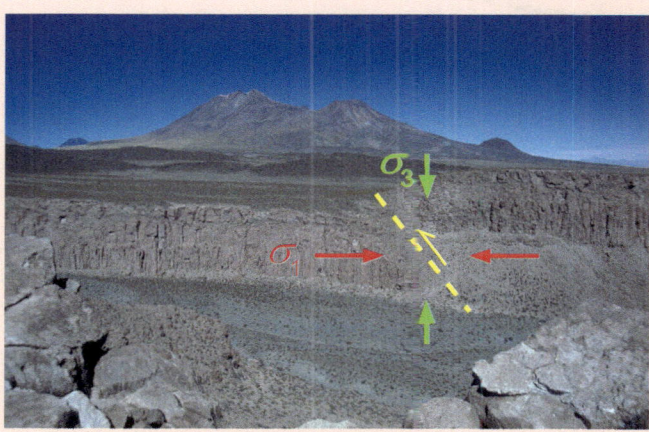

Abb. 8.1 Aufschiebung (oben) und Überschiebung (unten) mit Hauptspannungsrichtungen nach dem Anderson-Modell. Der Deformationswert (Verkürzung Δl) der Überschiebung berechnet sich aus der Überschiebungsweite v (Versatz) und dem Einfallswinkel (θ): $\Delta l = v \cos \theta$

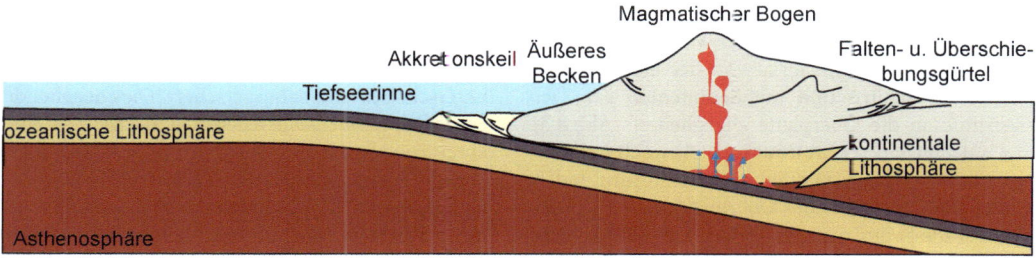

Abb. 8.2 Konvergenter Plattenrand (Chile-Subduktionstyp). Die bei flacher Subduktion starke Kopplung zwischen Ober- und Unterplatte bedingt eine Kompression der Oberplatte

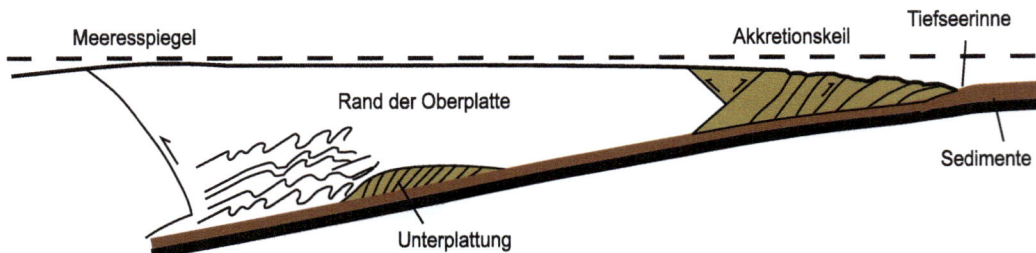

Abb. 8.3 Akkretionskeil und unterplattete Sedimente eines konvergenten Plattenrands (Bildrechte: verändert nach Twiss & Moores 2007)

gen (*back arc*) durch krustale Überschiebungen verdickt. Bei andauernder Kompression schreitet die Deformationsfront am äußeren Rand des **Überschiebungsgürtels** (*thrust belt*) kontinentwärts auf das **Vorland** (*foreland*) fort.

Vor dem **magmatischen Bogen** (*forearc*) sind die Überschiebungen ozeanwärts gerichtet. Durch die Konvergenz der Platten entsteht ein bivergentes Orogen (Willett et al. 1993). Als **bivergent** (*bivergent*) bezeichnet man ein Gebirge, bei dem die **Vergenz** (*vergence*), d. h. die Transportrichtungen der Überschiebungsgürtel, auf der einen Seite des Gebirges gegenüber der anderen Seite des Gebirges entgegengesetzt nach außen gerichtet sind. Bivergente Überschiebungen können bei entsprechenden plattentektonischen Rahmenbedingungen auch im Bereich von Inselbögen vorkommen (z. B. nordöstliche Karibische Platte; ten Brik et al. 2009). Generell entsteht ein **Inselbogen** (*island arc*) als magmatisch-vulkanischer Bogen im Ozean, wenn Unter- und Oberplatte von ozeanischer Lithosphäre gebildet werden. Meist steht die Oberplatte im rückwärtigen Bereich des Inselbogens jedoch unter Dehnung, was dann auf eine geringe Kopplung zwischen einer steil abtauchenden Unterplatte und der Oberplatte zurückgeführt wird.

Der Knick, an dem die Unterplatte unter die Oberplatte abbiegt, ist morphologisch als **Tiefseerinne** (*trench*) ausgebildet. Hier wird bei der Unterschiebung Gesteinsmaterial von der abtauchenden Platte abgeschürft und mit Sedimenten der Tiefseerinne an die Oberplatte angegliedert (Abb. 8.3). Es entsteht ein **Akkretionskeil** (**Anwachskeil**, *accretionary prism*). Die Subduktionsstörung taucht flach unter die Spitze der Oberplatte ab, die sich dabei auf die Sedimente der Tiefseerinne überschiebt. Bei weiterer Anlieferung von Sedimenten auf der ozeanischen Platte werden diese ihrerseits von den zuvor an die Oberplatte akkretierten Sedimenten überschoben. Dadurch wird das ältere Sedimentpaket und die frühere Unterschiebung steil gestellt und in den Frontbereich der Oberplatte aufgenommen (**frontale Akkretion**, *frontal accretion*). Die Wiederholung dieses Prozesses führt zum weiteren Anwachsen des Akkretionskeils. Wird Gesteinsmaterial tiefer unter die Oberplatte unterschoben und dort angeheftet, bezeichnet man dies als **Unterplattung** (*underplating*).

Nicht alle Subduktionszonen weisen Akkretionskeile auf, denn ob und wie groß sich ein Akkretionskeil ausbildet, hängt von der Kopplung zwischen Ober- und Unterplatte ab und davon, wie viel Sediment angeliefert wird und wie viel davon subduziert wird. Das in den subduzierten Sedimenten enthaltene Wasser spielt mit dem Wasser in Klüften und Verwerfungen der abtauchenden ozeanischen Kruste eine wesentliche Rolle bei der Bildung der subduktionsgebundenen Magmen in ca. 100 km Tiefe.

Bei einer **Kontinent-Kontinent-Kollision** (**Kontinentalkollision**, *continental collision*) stoßen an einem aktiven Plattenrand zwei kontinentale Lithosphärenplatten zusammen, nachdem die ozeanische Lithosphäre des die Kontinente ursprünglich trennenden Ozeans subduziert wurde (Abb. 8.4). Zunächst wird eine der kontinentalen Platten weiter in die Tiefe gezogen und von der anderen kontinentalen Platte überschoben. Durch den gegenüber der ozeanischen Kruste stärkeren Auftrieb der weniger dichten kontinentalen Kruste wird diese relativ flach unterschoben und dabei zerschert. Die entstehenden Scherkörper überschieben sich und erzeugen einen komplizierten Deckenbau. Die noch an die abtauchende Platte angreifenden Plattenzugkräfte bewirken, dass sich die Kontinente weiter verkeilen und neue Überschiebungen und komplizierte Faltenstrukturen entstehen. Der Plattenzug endet, wenn der abgetauchte Plattenteil abreißt (**Platten-Abriss**, *slab break-off*). Das Fehlen des Gegengewichts führt zu

8.2 Auf- und Überschiebungstektonik

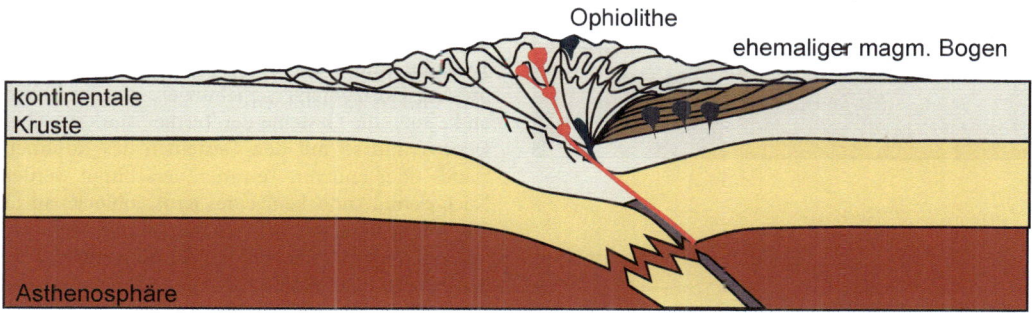

Abb. 8.4 Schließung eines Ozeans (oben) und Kontinent-Kontinent-Kollision (unten) – Gebirgsbildung

einem isostatischen **Rückfedern** (*isostatic rebound*) der Unterplatte. Generell versteht man unter **Isostasie** (*isostasy*), dass sich die Lithosphärenbereiche in einem stabilen Schwimmgleichgewicht befinden bzw. dieses anstreben. In unserem Fall erfährt die in dichtere Bereiche herabgezogene, weniger dichte, kontinentale Kruste einen starken Auftrieb. Dieser wird freigesetzt, wenn der Plattenzug abreißt. Dann steigt die nach unten gezogene kontinentale Lithosphäre auf, wie ein ins Wasser gedrückter Korken beim Loslassen. Das im Kollisionsbereich gebildete Gebirge hebt sich; darunter ermöglicht der Plattenabriss ein Nachströmen der heißen Asthenosphäre. Der hohe Wärmefluss verursacht die Bildung von so genannten spät-orogenen Magmen, die in die Oberplatte aufdringen.

Generell zeigen die so entstandenen **Orogene** (**Gebirgsgürtel,** *orogenic belts*) eine bilaterale Symmetrie (Abb. 8.5) mit überwiegend nach außen, zu den Rändern, gerichteten Überschiebungs- und

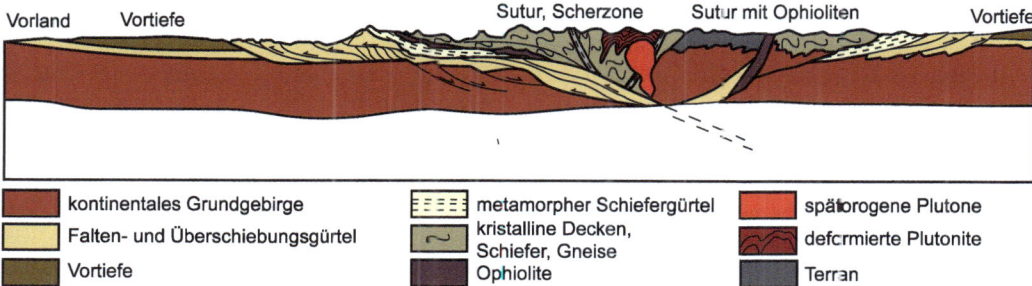

Abb. 8.5 Idealisiertes Profil eines Gebirges (Bildrechte: verändert nach Twiss Moores 2007 basierend auf Hatcher & Williams 1986)

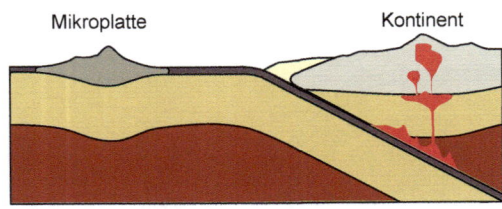
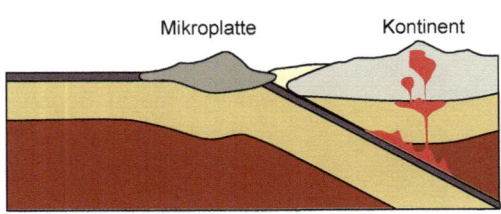
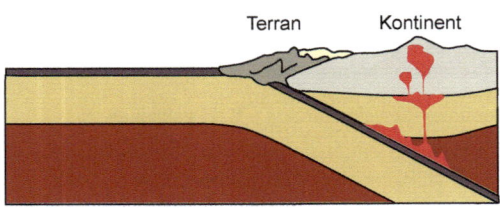

Abb. 8.6 Gebirgsbildung durch Kollision einer Mikroplatte (Terran)

angewachsenen Krustenblöcke nennt man Terrane (Abb. 8.6). Bei einem **Terran** *(terrane)* handelt es sich um einen Krustenbereich von regionalem Ausmaß, der allseitig von Störungszonen umgeben ist und der vor seiner Akkretion ein Mikrokontinent, wie etwa das heutige Neuseeland, oder ein Inselbogen wie Sumatra gewesen ist. Wieder andere Terrane waren ozeanische Plateaus, wie das heutige Vøring-Plateau im NE-Atlantik vor der Küste Norwegens. Derartige Krustenblöcke werden auf der Unterplatte an einen aktiven Kontinentrand transportiert, dort abgeschert und an die Oberplatte angegliedert. Die tektonischen Begrenzungen von Terranen sind meist Überschiebungen oder transpressive Horizontalverschiebungen. Bei der Kollision können die Gesteine der Terrane stark zerschert werden und so mit den Gesteinen des Kontinentrands oder anderen Terranen verschuppt werden. Nach dem „Andocken" eines Krustenblocks an die Oberplatte verlagert sich die Subduktionszone ozeanwärts und in der Folge auch der Magmatische Bogen, was zu einer magmatischen und metamorphen Überprägung der Terrane führt. Regionale Beispiele für Terrane finden sich in der nordamerikanischen Kordillere von Alaska bis Mexiko.

8.2.2 Weitere Ursachen von Auf- und Überschiebungen

Faltenstrukturen. Viele Orogene werden von Randsenken / **Vorlandbecken oder Vortiefen** *(foreland basin, foredeep)* gesäumt, auf die zum Inneren des Orogens die Falten- und Überschiebungsgürtel folgen und dann die internen Kernbereiche, die durch Metamorphite, stark deformierte Sedimentgesteine und Vulkanite sowie durch Plutonite charakterisiert sind. In den Kernzonen verläuft die als **Geosutur** oder **Suturzone** *(suture)* bezeichnete Naht, an der die ehemalige Unter- und Oberplatte miteinander verbunden sind. Die Kernbereiche enthalten auch Bereiche abgescherter ozeanischer Kruste, die während des Konvergenzprozesses auf die kontinentale Kruste obduziert, d.h. aufgeschoben wurden (**Obduktion**, *obduction*). Diese Gesteine werden als **Ophiolithe** *(ophiolite)* bezeichnet. Regionale Beispiele einer Kontinent-Kontinent Kollision sind die Alpen und der Himalaya.

Gebirgsgürtel entstehen auch, wenn Mikroplatten mit einer größeren kontinentalen Platte kollidieren, d.h. an diese akkretiert werden. Diese

Magmatische oder sedimentäre Intrusionen können durch ihren seitwärts gerichteten Druck Aufschiebungen erzeugen oder die überlagernden Schichten gleiten als gravitative Decke ab (MERLE & VENDEVILLE 1995). Andere ausgedehnte Gleitdecken mit internen Falten- und Überschiebungsstrukturen entstehen durch große Hangrutsche im ozeanischen und im kontinentalen Bereich. Auch können sich bewegende Eismassen (Gletscher, Inlandeis) im Untergrund Auf- und Überschiebungen, Falten sowie Aufpressungs- und Zerrungsstrukturen erzeugen. Diese Störungen fasst man unter dem Begriff der **Glazialtektonik** *(glaciotectonics)* zusammen. Verschiedene Autoren schließen in den Begriff Glazialtektonik auch Deformationen der Erdkruste mit ein, die durch Eisauflast oder durch das Entlasten während des Abschmelzens des Eises verursacht wurden. Im angelsächsischen Sprachbereich wird hierfür der Begriff *glacial tectonics* verwendet (THORSON 2000). Viele sekundäre Auf- und Überschiebungsstrukturen entstehen zusammen mit Falten (Kapitel 10).

8.2 Auf- und Überschiebungstektonik

Ein dynamisches Modell zu Überschiebungsprozessen

Falten- und Überschiebungsgürtel sowie Akkretionskomplexe haben senkrecht zum tektonischen Transport einen keilförmigen Querschnitt, der sich in Transportrichtung verjüngt. Die ersten Modellierungen von Überschiebungsprozessen wurden von ELLIOT (1975) und CHAPPLE (1978) vorgenommen. Darauf aufbauend haben DAVIS ET AL. (1983), DAHLEN ET AL. (1984), DAHLEN & SUPPE (1988) das Modell der kritischen Coulomb'schen Keile entwickelt (Überblick bei DAHLEN 1990). Die Entstehung von keilförmigen Falten- und Überschiebungsgürteln und Akkretionskomplexen wurde mit dem Zusammenschieben von Sand oder Schnee vor dem Schild einer Planierraupe verglichen. Das Material vor dem Planierschild wird solange intern deformiert, bis sich eine **kritische Keilform** (*critical taper*) eingestellt hat, bei welcher der Keil, ohne dass er weiter intern deformiert wird, stabil geschoben werden kann. Die Theorie des kritischen Keils geht davon aus, dass Falten- und Überschiebungsgürtel oder Akkretionskomplexe senkrecht zum tektonischen Transport einen keilförmigen Querschnitt haben, der sich in Transportrichtung verjüngt. Der Keil wird durch eine Oberfläche mit dem Neigungswinkel α und durch einen basalen Abscherhorizonts mit dem Einfallswinkel β charakterisiert (Abb. 8.7). Der Keil entsteht dadurch, dass eine ursprünglich geschichtete Sedimentabfolge von tektonischen Kräften von hinten in Richtung Vorland geschoben wird. Dabei entwickelt sich eine Abfolge von Überschiebungen, bis eine kritische Keilform ($\alpha+\beta$) erreicht ist. Die weitere Deformation äußert sich dann in der Verschiebung des gesamten Keils auf seinem Abscherhorizont. Wird neues Material an der Keilspitze angelagert, so wächst der Keil selbstähnlich, d.h. unter Beibehaltung seiner kritischen Form.

Die Form des Keils wird bis zum Erreichen der stabilen kritischen Form durch folgende Faktoren reguliert: Akkretion von Gesteinsmaterial an der Keilspitze, interne Kompression, Sedimentation, zeitgleiche Extension, Oberflächenerosion sowie durch tektonische basale Reibung und Erosion. Deformationsprozesse innerhalb des Keils sind auf interne Spannungsumwandlungen zurückzuführen und entwickeln sich deshalb, weil der Keil bei der Veränderung eines oder mehrerer der oben angeführten Faktoren seine stabile Geometrie wieder erreichen bzw. aufrechterhalten will. Ferner müssen bei der internen Keildeformation und entlang des basalen Abscherhorizontes Effekte von Porenflüssigkeitsdrucken mitberücksichtigt werden, die während des Überschiebens, vor allem in Akkretionskeilen, eine wichtige Größe darstellen.

Keile der Oberkruste, wie Falten- und Überschiebungsgürtel und Akkretionskeile, entstehen unter spröden Bedingungen bei sogenannter Coulomb-Rheologie. Die dynamischen Prozesse im regionalen Maßstab können im Allgemeinen mit der kritischen Keilanalyse (*critical taper analysis*) für kohäsionslose Keile modelliert werden. Die Kohäsion bleibt deswegen unberücksichtigt, weil sie mit zunehmender Tiefe und größerem Abstand zur Keilfront gegenüber den schnell ansteigenden gravitativen und tektonischen Krustenspannungen vernachlässigbar gering wird.

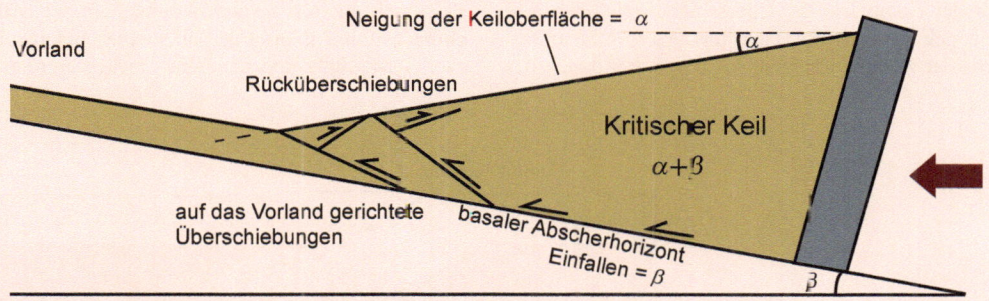

Abb. 8.7 Idealisierter kritischer Keil zur Veranschaulichung der Entwicklung von Überschiebungsgürteln oder Akkretionskeilen (Bildrechte: verändert nach MCCLAY 1992 basierend auf DAVIS et al. 1983 und DAHLEN 1990)

8.3 Klassifikation und Kinematik von Auf- und Überschiebungen

Die Kenntnisse zur Geometrie der strukturellen Entwicklung von Auf- und Überschiebungen und den damit verbundenen Bewegungsabläufen wurden aus direkten Strukturaufnahmen im Gelände, Bohrungen, Interpretationen von seismischen Profilen oder durch Analogversuche in so genannten Sandkasten-Experimenten gewonnen. Diese Forschungsarbeiten haben gezeigt, dass Bildung und Anordnung von Überschiebungsstrukturen gewissen Regeln folgen, die für bestimmte Strukturen charakteristisch sind.

Auf- und Überschiebungen entstehen durch Kompression der Lithosphäre. Die dabei gebildeten Strukturen kommen in allen Größenordnungen vor. Plattentektonisch gesteuerte Auf- und Überschiebungsprozesse betreffen den Krusten-Mantelbereich und bewirken eine regionale **tektonische Verdickung** (*tectonic thickening*) der Lithosphäre oder der Erdkruste bzw. deren obere Abschnitte. Geophysikalische Untersuchungen der Tiefenstruktur der Anden im rückwärtigen Bereich des Magmatischen Bogens lassen dort auf eine Verdopplung der Moho (Mohorovičić-Diskontinuität = Grenze zwischen Erdkruste und lithosphärischem Mantel) schließen, und somit auf eine Überschiebung der gesamten Lithosphäre (Abb. 8.8, GIESE et al. 1999). In den Gebirgen können Auf- und Überschiebungen Bereiche von über 100 km betreffen. Auf- und Überschiebungsstrukturen kommen somit in allen Größenordnungen vor und reichen, je nach Betrachtungsskala, bis in den Mikrobereich.

Die Klassifikation von **Überschiebungen** beruht auf der Geometrie der Überschiebungsbahnen und wie sich diese in die Tiefe fortsetzen. Man unterscheidet zwischen Überschiebungen, bei denen das Grund- und auflagernde Deckgebirge überschoben wird (*thick skinned tectonics*) (Abb. 8.9), **Deckgebirgsüberschiebungen** (*thin skinned tectonics*) (Abb. 8.10), bei denen das Grundgebirge nicht in den Deformationsprozess einbezogen wird (BOYER & ELLIOT 1982, COWARD 1983), und **kristalline Decken** (*crystalline nappes*), die aus magmatischen und metamorphen Gesteinen bestehen. Die Auf- und Überschiebungsbahnen im **sedimentären Deckgebirge** (*sedimentary cover*) werden zur Tiefe hin flacher und münden in einen gering einfallenden bis horizontalen **Abscherungshorizont** (*detachment*) ein. Dieser kann durch Evaporitschichten, tonige oder schiefrige Lagen repräsentiert sein, oder er befindet sich im Grenzbereich zwischen Deckgebirge und kristallinem **Grundgebirge** (*basement*).

Bei den Überschiebungen, in die das Grundgebirge miteinbezogen ist, wird das sedimentäre Deckgebirge zusammen mit dem Grundgebirge überschoben. Endet die Überschiebung in den Sedimentschichten, werden diese über der Grundgebirgsaufschiebung verfaltet (Abb. 8.9). Die Grundgebirgsaufschiebungen fallen in der oberen, spröden Erdkruste relativ steil ein, werden aber, wie aus seismischen Profilen bekannt ist, zur Tiefe hin am Übergang zur duktilen Erdkruste flacher.

Das Hangende flacher Überschiebungen bezeichnet man als tektonische **Decke** (*thrust sheet, nappe*). Die Größe dieses von seinem ursprünglichen Unterlager abgelösten Gesteinsverbands beträgt ein Mehrfaches seiner Dicke und erreicht regionale Ausmaße. Einen durch Erosion isolierten Rest einer Decke bezeichnet man als tektonische **Klippe** (*klippe*). Entsteht durch Erosion in der Decke ein „Loch", in dem das Unterlager der Decke sichtbar wird, bezeichnet man dies als tektonisches **Fenster** (*fenster, window*, Abb. 8.11, 8.12).

Decken und Klippen liegen „ortsfremd" als **Allochthon** (*allochthon*) über Gesteinsmaterial, das sich noch am Ort seiner Bildung befindet (**Autochthon**, *autochthon*) oder über einer tieferen Decke. Geringfügig überschobene Decken werden als

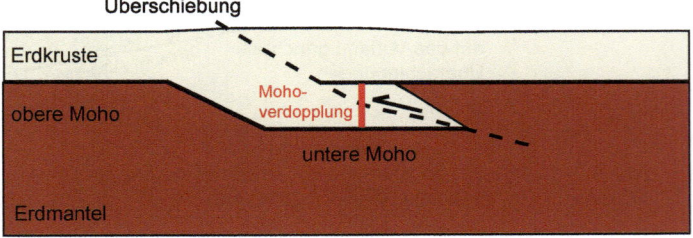

Abb. 8.8 Verdopplung der Kruste-Mantel-Grenze an einer Lithospärenüberschiebung (Bildrechte: verändert nach GIESE et al. 1999)

8.3 Klassifikation und Kinematik von Auf- und Überschiebungen

parautochthon (*parautochthonous*) bezeichnet. In den Gebirgen kommen Decken von den nicht metamorphen Außenzonen bis in die hochmetamorphen Kernbereiche vor. Die Gesamtform und interne Strukturierung einer Decke wird durch die jeweils herrschenden Druck- und Temperaturbedingungen bestimmt, d. h. die Deformation der Decken reicht vom spröden bis in den duktilen Bereich. Im Bereich der Überschiebungszone wird das Gestein stark zerschert. Als schönes, regionales Beispiel für die Ausbildung einer breiten, durch Mylonite charakterisierten Überschiebungszone sei die Moine-Überschiebung in Schottland (Abb. 8.13, 8.14) genannt.

Bei zunehmendem Metamorphosegrad (Ansteigen von Druck und Temperatur) oder während der Überschiebung von mächtigen inkompetenten Sedimentabfolgen werden die Gesteine in der Decke stark verfaltet und zerschert. Der Abscherhorizont von spröden Kristallindecken ist vermutlich thermisch kontrolliert und liegt in einer Tiefe, in der die spröde in die duktile Deformation übergeht.

Rutschen größere Gesteinsbereiche bedingt durch ihre Schwerkraft ab, spricht man von **Schweregleitung** (*gravitational gliding*) oder Gleittektonik (Abb. 8.15, 8.16); dabei entstehen **Gleitdecken** (*gravitational nappes, slip sheets*).

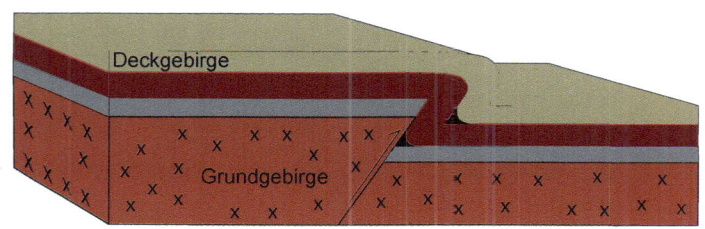

Abb. 8.9 Grund- und Deckgebirge sind in den Überschiebungsprozess einbezogen (*thick skinned tectonics*). Ein Teil des überlagernden sedimentären Deckgebirges wird im Beispiel über der Aufschiebung verfaltet, die verbogenen Schichten bilden eine Monokline

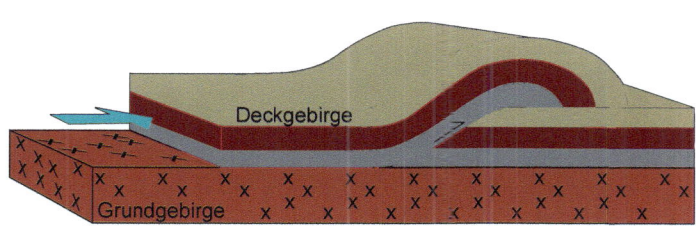

Abb. 8.10 Das sedimentäre Deckgebirge wird an einem basalen Abscherhorizont zwischen Grund- und Deckgebirge abgeschert (*thin skinned tectonics*), über die Sedimentfolge geschoben und dabei gefaltet

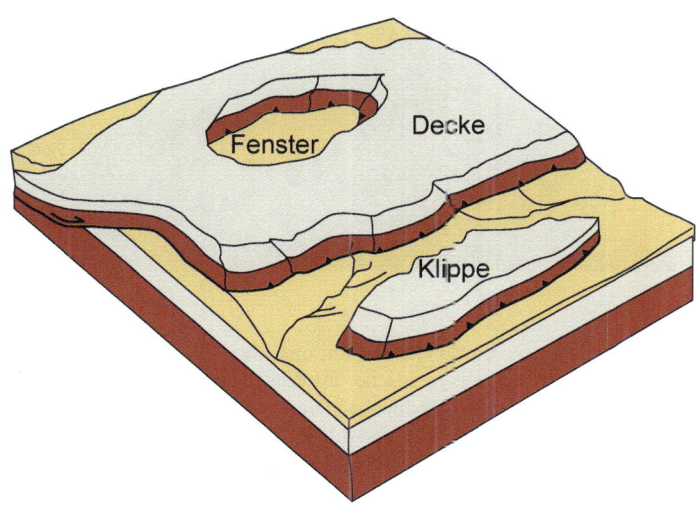

Abb. 8.11 Decke, Klippe, Fenster (Bildrechte: nach Lexikon der Geowissenschaften 2002)

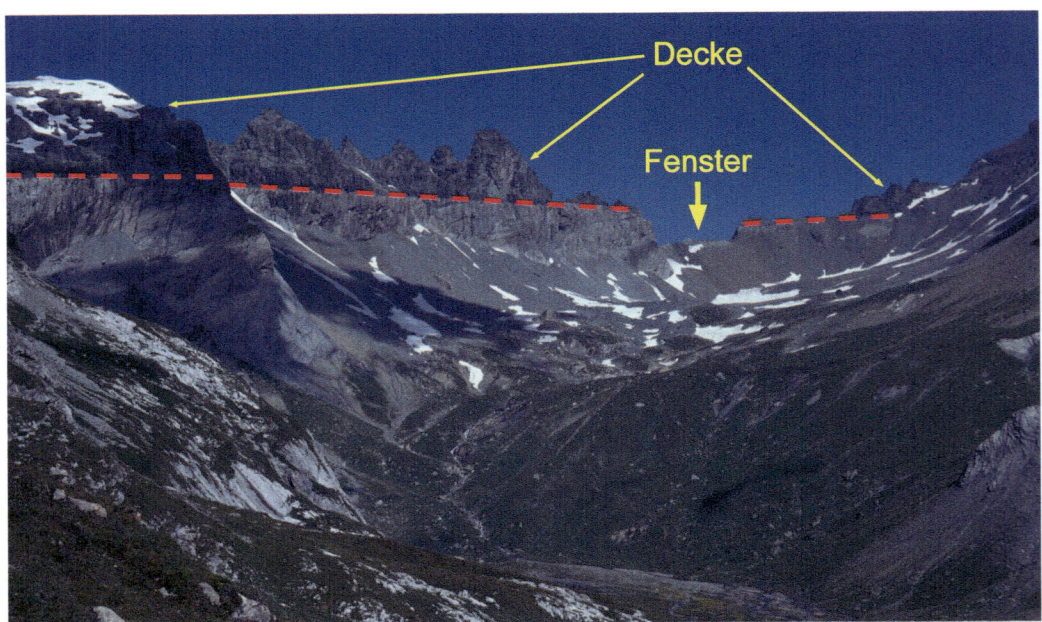

Abb. 8.12 Profil einer Decke mit Fenster im Bereich der Glarner Überschiebung (Überschiebungsbahn rot gestrichelt), Tschingelhörner, Flims, Schweiz

Abb. 8.13 Moine-Überschiebung bei Knockan Crag, Schottland. Präkambrische Gesteine (spätes Proterozoikum) liegen über jüngeren Gesteinen des Kambrium.

Der tektonische Transport von Decken, die im Verhältnis zu ihrer Mächtigkeit eine sehr große Ausdehnung haben können, erfolgt über weite Entfernungen. Dies wurde lange als „mechanisches Paradox" betrachtet. Eine Zeit lang nahm man an, dass die Decken nicht durch Schub bewegt werden, sondern durch Gravitation, und als Gleitdecken auf einer geneigten Fläche abrutschen und sich dann über einanderschieben. Diesen Mechanismus gibt es zwar (Abb. 8.15 und 8.16), aber er steht im Widerspruch zu vielen Decken, deren Überschiebungsbahnen gegen die Transportrichtung der Decken einfallen. Die The-

8.3 Klassifikation und Kinematik von Auf- und Überschiebungen

Abb. 8.14 Mylonite im Bereich der Moine Überschiebung bei Knockan Crag, Schottland. Die Mylonite entstanden während eines Überschiebungsprozesses vor ca. 420 Millionen Jahre durch die intensive Zerscherung der Moine-Schiefer, die aus metamorphisierten spätproterozoischen Sand- und Siltsteinen bestehen (gelber Maßstab = 50 cm)

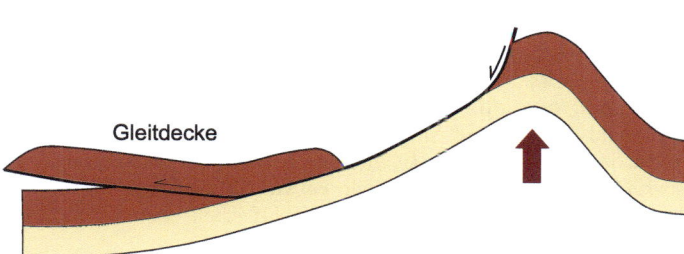

Abb. 8.15 Entstehung einer gravitativen Gleitdecke. Das Aufdringen eines Plutons bzw. eines Salzdiapirs oder horizontale Einengung führen zur Hebung des sedimentären Deckgebirges. In dem so entstandenen Relief können dann Schichtpakete auf einem geeigneten Gleithorizont (z. B. Tongesteine) gravitativ abgleiten und im tiefer gelegen Bereich überschoben werden

Abb. 8.16 Gravitative Gleitdecke Peñón de Ifach bei Calpe, Mittelmeerküste zwischen Valencia und Alicante. Der Felsen besteht aus eozänen Kalken, die gravitativ über jüngere, miozäne Mergel und Kalke geglitten sind

se, dass Decken durch Schub bewegt werden können, wurde durch die heute als klassisch geltende Arbeit von HUBBERT & RUBEY (1959) gestärkt, in der aufgezeigt wird, dass ein sehr hoher Porenflüssigkeitsdruck im Gestein dessen Scherfestigkeit erheblich herabsetzt (s. Kapitel 15 Spannung). Eine Zone mit Überdruck an der Basis einer potentiellen Decke kann somit bei horizontaler tektonischer Kompression deren Abscherung und tektonischen Transport ermöglichen. Im Profil haben Decken und Deckenstapel meist die Form von Keilen, die sich in Transportrichtung verjüngen. Die Keilform entsteht durch interne Deformation der Decke bzw. durch die Stapelung einzelner Decken. Die Gesamtfestigkeit des Keiles wird durch den zunehmenden Querschnitt nach hinten größer. Bei Überschreiten der basalen Scherfestigkeit wird der Keil abgeschert und ohne weitere interne Deformation überschoben (s.a. Abb. 8.7).

8.4 Nomenklatur von Auf- und Überschiebungen

Generell läuft ein Überschiebungsprozess wie folgt ab. Die Überschiebungsfläche entwickelt sich zunächst als eine **Flachbahn** (*flat*), dem basalen Abscherungshorizont (**Sohlüberschiebung**, *sole thrust*), steigt dann über eine **Rampe** (*ramp*) nach oben und bringt auf diese Weise ältere Gesteine über jüngere (Abb. 8.17). Jeder geologische Leithorizont (z. B. die dunkelgraue Schicht in Abb. 8.17) der an einer Überschiebung versetzt wird, hat im Liegenden und Hangenden eine Abrisslinie, den **Liegendabriss** (*footwall cutoff*) und den **Hangendabriss** (*hangingwall cutoff*). Die Strecke zwischen Liegend- und Hangendabriss bezeichnet die Schubweite der Überschiebung. Geht die Überschiebungsbahn bis an die Erdoberfläche durch (Abb. 8.18), handelt es sich um eine **ausstreichende Überschiebung** (*emergent thrust*). Bleibt die Überschiebung in der Tiefe stecken, bezeichnet man sie als **blinde Überschiebung** (*blind thrust*). Dies bedingt dann eine Verbiegung der überlagernden Schichten (Abb. 8.19).

Wenn Auf- und Überschiebungsflächen eine Gesteinsfolge durchschneiden, zeigt die Überschiebungsbahn häufig eine treppenförmige Geometrie. Die steil ansteigende Treppenstufe wird **Rampe** (*ramp*) genannt, der flachere Abschnitt der Stufe heißt **Flachbahn** (*flat*). Ein derartiger Verlauf der Überschiebungsflächen kommt bei Einengung einer gut geschichteten Sedimentfolge im Deckgebirge vor (*thin skinned tectonics*). Im Lithosphärenmaßstab betrachtet, kann ein solcher Überschiebungsstil aber auch den Lagenbau von spröder über duktile Kruste bis hin zum lithosphärischen „festen" Mantel betreffen (BUTLER & MAZZOLI 2006).

Je nach der Orientierung einer Rampe zur Bewegungsrichtung der Überschiebung (Abb. 8.20) wird eine senkrecht zur Bewegungsrichtung verlaufende Rampe als **frontale Rampe** (*frontal ramp*) bezeichnet (Abb. 8.21); liegt sie parallel zur Bewegungsrichtung, nennt man sie **laterale Rampe** (*lateral ramp*) und eine schräg zur Bewegungsrichtung orientierte Rampe ist eine **schiefe Rampe** (*oblique ramp*).

Flachbahnen entwickeln sich in inkompetenten Lagen oder auf Schichtflächen einer sedimentären

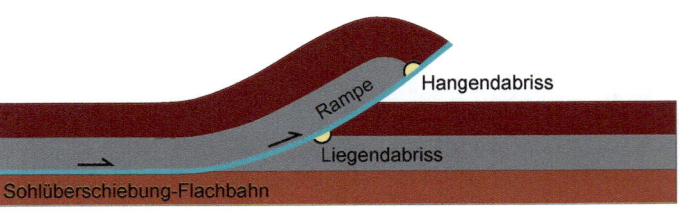

Abb. 8.17 Profilschnitt einer Überschiebung parallel zur Bewegungsrichtung mit den im Text erläuterten Begriffen

Abb. 8.18 An der Erdoberfläche ausstreichende Überschiebungsfläche. Die Überschiebung ist bei einem Erdbeben in Westaustralien entstanden (Meckereing Beben, 14.10.1968, Magnitude 6,9)

8.4 Nomenklatur von Auf- und Überschiebungen

Abfolge, aber auch als **basale Abscherhorizonte** (*basal thrust*) zwischen Grund- und Deckgebirge. Auf den Flachbahnen kann das abgescherte Hangende über weite Entfernungen transportiert werden.

An den steiler einfallenden Rampen (ca. 30 – 45°) bewegt sich das Hangende über meist relativ kurze Strecken in ein höheres stratigraphisches Niveau. Warum eine Rampe an einer bestimmten Stelle entsteht, wird in der Fachliteratur kontrovers diskutiert. Meist geht man von prä-existenten Inhomogenitäten innerhalb der Gesteinsfolge aus, an denen die Abscherung blockiert wird, wie z. B. durch laterale Ma-

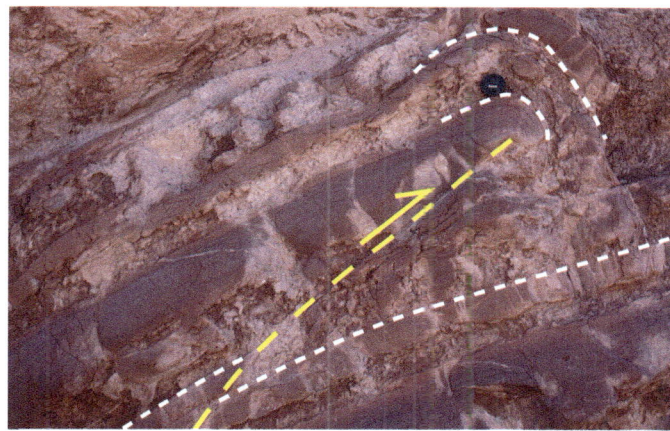

Abb. 8.19 Blinde Überschiebung. Im unteren Bereich des Bildes wird eine Schicht (weiß gestrichelt) an der Aufschiebung versetzt; im oberen Bildbereich werden die überlagernden Schichten (weiß gestrichelt) über dem Ende der Aufschiebung (gelb gestrichelt) verfaltet. (Maßstab Objektivdeckel 5 cm) (Cordillera Domeyco, Chile)

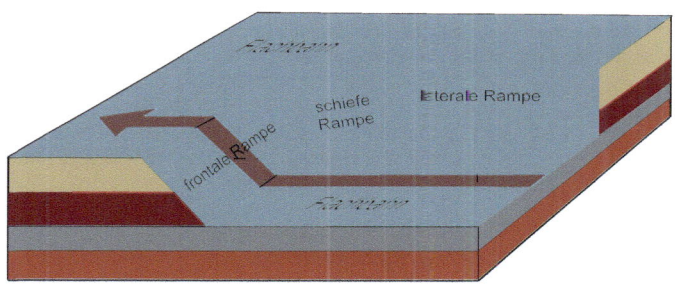

Abb. 8.20 Rampen und Flachbahn Geometrie. Der rote Pfeil gibt die Bewegungsrichtung der Überschiebung an.

Abb. 8.21 Verlauf Flachbahn – Rampe (Pfeil) – Flachbahn in dünnbankigen Kalken der oberkarbonischen Barcaliente-Formation (Kantabrisches Gebirge, Nord-Spanien)

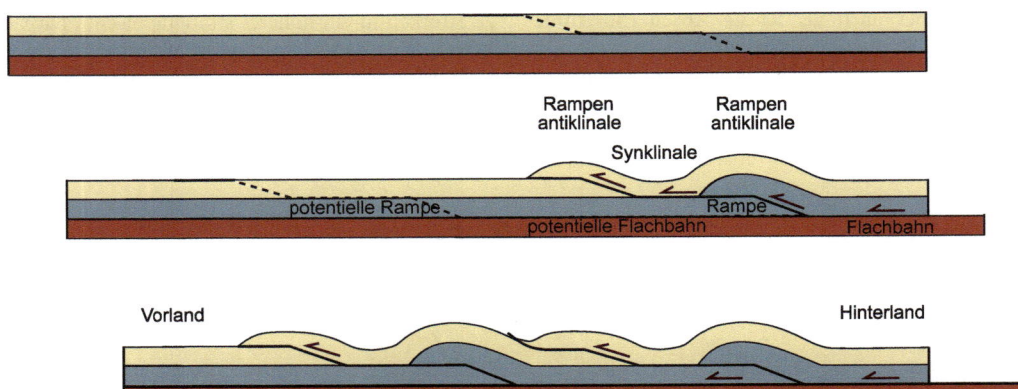

Abb. 8.22 Schematische Entwicklung von Überschiebungen mit Flachbahn – Rampen-Geometrie (Bildrechte: verändert nach LAGESON 1982)

terialwechsel, durch eine Veränderung des basalen Reibungswiderstands, durch sich ändernde Porenflüssigkeitsdrucke oder durch Faltung. Strukturanalysen geologischer Profile durch Überschiebungs- und Faltengürtel zeigen, dass der Abstand zwischen den Rampen auch mit der Mächtigkeit der Überschiebungsdecke zusammenhängt. So nimmt die Mächtigkeit der Überschiebungsdecke zum Vorland eines Gebirges hin ab, wenn die Überschiebungsbahn in immer höhere stratigraphische Niveaus aufsteigt (Abb. 8.22). Der Zusammenhang, dass mit der Abnahme der Deckenmächtigkeit auch der Abstand zwischen den Rampen abnimmt, konnte mit Computersimulationen von Überschiebungsprozessen aufgezeigt werden (PANIAN & WILTSCHKO 2004).

Oft mündet eine Überschiebungsbahn auf dem Weg nach oben innerhalb der Schichten auf einer höheren Ebene erneut in eine Flachbahn ein und gelangt dann über eine höher gelegene Rampe weiter nach oben. Über den Rampen werden die Schichten verbogen (Abb. 8.22) und es entstehen **Rampenantiklinalen / Rampensättel** (*ramp anticlines*), die dazwischen liegenden Bereiche bilden **Synklinalen / Mulden** (*synclines*). Bei Fortdauern der horizontalen Kompression entwickelt sich die nächste (jüngere) Überschiebung in Transportrichtung normalerweise im **Liegenden** (*footwall*) der älteren Überschiebung. Dies wird dadurch begünstigt, dass durch das Auflagern der überschobenen Decke der Porenflüssigkeitsdruck im Bereich der darunterliegenden Abscherbahn erhöht und so die erneute Abscherung auf der basalen Abscherbahn initiiert wird. Die älteren Decken werden demzufolge überwiegend passiv auf den jüngeren Decken **huckepack** (*piggy back*) mittransportiert (8.23).

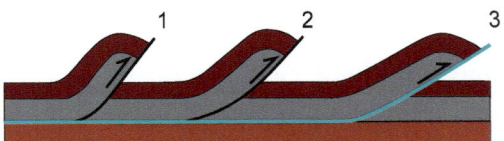

Abb. 8.23 Fortlaufende Entwicklung eines Huckepack-Überschiebungssystems: Die jüngere Überschiebung (blaue Linie) entwickelt sich im Liegenden der älteren Überschiebungen in Richtung Vorland. Die älteren Überschiebungen werden Huckepack mitgenommen und dabei steiler gestellt. Die Überschiebungen sind in der Reihenfolge ihrer Entwicklung nummeriert.

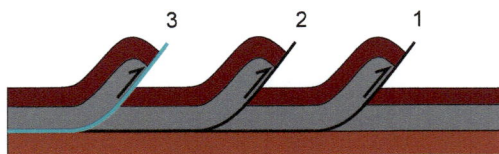

Abb. 8.24 Fortlaufende Entwicklung eines Überlappungs-Überschiebungssystems: Die jüngere Überschiebung (blaue Linie) entwickelt sich im Hangenden der älteren Überschiebung in Richtung Hinterland. Die Überschiebungen sind in der Reihenfolge ihrer Entwicklung nummeriert.

Das in Transportrichtung vor den Überschiebungen liegende Gebiet wird als **Vorland** (*foreland*) bezeichnet. Das Gebiet des Hangenden, auf und hinter den Überschiebungen wird **Hinterland** (*hinterland*) genannt (vgl. Abb. 8.22). Überschiebt sich

8.4 Nomenklatur von Auf- und Überschiebungen

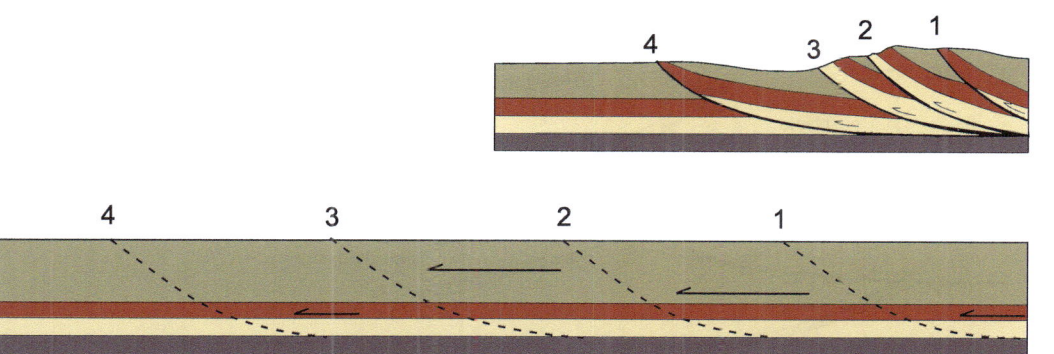

Abb. 8.25 Profil durch einen Schuppenfächer (oben) (1 = älteste, 4 = jüngste Überschiebung) mit unregelmäßigen Abständen zwischen den einzelnen Überschiebungen. Redeformierte ungestörte Schichtfolge und potentielle Überschiebungsbahnen mit regelmäßigen Abständen (unten). Die Länge der Pfeile gibt die horizontale Transportweite an. Aus der unterschiedlichen Transportweite resultiert die irreguläre Anordnung im obigen Deckenstapel (Bildrechte: nach JONES 1987)

Abb. 8.26 Schuppenfächer bei Cody (Wyoming, USA), Rocky Mountains-Überschiebungsgürtel. Im Zentralbereich des Bildes sind mehrere nach links einfallende Schuppen zu erkennen

ein Deckenkomplex auf das Vorland, dann wird die Lithosphäre durch die Auflast elastisch nach unten gebogen und es entsteht ein im Profil dreieckiges **Vorlandbecken** (*foreland basin*). In diesem Becken wird Erosionsmaterial vom angrenzenden Gebirge abgelagert. Diese Sedimente bezeichnet man als Molasse, das Vorlandbecken als Molassebecken (z. B. nördlich der Alpen). Mit fortschreitenden Überschiebungen verlagert sich das Vorlandbecken weiter zum Kontinent hin und das frühere Vorlandbecken wird überschoben. Jüngere große Überschiebungen können die älteren Vorlandbecken auch vom tieferen Untergrund abscheren und als **Huckepack-Becken** (*piggy back basin, thrust-top basin*) weiter ins Vorland transportieren.

Der Huckepack-Mechanismus wird als normale Art und Weise für die Entstehung von Überschiebungssystemen angenommen. Seltener entwickeln sich die jüngeren Überschiebungen im Hangendblock der älteren Überschiebungsbahnen (**Überlappungsüberschiebung**, *overstep thrust, overlap thrust*). Die jüngeren Überschiebungen entstehen dann in Richtung Hinterland und in diesem Sinn entgegengesetzt zur Transportrichtung (Abb. 8.24).

Wenn sich in einem Überschiebungssystem die aufeinanderfolgenden **Decken oder Schuppen** (*thrust sheets or thrust slices*) in Form und Größe wiederholen, dabei in dieselbe Richtung einfallen und wie Dachplatten übereinanderliegen, spricht man von einem **Schuppenfächer** (*imbricate fan*). Dabei gehen von der Sohlüberschiebung fächerförmig nach oben listrische Überschiebungsflächen aus, die die einzelnen Schuppen begrenzen. Das Profil in Abb. 8.25 (oben) und das Geländefoto (Abb. 8.26) zeigen diese für viele Überschiebungsgürtel typische Struktur. Die unregelmäßigen Abstände zwischen

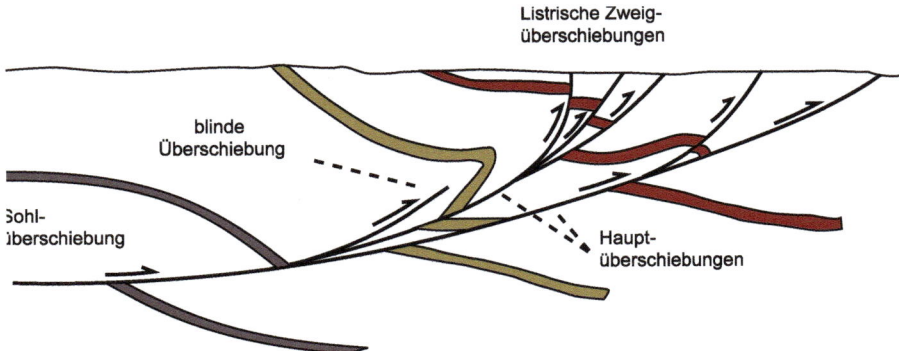

Abb. 8.27 Auseinanderlaufen einer Sohlüberschiebung und Aufteilen des Versatzes in Haupt- und Zweigüberschiebungen (Bildrechte: nach EISBACHER 1996)

den einzelnen Schuppen sind auf die unterschiedlich große **Verschiebung** (*slip*) auf den einzelnen Überschiebungsbahnen zurückzuführen (vgl. Abb. 8.25). Das heißt, die potentiellen Rampen können vor der Deformation die gleichen Abstände gehabt haben. Die unterschiedliche Transportweite wird aus dem oberen Profil ersichtlich, denn die Überschiebungen 1 und 4 transportieren die rotbraune Schicht des Hangendblockes nur bis über die rotbraune Schicht des Liegendblocks; von den Überschiebungen 2 und 3 wird aber die nächst tiefere, gelbbraune Schicht des Hangendblockes bis auf die rotbraune Schicht des Liegendblocks überschoben. Die jeweils huckepack mitgenommenen Überschiebungen werden zunehmend versteilt, sodass die älteste Überschiebung am steilsten und die jüngste am flachsten einfällt.

Von einer Sohlüberschiebung ausgehende Hauptüberschiebungen können sich weiter in verschiedene **Zweigüberschiebungen** (***branch thrusts, thrust splays***) aufspalten (Abb. 8.27). Der Gesamtversatz an der Sohlüberschiebung wird somit über die Hauptüberschiebungen und Zweigüberschiebungen in kleinere Versätze aufgeteilt.

Eine Schuppenzone mit einer Sohlüberschiebung an der Basis, die nach oben durch eine **Dachüberschiebung** (*roof thrust*) begrenzt wird, bezeichnet man als **Duplex** (*duplex*). Dieser entwickelt sich folgendermaßen (Abb. 8.28): Im ersten Stadium des Überschiebungsprozesses wird eine größere Decke an einem basalen Gleithorizont abgeschert und über eine Rampe $R1$ mit der Schubweite So auf eine höher liegende Flachbahn transportiert. Der basale Abscherhorizont, die Rampe $R1$ und die höher liegende Flachbahn So bilden die Hauptüberschiebungsbahn der Decke (Abb. 8.28 oben). Im nächsten Stadium entsteht an der Basis der Rampe $R1$ ein neuer Bruch,

der sich über eine gewisse Strecke im basalen Gleithorizont fortsetzt und über eine weitere Rampe $R2$ nach oben in die prä-existente Hauptüberschiebungsbahn (DÜ) einmündet. Im Liegendblock entsteht auf diese Weise eine **vollständig von Störungen umgebene Schuppe** (*thrust slice, thrust horse*). Dieser Bereich wird nun auf der neu entstandenen Sohlüberschiebung (SÜ) abgeschert und mit einer bestimmten Schubweite $S1$ über die Rampe $R2$ geschoben. Die weitere Verschiebung der Decke findet jetzt auf dem neuen unteren Abschnitt der Sohlüberschiebung statt und setzt sich über die Rampe $R2$ in der präexistenten horizontalen Hauptüberschiebung fort. Kurz gesagt wurde durch den neuen Bruch ein Teil der Hauptüberschiebung „abgeschnitten". Die Decke wird um die Schubweite $S1$ weiter bewegt und wurde, wie in Abb. 8.28 (Mitte) gezeigt, insgesamt um $So + S1$ verschoben. Die entstandene Schuppe, der darüber liegende inaktive Teil der Hauptüberschiebung und die Decke selbst wurden während des Überschiebungsprozesses gefaltet. Bei Fortsetzung des Überschiebungsprozesses wird die Bewegung wieder auf ein im basalen Gleithorizont neu entstehendes Segment übertragen (s. die beiden unteren Profile in Abb. 8.28). Während des Überschiebungsprozesses finden komplexe Verfaltungen statt, die sich anhand der Lageveränderung des gelben Punktes (Halbkreis) in Abb. 8.28 nachvollziehen lassen.

Die Entwicklung einer bestimmten Duplexstruktur hängt von der Anzahl der verschiedenen untergeordneten Überschiebungen, dem Abstand der Rampen, d. h. von der Länge der entstehenden Schuppen und den einzelnen Schubweiten der Schuppen ab. Wenn die Schubweite und der Abstand zwischen den entstehenden Schuppen konstant bleibt und die Überschiebungsweite einer Schuppe etwa die Hälfte

8.4 Nomenklatur von Auf- und Überschiebungen

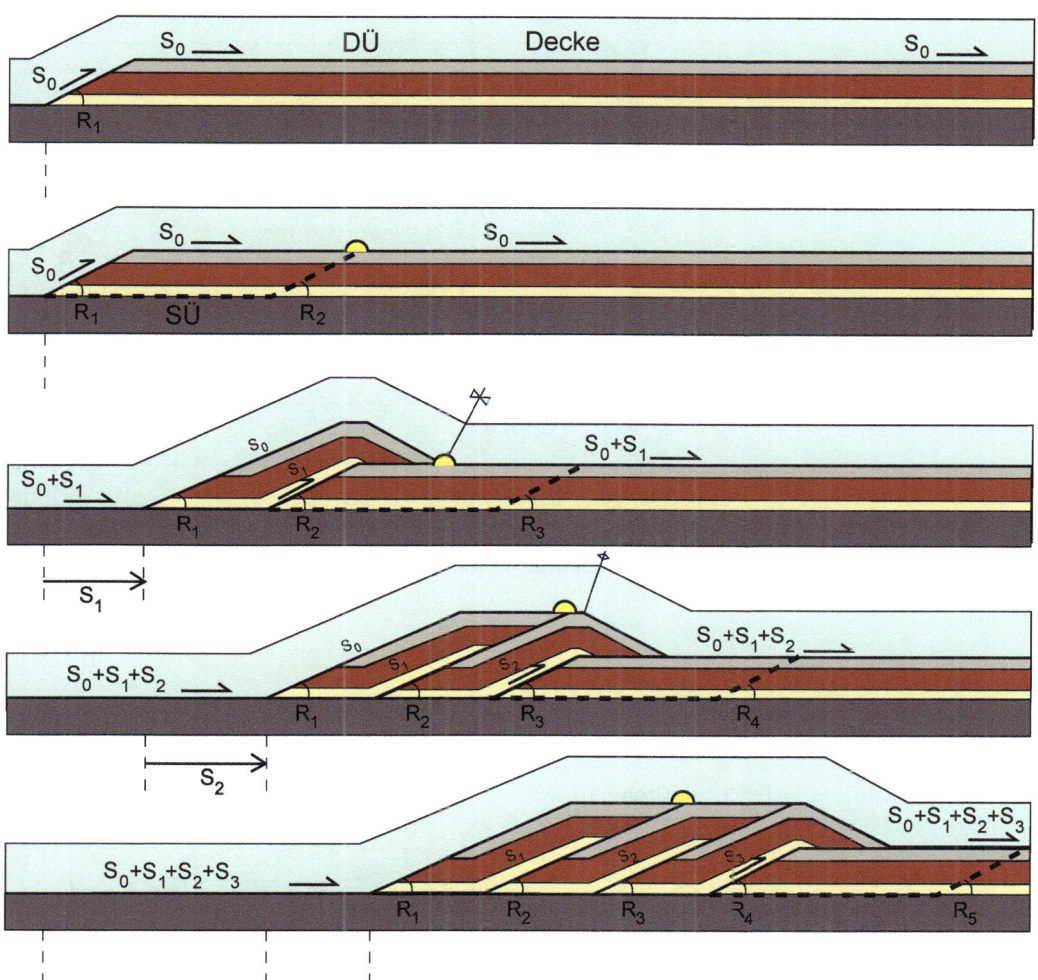

Abb. 8.28 Duplexentwicklung, R = Rampe, DÜ = Dachüberschiebung, SÜ = Sohlüberschiebung. Die wichtigsten Parameter der Duplexentwicklung während eines Überschiebungsprozesses sind die Bewegung auf der Störung (slip = S) und die Länge der nächsten, unteren Schuppe (Erläuterungen siehe Text) (Bildrechte: verändert nach BOYER & ELLIOTT 1982)

des Schuppenabstands vor der Deformation beträgt, entwickelt sich ein „normaler" Duplex, wie der in Abb. 8.28. Die einzelnen Schuppen fallen zum Hinterland ein. Charakteristisch für Duplexstrukturen ist die Krümmung der einzelnen übereinanderliegenden Schuppen und die in den Schuppen parallel zu deren Verschiebungsflächen liegende Schichtung. Oberhalb der Dachüberschiebung sind die Schichten leicht aufgewölbt (Abb. 8.29).

Ist die Schubweite und der Abstand zwischen den einzelnen Schuppen etwa gleich groß, bildet sich ein **antiformer (sattelförmiger) Schuppenstapel** (*antiformal stack*) über dem die Dachüberschiebung nach oben zu einer Antiform gewölbt wird. Wenn dabei die Schubweite größer wird als die Schuppenlänge, fallen die Schuppen zum Vorland hin ein (Abb. 8.30).

Wird eine Decke über eine Rampe geschoben, kann sich in dem abknickenden Hangendblock eine **Rücküberschiebung** (*back thrust, antithetic accomodation thrust*) bilden. Diese hat den entgegengesetzten Überschiebungssinn wie die

Abb. 8.29 Duplex, Cornwall. Sohlüberschiebung (gelb), Dachüberschiebung (weiß)

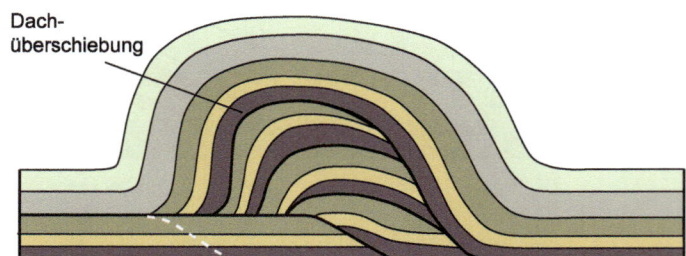

Abb. 8.30 Antiformer Schuppenstapel (weiß gestrichelt: potentielle nächste Schuppe) (Bildrechte: verändert nach TWISS & MOORES 2007)

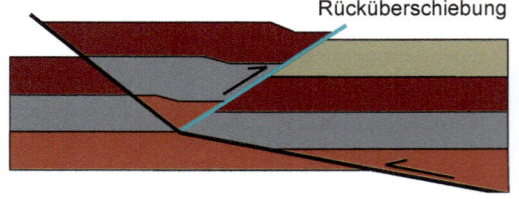

Abb. 8.31 Entstehung einer Rücküberschiebung. Der Reibungswiderstand während der Überschiebung auf die steiler werdende Rampe (schwarze Linie) bedingt eine starke Deformation des Hangendblocks. Dieser wird gestaucht (gefaltet) und zerbricht und nach hinten überschoben (blaue Linie). (Bildrechte: verändert nach MITRA 2002)

8.4 Nomenklatur von Auf- und Überschiebungen

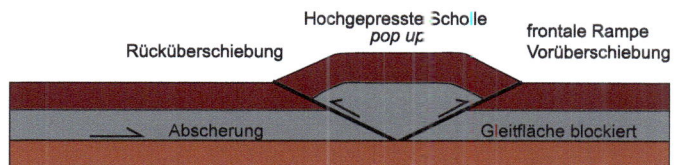

Abb. 8.32 Aufpressscholle (*pop up structure*) über einer Flachbahn (Bildrechte: nach BUTLER 1982)

Abb. 8.33 Aufpressscholle (*pop up*) (Socaire, Atacama, Chile)

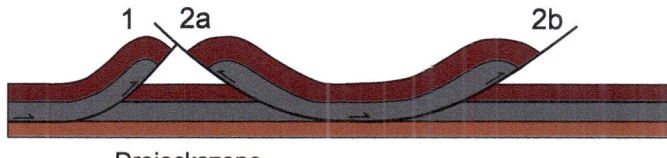

Abb. 8.34 Dreieckszone. Reihenfolge der Entstehung: Ältere Vorüberschiebung (1), Rücküberschiebung (2a) und jüngere Vorüberschiebung (2b)

Hauptüberschiebung und nimmt die bei der Verbiegung der aufgeschobenen Schichten entstehende Deformation auf (Abb. 8.31). Bei diesem Vorgang können auch mehrere Rücküberschiebungen entstehen. Rücküberschiebungen bilden sich auch auf Flachbahnen, wenn die Gleitbewegung an einer Stelle mit höherem Reibungswiderstand blockiert wird. Bevor die Decke über die entstehende frontale Rampe weiter geschoben wird (**Vorüberschiebung**, ***forethrust***), bricht die Rücküberschiebung durch und der zwischen Rampe und Rücküberschiebung eingeschlossene Bereich wird als Scholle hoch gepresst (**Aufpressscholle**, ***pop-up structure***) (Abb. 8.32 und 8.33).

Eine weitere strukturelle Kombination aus einer Rücküberschiebung und einer Vorüberschiebung ist die **Dreieckszone** (***triangle zone***). Sie kann über dem gemeinsamen Abscherhorizont in einem Überschiebungssystem entstehen (Abb. 8.34), wenn der Bereich vor einer älteren Vorüberschiebung (1) und die Vorüberschiebung (1) selbst von einer Rücküberschiebung (2a) geschnitten wird, bevor sich das Überschiebungssystem mit einer jüngeren Vorüberschiebung über die frontale Rampe (2b) weiterbewegt. Dreieckszonen charakterisieren sehr komplex deformierte Bereiche. So muss die Rücküberschiebung nicht unbedingt vom gemeinsamen Abscherhorizont ausgehen, sie kann auch auf einer Rampe beginnen (wie in Abb. 8.31) und es können mehrere Rücküberschiebungen entstehen oder die Rücküberschiebungen entwickeln sich im Überschiebungssystem zu unterschiedlichen Zeiten.

Geometrischer Zusammenhang zwischen Überschiebungen und Falten

Überschiebungen und Falten stehen in ihrer Entwicklung in einem engen Zusammenhang. Über blinden Überschiebungen werden die Schichten zu Sätteln verbogen (vgl. Abb. 8.19). Andere, überschiebungsbedingte Falten mit Sätteln und Mulden entwickeln sich bei einer Rampen-Flachbahn-Rampen-Geometrie (vgl. Abb. 8.22). In direktem Bezug mit der Geometrie einer Falte stehen die Treppenstufen-Geometrie und Schubweite einer Überschiebung bei der Entstehung einer **Störungs-Biegefalte** (*fault-bend fold*).

Abbildung 8.35 zeigt schematisch die progressive geometrische Entwicklung einer Störungs-Biegefalte. Diese entwickelt sich, nachdem die Überschiebungsbahn entstanden ist, also nachdem der Bruch durch die Schichtfolge gegangen ist. Wenn die Bewegung auf der Überschiebungsbahn einsetzt, werden die Schichten des Hangendblocks auf der unteren Flachbahn abgeschert und die Rampe hochgeschoben. Dabei wird die Orientierung der Rampe der Orientierung der Schichten quasi „aufgedrückt". Da sich die Schichten im Hangendblock von einer „horizontalen" Orientierung in eine „Rampen"-Orientierung bewegen, werden sie zu einer **Knickfalte** (*kink fold, chevron fold* – s. Kap. 10 Falten) verbogen. Die gesamte Schichtfolge des Hangendblocks wird über dem Liegendabriss (Y) am Fuß der Rampe geknickt. Es entwickelt ein sogenanntes **Knickband** (*kinkband*), das die Hangendabfolge vom Liegendabriss bis zu deren Top durchzieht und bereits im frühesten Stadium der Überschiebungsbewegung entsteht. Am Ende der Rampe entwickelt sich, ebenfalls gleich zu Beginn der Bewegung, ein weiteres Knickband. Die Linien B und B' sowie die Linien A und A' begrenzen die Knickbänder und entsprechen den Achsenebenen einer Mulde und eines Sattels respektive den Achsenebenen eines Sattels und einer Mulde der entstehenden Knickfalten. Die Faltung der Schichten ist auf den Hangendblock begrenzt und endet an der Überschiebungsbahn. Der Punkt (X) bezeichnet den Liegendabriss unter dem oberen Ende der Rampe. Vor der Bewegung lagen X und X' sowie Y und Y' zusammen. Wenn nun der Überschiebungsprozess weitergeht, d.h. wenn die Schubweite zunimmt, bewegt sich der Hangendabriss Y' immer weiter die Rampe hoch und das Knickband zwischen den Linien B und B' wird kontinuierlich breiter (Abb. 8.35 Mitte). Am oberen Ende der Rampe bewegt sich der Hangendabriss X' ebenfalls kontinuierlich auf der oberen Flachbahn weiter nach außen und das Knickband zwischen A und A' wird ebenfalls breiter. Die Amplitude (Höhe) der entstehenden **Antiklinale** (*anticline*) nimmt dabei zu. Die Achsenebenen A' und B' werden mit der Überschiebungsdecke mitgenommen, da sie an die Hangendabrisse X' und Y' gebunden sind. Im Gegensatz dazu sind die Achsenebenen A und B in diesem Stadium der Überschiebung an die Liegendabrisse gebunden, das Material des Hangendblocks wandert durch diese Achsenebenen, die Schichten werden dabei quasi erst umgebogen und dann wieder gerade gebogen. Wenn der weiter geschobene Hangendabriss (Y'), der an der Basis der Rampe entstanden ist, den Liegendabriss (X) am Ende der Rampe erreicht, hat die Rampenfalte ihre maximale Amplitude. In diesem Stadium des Überschiebungsprozesses löst sich die Achsenebene A vom Liegendblock und bewegt sich mit dem Liegendabriss Y' weiter (Abb. 8.35 unten). Bei der idealen Störungs-Biegefalte ist der **Vorderschenkel** (*forelimb*) steiler geneigt als der **Rückschenkel** (*backlimb*), wobei dessen Einfallen dem Einfallen der Rampe entspricht. In der Natur können Störungs-Biegefalten, vor allem in Schuppenzonen, sehr komplex sein. Zu den Winkelbeziehungen in Störungs-Biegefalten wurden von Suppe (1983) eine Reihe von Formeln entwickelt, mit denen sich auch die Faltenentwicklung in Duplexen berechnen lässt.

Die **Störungsausbreitungsfalte** (*fault-propagation fold*) ist Teil des Überschiebungsprozesses, bei dem die Überschiebungsbahn durch die Schichtfolge nach oben fortschreitet, jedoch die Oberfläche nicht erreicht, bzw. sich nicht auf einer höher liegenden Flachbahn fortsetzt. Die Bewegung und die Schubweite der Überschiebung auf der entstehenden Rampe werden deshalb durch Faltung der Schichten (frontale Knickung) vor der Störungsspitze aufgenommen (Abb. 8.36). Wenn die Spitze der Überschiebungsbahn vom horizontalen Abscherhorizont nach oben quer zur Schichtung abzweigt, bilden sich sofort zwei Knickbänder, die von den Linien A-A' und B-B' begrenzt werden (Abb. 8.36 oben). Die Linie A' entspricht der frontalen Muldenachsenebene und endet an der Störungsspitze verläuft dabei aber nicht parallel zur Rampe. Somit wandert A' durch das Material während die Überschiebungsbahn (Störungsspitze) weiter nach oben fortschreitet. Das Knickband zwischen A' und A nimmt dabei die Verschiebung vor der Störung auf. Die Achsenebene B ist an den Liegendabriss gebunden (grüner Punkt, Abb. 8.36 oben) und der Versatz auf der Überschiebungsfläche bedingt die Migration des Materials im

8.4 Nomenklatur von Auf- und Überschiebungen

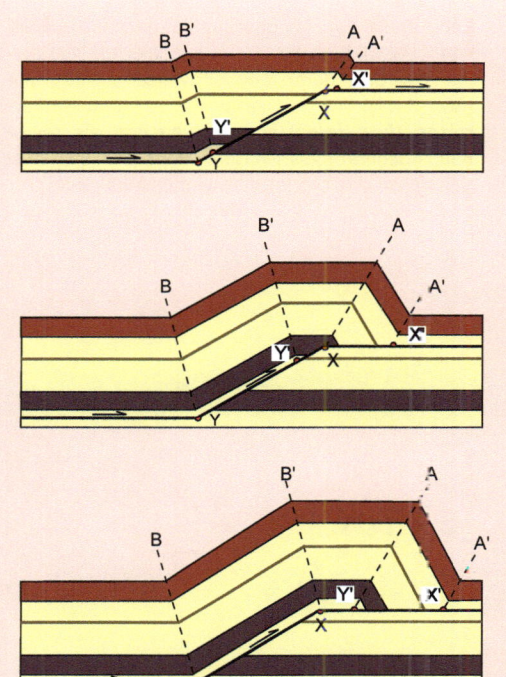

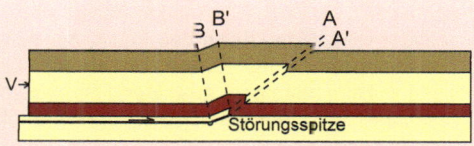

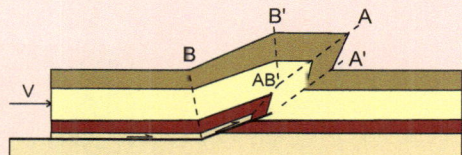

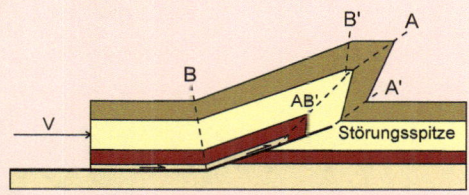

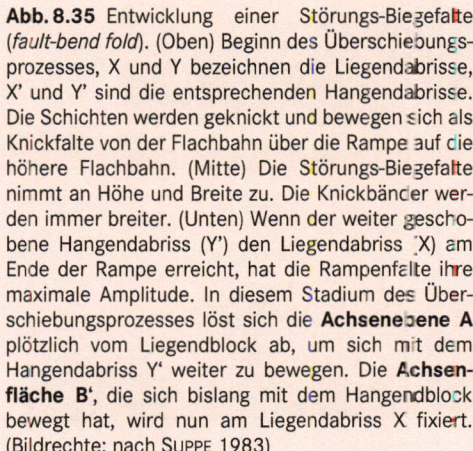

Abb. 8.35 Entwicklung einer Störungs-Biegefalte (*fault-bend fold*). (Oben) Beginn des Überschiebungsprozesses, X und Y bezeichnen die Liegendabrisse, X' und Y' sind die entsprechenden Hangendabrisse. Die Schichten werden geknickt und bewegen sich als Knickfalte von der Flachbahn über die Rampe auf die höhere Flachbahn. (Mitte) Die Störungs-Biegefalte nimmt an Höhe und Breite zu. Die Knickbänder werden immer breiter. (Unten) Wenn der weiter geschobene Hangendabriss (Y') den Liegendabriss (X) am Ende der Rampe erreicht, hat die Rampenfalte ihre maximale Amplitude. In diesem Stadium des Überschiebungsprozesses löst sich die **Achsenebene A** plötzlich vom Liegendblock ab, um sich mit dem Hangendabriss Y' weiter zu bewegen. Die **Achsenfläche B'**, die sich bislang mit dem Hangendblock bewegt hat, wird nun am Liegendabriss X fixiert. (Bildrechte: nach Suppe 1983)

Hangendblock durch diese Achsenebene. Wo die Achsenebene A mit der Achsenebene B' zusammentrifft, entsteht die Achsenebene AB'. Dieser Punkt befindet sich in der gleichen Schicht, in der sich die Störungsspitze befindet. Unter diesem Punkt ist die Faltung abgeschlossen. Im Zuge des weiteren Überschiebungs- und Faltungsprozesses, wenn die Störungsspitze weiter nach oben fort-

Abb. 8.36 Entwicklung einer Störungsausbreitungsfalte (*fault-propagation fold*)
Bei Einsetzen der Verschiebung (V) wandert die Störungsspitze stetig nach oben (schwarze Linie). Über der Störungsspitze entsteht eine asymmetrische Falte mit einer in Transportrichtung überkippten Flanke (weitere Erläuterungen im Text) (Bildrechte: nach Suppe 1983)

schreitet, wandern die Achsenebenen A und B' durch den Hangendblock; aber die Achsenebene AB', die sich unterhalb des Schnittpunkts von A und B' weiterentwickelt, behält ihre Position im Hangendblock bei und wird mit diesem zusammen versetzt (Abb. 8.36 Mitte und unten). Im Allgemeinen kommt es bei Störungsausbreitungsfalten zu einer Blockierung des beschriebenen Prozesses, weil der Biegewiderstand einzelner Schichten zu groß wird. Dann schreitet die Überschiebungsbahn entlang einer Sattel- oder Muldenachse (A und A' in Abb. 8.36) oder irgendwo dazwischen fort (Abb. 8.37). Detaillierte Informationen zum Mechanismus von Störungsausbreitungsfalten finden sich bei Suppe 1983, Suppe 1985 und Suppe & Medwedeff 1990.

Eine **Abscherungsfalte** (*detachment fold*) entwickelt sich über einem Abscherungshorizont, der parallel zur Schichtung verläuft (Abb. 8.38). Eine Abscherungsfalte kann entstehen, wenn der Gleithorizont von inkompetenten (duktilen)

Gesteinen, wie z.B. Salz- oder Tonschichten, gebildet wird. Diese füllen den Raum, der beim Zusammenschub des Hangenden an der Basis der Falte entsteht, aus. Der Faltungsprozess über dem Abscherungshorizont wird als **Abscherungs-Knickung** (*decollement buckling*) bezeichnet. Die allgemeine Vorstellung zur Entstehung von Abscherungsfalten geht auf die von August Buxtorf 1916 publizierten geologischen Profile durch den Schweizer Jura zurück (Abb. 8.39). Die dort zu beobachtenden **Kofferfalten** (*box folds*) wurden von ihm als regionale Abscherungsstrukturen über den Evaporit-Schichten des Mittleren Muschelkalks gedeutet.

Abb. 8.37 Störungsausbreitungsfalte (*fault-propagation fold*) Cornwall, UK

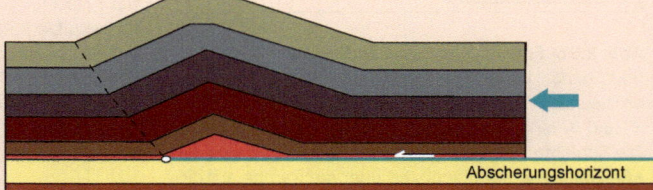

Abb. 8.38 Abscherungsfalte (Bildrechte: verändert nach McClay 1992)

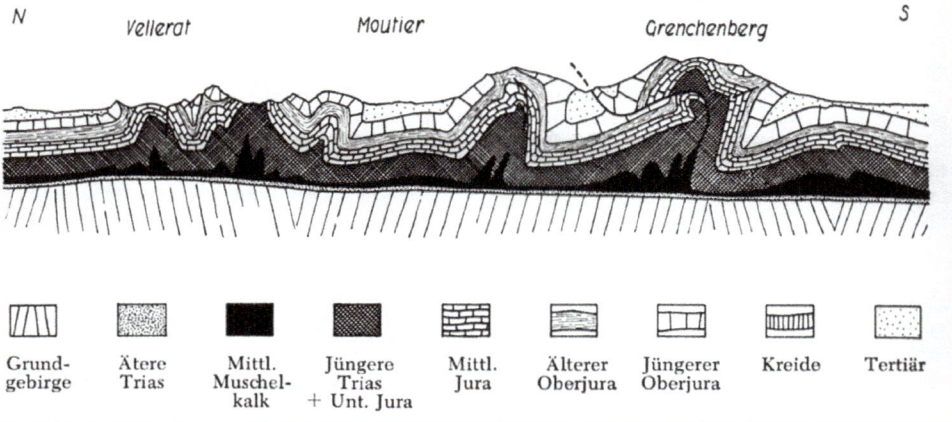

Abb. 8.39 Abscherungsfalten im Schweizer Jura über den Evaporiten des Mittleren Muschelkalks (Bildrechte: aus Brinkmann 1972 nach Buxtorf 1916 und Aubert 1949)

9 Inversionstektonik – Reaktivierung präexistenter Krustenstrukturen

Westrandstörung des Rheingrabens bei Gueberschwihr, Elsass. Durch Horizontalbewegungen überprägte Abschiebung

9.1 Definition

Mit **Inversionstektonik** (*inversion tectonics*) bezeichnet man die Umkehrung von Abschiebungs-, Aufschiebungs- und Horizontalverschiebungsprozessen (COOPER & WILLIAMS 1989). Wird eine durch Krustendehnung entstandene Abschiebung durch tektonischen Zusammenschub in eine Aufschiebung umgewandelt, handelt es sich um eine **positive Inversion** (*positive inversion*). Unter einer **Beckeninversion** (*basin inversion*) versteht man die Heraushebung eines **Extensionsbeckens** (*extensional basin*). Dabei handelt es sich um ein Sedimentbecken, das durch Abschiebungen entstanden ist und von diesen begrenzt wird. Bei einer **negativen Inversion** (*negative inversion*) wird eine ursprüngliche Aufschiebung als Abschiebung reaktiviert. Horizontalverschiebungszonen können durch eine Umkehrung ihres Bewegungssinnes invertiert werden, so dass aus ehemaligen **Zerrgräben** (*pull apart structures*) die sedimentäre Füllung herausgepresst wird oder dass gehobene Bereiche in vormals transpressiven Übertritten abgesenkt werden. Die Gesteinsabfolge wird bei der tektonischen Inversion normalerweise nicht umgekehrt.

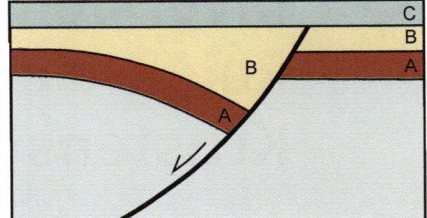
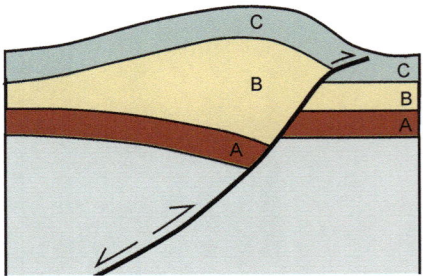

Abb. 9.1 Positive Inversion eines Extensionsbeckens. A, B und C sind stratigraphische Einheiten (A= vor, B= während und C= nach dem Grabenstadium) (Bildrechte: verändert nach WILLIAMS et al. 1989)

Ursachen für eine Inversionstektonik sind zeitliche Veränderungen des tektonischen Spannungsfeldes bezüglich Orientierung und Magnitude der Hauptspannungen an den Rändern und innerhalb der Lithosphärenplatten. In den Kollisionszonen können so die Extensionsstrukturen von ehemals passiven Kontinenträndern kompressiv überprägt werden und im Intraplattenbereich werden ehemalige Grabenzonen zusammengeschoben. Auf- und Überschiebungsbereiche früherer Gebirgsbildungen können in einem jüngeren Spannungsfeld unter Dehnung geraten und Transtensions- sowie Transpressionszonen werden jeweils in die gegenteilige Struktur umgewandelt.

9.2 Positive Inversion (*positive inversion*)

Die inversionsbedingten Überschiebungen, die zur Heraushebung von Extensionsbecken führen (Abb. 9.1), unterscheiden sich in ihrer Anlage und Geometrie von Flachbahn-Rampen-Strukturen primärer Auf- und Überschiebungen. Ob es jedoch überhaupt zu einer Inversion kommt, das heißt zu einer kompressiven Reaktivierung von Abschiebungsflächen, wird von verschiedenen Faktoren bestimmt. Diese sind der Einfallswinkel der Abschiebungsfläche, ihre Orientierung relativ zu der für die Aufschiebung erforderlichen Spannung und der Reibungswiderstand der zu reaktivierenden Störungsfläche. Das Vorhandensein von Porenflüssigkeiten kann die Inversion unterstützen, da die Porenflüssigkeitsdrucke durch die Kompression erhöht werden, wodurch sich die Normalspannung auf der potentiellen Abscherungsfläche verringert und eine Inversion erleichtert wird. Diese Parameter können zusammenwirken und im Gelände, manchmal schon innerhalb eines Sedimentbeckens, variieren.

Bei der Inversion der listrischen Hauptabschiebungsfläche eines Halbgrabens entsteht durch die Heraushebung der Füllung des Extensionsbeckens eine harpunenartige Struktur. Dabei wird die keilförmige Grabenfüllung über die ehemalige Erdoberfläche emporgehoben und die Störungsfläche wird an ihrem oberen Ende zur Aufschiebung (**Netto-Kompression**, *net compression*), wobei sie in ihrem unteren Bereich immer noch die Eigenschaft einer Abschiebung (**Netto-Extension**, *net extension*) hat. Der Punkt auf der Störungsfläche, an dem sich

9.2 Positive Inversion (positive inversion)

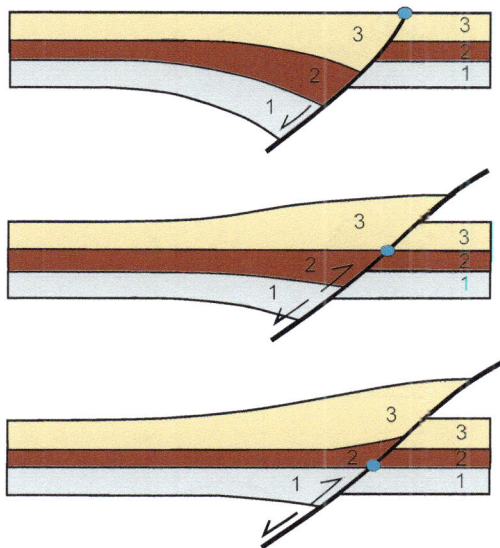

deren Charakter von der Aufschiebung in die Abschiebung ändert wird als **Nullpunkt** (*null point*) bezeichnet. An diesem Punkt ist der stratigraphische Versatz eines Markerhorizonts Null (Abb. 9.2). Die Lage des Nullpunkts auf einer invertierten Störungsfläche gibt einen Hinweis auf die Stärke des Inversionsereignisses. Bei zunehmender, positiver Inversion wandert der Nullpunkt auf der Störungsfläche immer tiefer bis sich die Verschiebung völlig umgekehrt hat.

Störungen, die während der Abschiebungsphase entstanden sind, können bei der Inversion, abhängig vom inneren Reibungswinkel des Gesteins und der Reibung auf der Störungsfläche, dahingehend abgewandelt werden, dass sie sich bei einer zu steilen prä-existenten Störungsfläche einen kürzeren Weg durch den Liegendblock bahnen und eine sogenannte „**Liegendblock-Abkürzungsüberschiebung**" (*footwall shortcut thrust*) initiieren oder aber den Hangendblock mit einer **Hangendblock Bypass Überschiebung** (*hanging wall bypass thrust*) durchschlagen (Abb. 9.3). Die Entwicklung von diesen und weiteren komplexeren Inversionsstrukturen mit Neubildungen mehrerer Vor- und Rücküberschiebungen im Liegend- und Hangendblock wurden mit Analogexperimenten von McClay & Buchanan (1992) aufgezeigt.

Neben den Inversionen von Extensionsbecken, die durch zeitliche Veränderungen der regionalen Spannungsfelder und dafür verantwortlicher plattentektonischer Kräfte verursacht werden, können sedimentäre Becken durch Aufwölbungen der Lithosphäre gehoben und invertiert werden. Beispiele hierfür sind etwa die isostatische Entlastung durch das Abschmelzen von Gletschern oder starke Krustenverdünnung. Weitere Beckeninversionen können mit dem Aufdringen von **Manteldiapiren** (*mantle plumes*), **Salz und Tondiapiren** (*Salt- and mud diapirs*) zusammenhängen (vgl. Kap. 12 Diapirismus).

Abb. 9.2 Schrittweise Inversion eines Extensionsbeckens (oben) Vor der positiven Inversion liegen sich an der Verwerfung die Oberseiten der Schicht 3 der synsedimentären Beckenfüllung und der außerhalb des Beckens abgelagerten Schicht im Nullpunkt gegenüber. (Mitte) Im ersten Inversionsstadium wurde die Beckenfüllung soweit herausgeschoben, dass sich die Oberseiten der Schicht 2 an der Störungsfläche ohne stratigraphischen Versatz gegenüber liegen. Dies bedeutet, der Nullpunkt ist auf der Störungsfläche nach unten gewandert. Die Beckenfüllung über dem Nullpunkt wurde herausgehoben (Netto-Kompression) und unterhalb des Nullpunktes hat die Störung immer noch den Charakter einer Abschiebung (Netto-Extension) (unten) Die Beckenfüllung wurde noch weiter herausgeschoben; die Netto-Kompression wird größer, die Netto-Extension geringer. Am Nullpunkt liegt sich nun die Basis der Schicht 2 gegenüber; die Netto-Extension wurde geringer. Wenn sich die Basis von Schicht 1 ohne Versatz an der Störung gegenüberliegt, ist das Becken vollständig invertiert (Bildrechte: nach Williams et al. 1989).

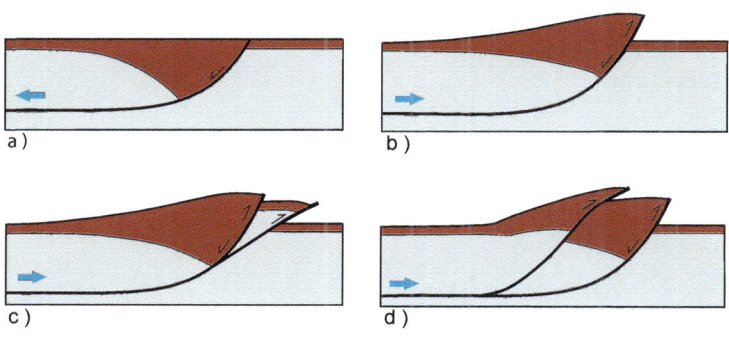

Abb. 9.3 (a) Extensionsbecken (b) Inversion des Extensionsbeckens, (c) Liegendblock-Abkürzungsüberschiebung, (d) Hangendblock-Bypass-Überschiebung (Bildrechte: nach McClay & Buchanan 1992)

9.3 Negative Inversion (*negative inversion*)

Geraten Störungsflächen von Überschiebungssystemen unter einem jüngeren Spannungssystem unter Dehnung, können sie ganz oder partiell als Abschiebungen reaktiviert werden. Eine partielle Inversion wird nur in bestimmten Abschnitten sichtbar und es ergeben sich komplexe Beziehungen zwischen den Abschnitten, die unter Netto-Extension stehen und denen, die sich unter Netto-Kompression befinden. Zur Störungsanalyse dienen ebenfalls Nullpunkte bzw. **Nullzonen** *(null zones)*, die auch als **neutrale Verwerfungsabschnitte** *(neutral faults)* bezeichnet werden. Wie an den Nullpunkten besteht auch an den Nullzonen kein stratigraphischer Versatz. Abbildung 9.4 zeigt die partielle negative (extensive) Inversion eines Flachbahn-Rampen-Überschiebungssystems.

Unter einem extensiven Spannungssystem entsteht eine neue Abschiebungsfläche im Hangendblock, die in eine prä-existente Aufschiebungsfläche übergeht und diese als Abschiebungsbahn reaktiviert. Die neue Abschiebung hat sich zum oberen Ende der Überschiebungsrampe (**Verzweigungspunkt**, *branch point*) entwickelt. Dieser Verzweigungspunkt entspricht dem Nullpunkt des Überschiebungssystems (blauer Punkt in Abb. 9.4b, denn oberhalb des Nullpunkts wurden die in der Primärphase überschobenen Schichten abgeschoben, unterhalb des Nullpunkts aber nicht; dort sind sie immer noch aufgeschoben (Abb. 9.4b). Bei fortdauernder Abschiebung (gelber Pfeil) bewegt sich der Hangendabriss der jüngsten (obersten) überschobenen Schicht nach unten und es bildet sich eine dehnungsbedingte antithetische Flexur. Wenn der Hangendabriss der jüngsten (obersten) überschobenen Schicht mit dem Verzweigungspunkt zusammenfällt (Abb. 9.4d), wird der Nullpunkt zu einer Nullzone. Die Schichten des Hangendblocks werden nun alle abgeschoben. Bei weiterer Dehnung verstärkt sich die antithetische Flexur und die gesamte Störungsfläche wird zur Abscherungsfläche.

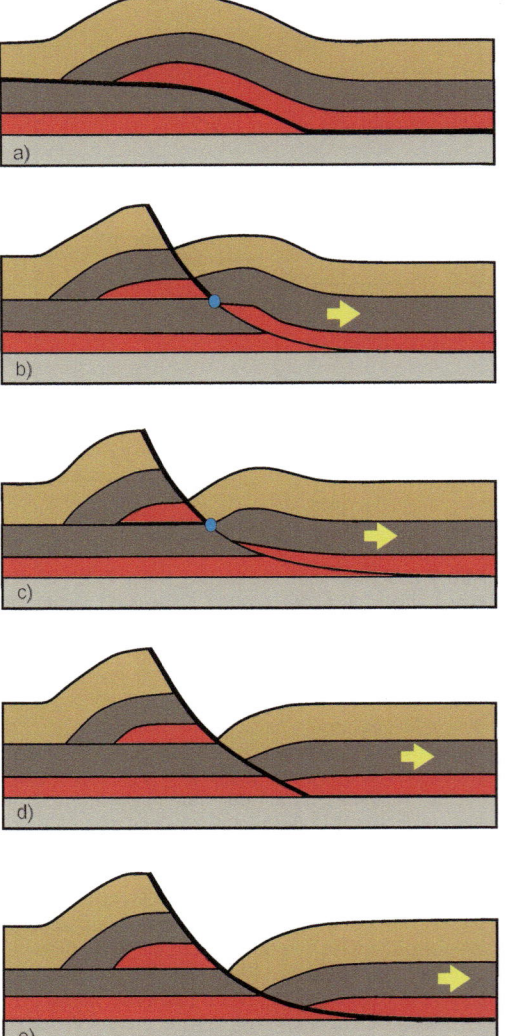

Abb. 9.4 Negative Inversion mit partieller Reaktivierung einer Störungsfläche eines Überschiebungssystems. (blauer Punkt = Nullpunkt) Erläuterungen im Text (Bildrechte: nach WILLIAMS et al. 1989)

9.4 Reaktivierung von Grabenstrukturen als Horizontalverschiebungen

Ein regionales Beispiel für die Reaktivierung von Störungsflächen unter anderen tektonischen Vorzeichen ist der Rheingraben in Süddeutschland. Die morphologisch klar in Erscheinung tretende Grabenstruktur folgt alten, bereits im Präkambrium und Karbon angelegten krustalen Schwächezonen. Die eigentliche Grabenbildung ereignete sich im Tertiär. Im oberen Tertiär änderte sich jedoch das für die Grabenbildung verantwortliche regionale tektonische Spannungsfeld (ILLIES & GREINER 1979) und die neotektonisch aktive maximale kompressive Hauptspannung ist seitdem SE-NW gerichtet. Dies bedingt eine Reaktivierung der NNE-SSW streichenden Störungen des Rheingrabens als sinistrale Horizontalverschiebungen (Abb. 9.5). Prä-existente, während der Dehnungsphase des Rheingrabens entstandene Störungsflächen werden neotektonisch durch sinistrale Bewegungen (Titelbild und Abb. 9.6) überprägt (zur Mechanik von Horizontalverschiebungen vgl. Kap. 7.3).

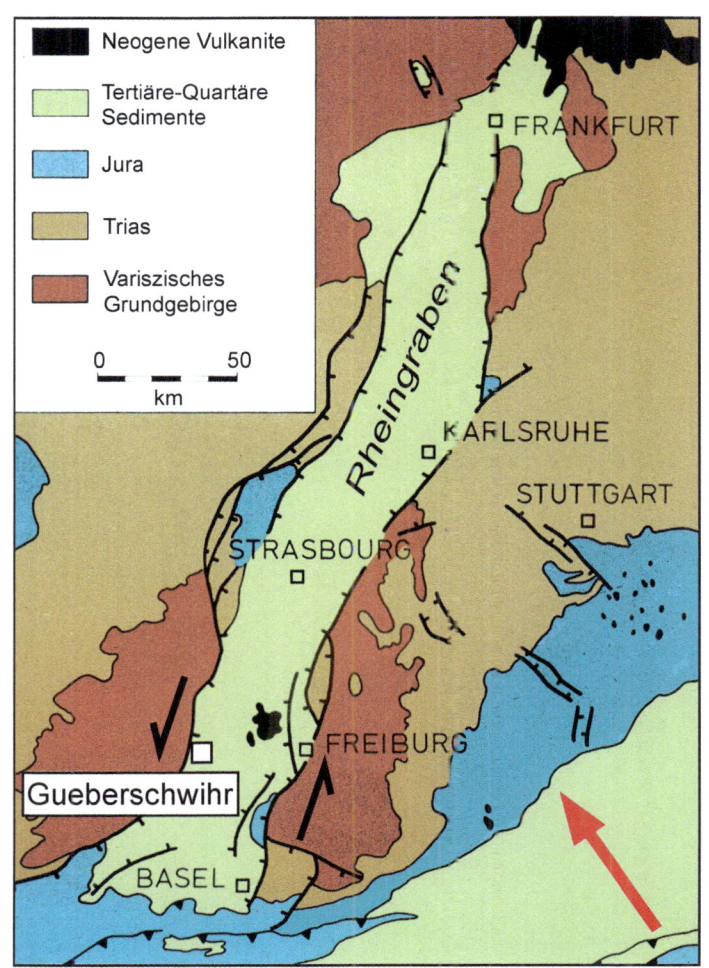

Abb. 9.5 Geologische Karte des Rheingrabens Der rote Pfeil repräsentiert die neotektonisch aktive maximale kompressive Hauptspannung im gegenwärtigen tektonischen Europäischen Spannungsfeld. Die dunklen Pfeile zeigen den sinistralen Bewegungssinn der reaktivierten Verwerfungen an. (Bildrechte: verändert nach einer Postkarte des Geologischen Instituts der Universität Karlsruhe, Entwurf G. EISBACHER)

Abb. 9.6 Reaktivierte Störungsflächen am Westrand des Rheingrabens bei Gueberschwihr / Frankreich mit horizontalen Striemungen. Subrezente sinistrale Bewegungen sind auf Störungsflächen in Schwemmlöss-Sedimenten zu erkennen, welche als Spaltenfüllungen vorkommen und neben der horizontalen Striemung auf der Hauptverschiebungsfläche ins Sediment eindringende Riedelscherrisse mit Ausbrüchen aufweisen (roter Pfeil - Blockdiagramm) (Lokalität Gueberschwihr s. Abb. 9.5)

10 Falten

Liegende Zick-Zack-Falten in oberkarbonischen Sandsteinen und Tonen (Crackington Formation) bei Millook Haven, Cornwall, UK

10.1 Definition

Falten im Gestein sind die Deformationsstrukturen, die den Betrachter sicher am meisten faszinieren. Die oft ästhetischen und spektakulären Formen wecken nicht nur bei Fachleuten Fragen nach deren Ursache und Entwicklung. Die wellenartigen Verbiegungen sind offenkundige Hinweise auf die bruchlose Verformung der Erdkruste. Falten kommen in allen Größenordnungen vor. Sie bilden im Streichen ganzer Gebirgszüge große Verbiegungen, die sogenannten **Oroklinen** (*oroclines*), in denen das gesamte Gebirge um eine vertikale Achse abknickt. Im überregionalen Maßstab biegen beispielsweise die Anden östlich der chilenischen Stadt Arica von einer NW-SE-Richtung in Nord-Süd-Richtung um (Abb. 10.1). Im regionalen Maßstabstab knickt das Ost-West verlaufende Kantabrische Gebirge in Nordspanien im Asturischen Bogen nach Norden um (Abb. 10.2).

Faltenstrukturen geben Auskunft über die Bewegungsabläufe der Gebirgsbildung. Falten kommen in allen Größen vor. Als Großstrukturen formen sie ganze Berge, sie sind im Aufschlussbereich zu beobachten und reichen bis in den Mikrobereich. Falten entstehen auf die unterschiedlichste Weise. Synsedimentär bilden sie sich beim Abrutschen von noch nicht verfestigten Sedimentschichten. In Sedimentgesteinen und metamorphen Gesteinen steuern tektonische und gravitative Spannungen, Porenflüssigkeitsdrucke und Temperatur die Faltung und in einigen Magmatiten verkörpern Falten die Fließstrukturen dieser Gesteine.

© Springer-Verlag GmbH Deutschland, ein Teil von Springer Nature 2012
C.-D. Reuther, *Grundlagen der Tektonik*,
https://doi.org/10.1007/978-3-8274-2724-3_10

Abb. 10.1 Umbiegen der Anden östlich von Arica: Bolivianische Orokline. Die Faltensysteme der NW-SE streichenden Anden biegen bei Arica in N-S-Richtung um.

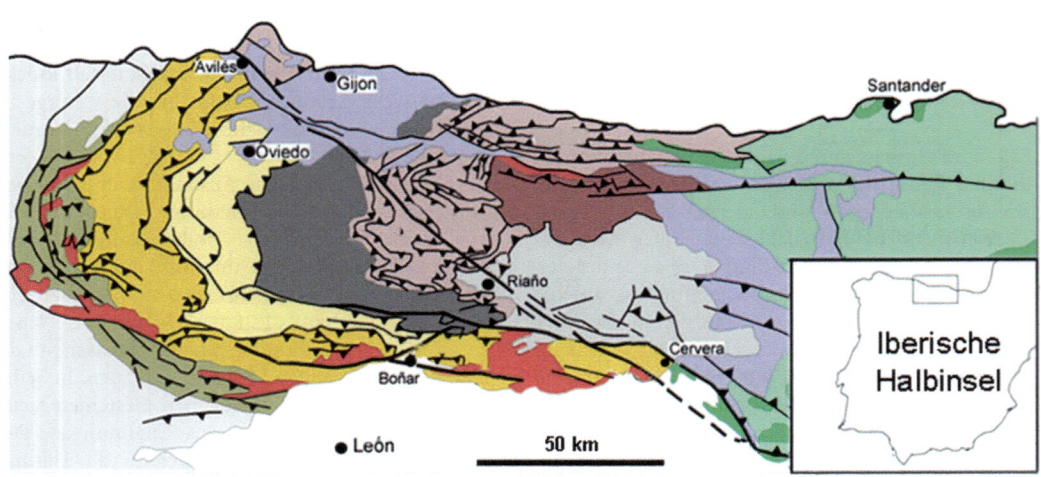

Abb. 10.2 Asturisch-Cantabrische Orokline - Umbiegen des Ost-West verlaufenden Falten- und Überschiebungsgürtels des Kantabrischen Gebirge in Nordspanien (Bildrechte: kompiliert nach JULIVERT et al. 1972, PÉREZ-ESTAÚN et al. 1988 und ALONSO et al. 1996)

> **Spannungen und Deformationsprozesse bei der Entstehung von Falten**
>
> Die Entwicklung einer Falte hängt im dreidimensionalen Spannungsfeld der Erdkruste vom Spannungsstand (Richtung des Spannungstensors) ab und wie sich dieser während der Faltenentstehung verändert. Ausgehend von horizontalen Lagen im Gestein, wie den Schichten in Sedimentgesteinen oder den stofflich variierenden Horizonten in metamorphen Gesteinen, sind Falten das Ergebnis einer inhomogenen finiten Deformation. Das heißt, bei einer Falte im Gelände kann es sich um das Endergebnis vieler Deformationsschritte handeln. Hat sich während dieser Schritte die Orientierung des lokalen Spannungsfelds verändert, lassen sich aus den Überprägungen des Gefüges einzelne Deformationsphasen ermitteln und in einer relativen zeitlichen Abfolge dem jeweils herrschenden Spannungsfeld zuordnen.
>
> Bei der Deformation spielen die Gesteinseigenschaften, deren Variation und Richtungsabhängigkeit (**Anisotropie**, *anisotropy*) innerhalb und zwischen den Lagen sowie deren relative Mächtigkeiten eine wichtige Rolle. Die Anisotropie wird ihrerseits von Veränderungen der Druck- und Temperaturbedingungen beeinflusst. Bezüglich des mechanischen Verhaltens bedeutet dies, dass ein Gesteinsbereich, je nach seiner Tiefenlage und nach Richtung der wirkenden Kräfte, unterschiedlich reagiert. Die Verformung führt im Makrobereich zu den unterschiedlichsten Faltenformen; im Mikrobereich verändert sie das **Korngefüge** (*fabric*).

10.2 Tektonischer Rahmen und Mechanismus von Faltung

Falten bilden sich überwiegend in kompressiven Spannungsregimen (vgl. Abb. 8.2 bis 8.6). Im plattentektonischen Rahmen kommt es in den Subduktionssystemen zu einer **Lithosphärenverbiegung** (*lithospheric bending*) der abtauchenden Platte. In der Oberplatte entstehen Falten durch die Verkürzung und Verdickung der Lithosphäre sowie durch Scherprozesse während der Plattenunterschiebung. Weitere Verbiegungen der Lithosphäre können durch Auflasten von vulkanischen Gesteinen, mächtigen Sedimentablagerungen und großen Eismassen entstehen. Beim Zusammenstoß von Kontinenten gelangen durch die Kollisions- und Überschiebungsprozesse große Bereiche kontinentaler Kruste in größere Tiefen, was zur Durchbewegung und Regionalmetamorphose der Gesteine mit Faltenbildung führt. Die Deformationen werden von dem mit der Tiefe zunehmenden Umlagerungsdruck, der Temperatur und dem aus der Kollision resultierenden gerichteten tektonischen Druck gesteuert. Dieser bewirkt eine orientierte Umkristallisation der Gesteine und führt zu deren **Schieferung** (*cleavage*) (siehe Kapitel 11 Foliation und Lineationen). Falten entstehen jedoch nicht nur in Kollisionsbereichen, sondern durch Schichtverbiegungen auch in Dehnungsbereichen über absinkenden Krustenblöcken (siehe Kap. 6 Abschiebungen, antithetische Abschiebung bzw. Drapierfalte).

Die auffälligsten Merkmale von Falten sind deren verschiedene Formen. Diese charakterisieren den **Faltenstil** (*fold style*), für den es unterschiedliche mechanische Gründe gibt. In den zurückliegenden zwei Jahrhunderten hat sich eine umfangreiche, nicht immer widerspruchsfreie Falten-Terminologie entwickelt, deren gebräuchliche und klare Begriffe zur geometrischen Beschreibung des Faltenstils vorgestellt werden.

10.2.1 Elemente und Geometrie von Falten

Elemente von Falten

Die in der Natur zu sehenden gefalteten Gesteinslagen haben oft sehr komplizierte Geometrien. Wurden die Gesteine während einer einzigen „Faltungsphase" deformiert, kann diese durch eine einfache, in Abb. 10.3 dargestellte, Faltengeometrie rekonstruiert werden. Die Definition von Falten und ihrer Elemente basiert auf den Veränderungen der **Krümmung** (*curvature*) der gefalteten Lagen. Zonen oder Linien, an denen die Falten ihre stärkste Krümmung erreichen, bezeichnet man als **Scharnier** (*hinge*) bzw. **Scharnierzonen** (*hinge zones*) oder **Scharnierlinien** (*hinge lines*). Zu beiden Seiten der Scharnierlinien befinden sich die **Faltenflanken** oder **Faltenschenkel** (*fold limbs*). Auf diesen verlaufen in dem Bereich ohne Krümmung die sogenannten **Wendelinien** (*inflexion lines*). Die Wendelinien unterteilen die gefaltete Lage in **Faltenbereiche** (*fold domains*). Zwischen den an die Wendepunkte der Faltenflanken gelegten Tangenten wird der durchschnittliche **Öffnungswinkel** (*interlimb angle*) einer Falte gemessen (vgl. Abb. 10.3). Der nach oben geschlossene Bereich einer gefalteten Lage heißt **Antiform** (*antiform*) und der nach unten geschlossene ist die **Synform** (*synform*). Ist die stratigraphische Abfolge mehrerer übereinander liegender Lagen bekannt, so bezeichnet man den nach oben gewölbten Teil als tektonischen **Sattel** oder **Antiklinale** (*anticline*). Dieser Faltenbereich ist grundsätzlich in Richtung seiner jüngsten Lage konvex gekrümmt und die älteste Lage befindet sich im **Sattelkern** (*core of the anticline*). Der nach unten gebogene, in Richtung seiner ältesten Lage konvex gekrümmte Faltenbereich, ist eine tektonische **Mulde** oder **Synklinale** (*syncline*); ihr innerer Bereich bildet mit der jüngsten Lage den **Muldenkern** (*core of the syncline*). Die Fläche, auf der alle Scharnierlinien einer Sattel- oder Muldenstruktur liegen, bezeichnet man als **Achsenfläche** (*axial surface*). Lassen sich die Scharnierlinien zu einer ebenen Achsenfläche verbinden, heißt diese **Achsenebene** (*axial plane*). Die Achsenfläche schließt mit der Faltenflanke den **Achsenwinkel** (*axial angle*) der Falte ein. Die **Faltenachse** (*fold axis*) ist ein gedachtes lineares Strukturelement einer Falte, das keine festgelegte Lage in der Falte einnimmt. Vielmehr stellt die Faltenachse die größte Annäherung an eine gerade Linie dar, die, wenn sie zu sich selbst parallel bewegt wird, die Form der Falte erzeugt.

Die **Wellenlänge** (*wavelength*) einer Falte ist der doppelte Abstand zwischen den zwei Wendepunkten eines Faltenbereichs (z. B. eines Sattels). Der Abstand zwischen der Verbindungslinie der Wendepunkte und dem Scharnierpunkt bezeichnet die **Amplitude** (*amplitude*) der Falte (Abb. 10.3). Strenggenommen sollten die Bezeichnungen Wellenlänge und Amplitude nur für symmetrische, sich in regelmäßigen Abständen wiederholende Falten gelten; oftmals werden jedoch Durchschnittswerte für eine oder mehrere Falten angegeben.

Sattelscheitel- oder **Kammlinie** (*crest*) und **Mulden-** oder **Troglinie** (*trough line*) bezeichnen die Linien der höchsten bzw. der niedrigsten topographischen Höhe der gefalteten Gesteinsabfolge. Diese Linien fallen nicht unbedingt mit den Scharnierlinien zusammen. Die **Faltenhöhe** (*height of fold*) ist der Abstand zwischen den Scheitel- und Troglinien benachbarter Sättel und Mulden. Die **Faltenbreite** (*width of fold*) bezeichnet die Summe von Sattel- und Muldenbreite (Abb. 10.4).

Nach ihrem Öffnungswinkel unterscheidet man folgende Faltenformen: **leicht gefaltet** (*gentle*) 180° - 120°, **offen** (*open*) 120° - 70°, **dicht** (*close*) 70° - 30°, **eng** (*tight*) 30° - 0° und **isoklinal** (*isoclinal*)

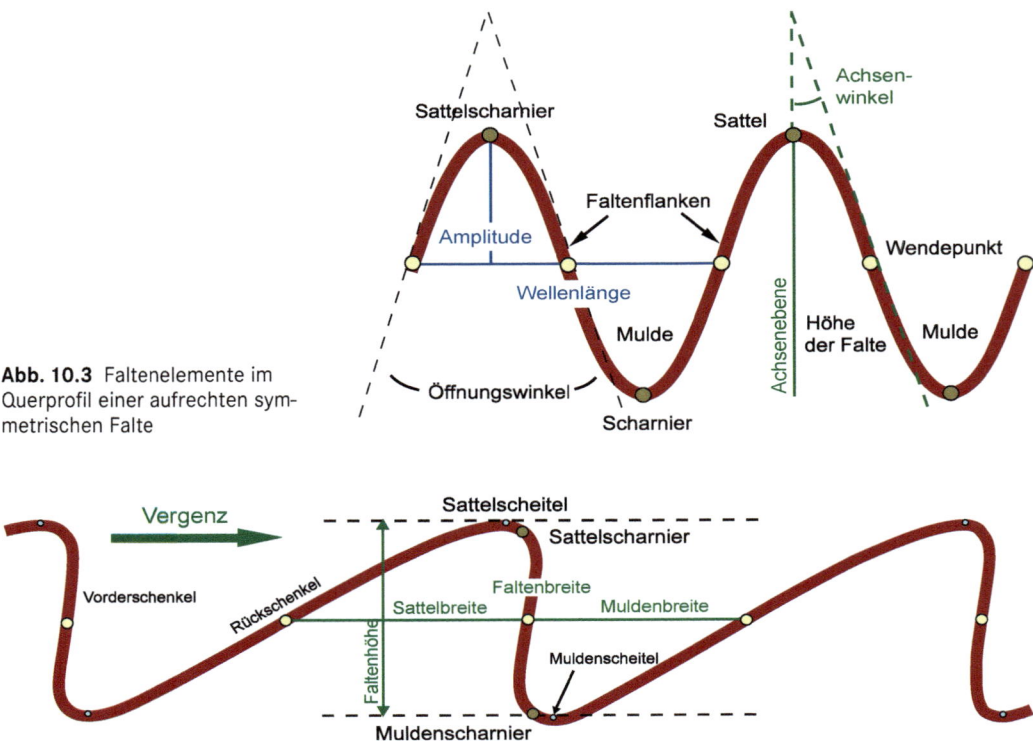

Abb. 10.3 Faltenelemente im Querprofil einer aufrechten symmetrischen Falte

Abb. 10.4 Profilansicht einer nach rechts vergenten Falte. Sattel- und Muldenscheitel (blaue Punkte), Faltenhöhe und Faltenbreite

0°. Diese Definitionen beziehen sich auf ein Profil, das senkrecht zur Achsenebene und senkrecht zur Faltenachse gelegt wird. In einem derartigen Profil zeigt die Falte ihre maximale Krümmung. Zu beachten ist, dass die Profilebene bei einer abtauchenden Faltenachse, die in den Scharnieren parallel zu den Scharnierlinien verläuft, nicht senkrecht zur Faltenachse steht. Wenn man also diese verschiedenen Parameter zur Beschreibung einer Falte anwendet, ist streng darauf zu achten, wie die Falte im Profil angeschnitten wird (Abb. 10.5).

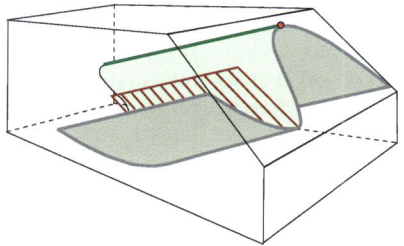

Abb. 10.5 Profilebene senkrecht zur Faltenachse und Achsenfläche einer abtauchenden Falte. Achsenfläche (rot schraffiert), Scharnierlinie(grün) parallel zur Faltenachse, Sattelscharnier (roter Punkt) (Bildrechte: verändert nach BURG 2001)

Lage von Falten im Raum und ihre Geometrie

Die **Lage einer Falte** (*fold orientation*) wird nach der Neigung ihrer Achsenfläche und nach dem **Abtauchen** (*plunge*) der Scharnierlinie definiert (vgl. Abb.10.5, Abb. 10.6). Die Bestimmung der Faltenflanken im Raum erfolgt durch deren Einmessen (Abb. 10.7) hin-

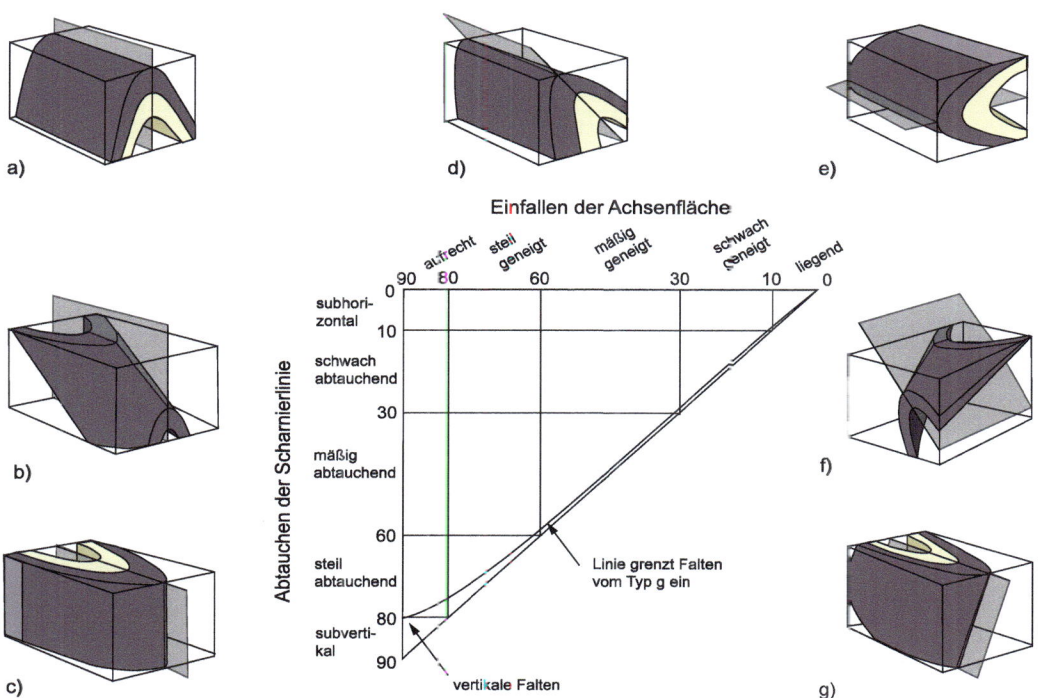

Abb. 10.6 Faltenlagen und Faltenlagendiagramm: (a) aufrechte symmetrische Falte mit vertikaler Achsenfläche und horizontaler Scharnierlinie, (b) aufrechte symmetrische Falte mit vertikaler Achsenfläche und abtauchender Scharnierlinie, (c) symmetrische Falte mit vertikaler Achsenfläche und vertikaler Scharnierlinie, (d) asymmetrische Falte mit geneigter Achsenfläche und horizontaler Scharnierlinie, (e) liegende Falte mit horizontaler Achsenfläche und horizontaler Scharnierlinie, (f) asymmetrische Falte mit geneigter Achsenfläche und schwach abtauchender Scharnierlinie, (g) symmetrische Falte mit in Fallrichtung der Achsenfläche abtauchender Scharnierlinie (Bildrechte: verändert und kompiliert nach FLEUTY 1964 und TWISS & MOORES 2007)

sichtlich **Streichen** (*strike*), **Fallen** (*dip*) und **Fallwinkel** (*angle of dip*). Eine **aufrechte Falte** (*upright fold*) hat eine ± senkrecht stehende Achsenfläche (Abb. 10.7, Abb. 10.8, Abb. 10.10); ihre Scharnierlinie kann horizontal liegen und bis zur Senkrechtstellung alle Abtauchwinkel einnehmen. **Geneigte Falten** (*inclined folds*) sind **asymmetrische Falten** (*asymmetric folds*) und haben **steil, mäßig oder schwach einfallende Achsenflächen** (*steeply, moderate, gently dipping axial surfaces*), wobei die Neigung der Achsenfläche stetig abnimmt, bis sie annähernd horizontal liegt und dann eine **liegende Falte** (*recumbent fold*) charakterisiert. Bei **systematisch gekrümmten Achsenflächen** (*systematically curviplanar axial surface*) können die Scharnierlinien ebenfalls horizontal liegen (Abb. 10.9 oben), eine multiple Deformation verursacht **unregelmäßig gekrümmte Achsenflächen** (*irregularly curviplanar axial surface*) mit horizontal gekrümmter Scharnierlinie (Abb. 10.9 unten). In beiden Fällen können die Scharnierlinien auch nach unterschiedlichen Richtungen abtauchen.

Alle asymmetrischen und liegenden Falten haben eine **Vergenz** (*vergence*). Darunter versteht man die Kipprichtung einer Falte im geographischen Koordinatensystem (vgl. Abb. 10.4, 10.5, 10.10, 10.11). Den Winkel, den die Achsenfläche mit der Vertikalen bildet, nennt man Vergenzwinkel. Falten mit deutlicher Vergenz besitzen einen flacher einfallenden **Rückschenkel** (*backlimb*) und einen steiler einfallenden **Vorderschenkel** (*forelimb*) – (vgl. Abb. 10.4, 10.10, 10.11)

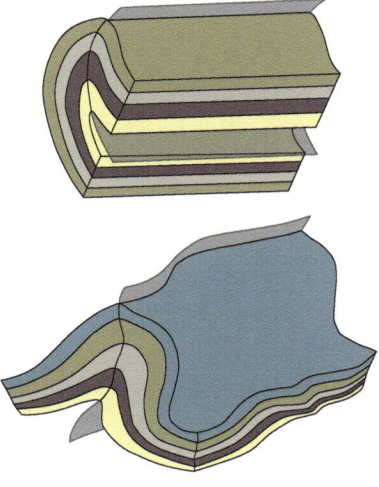

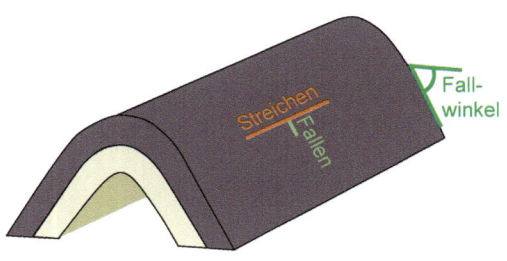

Abb. 10.7 Faltendaten: Streichen, Fallen und Einfallswinkel

Abb. 10.9 (oben) Falte mit systematisch gekrümmter Achsenflächen und horizontaler Scharnierlinie (unten) Falte mit unregelmäßig gekrümmter Achsenflächen und horizontaler, gekrümmter Scharnierlinie (Bildrechte: nach Davis &. Reynolds 1996)

Abb. 10.8 Aufrechter offener Sattel (Bighorn Basin, Wyoming, USA)

10.2 Tektonischer Rahmen und Mechanismus von Faltung

Abb. 10.10 Nach links vergente Mulde, Präkordillere/Atacama, Chile

Abb. 10.11 Asymmetrischer, vergenter Sattel mit horizontaler Scharnierlinie und nach links geneigter Achsenfläche (Cornwall, UK)

Abb. 10.12 Liegende Falten (Millcok Haven Cornwall, Cornwall, UK)

Abb. 10.13 (oben) Homoklinale; (unten) strukturelle Terrasse (Bildrechte: nach TWISS & MOORES 2007)

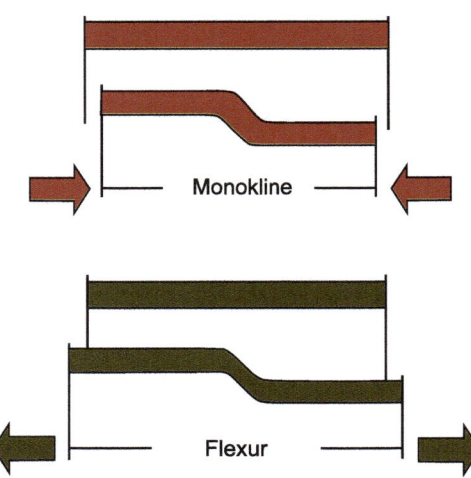

Abb. 10.14 (oben) Monoklinale durch Einengung entstanden, (unten) Flexur durch Dehnung entstanden (Bildrechte: nach MÖBUS 1989)

Betrachtet man Schichten, die regional in eine bestimmte Richtung einfallen (Abb. 10.13 oben), spricht man von einer **Homoklinale** (*homocline*). Nach Lage und Länge der Faltenflanken definiert man bei langen, geneigten Faltenflanken, die durch eine kurze, horizontale Faltenflanke verbunden sind (Abb. 10.13 unten), **strukturelle Terrassen** (*structural terraces*). Eine **Monoklinalfalte** oder **Monoklinale** (*monocline*) hat ebenfalls lange, jedoch horizontale oder nur flach einfallende Faltenflanken, die durch eine kurze, steil einfallende Faltenflanke verbunden sind. Wegen des ähnlichen Aussehens wird für diese Struktur auch die Bezeichnung **Flexur** (*flexure*) verwendet. Genetisch handelt es sich jedoch um zwei unterschiedlich entstandene Strukturen. Monoklinalen entstehen bei Einengung, wobei der kurze Faltenschenkel noch verdickt werden kann, der Begriff „Flexur" kann dann, bei einer Ausdünnung der kurzen Faltenflanke, auf Ausdehnungsstrukturen begrenzt werden (Abb. 10.14).

Eine asymmetrische Falte ist **überkippt** (*overturned*), wenn ihr Vorderschenkel mehr als 90° aus seiner ursprünglichen Position rotiert wurde. Wenn die Achsenfläche um mehr als 90° aus ihrer ursprünglichen Position rotiert wurde, spricht man von **Tauchfalten** (*diving folds*) (Abb. 10.15).

Tauchen Sattel- oder Muldenachsen ab, ergibt dies jeweils charakteristische Schichtausstriche an der Erdoberfläche. Durch das Abtauchen eines Sattels oder einer Mulde laufen die gleich alten Schichten der Flanken immer mehr aufeinander zu und schwenken dann ineinander ein. Diese Änderung im Streichen der Schicht bezeichnet man als **umlaufendes Streichen** (*circumferential strike*). Im Kartenbild liegt bei einem abtauchenden Sattel die älteste Schicht im Kern, die Streichwerte umlaufen die Struktur und das Fallen ist nach außen gerichtet. Eine abtauchende Mulde zeigt ebenfalls umlaufendes Streichen, das Einfallen ist nach innen, zum Muldenkern, gerichtet (Abb. 10.16).

Die Kamm- und Troglinien einer Falte, deren höchste bzw. niedrigste topographische Höhe bezeichnen, müssen keine geraden Linien sein, sondern können ihrerseits auch verbogen sein. Eine **Kulmination** (*culmination*) bzw. eine **Depression** (*depression*) ist der höchste Bereich eines Sattels, von dem die Kammlinie nach beiden Seiten abtaucht (Abb. 10.17) bzw. der tiefste Bereich einer Mulde, zu dem die Troglinie von beiden Seiten her abtaucht.

Regionale **Faltengürtel** (*fold belts*) oder **Faltenzüge** (*fold trains*) werden von sehr großen, sich über viele Kilometer erstreckenden Sätteln und Mulden aufgebaut. Diese werden ihrerseits in mehr oder weniger systematischen Abständen von kleineren Sätteln und Mulden gebildet. Zusammengesetzte

10.2 Tektonischer Rahmen und Mechanismus von Faltung

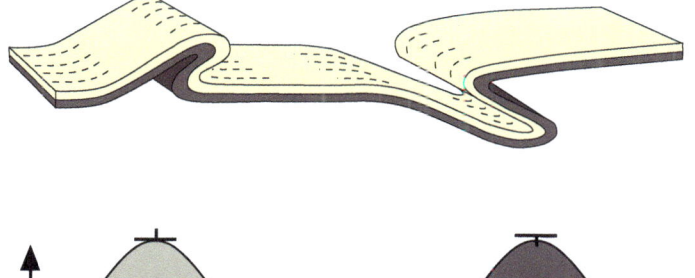

Abb. 10.15 Überkippte Falte (links) und Tauchfalte (rechts)

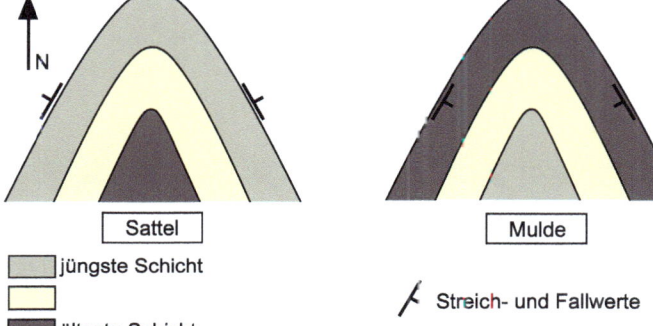

Abb. 10.16 Kartenbild zum umlaufenden Streichen, (links) Sattel mit nach Norden abtauchender Sattelachse, (rechts) Mulde mit nach Süden abtauchender Muldenachse

Abb. 10.17 Kulmination eines Sattels (Bude, Cornwall, UK)

Faltenstrukturen von ca. 10 – 50 km Länge bezeichnet man als **Antiklinorien** (*anticlinoria*) bzw. als **Synklinorien** (*synclinoria*). Die Flanke eines Antiklinoriums oder eines Synklinoriums (Abb. 10.18) weist etwa gleich große **Sättel und Mulden zweiter Ordnung** auf (*second order folds*). Diese Falten mit Wellenlängen zwischen 10 km und 100 m können nun ihrerseits aus wieder kleineren Falten bestehen, den **Falten dritter Ordnung** (*third order folds*). Falten mit Wellenlänge im 10 m-, m- und cm-Bereich bezeichnet man als **Falten höherer Ordnung** oder **Kleinfalten** (*high order folds, small scale folds, minor folds, parasitic folds*). **Runzelung** (*crenulation*) ist eine Fältelung im mm-Bereich. Bei der Analyse der Gebirgsentwicklung werden die geometrischen Beziehungen zwischen Falten einer höheren Ordnung und der niedrigeren Ordnung untersucht. Dies geschieht über den **Faltenspiegel** (*enveloping fold surface*). Dies ist eine gedachte Fläche, die sich als verbindende tangentiale Einhüllende (= Sattelspiegel, Muldenspiegel) an die Sattel- oder Muldenumbiegungen konstruieren lässt.

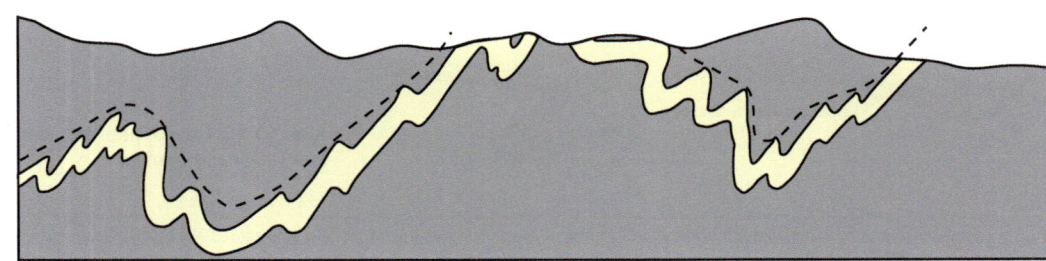

Abb. 10.18 Antiklinorien und Synklinorien mit Faltenspiegel (gestrichelte Linie) (Bildrechte: nach Lexikon der Geowissenschaften 2002)

Abb. 10.19 Definition des Faltentyps nach dem Krümmungsradius

Rundfalte bzw. -sattel, -mulde

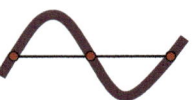
Kniefalte bzw. -sattel, -mulde

Knickfalte bzw. -sattel, -mulde

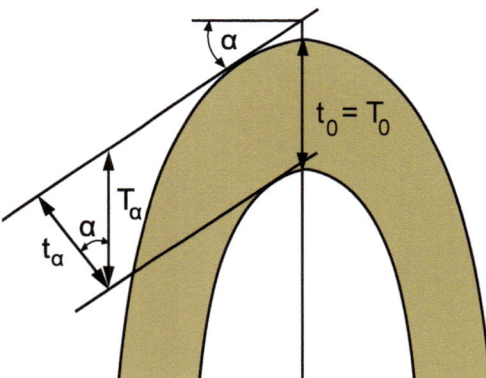

Abb. 10.20 Parameter zur geometrischen Charakterisierung des Scharnierbereichs einer Falte. t_α ist die Mächtigkeit der Lage senkrecht zur Schichtfläche und liegt zwischen den Tangenten an Punkten auf der Schichtober- und Unterseite, die denselben Einfallswinkel α haben. T_α ist die Schichtmächtigkeiten parallel zur Achsenebene. Die Schichtmächtigkeiten T_α und t_α sind nur direkt in der Umbiegung gleich groß ($\alpha = 0$). Der Einfallswinkel α verändert sich sukzessiv entlang der gefalteten Lage. (Bildrechte: nach Ramsay 1967)

Gefaltete Gesteinslagen lassen sich nach den Krümmungsradien hinsichtlich ihrer Umbiegebereiche drei Haupttypen zuordnen: **Rundfalten** (*rounded folds*), **Kniefalten** (*knee folds*) und **Knickfalten** (*chevron folds*) (Abb. 10.19). Rundfalten haben einen großen Krümmungsradius und die Faltenflanken sind deutlich gekrümmt, gerade Flankenabschnitte fehlen oder sind kaum ausgebildet. Die Kniefalte hat einen gerundeten Umbiegebereich, der Krümmungsradius ist im Verhältnis zur Faltenamplitude bzw. zur Wellenlänge relativ klein und die Faltenflanken sind nur schwach gekrümmt oder gerade. Die Knickfalte hat ganz deutliche, winklig aufeinandertreffende gerade Faltenflanken Der Krümmungsradius ist sehr klein. Die meisten in der Natur zu beobachtenden Falten sind Kniefalten.

Die geometrische Faltenklassifizierung von RAMSAY (1962, 1967) basiert auf der Veränderung der Mächtigkeit einer gefalteten Gesteinslage in deren Umbiegebereich. Die Faltenklassen werden in Profilen senkrecht zum Faltenscharnier definiert. Betrachtet werden darin die Beziehungen zwischen den Mächtigkeiten einer Gesteinslage senkrecht zur Schichtung (t_α) und parallel zur Achsenebene der Falte (T_α) und dem Einfallswinkel α der gefalteten Lage an verschiedenen aufeinanderfolgenden Punkten (Abb. 10.20).

Diese Parameter stehen in folgender Beziehung

$$t_\alpha = T_\alpha \cos\alpha \qquad (10.1)$$

An der Umbiegung ist die Mächtigkeit der Lage $t_0 = T_0$.
Das Verhältnis

$$t'_\alpha = t_\alpha / t_0 \text{ oder } T'_\alpha = T_\alpha / T_0 \qquad (10.2)$$

kann dann berechnet und zu einer objektiven Charakterisierung von Falten verwendet werden (Gra-

10.2 Tektonischer Rahmen und Mechanismus von Faltung

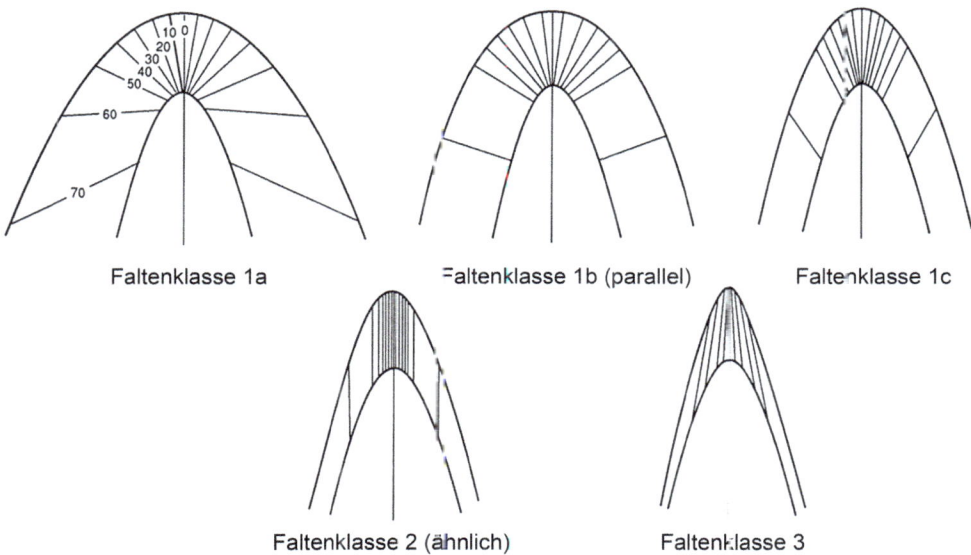

Abb. 10.21 Isogonenmuster und Klassifikation von Faltenformen (Bildrechte: nach RAMSAY 1967)

phiken bei RAMSAY 1967, RAMSAY & HUBER 1987). Zur Ermittlung der Mächtigkeitsverhältnisse der Lagen in einer Falte wählt man eine lithofaziell ± gleich ausgebildete Gesteinsschicht aus, die sich als **Leitschicht** (*marker layer*) deutlich gegenüber den über- und unterlagernden Schichten abgrenzt. Die Verbindungslinien zwischen Punkten gleichen Einfallens auf den Begrenzungslinien der gefalteten Lage (z. B. Schichtober- und Unterseite) bezeichnet man als **Fall-Isogonen** (*dip isogons*). Auf der Basis der Orientierung von Isogonen in einer gefalteten Lage hat RAMSAY (1967) fünf Faltenarten definiert (Abb. 10.21). Daraus abgeleitet können Falten außerdem in drei Hauptklassen unterschieden werden, denn das für eine gefaltete Lage graphisch konstruierte Isogonenmuster verdeutlicht die Unterschiede zwischen der äußeren und der inneren Krümmung einer Falte (Abb. 10.21).

Bei Falten der Klasse 1 konvergieren die Isogonen nach unten. Man unterscheidet dabei drei Untertypen: Bei Falten der Klasse 1a nimmt die orthogonale Mächtigkeit vom Scharnierbereich zu den Faltenflanken zu; bei Falten der Klasse 1b bleibt die orthogonale Mächtigkeit im Scharnier und in den Flanken gleich. Diese Falten werden auch als **Parallelfalten** (*parallel folds*) bezeichnet. Bei Falten der Klasse 1c nimmt die orthogonale Mächtigkeit vom Scharnierbereich zu den Flanken hin ab. Eine Mächtigkeitsabnahme vom Scharnier zu den Flanken hin kennzeichnet auch die Falten der Klassen 2 und 3. Isogonen der Faltenklasse 2 verlaufen parallel zueinander und die Mächtigkeit der Lage parallel zur Achsenfläche ist in der Falte konstant. Die Krümmung der äußeren Biegung dieser Falten verläuft deckungsgleich (kongruent) zur Krümmung der inneren Biegung. Derartige Falten werden deshalb als **kongruente** oder **ähnliche Falten** (*similar folds*) bezeichnet. Bei Falten der Klasse 3 divergieren die Isogonen nach unten, weil die äußere Biegung der Lage stärker ist als die innere Biegung. Die Veränderungen des Isogonenmusters, d. h. die Änderung der Orientierung der Isogonen, geben in einer gefalteten Schichtfolge Hinweise auf die Veränderung der Faltenformen einzelner Lagen und somit Hinweise auf den Grad der Deformation. In einer Erweiterung der Ramsay'schen Faltenklassifikation hat LISLE (1992) aufgezeigt, wie aus Falten der Klassen 1c, 2 oder 3 Deformationsellipsoiden abgeleitet werden können, die über den Plättungsgrad von ursprünglich parallelen und weiter deformierten **Stauchfalten** (*buckle folds*) der Klasse 1b Auskunft geben. Der Begriff **Plättung** (*flattening*) bezeichnet die dreidimensionale Deformation, die durch ein oblates Deformationsellipsoid beschrieben werden kann (s. Kap. 16.3 Deformationsellipsoid). Diese Art der Verformung eines Gesteinskörpers bewirkt, dass dessen Größe senkrecht zum größten Druck zunimmt und parallel zu dieser Druckrichtung abnimmt.

10.2.2 Faltungsmechanismen

Falten entstehen durch verschiedene Mechanismen. Man unterscheidet zwischen **Stauch-** oder **Buckelfaltung** (*buckling*), **Biegefaltung** (*bending*) und **Scherfaltung** (*shearing, passive folding*). Der sich während der Deformation entwickelnde Faltenstil hängt vom (a) Kraftansatz, (b) der Festigkeit (= Kompetenz) der Gesteinslagen, (c) vom Unterschied in der Festigkeit (Kompetenzkontrast) verschiedener Gesteinslagen und (d) vom Grad der mechanischen Anisotropie im Lagenbau ab.

Stauch- oder Buckelfalten

Stauch- oder **Buckelfalten** (*buckle folds*) entstehen durch die lagenparallele Einengung (Stauchung) von festen Gesteinsschichten, die von weniger festem Material unter- und überlagert werden. Form, Wellenlänge und Amplitude dieser Falten hängen dann von der Mächtigkeit der kompetenten und inkompetenten Lagen und deren Kompetenzkontrast ab. Bezogen auf die Mächtigkeiten weisen bei gleicher Festigkeit der kompetenten Lagen die dickeren gefalteten Lagen eine größere Wellenlänge auf als die dünneren gefalteten Lagen. Bei hohem **Kompetenzkontrast** (*competency contrast*) ist die **Verstärkungsrate** (*amplification rate*) der Stauchfalte sehr hoch und die kompetente Lage knickt sehr stark in das weichere Material nach unten und oben ab; es entstehen sogenannte **ptygmatische Falten** (*ptygmatic folds*). Wird der Kompetenzkontrast geringer, bilden sich sigmoidale und **kuspat-lobate Falten** (*cuspate-lobate folds*). Die letzteren sind Falten, bei denen die Wellenlänge der Falte im Verhältnis zur Mächtigkeit der gefalteten Schicht gering ist und bei denen der eine Scharnierbereich rund (lobat) gewölbt und der andere V-förmig spitz (kuspat) ausgeprägt ist. Die „Spitzen" zeigen dabei in das „härtere" Gestein (Abb. 10.22). Diese charakteristischen Bogenstrukturen werden auch als **Mullions** (*mullions*) bezeichnet (vgl. auch Kapitel 11.3). In einem Aufschluss mit kuspat-lobaten Falten kann sofort festgestellt werden, welche Gesteinslagen bei der Entstehung der Falten relativ fest und welche relativ weich waren.

In einer Wechselfolge von kompetenten und inkompetenten Gesteinen hat der **Abstand** (*spacing*) der kompetenten Lagen gleicher Festigkeit Einfluss auf deren Wellenlänge innerhalb der inkompetenten Lagen. Wie Geländebeobachtungen und Laborversuche zeigen, nimmt die Wellenlänge zu, wenn der Abstand zwischen den kompetenten Lagen gleicher Mächtigkeit abnimmt und die beiden Lagen schlussendlich eine Lage mit zusammengesetzter Mächtigkeit bilden (Abb. 10.23).

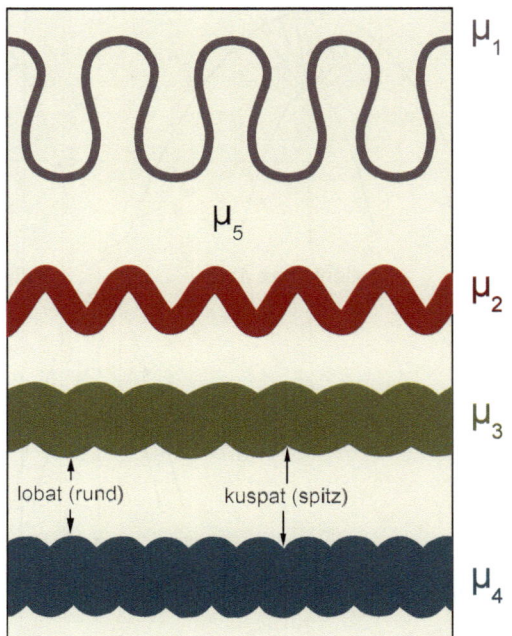

Abb. 10.22 Die Form von Stauchfalten spiegelt den Kompetenzkontrast zwischen den kompetenten Lagen und dem darüber und darunter liegenden geringer kompetenten Gestein wider. Ein hoher Kompetenzkontrast μ_1/μ_5 führt zur Ausbildung von ptygmatischen Falten (oben); bei einem niedrigen Kompetenzkontrast entstehen sigmoidale und kuspat lobate Falten (unten). μ_1-μ_5 = abnehmende Festigkeit (Bildrechte: verändert nach RAMSAY & HUBER 1987)

Einen Faltenverband, dessen einzelne Lagen aufgrund von Kompetenz- und Mächtigkeitsunterschieden und verschiedenen Abständen zwischen den kompetenten und inkompetenten Lagen unterschiedlich verformt sind, bezeichnet man als **disharmonisch gefaltet** (*disharmonic folded*). Der Zusammenhang zwischen Schichtmächtigkeiten und Größe der Falten wurde von SANDER (1911) als Gesetz der Stauchfaltengröße formuliert.

Biegefalten

Die **Biegung** (*bending*) von Gesteinslagen erfolgt unter einem anderen Kraftansatz als die Stauchung. Tektonisch relevant ist das Aufbeulen von Gesteins-

10.2 Tektonischer Rahmen und Mechanismus von Faltung

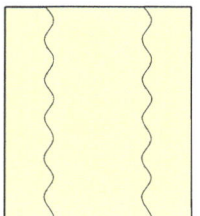
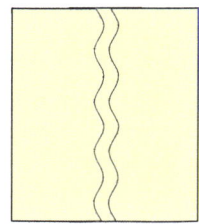
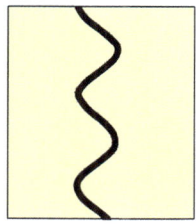

Abb. 10.23 Beziehungen zwischen Wellenlänge und Abstand kompetenter Lagen gleicher Festigkeit innerhalb einer inkompetenten Lage (Bildrechte: nach CURRIE et al. 1962)

Abb. 10.24 Aufbeulung einer Lage oder Platte

Abb. 10.25 Biegefalte (struktureller Dom, südlich Sierra de Bernia, Alicante, Spanien)

lagen (Abb. 10.24, Abb. 10.25) oder das Eindellen von Schichten.

Tektonische Aufbeulungen werden im Deckgebirge durch aufdringende Plutone und Salzstöcke verursacht. Ebenso bewirken lagenparallel in eine Sedimentfolge eindringende Magmatite (Lakkolithe, s. Kapitel 4.5) eine Aufwölbung der überlagernden Schichten. Die durch vertikal orientierte Spannungen verursachten Verbiegungen einstmals horizontal gelagerter Schichten bezeichnet man als **tektonische Beulen** oder **strukturelle Dome** (*structural domes*) bzw. als **tektonische** oder **strukturelle Becken** (*structural basins*). Großskalige Verbiegungen ganzer Lithosphärenplatten erfolgen in den Subduktionszonen und an Mittelozeanischen Rücken oder durch große sedimentäre, vulkanische oder eisbedingte Auflasten.

Schichtparalleles Gleiten

Werden übereinanderliegende Schichten durch Stauchung oder Aufbeulung bzw. Eindellung gefaltet, bewegen sie sich auf ihren Schichtflächen gegeneinander und behalten so ihre Mächtigkeit während der Faltung bei. Das **schichtparallele Glei-

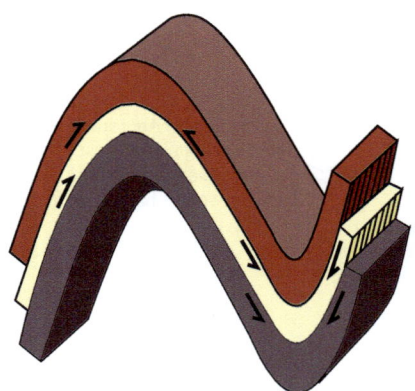 

Abb. 10.26 Schichtparalleles Gleiten (links) und die dadurch verursachte Striemung auf einer Schichtfläche (rechts)

ten (*bedding-plane slip, flexural slip*) der einzelnen Lagen lässt sich leicht mit der Verbiegung der Seiten dieses Buches veranschaulichen. Durch die Verschiebung der Gesteinsschichten gegeneinander können auf den Schichtflächen senkrecht zu den Faltenscharnieren schichtparallele Striemungen (Abb. 10.25) entstehen. In der Sattelflanke wird die jeweils obere Schicht gegenüber der unmittelbar darunter liegenden Schicht in Richtung des Sattelscharniers bewegt. Im Bereich der Mulden verschiebt sich die jeweils untere Schicht gegenüber der darüberliegenden Schicht muldenwärts. Diesen Mechanismus bezeichnet man als **Faltungsvorschub** (*interlayer slip*).

Bei hohem Kompetenzkontrast in einem Schichtstapel wird die Faltung also dadurch ermöglicht, dass die Begrenzungsflächen der einzelnen Lagen als Bewegungsfläche dienen und die Lagen in den Faltenflanken gegeneinander gleiten. Die so definierten **Biegegleitfalten** (*flexural-slip folds*) sind geometrisch **Parallelfalten** (*parallel folds*). Die Mächtigkeit der einzelnen Lagen bleibt senkrecht zu den Begrenzungsflächen auch während der Faltung gleich. Jedoch kommt es in den einzelnen Schichten zu internen Verformungen, die vor allem die Scharnierbereiche betreffen, dort wo die Krümmung am stärksten ist. Denn mit der Faltung ist eine lagenparallele Streckung an den Außenkrümmungen und eine lagen-parallele Verkürzung in den Innenkrümmungen verbunden. Diese lagen-parallele Deformation nimmt zur Mitte einer jeden Lage hin ab, sodass entlang einer neutralen Fläche keine Deformation mehr statt findet (Abb. 10.27).

Eine Sonderform der Parallelfalten sind **konzentrische Falten** (*concentric folds*). Kennzeichnend für diese Falten ist neben der gleichbleibenden Mäch-

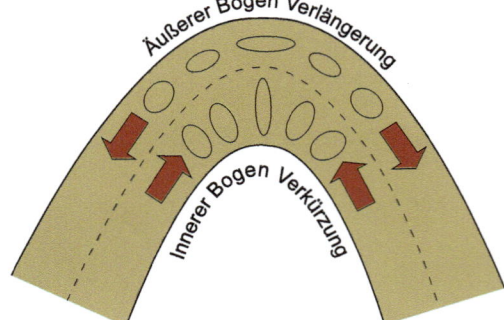

Abb. 10.27 Lagenparallele Verlängerung und Verkürzung einer Schicht bei Parallelfaltung. (Die Deformationsellipsen spiegeln die lokale Deformation in der Umbiegung wider.) (Bildrechte: nach Davis &. Reynolds 1996)

tigkeit der einzelnen Lagen, dass die Krümmungsradien der Falten im Profil alle einen gemeinsamen Mittelpunkt haben, d.h. dass die Faltenscharniere und Faltenflanken Segmente von konzentrischen Kreisen bilden. Wegen der gleichmäßigen Krümmung der Lagen kann eine genaue Position und Orientierung der Achsenfläche nicht bestimmt werden, wohingegen sich die Wendepunkte auf den Faltenflanken meist ermitteln lassen. Bedingt durch das Abnehmen des Krümmungsradiuses werden die Falten zu den Kernen hin immer enger. Theoretisch können die Schichten konzentrisch bis zum Krümmungsradius Null gefaltet werden. Praktisch entsteht im Faltenkern ein Raumproblem. Den noch verbleibenden Rest im Sattelkern einer ideal konzentrischen Falte bildet eine kleine spitze

10.2 Tektonischer Rahmen und Mechanismus von Faltung

Abb. 10.28 Geometrische Verhältnisse in einer ideal konzentrischen Falte (nach DAVIS &. REYNOLDS 1996). Die rote Linie markiert den Abscherhorizont

(kuspate) Falte. Die Schichten in Faltenkernen sind im Allgemeinen extrem verfaltet und übereinandergeschoben (Abb. 10.28, Abb. 10.29). Derartig starke Verformungen werden durch eine **Abscherung** (*detachment*) der Falte über den darunterliegenden Lagen kompensiert.

Knickfalten oder **Zick-Zack-Falten** (*kink folds, chevron folds, zigzag folds*) sind ebenfalls Parallelfalten und entwickeln sich besonders gut in dünnbankigen Gesteinen (10.30). Die Scharnierbereiche sind zackig, die Faltenflanken gerade. Die Achsenebenen sind gut zu lokalisieren, die Wendelinien können dagegen nur schwer festgestellt werden. Knickfalten kommen in allen Größenbereichen vor.

Asymmetrische Knickfalten mit zwei langen und einer kurzen Faltenflanke bezeichnet man als **Knickband** (*kink band*). Die Achsenwinkel sind nahezu konstant, die begrenzenden Achsenflächenspuren verlaufen zueinander parallel oder keilförmig aufeinander zu und werden **Knickebene** (*kink plane*) genannt (Abb. 10.31). Wenn stark anisotrope

Abb. 10.29 a Starke Faltenkerndeformation (gelber Pfeil) und Abscherung (gelb gestrichelt) einer parallelen Falte über den darunterliegenden Lagen. Die Schichtflächen über bzw. unter dem Abscherhorizont sind rot gestrichelt. (Wrangle Point, Cornwall, UK), b) Detail: Stark deformierter Sattelkern

Abb. 10.30 Knickfalte in dünnbankigen Kalken (Barcaliente Formation, Namur, Kantabrisches Gebirge, Nordspanien)

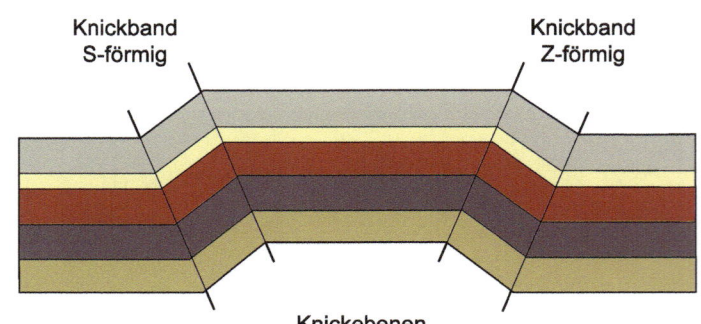

Abb. 10.31 Knickebenen und konjugierte sinistrale (s-förmige) und dextrale (z-förme) Knickbänder. Entstehung einer Kofferfalte

dünnbankige Gesteine oder Schiefer lagen-parallel zusammengedrückt werden, können konjugierte **Knickbänder** (*conjugate kink bands*) entstehen. Diese schließen mit der **Anisotropieebene** (*plane of anisotropy*), z. B. einer Schicht- oder Schieferungsfläche, Winkel zwischen ca. 40° und 70° ein. S-förmige Knickfalten werden als sinsitral, z-förmige Knickfalten als dextral bezeichnet. Bei weiterer Einengung können Knickbänder in Scherbrüche übergehen und so Knickfalten mit tiefer gelegenen Überschiebungen verknüpfen (s. Kap. 8). Die Kombination aus s- und z-förmigen Knickfalten ergibt eine sogenannte **Kofferfalte** (*box fold*). Eine Zusammenstellung der verschiedenen Modelle zur Knickfaltung findet sich bei Twiss & Moores (2007).

Generell ist die **Biegegleitung** (*flexural slip*) der typische Faltungsmechanismus für stark verfestigte Gesteinslagen die durch dünne inkompetente Lagen getrennt sind wie z. B. Schichtfolgen aus Kieselschiefer-, Sandstein- oder Quarzitlagen mit geringmächtigen tonigen zwischenlagen. Im Zuge der Biegegleitfaltung können in den Scharnierzonen, vor allem bei **Knickfalten** (*chevron folds*) „Hohlräume" entstehen (Abb. 10.32). Diese Hohlräume werden dann entweder durch das in den Scharnierbereich „fließende" inkompetente Gestein verfüllt oder es kommt zu einem **Scharnierkollaps** (*hinge collapse*). Dieser tritt innerhalb der gefalteten kompetenten Schichten normalerweise im Umbiegebereich der etwas dickeren Schichten auf (Abb. 10.33) und erzeugt ein **wulstförmiges Scharnier** (*bulbous hinge*). Eine andere Möglichkeit den Hohlraum wieder auszugleichen, ist der Bruch der dickeren Schicht im Scharnierbereich und die Entwicklung von **Flankenaufschiebungen** (*limb thrusts*) (Abb. 10.34).

Eine fortschreitende Einengung von konzentrischen Falten und Knickfalten erzwingt neben den beschriebenen Scharnierkollapsen und Flankenaufschiebungen wegen der Beibehaltung der Schichtmächtigkeiten Überschiebungen in den Sattel- und

10.2 Tektonischer Rahmen und Mechanismus von Faltung

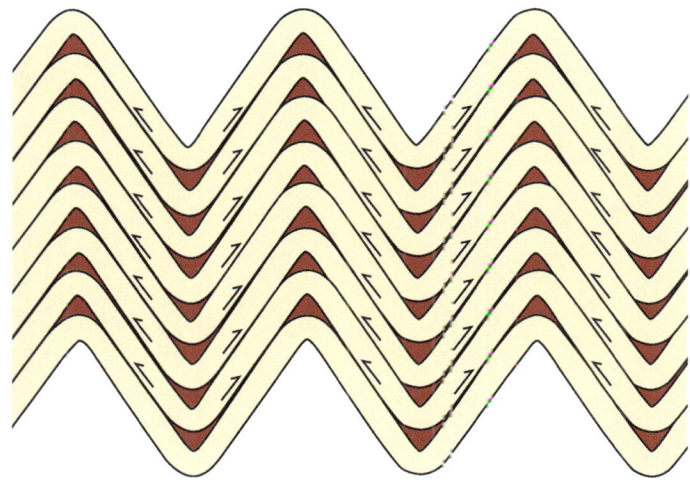

Abb. 10.32 Knickfalten mit Hohlraumbildung im Scharnierbereich (Eildrechte: nach FOSSEN 2010)

Abb. 10.33 Entwicklung eines wulstförmigen Sattelscharniers durch Scharnierkollaps (Hamersley Schlucht, West-Australien)

Muldenkernen. In den Sattelkernen können sich aus den Flankenaufschiebungen blinde Überschiebungen entwickeln, die nach unten die deformierten Schichten queren und in einen tieferen Abscherhorizont, meist in eine Schichtfläche, einmünden (Abb. 10.34). Wird eine Mulde immer stärker eingeengt, so kann der Muldenkern förmlich herausgepresst (**Muldenauspressung,** *out-of-the syncline thrust* Abb. 10.35). Ein starker Wechsel in der Krümmung von Schichten findet auch zwischen den Sattel- und Muldenscharnieren in den steil bis überkippt einfallenden Vorderschenkeln von vergenten Sätteln statt. Das bei zunehmender Einengung der Falte auftretende Raumproblem führt zur Zerscherung des Vorderschenkels (Abb. 10.36) und zur Anlage von **Vorderschenkel-Überschiebungen** (*forelimb thrusts*). Die genannten sekundären Verwerfungen, welche die zunehmende Deformation während der Faltung aufnehmen bezeichnet man als **Falten-Anpassungsverwerfungen** (*fold-accommodation faults*).

Scherfalten

Scherfalten (*shear folds*), auch **passive Scherfalten** (*passive shear folds*) oder **passive Fließfalten** (*passive flow folds*) genannte Strukturen, entstehen in Gesteinsfolgen mit Lagen geringer Kompetenz bzw. in Bereichen, in denen sich die mechanischen Eigen-

Abb. 10.34 Flankenaufschiebungen in den Scharnierbereichen von Mulde und Sattel (Küste bei Bude, Cornwall, UK) (Bildrechte links: nach RAMSAY & HUBER 1987)

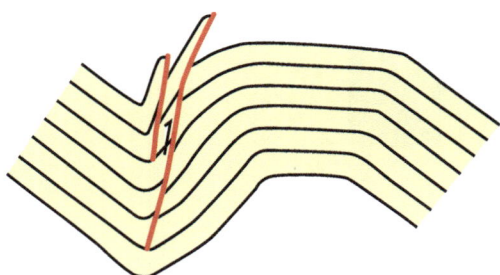

Abb. 10.35 Muldenauspressung (Bildrechte: verändert nach MITRA 2002)

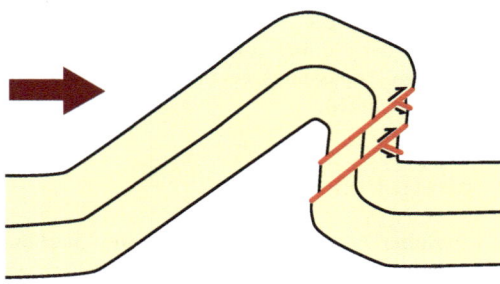

Abb. 10.36 Vorderschenkel-Überschiebungen (Bildrechte: verändert nach MITRA 2002)

schaften der Gesteine unter zunehmender Temperatur und erhöhtem Druck verändern (Abb. 10.37). Die Gesteinslagen und ihre Begrenzungsflächen haben bei dieser Art der Faltenbildung keine Bedeutung, sie bilden aber wichtige **Markierungslagen** (*marker layers*) für die geometrische Faltenanalyse. Form der Scherfalte und Orientierung der Scharnierzonen werden durch die ursprüngliche Orientierung der Markierungslagen (z. B. Schichtung) und die Neigung der Scherflächen bestimmt. Die Scherflächen können zur Gesteinslage unter jedem Winkel ungleich Null orientiert sein und eine Scherfalte entsteht immer dann, wenn die Scherung irgendwie quer zur Lage erfolgt. Dies bedeutet, dass die Raumlage der Scharnierzonen oder Faltenachsen bei Scherfalten nicht von der Scherrichtung abhängen.

Die Gesteinslagen werden von den sich entwickelnden Scherflächen gequert und im Zuge einer inhomogenen einfachen Scherung raumgreifend deformiert. Die Faltung der Gesteinslage geschieht passiv; sie wird nicht aktiv mechanisch verbogen. Das durch Scherung erzeugte planare Gefüge wird **Schieferung** (*cleavage*) genannt oder auch mit dem Überbegriff **Foliation** (*foliation*) bezeichnet (s.a. Kap. 11).

Die Kinematik von Scherfalten lässt sich sehr vereinfacht mit einem Stapel Spielkarten veranschaulichen. Dieser soll einen Gesteinsbereich darstellen, in dem eine Markierungslage von einer Reihe Scherflächen senkrecht geschnitten wird (Abb. 10.37

10.2 Tektonischer Rahmen und Mechanismus von Faltung

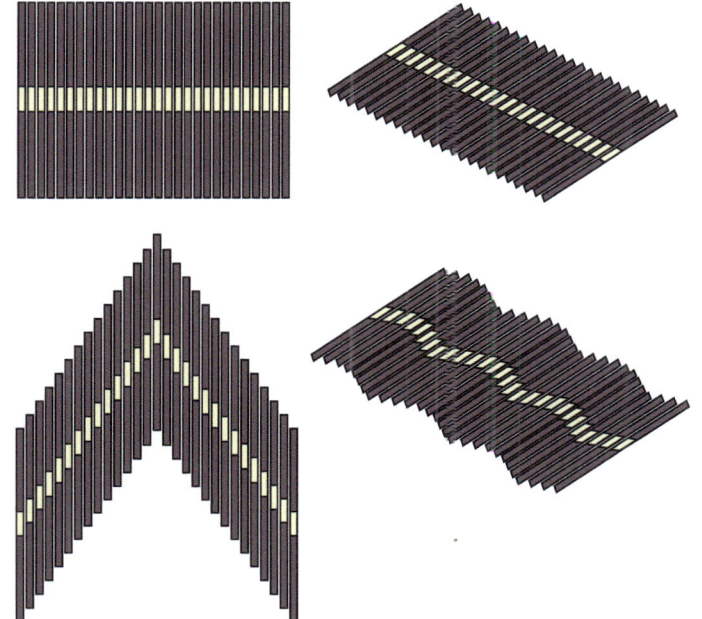

Abb. 10.37 Scherfalten. (links oben) Ein schematisierter Gesteinsbereich mit einer Markierungslage wird senkrecht zur Lage von einer Reihe Scherflächen durchzogen. (links unten) Veranschaulichung der Scherfaltung durch inhomogene einfache Scherung im „Spielkartenmodell". (rechts oben) Schematisierter Gesteinsbereich mit nach rechts einfallender Markierungslage, die von schräg dazu verlaufenden Scherflächen durchzogen wird. (rechts unten) Entstehung asymmetrischer Scherfalten.

links). In einer Scherfalte ist die Mächtigkeit der deformierten Lage parallel zu den Scherflächen überall gleich, ebenfalls bleiben Form sowie Krümmung der Falte auf der konvexen und konkaven Seite gleich. Die geometrischen Eigenschaften von Scherfalten entsprechen somit der Faltenklasse 2 (**kongruente** oder **ähnliche Falten,** *similar folds*) (Faltenklasse 2 in Abb. 10.21). Die inhomogene einfache Scherung findet entlang der engständigen Scherflächen im Mikrobereich statt, wobei sich der Schersinn an der Achsenfläche der Falte von Flanke zu Flanke ändert. Die Faltenscharniere und die Faltenachse verlaufen in passiven Scherfalten parallel zur Verschnittlinie (**Verschnittlinear, Delta-Linear,** *intersection lineation*) zwischen den Scherflächen und der primären Orientierung der sich deformierenden Lage.

Wenn Schieferungsflächen in ein kompetenteres bzw. inkompetenteres Gestein übergehen, werden sie abgelenkt oder gebrochen (**Schieferungsbrechung, Schieferungsrefraktion,** *cleavage refraction*). Die Achsenebenenschieferungsflächen bilden dann **konvergente oder divergente Schieferungsfächer** (*convergent oder divergent cleavage fans*), je nachdem, ob die Schieferungsflächen zum Faltenkern hin zusammen- oder auseinanderlaufen (s. a. Kap. 11). Antiklinalen (Sättel) sind in ihren kompetenten Lagen durch einen konvergenten Schieferungsfächer charakterisiert (Abb. 10.38). Synklinale (Mulden) zeigen divergente Schieferungsfächer (Abb. 10.39), die man aufgrund der Meilerstellung der Schieferungsflächen auch als Schieferungsmeiler bezeichnet. Die Bezeichnung Meilerstellung bezieht sich auf den Vergleich mit der Form eines Kohlenmeilers, wie dieser früher von Köhlern zur Herstellung von Holzkohle verwendet wurde.

Bei polyphaser Scherfaltung entsteht durch die Überlagerung von mehreren zeitlich verschiedenen Schieferungen und Bewegungsabläufen ein sehr komplexes Gefüge welches mit der detaillierten Analyse der sich überprägenden Schieferungen gedeutet werden kann. Bei intensiver Faltung führt die vollständige Durchscherung von Faltenflanken zur Durchtrennung von oft sehr engen Falten, den **Intrafolialfalten** (*intrafolial folds*). Die abgescherten Scharnierzonen werden dann zu **wurzellosen Falten** (*rootless folds*).

Scherfalten entstehen in tieferen Krustenbereichen; ihr Bewegungsablauf ist außerordentlich komplex und ihre Entstehung wird kontrovers diskutiert. Entwickeln könnten sich passive Falten durch die Verstärkung von anfänglichen Unregelmäßigkeiten in den Gesteinslagen während der inhomogenen Deformation. Die Falten können aber auch bereits in einem flacheren Krustenniveau als Stauch- und Biegegleitfalten angelegt worden sein und gelangten dann im Zuge tektonischer Prozesse in größere Krustentiefen, wo sie an engständigen Schieferungsflächen bzw. in Scherzonen penetrativ verformt wurden. Scherfalten entwickeln sich aber auch als **Fließfalten** (*flow folds*) direkt in den mittel- bis ultra-metamorphen Gesteinen des tieferen Krustenbereichs. Fließfalten von regionalem Ausmaß stellen die unter höheren metamorphen Bedingungen intern stark deformierten kristallinen Decken dar. In sehr intensiv deformierten Gesteinen kommen sogenannte **Taschenfalten** oder **Futteralfalten** (*sheath folds*) vor. Diese haben stark gekrümmte Scharnierlinien und eine gerundet konische Form, ähnlich dem Windsack auf einem Flugplatz. Sie entstehen durch die unterschiedliche Geschwindigkeit von Partikeln in einem Fließregime. Das führt dazu, dass die Scharnierlinie im zentralen Teil der Falte in Fließrichtung ausgebeult wird. Davis & Reynolds (1996) vergleichen die Bildung von Taschenfalten mit einem vorhangartigen Fischernetz, das quer durch einen Fluss gespannt ist und an den Ufern und am Boden befestigt ist. Die höhere Fließgeschwindigkeit in der Mitte des Flusses führt dazu, dass das Netz in Strömungsrichtung flussabwärts ausgebeult wird.

Abb. 10.38 Zerscherter, nach links vergenter Sattel. Lewisische Gneise (nördlich von Lochinver, NW-Schottland, UK)

Abb. 10.39 Vergente Mulde einer Scherfalte in unterkarbonischen Kulm-Tonschiefern (Schulenberg im Harz). Die Scherflächen (gelb gestrichelt) divergieren schwach Richtung Muldenkern (schwache Meilerstellung)

Biegescherfalten

Biegescherfalten (*flexural-shear folds*) sind eine Mischung aus **Biegegleitung** (*flexural slip*), **Scherung** (*shearing*) und **Biegefließen** (*flexural flow*). Sie entwickeln sich bei der Faltung einer durch unterschiedliche Kompetenz der Gesteine charakterisierten inhomogenen Abfolge.

Während die kompetenten Lagen in den Umbiegungen nur minimal verdickt werden, werden die inkompetenten Lagen stark verdickt; das inkompetente Material „fließt" während der Faltung aus den Flanken in die Scharniere (Abb. 10.40).

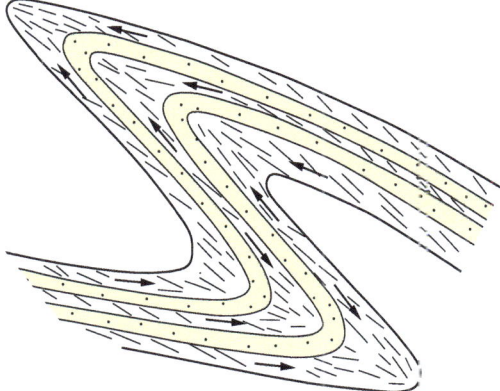

Abb. 10.40 Biegescherfaltung mit Biegegleitung, Biegefließen und Scherung zwischen den kompetenten Lagen (Bildrechte: nach Hatcher 1990)

Erzwungene Falten

Erzwungene Falten (*forced folds*) können in allen tektonischen Bereichen entstehen und kommen sowohl in kompressiven als auch in dehnenden Regimen vor. Die Mechanismen dieser Faltenbildung liegen zwischen den Endgliedern Biegung und Stauchung, bei denen die Kompression unter einem hohen Winkel respektive parallel zur Lagerung gerichtet ist, wie z. B. bei der Grundgebirgsaufschiebung am Westrand der Big Horn Mountains in Wyoming (Abb. 10.41).

Kompressiv erzwungene Falten charakterisieren ferner die Flachbahn-Rampenknicke in Überschiebungssystemen (s. Kap. 8 Auf- Überschiebungen). Durch Dehnung erzwungene Falten entstehen im Hangendblock über Abschiebungsflächen, die in

Abb. 10.41 Erzwungene Falte im Deckgebirge durch Grundgebirgsaufschiebung (Shell Creek Monokline, Westrand Big Horn Mountains, Wyoming USA)

einzelnen Abschnitten steiler oder flacher einfallen, sowie als Drapierfalten im Deckgebirge über blinden Abschiebungen (s. Kap. 6 Abschiebungen). Ausführliche Darstellungen und Diskussionen von erzwungenen Falten finden sich bei COSGROVE & AMEEN (2000).

10.2.3 Zusammenwirken verschiedener Faltungsmechanismen bei der Entwicklung von Sekundärstrukturen in Falten

Die verschiedenen Mechanismen bei der Faltung einer heterogenen Gesteinsabfolge führen zur Entwicklung unterschiedlicher **Klein- oder Sekundärstrukturen** (*minor structures*), die alle auf eine bestimmte Art und Weise mit der Primärstruktur verknüpft sind. Zu diesen Sekundärstrukturen gehören **Parasitärfalten oder Kleinfalten** (*parasitic folds, minor folds*), Brüche, Klüfte und kleine Verwerfungen sowie verschiedene Schieferungsphänomene. Die Analyse von Sekundärstrukturen gibt Auskunft über die Orientierung, die Art der Deformation und die Bewegungsabläufe des übergeordneten Faltenbaus. Dabei sind verschiedene Abschnitte der Primärfalten durch unterschiedliche Deformationsformen charakterisiert.

So lassen sich aus der Anordnung von sekundären **Schleppfalten** (*drag folds*), die in den Faltenflanken einer größeren Falte vorkommen, Rückschlüsse auf die übergeordnete Faltenstruktur ziehen. Gleiten bei der Faltung die übereinander liegenden Schichten aneinander vorbei, so bilden sich in den inkompetenteren Lagen zwischen den kompetenten Lagen asymmetrische Schleppfalten (Abb. 10.42, 10.43). Die Sättel bzw. Mulden von Schleppfalten haben, bezogen auf den Umbiegebereich der **Primärfalte** (*first-order fold*), eine lange und eine kurze Faltenflanke. Die langen Faltenflanken der Schleppfalten bilden mit den Schichtflächen der benachbarten kompetenten Schicht immer einen deutlich spitzeren Winkel als die kurzen Sattel- bzw. Muldenflanken

Die Vergenz der Schleppfalten ändert sich in der übergeordneten Falte in Bezug auf deren Achsenfläche. Blickt man in Achsenrichtung, haben die Schleppfalten in der einen übergeordneten Faltenflanke eine Z-Form, in der anderen Faltenflanke eine S-Form und in den Scharnierbereichen der übergeordneten Falte eine M-Form. Die Primärfalten können symmetrisch sein, die Sekundärfalten sind dagegen immer asymmetrisch (Abb. 10.42).

Die Analyse der Schleppfalten liefert zur Lage und Form der übergeordneten Falte folgende Hinweise: (a) Die Orientierung der Faltenachsen der Schleppfalten verläuft subparallel zur Achse der übergeordneten Falte. Das heißt, selbst wenn der Scharnierbereich der übergeordneten Falte im Gelände nicht aufgeschlossen ist, kann man ihre ungefähre Achsenlage ermitteln. (b) Aus der Vergenz der Schleppfalten kann auf die Lage der Sattel- bzw. Muldenumbiegung der übergeordneten Falte geschlossen werden (Abb. 10.43). In den geneigten, nicht überkippten Flanken einer übergeordneten aufrechten symmetrischen Falte fällt die lange Flanke der Sekundärfalten steiler ein als die Flanke der Primärfalte und die kurzen Flanken der Sekundärfalten sind sehr steil bis überkippt (vgl. Abb. 10.42). Die Vergenz der Z- und S-Schleppfalten in den geneigten Faltenflanken weist in Richtig des Sattels der übergeordneten Falte.

In überkippten Flanken einer vergenten Primärfalte fällt die lange Flanke der Schleppfalten etwas flacher ein als die Flanke der Primärfalte und die kurzen Flanken der Sekundärfalten fallen sehr flach ein. Die Geometrie der Schleppfalten hängt von der Vergenzrichtung der übergeordneten Falte ab (Abb. 10.44). In einer nach rechts vergent-überkippten Falte haben die Schleppfalten in der normal nach links einfallenden Faltenflanke Z-Form und sind Richtung Hauptsattel nach rechts vergent; in der überkippten, ebenfalls nach links einfallenden Faltenflanke haben die Schleppfalten eine S-Form (Abb. 10.44 links oben). Die lange Flanke der Schleppfalten fällt hier etwas flacher ein als die Flanke der Primärfalte; die kurzen Flanken der Se-

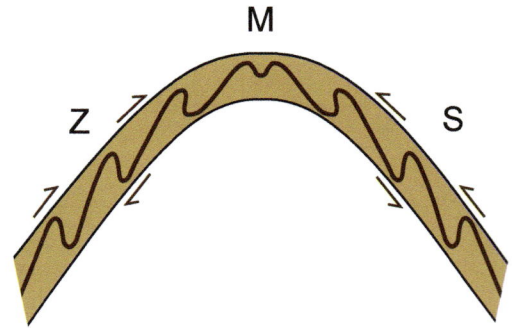

Abb. 10.42 Sekundäre Schleppfalten in einem aufrechten, symmetrischen Sattel. Die Primärfalte weist in der linken Sattelflanke sekundäre Z-Falten, im Scheitelbereich M-Falten und in der rechten Sattelflanke S-Falten auf.

10.2 Tektonischer Rahmen und Mechanismus von Faltung

Abb. 10.43 Z-Schleppfalten in kieselig-dolomitischen Lagen der früh-proterozoischen Mount Sylvia Fm. (Hamersley-Schlucht, West-Australien)

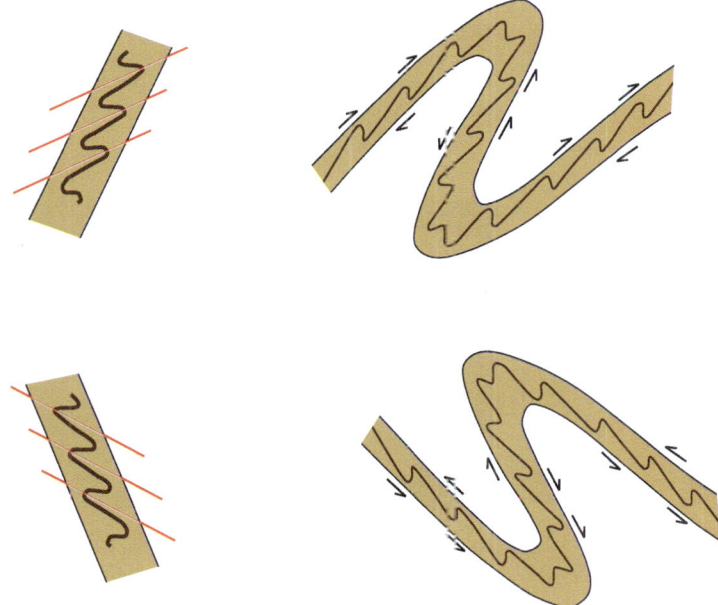

Abb. 10.44 Schleppfaltengeometrie in rechts und links vergent-überkippten Falten (rot = Achsenebenen der Schleppfalten in der überkippten Faltenflanke). Erläuterungen im Text

kundärfalten fallen sehr flach ein. Aus der Geometrie der Achsenflächen der Schleppfalten (rote Linien in Abb. 10.44) ergibt sich die ungefähre Lage und Orientierung der Achsenfläche der übergeordneten Falte und die Lage des Sattels und der Mulde.

Ist die übergeordnete Falte nach links vergent-überkippt (Abb. 10.44 unten), dann haben die Schleppfalten in der normal nach rechts einfallenden Faltenflanke S-Form und sind Richtung Hauptsattel nach links vergent; in der überkippten, ebenfalls nach rechts einfallenden Faltenflanke haben die Schleppfalten eine Z-Form (Abb. 10.44 links unten). Die lange Flanke der Schleppfalten fällt etwas flacher ein als die Flanke der Primärfalte und die kurzen Flanken der Sekundärfalten fallen sehr flach ein. Aus der Geometrie der Achsenflächen der Schleppfalten ergibt sich wiederum die ungefähre Lage und Orientierung der Achsenfläche der übergeordneten Falte und die Lage des Sattels und der Mulde.

10.3 Falten und Spalten

Bei gleichförmiger Verteilung der Scherdeformation können sich während der Faltung in den kompetenten Lagen von gleichmäßig einfallenden Faltenflanken **Zugspalten** (*extensional veins*) entwickeln, welche die einzelnen Lagen queren. Die Geometrie der Spalten hängt vom Zeitpunkt ihrer Entstehung und dem Ausmaß der weiteren Deformation während der Faltung ab. Die Entstehung dieser Zugspalten ist mit derjenigen in Scherzonen (s. Kap. 7 Horizontalverschiebungen) vergleichbar.

Die Zugspalten entstehen während der Faltung der Schicht zunächst unter einem Winkel von 45° und 135° zur Schichtfläche, werden dann bei zunehmend (rote Pfeile) engerer Faltung rotiert, dabei aufgeweitet und sichelförmig gekrümmt. Bei weiterer Faltung werden die senkrecht zur Schichtung rotierenden Zugspalten verkürzt und in diesem Stadium können neue Zugspalten, wieder unter 45° zur Schichtung orientiert, entstehen (Abb. 10.45, 10.46, 10.47).

Abb. 10.46 Die Zugspalten entstanden quer zur Schichtung während der Faltung, sind leicht rotiert und zeigen sigmoidale Krümmung an den Enden (Küste bei Bude, Cornwall, UK)

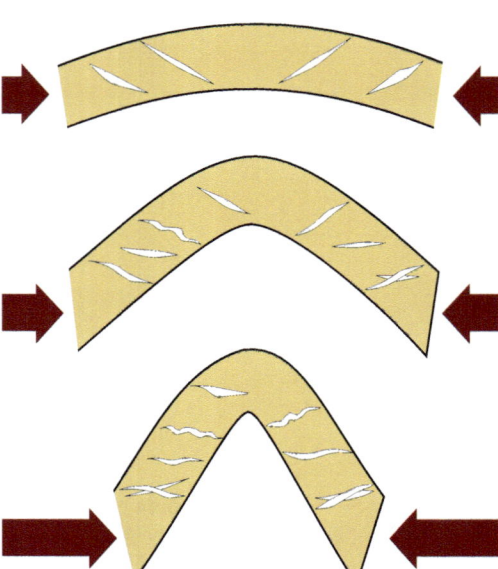

Abb. 10.45 Entwicklung von Zugspalten während der Faltung (Bildrechte: nach RAMSAY & HUBER 1983)

Abb. 10.47 Die Zugspalten entstanden quer zur Schichtung während der Faltung, sind stark rotiert und sigmoidal gekrümmt (Küste bei Bude, Cornwall, UK)

10.4 Atektonische Falten

10.4.1 Fließfalten

Fließfalten (*flow folds*) bilden sich atektonisch in magmatischen Gesteinen. Das beim Fließen des Magmas entstehende Fluidalgefüge ist an der Einregelung von Kristallen, Gasbläschen und Schlieren erkennbar und spiegelt die Fließrichtung zum Zeitpunkt der Erstarrung wider. Während der Abkühlung bilden sich in Fließrichtung vergente Fließfalten, die sich meist in asymmetrischen Fließwülsten äußern. Ähnliche Fließwülste sind in heißen Sommern in schmelzenden Teerbelägen auf abschüssigen Straßenabschnitten zu beobachten. In der Form ähnliche Fließfalten kommen in wasserhaltigen unverfestigten Sedimenten vor.

Fließfaltung in Salzgesteinen wird durch die Schwerkraft ausgelöst wenn Salinarschichten von ungleichen, sich lateral in ihrer Dichte ändernden, schwereren Deckschichten überlagert werden (**Rayleigh-Taylor-Instabilität,** *Rayleigh-Taylor-instability*). Die dadurch bedingten lateral unterschiedlichen Gravitationsspannungen können zu großen Spannungsgradienten führen, wodurch die kriechfähigen salinaren Schichten in Bewegung gesetzt werden. Diesen Prozess bezeichnet man als **Halokinese** (*halokinesis*). Wirken halokinetische und tektonische Prozesse zusammen, entstehen halotektonische Strukturen (siehe Kap. 12 Diapirismus). Die Kriechfähigkeit von Salzgesteinen nimmt infolge ihrer starken nichtlinearen Temperaturabhängigkeit mit der Tiefe beträchtlich zu. Das geschieht dann, wenn die Salzschichten über lange geologische Zeiträume von jüngeren Gesteinen überlagert werden und so in immer größere Erdtiefen und damit unter höhere Temperaturen gelangen.

10.4.2 Rutschfalten

Rutschfalten (*slump folds*) entstehen atektonisch subaquatisch in unverfestigten Sedimenten. Gravitativ ausgelöste Kriechbewegungen und die Zunahme des Porenflüssigkeitsdrucks führen zur Instabilität der Schichten, die schon bei sehr geringen Neigungen ins Rutschen kommen können. Dabei wird das Sedimentpaket verfaltet und/oder zerschert. Die Mächtigkeit von gerutschten Sedimentfolgen liegt meist im Meter-Bereich, kann aber bis zu mehreren Zehner Meter betragen. Rutschfalten werden normalerweise von ungestörten Sedimentfolgen unter- und überlagert (Abb. 10.48); dies unterscheidet sie von tektonisch gestörten Lagen.

Abb. 10.48 Synsedimentäre Rutschfalten (Hyblea Plateau, Südost-Sizilien, Italien)

Atektonische Schichtverbiegungen, die infolge von Bodenbewegungen durch Frosteinwirkung verursacht werden, bezeichnet man als **Kryoturbation** (*cryoturbation*). Die Verformung geschieht durch Temperaturschwankungen im Gefrier- und Auftaubereich, was zu Frosthebungen und Sackungen bzw. zur Kontraktion und Expansion der Böden führt.

11 Foliation und Lineationen

Dachschiefer an einem Haus im Harz (Wissenbacher Schiefer, mittleres Devon, Oberharz)

11.1 Definition

Unter **Foliation** (*foliation*), abgeleitet von dem lateinischen Wort Folium (Blatt), versteht man ganz allgemein ein Flächengefüge im Gestein. Eine **primäre Foliation** (*primary foliation*) bildet sich in Sedimenten bei deren Ablagerung und ihrer **Diagenese** (Verfestigung, *diagenisis*) sowie in magmatischen Gesteinen während der Differentiation durch die Entstehung von chemisch/mineralogisch bedingten Lagen oder als Fließgefüge. Die **sekundäre Foliation** (*secondary foliation*) oder **Schieferung** (*cleavage, schistosity*) wird durch tektonische und metamorphe Prozesse erzeugt und entsteht im anisotropen Spannungszustand senkrecht zum größten Druck oder in duktilen Scherzonen durch einfache Scherung als **mylonitische Foliation** (*mylonitic foliation*) (Abb. 11.1).

Eine Eigenschaft von vielen geschieferten Gesteinen ist, dass sie entlang von Flächen einer ganz bestimmten Orientierung brechen oder sich **aufspalten** (*to cleave*) lassen. Das Schieferungsgefüge wird durch alternierende Gesteinsbereiche, den sogenannten **Domänen** (*domains*) charakterisiert. Diese sind durch ihre interne Strukturierung und eine bestimmte Gesteinszusammensetzung gekennzeichnet bzw. sie werden durch die Einregelung von planaren (tafeligen) Mineralen oder die lagige Ausrichtung von prismatischen (stängeligen) Mineralen charakterisiert. Die Domänen können flächen- bis linsenförmig ausgebildet sein. Nach ihrem Abstand definiert man Foliationen oder **Schieferungen mit Zwischenraum** (*spaced foliation, spaced cleavage*). Wenn das Gestein eine **durchgängige Schieferung** (*continuous cleavage*) aufweist, spricht man von einer **penetrativen Schieferung** (*penetrative cleavage*).

© Springer-Verlag GmbH Deutschland, ein Teil von Springer Nature 2012
C.-D. Reuther, *Grundlagen der Tektonik*,
https://doi.org/10.1007/978-3-8274-2724-3_11

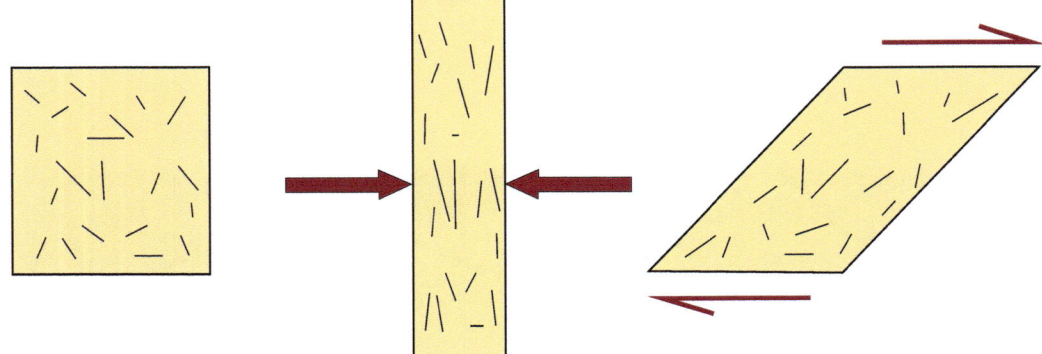

Abb. 11.1 Entwicklung von Schieferungsgefügen (Bildrechte: nach PASSCHIER & TROUW 2005) Ausgangssituation (links): Querschnitt eines schematisiertern Gesteinskörpers mit isolierten, plattigen oder stängeligen Mineralen. (Mitte) Entwicklung der Schieferung bei reiner Scherdeformation oder (rechts) Entwicklung der Schieferung bei einfacher Scherdeformation

Lineationen (*lineations*) können auf Gesteinsoberflächen vorkommen oder penetrative Gefügeelemente in Gesteinskörpern darstellen. Der Begriff Lineation impliziert nicht die Genese dieser Strukturen, sondern umfasst sämtliche geradlinigen Gefügeelemente in Gesteinen wie a) Bewegungsspuren auf Verwerfungsflächen (**Striemung, Harnisch,** *tectonic striation, slickenline, slickenside*), b) die parallele Anordnung von **Mineralfasern** (*mineral fiber lineation, slickenfiber lineation*) auf manchen Verwerfungsflächen, c) Auslängung von Mineralien in einer bestimmten Richtung (**Streckungslinear,** *stretching lineation*), d) Schnittlinien von Schicht- und Schieferungsflächen oder von Scherflächen (**Überschneidungslineation,** *intersection lineation*), e) Falten- und andere Längsachsen geologischer Strukturen und d) geradlinige, auf Luft- und Satellitenbildern zu erkennende lokale/regionale morphotektonische Strukturelemente (**Fotolineation,** *photo lineation*).

11.2 Tektonite

Foliationen und bestimmte Lineationen sind Charakteristika von **Tektoniten** (*tectonites*). In diesen Gesteinen ist das Gefüge bis in den Mikrobereich (**Korngefüge** *fabric*) tektonisch bedingt. Normalerweise, aber nicht notwendigerweise, sind sie unter metamorphen Bedingungen entstanden. Nach der Ausprägung des Gefüges unterscheidet man zwischen S-, L-, LS- und SC-Tektoniten. In den S-Tektoniten überwiegen die planaren Elemente (Abb. 11.2 links).

Dieses Gefüge entsteht durch **Plättung** (*flattening*), indem ein kugeliges Aggregat in ein abgeplattetes (oblates) Deformationsellipsoid (s.a. Kap. 16.3) verformt wird (Abb. 11.2 links). L-Tektonite sind deformierte Gesteine, in denen lineare Elemente überwiegen (Abb. 11.2 Mitte), wobei die Streckungslineation in der λ_1-Richtung des Deformationssellipsoids liegt. Dieser Verformung entspricht ein langgestrecktes (prolates) Deformationsellipsoid (s.a. Kap. 16.3). In L-S-Tektoniten sind planare und lineare Elemente etwa gleich stark ausgebildet (Abb. 11.2 rechts), die Deformationsgeometrie entspricht annähernd einer **ebenen Deformation** (*plane strain*). Unter der ebenen Deformation versteht man die Verformung eines dreidimensionalen Körpers, in dem keine Verformung in Richtung der mittleren Deformationsachse λ_2 stattfindet; deswegen kann die ebene Deformation immer als zweidimensionale Verformung betrachtet und analysiert werden. Bisweilen wird in der Fachliteratur noch zwischen L-S-Tektoniten und S-L-Tektoniten unterschieden, je nachdem ob im Gefüge die planaren und die linearen Elemente überwiegen.

S-C-Tektonite weisen eine S-Foliation auf, die von eingeregelten Glimmern und verlängerten Quarzmineralen gebildet wird, die schräg zu einer duktilen Scherzone angeordnet sind. Die C-Foliation besteht aus mehreren Scherbändern (C-Flächen, *shear bands*), die sich subparallel zu einer Scherzone entwickeln und Mineralfasern aufweisen, die ihrerseits subparallel zur Foliation verlaufen. Damit zeigen sie an, dass diese Fläche während der Deformation eine Scherfläche war. SC-Gefüge sind für Mylonitzonen charakteristisch (Abb. 11.3).

11.2 Tektonite

 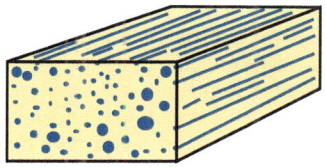 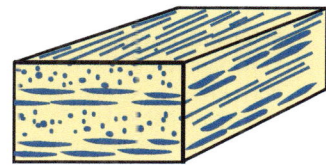

Abb. 11.2 (links) S-Tektonit, (Mitte) L-Tektonit, (rechts) L-S Tektonit

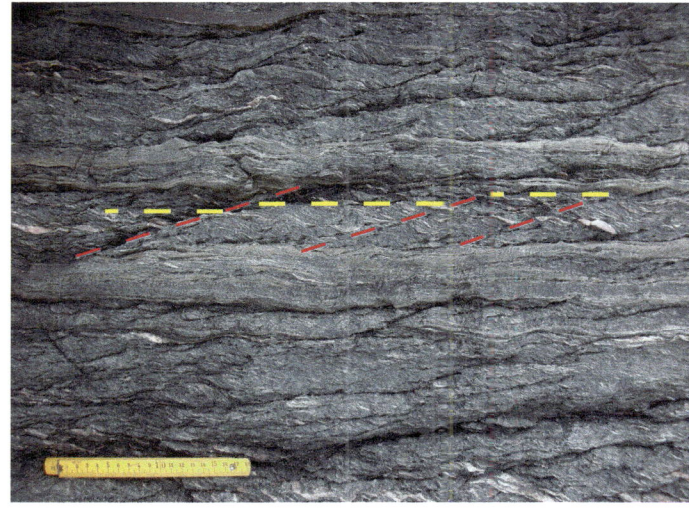

Abb. 11.3 S-C Gefüge in einer Mylonitzone der Moine-Überschiebung, Sango Bay, Durness, NW-Schottland (S-Foliation = rot gestrichelt, C-Foliation = gelb gestrichelt = subparallel zur Scherzone verlaufende Scherbänder)

Tektonite kommen in Verwerfungszonen und duktilen Scherzonen vor. Sie charakterisieren ferner die durchdringend verfalteten Bereiche der tieferen Erdkruste und des oberen Erdmantels; d. h. bei den mit der Tiefe zunehmenden Drucken und ansteigenden Temperaturen werden Tektonite metamorph deformiert (Metamorphose, *metamorphosis*).

Metamorphose

Allgemein versteht man in der Geologie unter Metamorphose mineralogische Umwandlungen und Veränderungen des Gesteinsgefüges unter sich verändernden physikalischen und chemischen Bedingungen im Erdinneren, die sich von den Prozessen der ursprünglichen Gesteinsbildung unterscheiden. Der Grund für eine metamorphe Umwandlung von Gesteinen ist die Veränderung der Druck- und/oder Temperaturbedingungen. Dies geschieht, wenn Lithosphärenplatten subduziert werden oder miteinander kollidieren und dabei Gesteine durch tektonische Prozesse in größere Tiefe transportiert werden. Subduktionszonen, in denen die Gesteine der abtauchenden Platte rasch versenkt werden, sind durch eine **Druck-betonte Metamorphose** (*pressure-metamorphosis*) charakterisiert (Abb. 11.4). Typisch für die metamorphen Veränderungen in der Oberplatte eines Subduktionssystems ist die im Magmatischen Bogen in der Umgebung der Plutonite und Vulkanite vorherrschende **Temperaturmetamorphose** (*temperature-metamorphosis*). In den Bereichen, in denen heiße Magmen in kühleres Nebengestein eindringen, kommt es zur **Kontaktmetamorphose** (*contact-metamorphosis*). Des Weiteren werden in der Oberplatte eines

Subduktionssystems und besonders bei der Kontinent-Kontinent-Kollision große Bereiche der Lithosphäre tektonisch stark beansprucht. Hier spielt neben der Temperatur der gerichtete Druck eine wesentliche Rolle und führt zu speziellen Foliationen und Lineationen im Gestein. Man spricht hier von **Thermodynamometamorphose (Regionalmetamorphose,** *regional-metamorphosis*). Als Reaktion speziell auf hohe Drucke werden Gesteine in Störungszonen verändert; hier spricht man von **Dynamometamorphose oder kataklastischer Metamorphose** (*dynamic-metamorphosis, cataclastic-metamorphosis*). Dabei werden die Gesteine spröd deformiert und durch sich schrittweise ausbreitende Extensionsrisse und Scherbrüche zerbrochen; diesen Prozess bezeichnet man als **Kataklase** (*cataclasis*). Zu einer verhältnismäßig langsamen **Versenkungsmetamorphose** (*burial-metamorphosis*) kommt es, wenn Ablagerungen am Boden eines Beckens durch die Überlagerung von jüngeren Schichten in größere Erdtiefen gedrückt werden. Diese relativ schwache Metamorphose schließt sich an die Diagenese (Verfestigung des Gesteins) an. Einschläge (**Impakte**, *impacts*) extraterrestrischer Körper führen kurzzeitig zu extremen Druck- und Temperaturerhöhungen und lösen u.a. eine Stoßwellenmetamorphose (**Impaktmetamorphose,** *impact-metamorphosis*) aus. Dabei bilden sich in den betroffenen Gesteinen Hochdruckminerale, z. B. die Hochdruckmodifikationen von Quarz Coesit und Stishovit.

Allgemein reagieren bei der Metamorphose die Minerale in den Ausgangsgesteinen (**Protolith,** *protolith*) auf die sich ändernden äußeren Bedingungen, indem sie neue, charakteristische und thermodynamisch stabile **Mineralvergesellschaftungen (Mineralparagenesen,** *mineral assemblages*) bilden. Die Umkristallisation findet im festen Zustand statt und wird durch fluide Phasen, meist Wasser, unterstützt. Beim Transport in die Tiefe erfahren die Gesteine eine zunehmende oder **prograde Metamorphose** (*prograde metamorphisis*). Gelangen Gesteine aus tieferen Krustenstockwerken in höhere Bereiche, durchlaufen sie den umgekehrten Prozess einer abnehmenden oder **retrograden Metamorphose** (*retrograde Metamorphosis*). Allgemein erfolgen die Gesteinsreaktionen bei steigenden Temperaturen schneller als bei abnehmenden. Bei hohen Temperaturen gehen die fluiden Anteile meist verloren. Wenn das Gestein also bei der Hebung der metamorphen Gesteine, d. h. während der retrograden Metamorphose, nicht erneut von Fluiden infiltriert wird, kann der hohe Metamorphosegrad eines Gesteins erhalten bleiben. Nur weil eine Beteiligung von Fluiden bei der retrograden Metamorphose selten gegeben ist, können wir heute hochmetamorphe Gesteine an der Erdoberfläche finden.

Abhängig vom Gesteinschemismus charakterisiert eine bestimmte Mineralparagenese einen bestimmten, durch Druck- und Temperaturbedingungen sowie durch Fluidaktivitäten definierten Metamorphosegrad. Metamorphe Gesteine ordnet man aufgrund bestimmter Index-Minerale und ähnlicher Mineralparagenesen einer bestimmten **metamorphen Fazies** (*metamorphic facies*) zu. So unterscheidet man Zeolithfazies, Glaukophanschiefer- oder Blauschieferfazies, Grünschieferfazies, Hornfelsfazies, Amphibolitfazies, Granulitfazies und Eklogitfazies (Abb. 11.4).

Die metamorphe Entwicklungsgeschichte eines Gesteinskörpers lässt sich schematisch in einem P-T Diagramm bzw. in einem P-T-t-Pfad (Druck-Temperatur-Zeit-Pfad) veranschaulichen (Abb. 11.5). Höhepunkte einer Metamorphose sind der maximal erreichte Druck oder die höchste erreichte Temperatur. Diese beiden Punkte werden normalerweise nicht gleichzeitig erreicht. Wird z.B. ein Gesteinspaket an einem konvergenten Plattenrand metamorphisiert, nimmt der Druck bei einer relativ raschen Versenkungsgeschwindigkeit relativ schnell zu; in Relation dazu heizt sich das Gestein jedoch nur langsam auf. Der maximale Druck wird also früher erreicht als die maximale Temperatur. Bei einer Heraushebung der Gesteine nimmt die Temperatur langsamer ab als der Druck.

P-T-t-Pfade können aus tektonischen Untersuchungen für bestimmte Zeitpunkte abgeleitet bzw. theoretisch prognostiziert werden. Mit Verfahren der Geothermometrie und Geobarometrie lassen sich die P-T-Bedingungen der Metamorphose ermitteln. Im Dünnschliff zu erkennende geometrischen Beziehungen zwischen den Mineralen, deren chemische Zusammensetzung sowie die Kenntnis tatsächlicher oder möglicher Reaktionsbeziehungen zwischen den Mineralphasen geben Hinweise auf bestimmte metamorphe Ereignisse im Gestein.

Metamorphe Gesteine haben aufgrund der unterschiedlichen Ausgangsgesteine und wegen der mannigfaltigen Bildungsbedingungen sehr unterschiedliche Mineralbestände und Gefü-

11.2 Tektonite

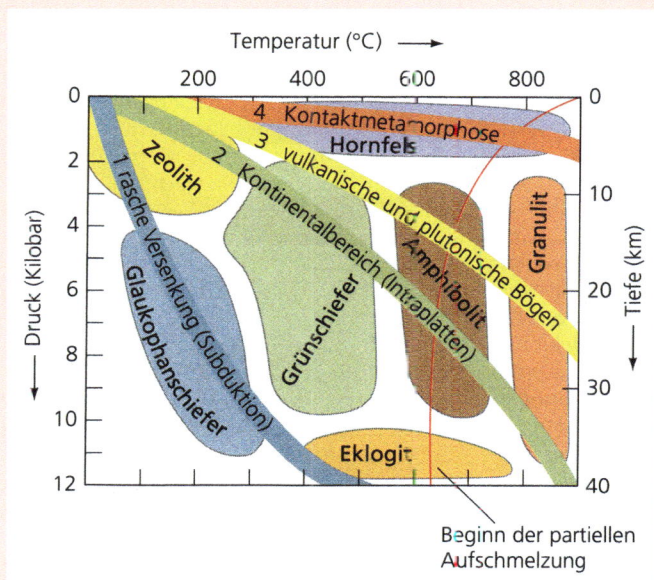

Abb. 11.4 Metamorphose-Pfade (PT-Pfade), Metamorphosearten und Feldereinteilung der metamorphen Fazies (Bildrechte: aus PRESS & SIEVER 2003)

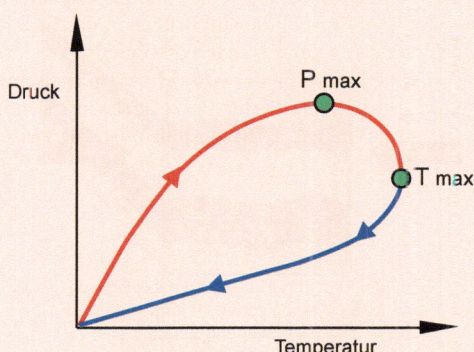

Abb. 11.5 PT-Pfad, prograde (rot) und retrograde (blau) Metamorphose. P_{max} = maximal erreichter Druck, T_{max} = maximal erreichte Temperatur

ge. Bestimmt wird dieses Gefüge durch Form, Anordnung und Größe der beteiligten Minerale. Die metamorphen Faziesbereiche und die metamorphen Gesteine werden entweder nach den vorherrschenden Mineralien oder nach dem Gefüge der Metamorphite benannt. Zusätzlich werden die Vorsilben ortho- für aus magmatischen und para- für aus Sedimentgesteinen entstandene Metamorphite verwendet. So ist ein Orthogneis aus einem Granit entstanden und ein Paragneis aus geschichteten Sedimenten. Viele Metamorphite zeigen ein durch parallele Flächen (Schieferung) charakterisiertes Gefüge, die das Gestein in einem Winkel zur ursprünglichen Schichtung oder Lagerung durchschneiden, aber auch parallel dazu verlaufen können (vgl. Abb. 11.6). Geschieferte Gesteine werden nach der Art der Schieferung, der Größe und Anordnung ihrer Minerale sowie ihres Metamorphosegrads unterteilt.

Beispiele für die durch zunehmenden Metamorphosegrad entstehenden Gesteine wären bei einem tonigen Ausgangsgestein wie **Tonstein** oder **Silt** (*claystone, pebbly mudstone, silt*) zunächst der **Tonschiefer** (*shale*), gefolgt von **Phyllit** (*phyllite*) und **Glimmerschiefer** (*schists, mica-schists*), aus denen bei weiter steigendem Metamorphosegrad ein **Gneis** (*gneiss*) entsteht.

Metamorphe Gesteine ohne Schieferungsgefüge sind entweder nur sehr schwach umgewandelt worden oder es handelt sich um hochmetamorphe Gesteine, bei denen die Kristallkörner nach der Verformung durch Rekristallisation/Neukristallisation ein gleichkörniges Gefüge bilden.

11.3 Foliationen

Die primäre Foliation stellt in Sedimenten deren Schichtung dar. Nach der Ablagerung von den in Abb. 11.6 gezeigten Tonen und Silten wird das pelitische Gestein durch vertikale Auflast (grüner Pfeil) diagenetisch kompaktiert und entwässert. Dies führt zu einem Volumenschwund und zur schichtparallelen, diagenetischen Foliation. Wird das Gestein dann durch tektonisch bedingten, horizontal gerichteten Druck eingeengt (rote Pfeile), entsteht eine Foliation (Schieferung) quer zur diagenetischen Foliation (Schichtung). Bei geringer tektonischer Deformation können die tektonisch erzeugte Anisotropie sowie die diagenetische Anisotropie gleich stark sein. Wenn die tektonische Schieferung dabei Streifen unterschiedlicher mineralogischer Zusammensetzung, die durch die diagenetische Foliation entstanden sind, überkreuzt, führt dies in Peliten zu einer linear-stengeligen Schieferung. Wird das Gestein gehoben und erodiert, zerbricht es entlang der beiden Foliationen und es entstehen sogenannte **Griffelschiefer** (*pencil cleavage, pencil structure*). Weitere stärkere tektonische Einengung führt zur Entstehung von **Tonschiefern** (*shale*) oder sogenannten **Dachschiefern** (*slates, slaty cleavage*).

11.3.1 Mechanismen zur Entstehung von Schieferungen

Die Entwicklung von Schieferungsgefügen wird von folgenden Faktoren bestimmt: (1) Zusammensetzung des Gesteins, (2) Spannungsrichtungen und Spannungsmagnitude; dabei entwickelt sich die Schieferung meistens senkrecht zum größten Druck; in Scherzonen allerdings parallel zu den Scherflächen. (3) Metamorphosegrad hinsichtlich Druck, Temperatur und Fluiden.

Folgende Prozesse sind getrennt oder in Kombination für die Schieferungsentstehung von Bedeutung:
1) **Mechanische Rotation** (*mechanical rotation*) von primär ungleichmäßigen Mineralkörnern
2) **Drucklösung** (*pressure solution*) und Lösungstransport (*solution transfer*)
3) **Kristall-plastische Deformation** (*crystalplastic deformation*) wie **Dislokations-Kriechen** (*dislocation creep*), Drucklösung und Lösungstransfer
4) **Orientiertes neues Wachstum von Mineralkörnern** (*oriented new growth of mineral grains*)

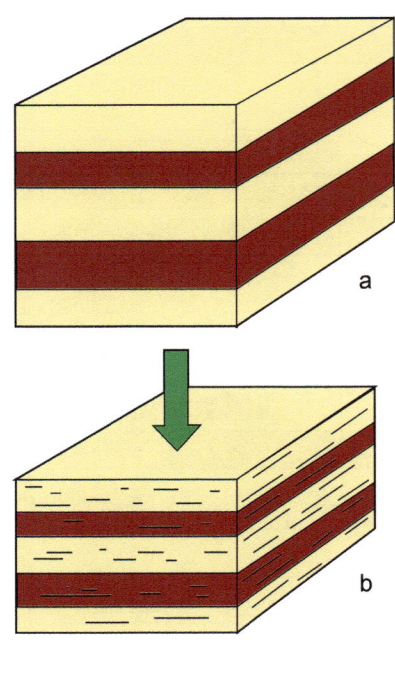
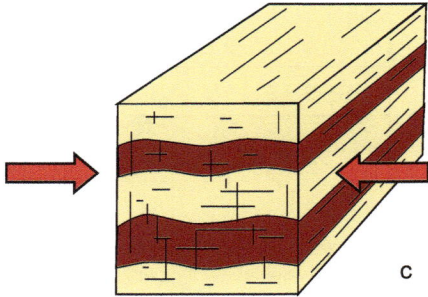
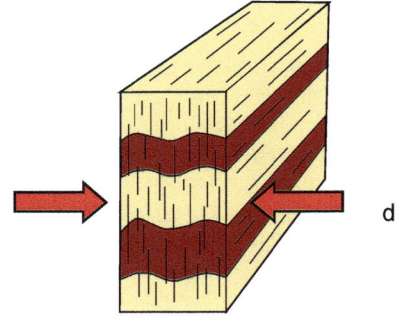

Abb. 11.6 Entstehung von Tonschiefern (Dachschiefern), (a) Ablagerung von Silten und Tonen, (b) diagenetische Foliation, (c) Griffelschiefer, (d) Tonschiefer / Dachschiefer (Bildrechte: nach PASSCHIER & TROUW 2005)

Ausführliche Diskussionen und hervorragende Darstellungen dieser Prozesse finden sich bei PASSCHIER & TROUW (2005).

11.3.2 Morphologische Klassifizierung von Schieferungen

Nach Form und Anordnung von Gefügeelementen lässt sich die Schieferung in zwei Hauptkategorien einteilen: (A) **Schieferung mit Zwischenraum** (*spaced foliation, spaced cleavage*) und (B) **durchgängige Schieferung** (*continuous foliation, continuous cleavage*).

Die Schieferung mit Zwischenraum (A) umfasst drei Teilkategorien: (1) eine **Schieferung nach der Zusammensetzung** (*compositional cleavage*) einzelner Lagen, (2) die **disjunktive Schieferung** (*disjunctive cleavage*), hier bilden sich getrennte Gesteinsabschnitte aus, und (3) die **Runzelschieferung** (**Krenulations-Schieferung**, *crenulation cleavage*), hier wird eine ältere Schieferung durch eine jüngere Schieferung überprägt.

(1) Die Schieferung nach der Zusammensetzung verkörpert mineralogisch unterschiedliche Lagen. Diese sind entweder weiträumig angeordnet (**diffuse Schieferung**, *diffuse cleavage*) oder sie liegen relativ dicht beieinander (**gebänderte Schieferung**, *banded cleavage*). Eine diffuse Schieferung wäre z. B. die Einregelung von Hornblendemineralen in deformierten Dioriten. Eine gebänderte Schieferung mit relativ dicht beieinander liegenden, mineralogisch unterschiedlichen Lagen ist typisch für Gneise (Abb. 11.7).

(2) Bei der disjunktiven Schieferung werden die geschieferten Bereiche, die **Schieferungsdomänen** (*cleavage domains*), durch tafel- oder linsenförmige Abschnitte, die sogenannten **Mikrolithone** (*microlithons*), getrennt. Je nach Rauigkeit oder Ebenmäßigkeit der Schieferungsdomänen werden vier Untergruppen unterschieden (Abb. 11.8): **Stylolithische Schieferung** (*stylolitic cleavage*); miteinander verbundene, **anastomosierende** (*anastomosing*) sowie raue und immer glatter werdende Schieferungsdomänen. Zwischen den Stylolithenflächen und den anastomosierenden Schieferungsdomänen liegen die **Abstände** (*spacing*) im cm-Bereich. Die Zwischenräume werden von den rauen bis zu den glatten Schieferungsdomänen zunehmend enger und reichen vom mm- bis in den Zehntel-mm-Bereich. Die von den Schieferungsdomänen begrenzten Mikrolithone werden hinsichtlich der Ausprägung ihres Korngefüges definiert. Dabei unterscheidet man das **regellose Korngefüge** (*random fabric*) mit kaum eingeregelten bzw. deformierten Mineralen von Mikrolithon-Domänen mit wenig, stark und komplett eingeregelten Mineralen. Mikrolithone mit komplett eingeregelten Mineralen sind durch ausgelängte, in einer Vorzugsrichtung orientierte Mineralkörner charakterisiert. Das komplette Korngefüge bezeichnet den Übergangsbereich zwischen einer sehr engständigen disjunktiven Schieferung und der durchgängigen Schieferung (POWELL 1979).

Abb. 11.7 Gebänderte Schieferung in präkambrischen Lewisischen Gneisen, Scourie, NW-Schottland. Die Lagen mit dunklen Mineralen (Biotit und Amphibole) alternieren mit Lagen aus hellen Mineralen (Quarz und Feldspat)

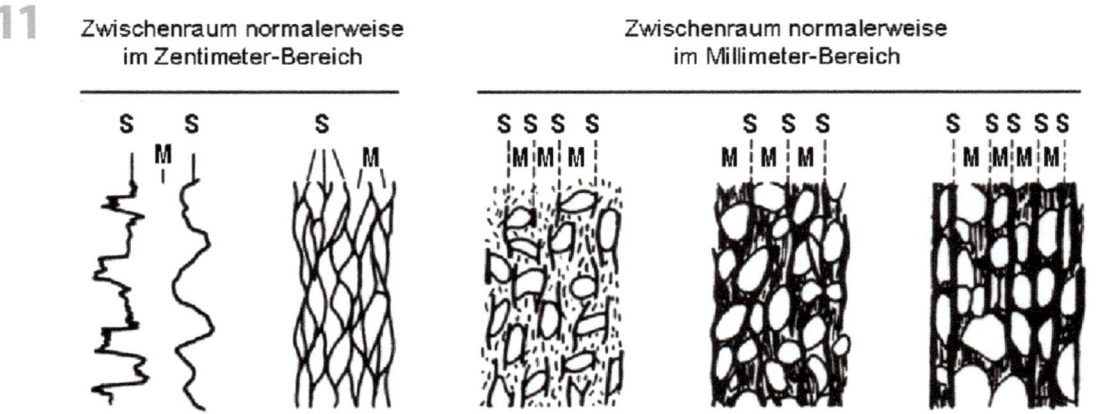

Abb. 11.8 Charakteristika der disjunktiven Schieferungen (S bezeichnet die Schieferungsdomäne, M = Mikrolithon) (Bildrechte: nach POWELL 1979, mit frdl. Genehmigung von Elsevier)

Abb. 11.9 Stylolitische Schieferung: Drei vertikale Stylolthenflächen mit Horizontalstylolithen, S = Schieferungsdomäne, M = Mikrolithon, weißer Pfeil = Richtung der Horizontalstylolithen (eozäne Kalke, Insel Lampione, Italien, Zentrales Mittelmeer)

Die **stylolithische Schieferung** entwickelt sich hauptsächlich in Kalken und Mergeln. Sie ist durch lange, sehr unregelmäßige Schieferungsdomänen gekennzeichnet. Sie wird durch Stylolithenflächen repräsentiert, die im Profil eine Sägezahngeometrie zeigen. Bei senkrecht verlaufenden Stylolithenflächen (Drucksuturen, Stylolithsuturen) sind die Stylolithen (kleine Zapfen und Vertiefungen) horizontal gerichtet (Abb. 11.9) und werden als Horizontalstylolithen bezeichnet (s.a. Kap. 4.2).

Der gerichtete Druck führt zur Lösung und Abführung von $CaCO_3$ an den Stylolithenflächen und in diesem Bereich zur Ansammlung von unlösbaren Rückständen, die von Tonmineralen gebildet werden. Bereiche, in denen sich viele Lösungsrückstände angesammelt haben, sind meist weniger gekerbt und die Lösungsrückstände können relativ breite **Tonbänder** (*clay-seams*) bilden. Die Tonbänder sind also senkrecht zur tektonischen Einengung entstanden und zerteilen die Kalkfolge quer zur Schichtung in dünne Platten und eigenständige Blöcke. Diese Erscheinung wird im deutschen Sprachgebrauch Querplattung oder Sigmoidalklüftung genannt. Die Tone können zu einem späteren Zeitpunkt ausge-

11.3 Foliationen

Abb. 11.10 Lösungsschieferung in gefalteten kretazischen Kalken bei Vizzini, SE-Sizilien

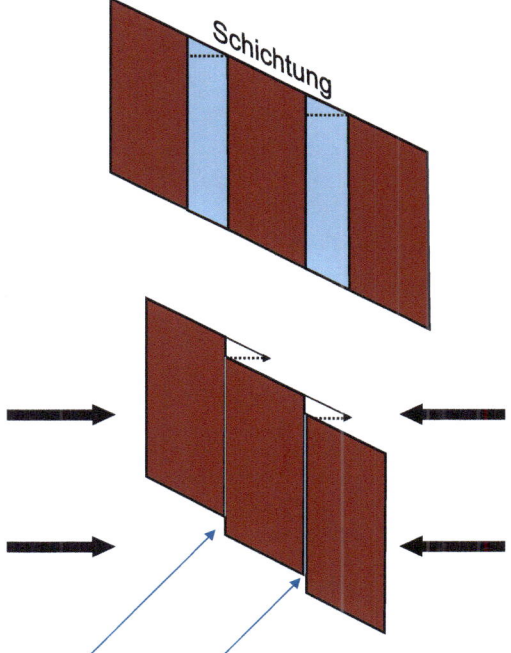

Abb. 11.11 Lösungsbedingter Schichtversatz und Ermittlung des gelösten Materials, (oben) Kalkschicht vor der Verkürzung; (unten) Kalkschicht nach der Verkürzung (zur Ermittlung des Verkürzungsbetrags und Bestimmung des gelösten Materials wird z. B. der linke Block senkrecht zur stylolithischen Schieferungsfläche nach links verschoben, bis seine obere Schichtfläche in der geradlinigen Fortsetzung des mittleren Blocks liegt) (Bildrechte: verändert nach ALVAREZ et al. 1976)

waschen werden und es verbleiben „offene Spalten". Diese „Spalten" sind demnach ein Schieferungsphänomen (**Schieferung mit Zwischenraum,** *spaced cleavage*) und es handelt sich keinesfalls um Klüfte, bei denen die minimale Hauptspannung (σ_3) senkrecht orientiert wäre. Stylolithische Schieferung ist in spröd-gefalteten Karbonatabfolgen zu beobachten (Abb. 11.10). Die insgesamt gebogen erscheinenden Kalkbänke sind nicht penetrativ deformiert, sondern durch Lösungsschieferung unterbrochen.

Derartige Deformationen finden unter einer Überlagerung von ca. 1 – 2 km ohne Metamorphose statt. Bei der Spröd-Faltung wird $CaCO_3$ an Stylolithenflächen durch Lösung abgeführt, ein Teil des gelösten Materials wird in den bei der Biegung der Schichten entstehenden Zugspalten wieder ausgefällt. Die Zapfen auf den Stylolithenflächen verlaufen in Richtung der maximalen kompressiven Spannung, die zur Zeit der Stylolithen-Entstehung herrscht. Die allgemeine Ausrichtung der Stylolithsuturen ist subparallel bis fächerförmig zu den Faltenachsenebenen orientiert. Dort wo die stylolithisch entstandenen Schieferungsflächen die Schichtflächen queren, erscheinen diese versetzt. Jedoch sind auf den Schieferungsflächen keine Striemungen zu erkennen, woraus man Rückschlüsse auf eine Bewegung parallel zu den Schieferungsflächen ziehen könnte. Vielmehr sind die Versätze auf die Kalklösung zurückzuführen, die senkrecht zur Schieferung stattgefunden hat (**Lösungsschieferung,** *solution cleavage*). Aus dem scheinbaren Versatz der Schichten lässt sich ermitteln, wieviel Kalk gelöst wurde (Abb. 11.11).

Bei der lösungsbedingten Schieferung werden verschiedene Grade ihrer Intensität unterschieden.

Dabei wird die schwach ausgeprägte Lösungsschieferung durch die gezackte Stylolithenflächen repräsentiert. Die Abstände zwischen den Schieferungsflächen betragen mehr als 5 cm. Beim progressiven Übergang zur starken Schieferung nimmt die Dicke der unlöslichen Ton-Rückstände, der sogenannten **Salbänder** (*selvages*), an einzelnen Lösungsflächen zu. Mit zunehmender Drucklösung nimmt die Wellenlänge der Zähnchenstrukturen viel schneller zu als die Amplitude der Zähnchen. Dadurch geht die Zähnchenstruktur immer mehr zurück. Der Übergangsbereich zur starken Schieferung wird gewöhnlich durch zwei Schieferungssets charakterisiert, die miteinander einen stumpfen Winkel von ca. 120° einschließen und ein **anastomosierendes** (*anastomosing*) Netz von Schieferungsflächen bilden. Darin wird der stumpfe Winkel der Schieferungsflächen von der Verkürzungsrichtung halbiert, jedoch nicht der spitze Winkel, wie dies bei konjugierten Scherflächen der Fall wäre. Die Lösungsschieferungsflächen können relativ zur Schichtung auch sehr unterschiedliche Orientierungen einnehmen. Dies kann an variierenden Tongehalten in den Kalken liegen oder es ist durch die Position der Schieferungsflächen in Bezug auf Überschiebungsbahnen oder Faltenachsen bedingt. Steigt die Schieferungsintensität sehr stark an, können weitere Schieferungsarten hinzukommen. Die Schieferungsflächen sind dann oft sigmoidal gekrümmt und können sich bei weiterer Deformation parallel zur Schichtung einregeln (s. u. Runzelschieferung, Transposition).

Zu einer **rauen Schieferung** kommt es bei der Metamorphose von sandigen Ausgangsgesteinen (**Psammit**, feiner bis grober Sand, 0,02 – 2,0 mm Korngröße, *psammite*). Die Schieferungsdomänen bestehen aus unzusammenhängenden Ansammlungen von plattigen Mineralen, welche gröbere Körner begrenzen bzw. umschließen. Die **glatte Schieferung** steht am Ende der disjunktiven Schieferungsreihe (vgl. Abb. 11.8). Diese Art der Schieferung charakterisiert das Gefüge vieler **Tonschiefer** (*shales, slates*), die wegen ihrer guten Spaltbarkeit entlang der Schieferungsflächen bis heute Verwendung als Dachschiefer oder Wandschiefer finden (z. B. Wissenbacher Schiefer, Mitteldevon – Harz; Hunsrück Schiefer, Unterdevon – Rheinisches Schiefergebirge; diese Schiefer entstanden während der variszischen Gebirgsbildung). Die Zwischenräume bei der **glatten Schieferung** (*smooth cleavage*) betragen weniger als 1 mm und die Schieferungsdomänen bilden lange, durchhaltende dünne Bänder mit stark ausgerichteten plattigen Mineralen.

Ebenfalls zu den Schieferungen mit Zwischenraum gehört die im mm- und sub-mm-Bereich zu

Abb. 11.12 Asymmetrische Runzelschieferung: S1 (ältere Schieferung), S2 Vertikale jüngere Schieferung, Ellesmere Island, Kanadische Arktis (Bildrechte: Foto F. TESSENSOHN)

beobachtende **Runzelschieferung** (*crenulation cleavage*). Die kleinen Knitterfalten oder Zick-Zackfalten entstehen durch die Überprägung einer älteren Foliation oder Schieferung durch eine jüngere Schieferung. Die entstehenden Minifalten können symmetrisch oder asymmetrisch (Abb. 11.12) sein.

Wenn die in Abb. 11.12 gezeigte jüngere Schieferung durch tektonische Einengung weiter verstärkt wird, werden die Runzelfalten immer mehr eingeengt und isoklinal verfaltet, bis schließlich keine Falten mehr erkennbar sind, da sie entlang der Schieferungsflächen durchtrennt werden. Dafür sind verschiedene Differentiationsprozesse (metamorphe Segretation, Drucklösung) verantwortlich. Durch die jüngere, viel stärkere Deformation wird die ältere Strukturierung immer unkenntlicher und durch die jüngere Schieferung entstehen in ihrer Zusammensetzung unterschiedliche Bänder. Diese

Art der Schieferung wird als **Transpositionsschieferung** (*transposition cleavage*) bezeichnet.

Bei der zweiten Schieferungsklasse (B), der durchgängigen oder penetrativen (raumgreifenden) Schieferung, sind alle plattigen Minerale in einer bestimmten Richtung eingeregelt. Jedoch kann eine Schieferung, je nach Betrachtungsmaßstab, als penetrativ oder mit Zwischenraum bezeichnet werden. Im Dünnschliffbereich liegen die Zwischenräume bei durchgehender Schieferung unter 10 µm und man unterscheidet noch zwischen feinkörnig bis grobkörnig. Im Makrobereich zeigen feinkörnige Tonschiefer bzw. grobkörnigere Glimmerschiefer eine penetrative Schieferung, wobei diese Gesteine im Mikrobereich durchaus Schieferungen mit Zwischenräumen aufweisen können.

11.3.3 Die Beziehungen zwischen Schieferung und Falten

Viele Schieferungsflächen verlaufen parallel oder subparallel zu den Achsenflächen von Falten und werden als **Achsenflächenschieferung** (*axial plane cleavage*) bezeichnet (s. Kap. 10 Falten). Die Orientierung der Schieferungsflächen ändert sich meist kontinuierlich von der einen zu anderen Faltenflanke, oftmals **fächerförmig** (*fanning*), und die Schieferung verläuft nur zu den Achsenflächen der Faltenscharniere parallel. **Schieferungsfächer** (*cleavage fans*) sind am deutlichsten in den kompetenten Lagen einer Falte ausgeprägt. In weniger kompetenten Lagen verlaufen die Schieferungsflächen zueinander annähernd parallel. Eine **umgekehrte Fächerform** (*antifanning*) bilden Schieferungen in weniger kompetenten Lagen, die sich zwischen kompetenten Lagen befinden (Abb. 11.13).

Die geometrischen Beziehungen zwischen Faltenform, Achsenflächenschieferungen und Deformation können mit der Analyse von sogenannten **Deformationsmarkern** (*finite strain-markers*) aufgezeigt werden. Sehr geeignete Deformationsmarker sind Ooide (aus konzentrischen Schalen aufgebaute, kugelförmige Mineralkonkretionen, überwiegend aus Kalk bestehend). Wird eine solche Kugel durch Deformation „geplättet" (aus der Kugel entsteht ein oblates Ellipsoid, s. Kap. 16.3), so verläuft die Hauptplättungsebene mit den Hauptverformungsachsen λ_1 und λ_2 ungefähr parallel zu der mit der Deformation verbundenen Schieferung. Das klassische Geländebeispiel dafür wurde von ERNST CLOOS 1947 publiziert. Parallelitätsbeziehungen zwischen Schieferung und Plättungsebene wurden in numerischen Modellen und Laborversuchen aufgezeigt (DIETERICH 1969, DIETERICH & CARTER 1969).

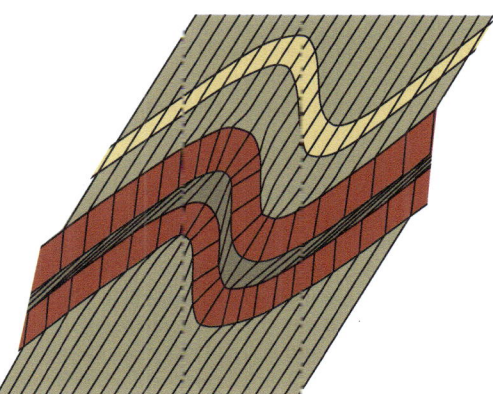

Abb. 11.13 Schematische Anordnung der Schieferung einer Falte mit kompetenten und weniger kompetenten Lagen Kompetente Lagen (braunrot) – weniger kompetente Lagen (grün und gelb) (Bildrechte: nach SUPPE 1985)

Eine wichtige Eigenschaft von Schieferungen ist deren Richtungsänderung beim Übergang von härteren zu weicheren Lagen. Dies wird als **Schieferungsrefraktion** (*refracted cleavage*) bezeichnet. Die Ausbildung von Schieferungsfächern hängt also von der Zusammensetzung der Gesteinslagen ab. Stark gefächerte Achsenebenenschieferungen kommen in kompetenten Schichten vor, z. B. in Sandsteinlagen, weil diese wenig plattige Minerale enthalten. Hingegen sind die Schieferungsfächer in tonigen und siltiger Gesteinen, die durch viele plattige Minerale charakterisiert sind, weniger konvergent und divergent. Die Begriffe konvergenter und divergenter Fächer betreffen Schieferungsfächer sowohl in kompetenten als auch in inkompetenten Gesteinslagen. Bei Konvergenz (Zusammenlaufen der Schieferungsflächen) nimmt die Schieferung in den Sätteln aus kompetenten Schichten in Richtung Sattel- bzw. Muldenkern zu, in den inkompetenten Schichten ist es umgekehrt (vgl. Abb. 11.13). Eine Schieferungsrefraktion in Wechsellagerungen aus kompetenten und weniger kompetenten Schichtung kommt dadurch zustande, weil die weicheren Lagen mehr Kompression aufnehmen als die härteren. Trotzdem müssen die unterschiedlich deformierten Lagen nach der Faltung noch zusammenpassen. Dies ist durch den Mechanismus der **Biegescherfaltung** (*flexural-shear folding*) bzw. durch die **Biege-**

fließfaltung (*flexural-flow folding*) der inkompetenten Lagen gegeben (vgl. Abb. 10.40).

Die genannten geometrischen Beziehungen zwischen Schieferungsflächen und Achsenebenen einer Falte hinsichtlich Parallelität und Fächerung sind nicht in allen Falten zu beobachten. Es gibt Falten, bei denen die Richtungen von Achsenebenenflächen und Schieferung nicht zusammenfallen. Die Schieferung verläuft dann schräg zur Faltenachse und den Faltenscharnieren. Die einfachste Erklärung hierfür ist, dass Faltung und Schieferung nicht gleichzeitig erfolgt sind und eine spätere Schieferung in einem anderen Spannungsfeld die Falte überprägt hat. Allerdings können solche **Transektionsschieferungen** (*transection cleavages*) auch während eines einzigen Faltungsereignisses entstehen. Bei einer progressiven Deformation ändern sich abhängig von der Zeit, sowohl bei reiner- als auch bei einfacher Scherung, die Längen respektive die Längen und Richtungen der Deformationsachsen, d. h. die **momentanen Streckungsachsen** (*instantaneous stretching axes, ISA*) verändern sich laufend, was dann zur Ausbildung von Transektionsschieferungen führen kann. In **Transpressionszonen** (*transpression zones*) entstehen während der kompressiven Horizontalverschiebung **durchgeschnittene Falten** (*transected folds*). Dabei werden die entstehenden Falten und Schieferungen bei der Deformation rotiert und ein geringer zeitlicher Unterschied zwischen der Faltenbildung und der Entstehung der Schieferung führt so zur Transektionsschieferung.

11.3.4 Geometrische Beziehungen zwischen Faltenbildung und gleichzeitiger Schieferung

Bei der häufig vorkommenden Gleichzeitigkeit von Faltung und Schieferung ist die Schieferung einer Falte subparallel zu deren Achsenfläche orientiert. In einem Gebiet, das von nur einem Faltungsereignis betroffen wurde, lassen sich im Gelände aus den **Winkelbeziehungen zwischen Schichtung und Schieferung** (*angular relations of bedding and cleavage*) Rückschlüsse auf die Geometrie des Faltenbaus ziehen, ohne dass die Falte komplett aufgeschlossen sein muss. So liefert die Orientierung von Schieferung und Schichtung zueinander den Hinweis darauf, auf welcher Seite des Aufschlusses die Sattel- oder Muldenumbiegung der geschieferten Schicht liegt. In Abb. 11.14 sind die spitzen

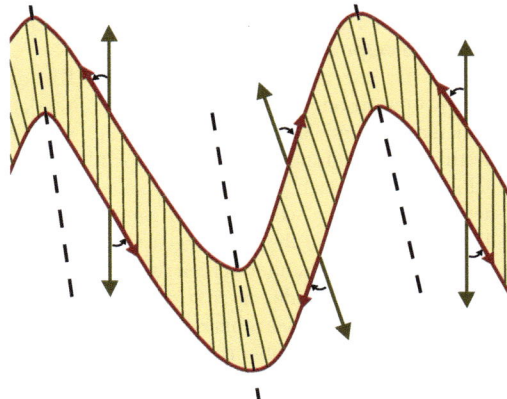

Abb. 11.14 Beziehungen zwischen Schichtung (rot) und Schieferung (grün) in aufrechten Faltenflanken. Der spitze Winkel zwischen Schieferung und Schichtung öffnet sich in Richtung Faltenscharnier (Sattel bzw. Mulde). Gestrichelte Line: Achsenfläche (verändert nach TWISS & MOORES 2007). Weitere Erläuterung siehe Text

Winkel zwischen der Schieferung (grün) und der Schichtoberseite bzw. Schichtunterseite (rot) dargestellt. In der Richtung, in welche sich der spitze Winkel zwischen Schieferung und Schichtung öffnet, liegt das nächste Scharnier der Falte. Das heißt, die spitzen Winkel zwischen Schieferung und Schicht*ober*seite öffnen sich in Richtung Sattel, die spitzen Winkel zwischen Schieferung und Schicht*unter*seite in Richtung Mulde.

In einer Faltenstruktur mit einer normal liegenden Faltenflanke in einer **nach oben stratigraphisch jünger** (*stratigraphic-up direction*) werdenden Schichtfolge und einer **überkippten** (*overturned*) Faltenflanke fällt die Schieferung in der normal liegenden Flanke steiler ein als die Schichtung. In der überkippten Flanke fällt die Schieferung flacher ein als die Schichtung (Abb. 11,15, Abb. 11.16).

11.3.5 Schieferung in duktilen Scherzonen

Duktile Scherzonen (*ductile shear-zones*) entstehen meist unter den metamorphen Bedingungen der tieferen Lithosphäre. Mit dem Begriff duktil werden Verformungen bezeichnet, die Prozesse vom **kataklastischen Fließen** (*cataclastic flow*) bis zur **kristall-plastischen** (*crystal-plastic*) Verformung (Entstehung von Myloniten, vgl. Abb. 8.14)

11.3 Foliationen

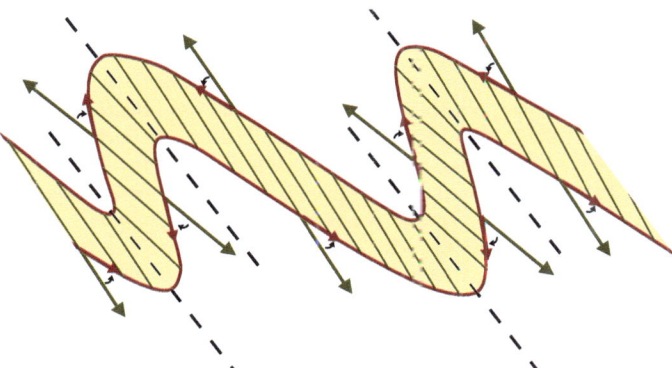

Abb. 11.15 Beziehungen zwischen Schichtung (rot) und Schieferung (grün) in einer vergent-überkippten Falte. In der normal liegenden Flanke fällt die Schieferung steiler ein als die Schichtung. In der überkippten Flanke fällt die Schieferung flacher ein als die Schichtung. Die spitzen Winkel zwischen Schieferung (grün) und Schichtung (rot) öffnen sich in Richtung Faltenscharnier (vergenter Sattel bzw. vergente Mulde). Gestrichelte Line: Achsenfläche

Abb. 11.16 Beziehungen zwischen Schichtung und Schieferung zur Ermittlung der Geometrie des übergeordneten Faltenbaus: (links) Die Schieferung fällt steiler ein als die Schichtung, d.h. die Faltenflanke ist normal gelagert, der Sattel befindet sich links (rechts) Die Schieferung fällt flacher ein als die Schichtung, d.h. die Faltenflanke ist überkippt, der Sattel befindet sich links. (Schichtung weiss gestrichelt – Schieferung gelb gestrichelt). Die überkippte Faltenflanke ist viel stärker überkippt als diejenige in Abb. 11.15.

sowie **Diffusionsfließen** (*diffusional flow*) umfassen. Duktile Scherzonen bilden deutlich abgrenzbare Gesteinsbänder, in denen die Deformation vom wenig deformierten Randbereich zum Zentrum hin stark zunimmt. Kennzeichnend für die Gesamtverformung der meisten duktilen Scherzone ist die **einfache Scherung** (*simple shear*). Die Folge der Scherbewegung ist, dass die Gesteine auf der einen Seite der Scherzone relativ zur anderen Seite der Scherzone versetzt sind (Abb. 11.17).

Duktile Scherzonen kommen vom mm- bis in den Zehner km-Bereich vor. Die Orientierung der Schieferung rotiert beim Scherprozess progressiv in Richtung des Zentrums der Scherzone. Dadurch wird der

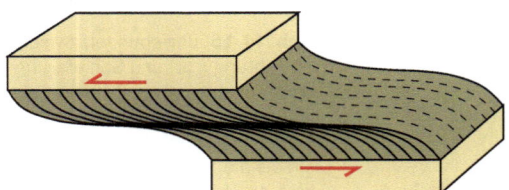

Abb. 11.17 Duktile Scherzone (oliv) bei einfacher Scherdeformation (simple shear). Die Schieferungsflächen der Scherzone sind sigmoidal gekrümmt und verlaufen im Zentrum parallel zur sinistralen Scherbewegung

Abstand zwischen den Schieferungsflächen immer geringer und die Intensität der Schieferung nimmt zu. Im Zentrum der Scherzone verläuft die Schieferung annähernd parallel zur Scherbewegung. Zu den Rändern hin sind die Schieferungsflächen symmetrisch sigmoidal gekrümmt, woraus die relative Bewegung der Scherung abgeleitet werden kann (vgl. Abb. 11.17). Durch den Scherprozess werden planare und lineare Minerale eingeregelt und gestreckt. Im Idealfall wird eine Scherzone von zwei undeformierten parallelen Rändern begrenzt, meist erfolgt der Übergang zum undeformierten Gestein jedoch graduell.

Die Entstehung von duktilen Scherzonen hängt mit der **Fließfestigkeit** (*flow strength*) des Gesteins zusammen. Eine duktile Scherzone kann entstehen, weil es im Gestein zu einer sogenannten **Verformungsschwächung** (*strain softening*) kommt. Diese wird durch die Rotation und Einregelung von planaren und linearen Mineralkörnern verursacht. Auch die unter metamorphen Bedingungen erfolgende Neubildung von Mineralen, die leichter deformierbar sind als die ursprünglichen Minerale, sowie die Einwirkung von Fluiden, welche ebenfalls Minerale neu bilden oder auflösen, können Auslöser für Verformungsschwächung sein. Andererseits kann die Fließfestigkeit in einer Scherzone durch die Veränderung der Internstrukturen des Gesteins auch zunehmen (**Verformungshärtung,** *strain hardening*). Dann entstehen in der Scherzone „harte" Bereiche die schwerer deformierbar sind als das angrenzende Gestein.

11.4 Lineationen

Unter **Lineationen** (*lineations*) versteht man parallel und subparallel angeordnete, **längliche Strukturen** im Gestein (*structural lineations*). Das können gestreckte Ooide, Gerölle, Fossilien und **Reduktionsflecken** (*reduction spots, alteration spots*) oder Lineationen sein, die bei der Überschneidung oder Deformation planarer Gebilde erzeugt werden: **Überschneidungslineare** (*intersection lineation*), **Runzellineationen** (*crenulation lineation*), **Faltenscharnier-Lineationen** (*fold hinge lineation*), **Boudin-Linien** (*boudin-lines*), **Mullions** (*mullions*) und **tektonische Striemungen** (*structural slickenlines*). Daneben existieren **Minerallineationen** (*mineral lineations*). Dabei handelt es sich um **ausgelängte Mineralkörner** (*grain lineations*) und polykristalline **längliche Kornverbände** (*aggregate lineation*) sowie linear angeordnete **Mineralblättchen** (*platelet lineation*) im Gestein (Paschier & Trouw 2005). Lineationen sind als makroskopische Strukturen im Aufschluss und im Mikrobereich in Dünnschliffen zu erkennen. Eine gebräuchliche Bezeichnung in der geologischen Fachliteratur ist der Begriff der **Streckungslineation** (*stretching lineation*), der streng gebraucht, die Genese des Linears mit einbezieht (Streckung in λ_1-Richtung, s. Kap. 16.4.3 Die Deformationsgleichungen). Eine deskriptive Einteilung von Oberflächen- und penetrativen Lineationen wird nach deren Morphologie vorgenommen.

11.4.1 Strukturelle Lineationen

Zu den strukturellen Lineationen gehören langgezogene Gerölle in deformierten Konglomeraten und deformierte Xenolithe (Fremdgesteinseinschlüsse in Plutoniten und Vulkaniten) in metamorphisierten Magmatiten. In deformierten Kalken können langezogene Ooide strukturelle Lineationen bilden. Längliche Reduktionsflecken, die sich in der Farbe vom umgebenden Gestein unterscheiden, definieren Lineationen in Tonschiefern.

Zu den Lineationen, die durch die Überschneidung oder Deformation von planaren Elementen zustande kommen, gehören die **Bleistiftstrukturen** (*pencil structures*) der **Griffelschiefer** (*pencil cleavage*). Hierbei überschneiden sich Schieferungsflächen und Schichtflächen (vgl. Abb. 11.6). **Runzellineationen** (*crenulation lineation*) verlaufen parallel zu den Achsen der symmetrischen oder asymmetrischen kleinräumigen Knitterfalten. Die Knitterung kann, muss aber nicht mit einer Krenulationsschieferung verbunden sein. Bei Falten von regionaler Ausdehnung kann die Richtung der Faltenscharniere als regionale, penetrative Lineation betrachtet werden. Parallel zur Faltenachse ausgerichtete, gestreckte Deformationsmarker können in abtauchenden Falten durch Dehnung in Richtung der Faltenachse entstehen.

11.4.2 Boudin-Linien und Boudinage

Wird eine Schichtfolge aus kompetenten und inkompetenten Schichten parallel zum Lagenbau gedehnt, werden die kompetenten Schichten in gleichmäßigen Abständen „streifenförmig" zerrissen und ausgedünnt. Die einzelnen Segmente haben einen „wurstähnlichen" Querschnitt und werden als Boudins (*boudin*, franz. = Blutwurst) bezeichnet. Den Entstehungsprozess nennt man **Boudinage** (*boudinage*). Boudins sind lange, lineare Körper, die parallel zur Achse der mit ihnen in Verbindung stehenden Falten ausgerichtet sind (Abb. 11.18). Je nach Kompetenzkontrast und Metamorphosegrad sind die Boudins unterschiedlich ausgebildet. In nicht und niedriggradig metamorphen Gesteinen mit hohem Kompetenzkontrast sind die Boudins im Profil rechteckig bis rautenförmig und durch mineralisierte Fugen getrennt (Abb. 11.19). Die Trennlinie nennt man **Boudin-Linie** (*boudin-line*). Bei abnehmendem Kompetenzkontrast werden die Boudins **linsenförmig** (*lenticular*). Die Boudinage ist durch eine **ab- und anschwellende Struktur** (*pinch and swell structure*) gekennzeichnet und die Boudins sind durch **Einbuchtungen** (*necks*) miteinander verbunden (Abb. 11.20) in die das inkompetente Material fließt. Die Boudin-Linie wird dann auch als **Einbuchtungslinie** (*neck line*) bezeichnet.

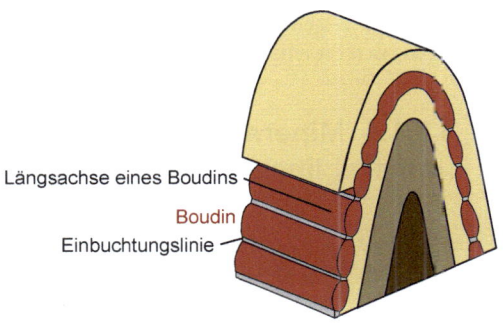

Abb. 11.18 Boudinagestrukturen in einem Sattel (Bildrechte: verändert nach HOBBS et al. 1976)

Abb. 11.19 Boudins mit mineralisierten Trennfugen in oberkarbonischen Sandsteinen, Cornwall - UK

Abb. 11.20 Boudinage mit Einbuchtung, Lewisische Gneise, Achmelvich, Assynt – Schottland

11.4.3 Mullions

Mullions (*mullions*) sind langgestreckte, lineare Strukturen mit einer glatten oder geriffelten Oberfläche und einem kissenförmigen Querschnitt. Der Name leitet sich aus dem englischen architektonischen Begriff *mullion* ab, der die Pfeilerbündel zwischen den Stützbögen in gotischen Kirchen bzw. den Mittelpfeiler eines Fensters bezeichnet. Moullions entstehen an den Schichtgrenzen zwischen kompetenten und inkompetenten gefalteten Lagen. Im Detail zeigen die Mullions im Profil eine Bogenstruktur mit runden (lobat) gewölbten und V-förmigen (kuspat) spitzen Scharnierbereichen (Abb. 11.21). Die „Spitzen" zeigen dabei in das „härtere" Gestein, gegen das sich die einzelnen Mullions abgrenzen.

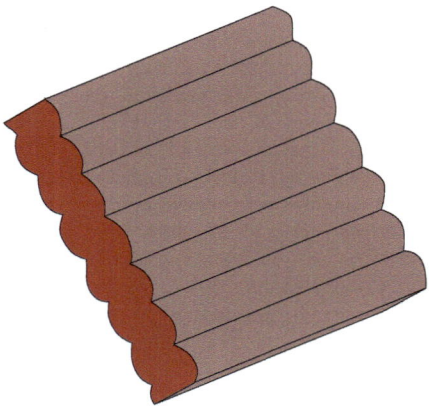

Abb. 11.21 Mullionstrukturen

11.4.4 Minerallineationen (mineral lineations)

Minerallineationen sind in eine bestimmte Richtung ausgerichtete, ausgelängte Minerale oder polykristalline Mineralaggregate. Dazu gehören Amphibole, Glimmer, Feldspäte, selbst Quarzminerale können ausgerichtet werden. Durch Rotation der Minerale kommt es in deren **Druckschatten** (*pressure shadow*) beidseitig des Minerals zu Mineralneubildungen, die ihrerseits eine Minerallineation

Abb. 11.22 Nicht-penetrative Lineationen, (links) Harnischfläche mit Riefung einer Abschiebung auf Malta; (rechts) Mineralfasern in einer Horizontalverschiebungszone, Betische Kordillere, Spanien

erzeugen. **Mineralstäbe** (*rods*) entstehen durch eine stabförmige Konzentration bestimmter Minerale, meistens handelt es sich dabei um Quarz.

11.4.5 Nicht-penetrative Lineationen

Nicht penetrative Lineationen kommen als **Bewegungsspuren** (*slickenlines*) auf Verwerfungsflächen vor. Die Bewegungsfläche bezeichnet man als **Harnischfläche** (*slickenside*). Durch das Aneinandervorbeigleiten des Gesteins haben die Verwerfungsflächen lineare Vertiefungen (**Riefungen, grooves** – Abb. 11.22 links), sind glatt oder werden von **Mineralfasern** (*mineral fibres*) aus Kalzit, Quarz oder anderen Mineralen bedeckt (Abb. 11.22 rechts), deren lange Achsen in der Bewegungsrichtung liegen.

12 Diapirismus

Diapir von Bad Segeberg. Über der Erdoberfläche stehen hier Gips und Anhydrit des Dachbereiches eines Salzdiapirs an. Die ca. 90 m über NN aufragende Kuppe wird im geologischen Sinne fälschlicherweise als Segeberger Kalkberg bezeichnet.

12.1 Definition

Diapire (*diapirs*) sind runde bis längliche geologische Strukturen. Sie entstehen beim duktilen Aufstieg von Gesteinsmaterial aus tieferen in höher gelegene Bereiche der Erdkruste, deren Lagen dabei durchdrungen, verbogen und durchbrochen werden. Ausgelöst wird der Gesteinsaufstieg, wenn sich unter den mit der Tiefe dichter werdenden Gesteinen ein ausreichend großes Volumen von Gesteinsmaterial mit niedriger Dichte befindet (**Dichteinversion,** *density inversion*), dessen **Auftrieb** (*buoyancy*) ausreicht, um die Kräfte zu initiieren, die das leichtere Gestein nach oben bringen (s.a. Kap. 2). Eine weitere Voraussetzung für den Gesteinsaufstieg ist eine relativ geringe Fließfestigkeit der **Ausgangslage** (*parent stratum*), von der das Gesteinsmaterial nach oben fließt und das Innere des so aufsteigenden Diapirs bildet.

Der Vorgang, der zur Entstehung von Diapiren führt, wird **Diapirismus** (*diapirism*) genannt und bezeichnet einen der wichtigsten Prozesse der geologischen Strukturbildung. Diapire bilden sich in den verschiedensten Größen.

Großskalige (*large scale*) Diapire sind die mehrere 100 km durchmessenden **Manteldiapire** (*mantle plumes*). Nach den gängigen Hypothesen

© Springer-Verlag GmbH Deutschland, ein Teil von Springer Nature 2012
C.-D. Reuther, *Grundlagen der Tektonik*,
https://doi.org/10.1007/978-3-8274-2724-3_12

handelt es sich dabei um thermisch induzierte, sehr heiße, säulenartige Strukturen, die tief im Erdmantel an **thermischen Grenzlagen** (*thermal boundary layers*) bzw. an der Grenze zwischen Erdmantel und Erdkern entstehen und durch den Erdmantel aufsteigen. Hinweise auf die Existenz derartiger Manteldiapire sind „**heiße Flecken**", sogenannte *hotspots* im Erdinneren, die mit geophysikalischen Untersuchungen zur seismischen Tomographie der Erdschalen lokalisiert werden können. Erreicht ein Manteldiapir die Basis der Lithosphäre, wird er dort gestaut und breitet sich radial aus. Der entstehende Pilzhut kann bis über 1000 km Durchmesser haben. Die Lithosphäre wird aufgewölbt und dort, wo das Magma die Erdkruste durchdringt, erreicht es in Vulkanen, wie z. B. auf Hawaii oder im Yellowstone Park in Nordamerika, die Erdoberfläche. Die Hypothese zur Entstehung der Manteldiapire besagt, dass das unter sehr hohen Drucken stehende heiße Mantelmaterial an den thermischen Grenzlagen leichter ist als der überlagernde Erdmantel. So führt der Temperaturunterschied zwischen Erdmantel und Erdkern zur Ausbildung einer instabilen Lage über dem Erdkern, die ihrerseits den Diapir initiiert, der dann durch den thermisch bedingten Auftrieb durch den Mantel nach oben steigt (CAMPBELL 2005, GRIFFITHS & CAMPBELL 1990, MORGAN 1971).

Im oberen Erdmantel entstehen Diapire in Subduktionssystemen und entlang von ozeanischen Spreizungs- und Bruchzonen. Der Diapirismus hängt mit der **Serpentinisierung** (*serpentinisation*) der ozeanischen Krustengesteine (Basalte, Gabbros und Peridotite) zusammen. Dabei werden Olivinminerale in Serpentinit umgewandelt. Dies geschieht in der ozeanischen Kruste durch Aufnahme von Wasser (**Hydration**, *hydration*) und in den Subduktionszonen durch den zunehmenden Druck. Das serpentinisierte Gestein hat eine geringere Dichte als das Ausgangsgestein und steigt als **Serpentinit-Diapir** (*serpentinite diapir*) auf.

In der oberen Platte eines Subduktionssystems spielen fluidgesteuerte Aufschmelzungsprozesse eine wesentliche Rolle bei der Magmenbildung und der Entstehung von aufsteigenden Intrusivkörpern. Die abtauchende Platte führt in ihren Sedimenten und der ozeanischen Kruste, mit den darin enthaltenen Serpentiniten, große Mengen an Wasser mit. Diese Fluide bewirken im Mantelkeil der Oberplatte in ca. 100 km Tiefe eine Schmelzpunkterniedrigung und die Entstehung von Magmen. Die Magmen dringen solange in höhere Krustenniveaus auf, bis die Dichte des umgebenden Gesteins niedriger ist als die des Magmas bzw. bis das Magma bei der immer geringer werdenden Temperatur kristallisiert.

Auf diese Weise werden die **Batholithe** (*batholiths*) und **Plutone** (*plutons*) in den Magmatischen Bögen und Inselbögen erzeugt. Diese Diapirstrukturen können dann durch Erosion, z. B. als **Granit-Dome** (*granite domes*) oder **Gneis-Dome** (*gneiss domes*), freigelegt werden.

12.2 Gneis-Dome

Die hochmetamorphen Kernzonen der Gebirgsgürtel sind oft durch domartige Gneisvorkommen charakterisiert. Gneis-Dome sind parallel zu ihren Wänden geschiefert und sie werden von einem **Futteral** (*sheath*) aus metamorphisierten Sedimentgesteinen ummantelt. Die Gesamtstruktur wird als **ummantelter Gneis-Dom** (*mantled gneiss dome*) bezeichnet. Dieser ist unter hochmetamorphen Bedingungen während einer intensiven Regionalmetamorphose diapirartig in die überlagernden Sedimentgesteine eingedrungen, wobei diese extrem verfaltet wurden (Abb. 12.1) was durch die Bildung von **Futteral- und Kaskadenfalten** (*sheath folds, cascade folds*) charakterisiert wird.

Hinsichtlich der dynamischen Ursache des Bewegungsablaufes zur Entwicklung von Gneis-Domen gibt es verschiedene Möglichkeiten. Diese betreffen (1) das durch Dichteinversion induzierte **diapirische Fließen** (*diapiric flow,* Abb. 12.1), (2) Stauchung unter horizontaler Einengung, (3) ein

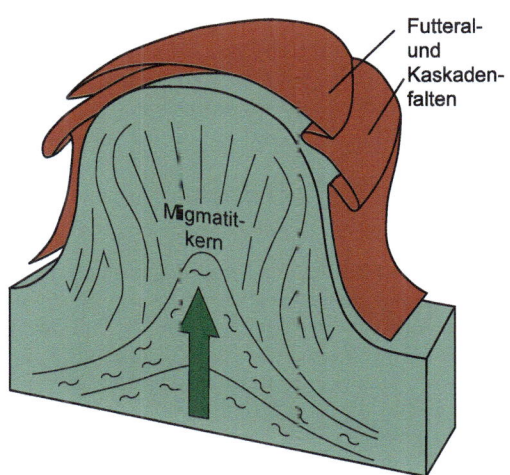

Abb. 12.1 Schematische Ansicht eines ummantelten Gneis-Doms (Bildrechte: nach WHITNEY et al. 2004, mit frdl. Genehmigung von GSA)

während verschiedener Faltungsphasen erfolgender Zusammenschub der Gesteine in unterschiedliche Richtungen, (4) Instabilitäten durch vertikale Veränderungen der Gesteinsviskosität, vergleichbar dem Faltungsmechanismus von kompetenten Gesteinslagen zwischen inkompetenten Lagen (siehe dazu Abb. 10.22), (5) durch asymmetrische Dehnung und Entlastung bedingte **isostatische Rückfederung** (*isostatic rebound*) und Aufwölbung von tiefliegenden Abscherhorizonten (Abb. 6.3) (Entstehung von **metamorphen Kernkomplexen**, *metamorphic core complexes* und (6) Bildung von Antiformen mit zu beiden Seiten abtauchender Achse in Überschiebungsduplexen.

In den komplexen Prozessen bei der Bildung von Gneis-Domen können mehrere der genannten Ursachen zusammenwirken. Eine von YIN 2004 vorgestellte Klassifikation von Gneis-Domen umfasst die traditionelle Definition von ummantelten Gneis-Domen, welche sowohl die eingangs erwähnten räumlichen Bezüge zwischen synkinematischen Migmatiten und deren Über- und Umlagerungsgesteinen berücksichtigt als auch die mit Verwerfungen assoziierten Gneis-Dome in Betracht zieht. Ein Überblick zur Entwicklung der unterschiedlich induzierten Gneis-Dome findet sich in WHITNEY et al. (2004).

Bereits in geringen Tiefen der Erdkruste können sich in sedimentären Abfolgen **Tondiapire** (*clay, mud diapirs*) entwickeln. Dies geschieht, wenn unkonsolidierte, tonige, wasserhaltige Lagen eingeengt bzw. durch eine rasche Sedimentation überlagert werden. Die dadurch verursachte Erhöhung des Porenflüssigkeitsdrucks führt zum diapirartigen Aufstieg des weniger dichten tonigen Materials. Werden die überlagernden Schichten durchschlagen, entstehen **Schlammvulkane** (*mud volcanoes*).

12.3 Salzstöcke

Salzstöcke (**Salzdiapire, Salzdome;** *salt stocks, salt diapirs, salt domes*) spielen als geologische Strukturen auch in wirtschaftlicher Hinsicht eine bedeutende Rolle. Viele Erdöl- und Erdgaslagerstätten sind an Salzstöcke gebunden. Salzstöcke eignen sich sehr gut für die Speicherung von Erdgas, das unter Druck entweder in große Kavernen im Salz oder in den Porenraum der durch einen Salzstock aufgewölbten Sedimente eingespeist wird. Bergwerke in Salzstöcken fördern Stein- und Kalisalze, die als Streusalz und in der Düngemittelindustrie Verwendung finden. In kontroverser Diskussion sind Salzstöcke bezüglich der Einlagerung radiaktiver Abfälle. Salzstöcke werden mit den modernsten Verfahren untersucht und sind die am besten analysierten und dokumentierten Diapirstrukturen.

12.3.1 Übersicht der Salzstrukturen

Die strukturelle Entwicklung von vielen Sedimentbecken, passiven Kontinenträndern sowie von Falten- und Überschiebungsgürteln wird durch das Vorkommen von Salzlagen in der Schichtenfolge beeinflusst. Das Salzfließen und die Entwicklung von Salzstrukturen im Untergrund wird gravitativ durch Auflast und/oder tektonischen Spannungen verursacht. Salzlagen bilden wichtige Abscherhorizonte in der Dehnungs- und Kompressionstektonik und steuern damit den Deformationsstil. Mächtige Salzlagen liefern das Salz zur Entstehung der unterschiedlichsten Salzstrukturen (Abb. 12.2)

Salzlagen entstehen primär durch die Verdunstung von Meerwasser (**Evaporation,** *evaporation*) in einer bestimmten Abfolge weiterer Evaporite (Kalziumkarbonat, Dolomit, Gips, Anhydrit, Steinsalz, Glauberit, Polyhalit, Kalisalz, Carnallit). Einfluss auf die primäre Form der Salzansammlung haben laterale wie vertikale Fazieswechsel mit den anderen Evaporiten sowie mit klastischen Sedimenten oder die Morphologie des Untergrunds. Diese Faktoren können die künftige Entwicklung der im Großen und Ganzen horizontal abgelagerten Salzlage unter zunehmender Überlagerung beeinflussen. Beginnt das Salz im Untergrund zu fließen (Halokinese), strömt es von unterschiedlichen Mechanismen gesteuert (s.u.) an bestimmten Stellen zusammen. Die Salzstrukturen entwickeln sich normalerweise aus subparallel zur Schichtung liegenden Aufwölbungen von geringer Amplitude, hin zu diskordant zur Schichtung aufdringenden hohen Salzintrusionen. Verschiedene Zwischenformen entstehen in Abhängigkeit vom Salznachschub und den gravitativ und/oder tektonisch gesteuerten Aufstiegsmechanismen. Leicht aufgewölbte Salzstrukturen umfassen asymmetrische **Salzwalzen** (*salt rollers*), symmetrische **Salzantiklinalen** und **Salzrücken** (*salt anticlines, salt ridges*) sowie **Salzkissen** (*salt pillows*). Salzintrusionen führen zur Entstehung von **Salzmauern** (*salt walls*), **Salzstöcken** (*salt stocks, salt plugs*) und **Salzdecken** (*salt sheets, salt nappes*). Das aufdringende Salz entstammt einer **Salzursprungslage** (*salt source layer*), es sammelt sich an der Basis eines Salz-

12.3 Salzstöcke

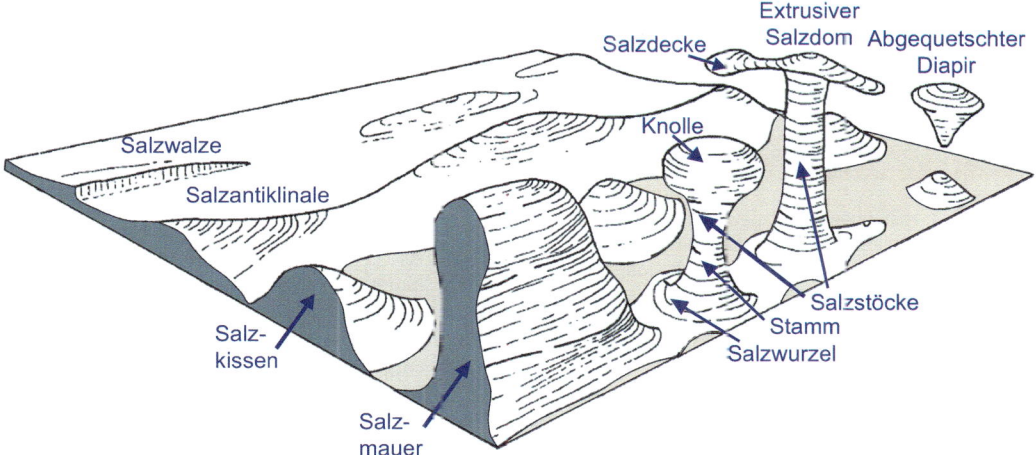

Abb. 12.2 Salzstrukturen (Bildrechte: nach JACKSON & TALBOT 1986, mit frdl. Genehmigung von GSA)

stocks in einer breiten **Salzwurzel** (*salt root*) und geht dann nach oben in einen **Stamm** (*stem*) über, der eine gedrungene fassartige, konische oder hohe säulenartige Form haben kann. Der Stamm kann sich im oberen Teil des Diapirs **knollen- oder haubenförmig** (*bulb, cap*) bzw. **pilzartig** (*mushroom-shaped*) erweitern. Aus **extrusiven Salzstrukturen** (*extrusive salt structures*) kann eine Salzschicht über Landoberflächen (**Salzgletscher,** *salt glaciers*) oder submarin ausfließen. Wird ein sanduhrförmiger Salzdiapir horizontal eingeengt, kann sich der obere Teil **tränenförmig** (*teardrop-shaped*) ablösen. Der oberste Teil eines Salzdiapirs, das **Salzstockdach** (*roof*) wird in unseren Breiten durch das sogenannte **Hutgestein** (*salt dome cap rock*) gebildet. Dieses bildet sich durch unterirdische Lösungsverwitterung (**Subrosion,** *subrosion*) und besteht aus den schwerlöslichen Bestandteilen der salinaren Formation, d. h. im Wesentlichen aus Gips (Gipshut), Anhydrit und Tonstein. Bilden sich im Dachbereich des Salzstockes durch Subrosionsprozesse größere Hohlräume, können diese zusammensacken oder schlagartig einbrechen und zu Abschiebungen und Erdfällen im Überlager des Salzstockes führen. Charakteristisch für den an eine Salzstruktur angrenzenden Bereich sind **Randsenken** (*rim synclines*). Diese entstehen einerseits durch Nachsacken der Sedimente über dem Bereich der Salzursprungslage, aus der das Salz in die Salzstruktur abwandert, oder durch die Hochschleppung der Sedimentschichten beim Aufdringen des Diapirs.

12.3.2 Salztektonik

Die Erforschung des Aufbaus und der Mechanismen zur Platznahme von Salzstöcken und anderen Salzstrukturen wird unter dem Begriff **Salztektonik** (*salt tectonics*) zusammengefasst. Darunter versteht man sowohl die Prozesse im Salzgebirge selbst als auch die durch das Salz bedingten Deformationen im Deckgebirge. Salztektonik tritt dort auf, wo sich im Untergrund salinare Schichten befinden, die durch ein Deckgebirge von höherer Dichte überlagert werden.

Salzlagen weisen generell eine geringe Porosität auf. Ihre Dichte entspricht nach der Überdeckung durch andere Sedimente rasch der Dichte des Steinsalzminerals Halit (NaCl, Dichte zwischen 2,1 und 2,2 g cm^{-3}). Bei den Mineralen der Decksedimente liegen die Dichten normalerweise über 2,6 g cm^{-3}. Jedoch ist der Porenraum bei diesen Sedimenten während der Ablagerung meist größer, so dass die Schichten insgesamt eine geringere Dichte haben. Bei weiterer Überlagerung werden sie im Zuge der Diagenese kompaktiert und zementiert, der Porenraum nimmt ab und die Gesteine werden dichter. Die Salzlagen sind also zu Beginn der Ablagerungen dichter als die darauffolgenden klastischen Sedimente, aber sie behalten ihre ursprüngliche Dichte bei, während die Dichte der sich darüber ablagernden Sedimente zunimmt. Wenn die Überlagerung des Deckgebirges mächtig genug ist und es in den Deckschichten aufgrund

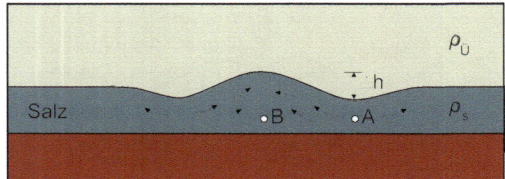

Abb. 12.3 Halokinese (Salzbewegung) aufgrund des Druckunterschiedes ΔP im Deckgebirge. ρ_s (Salzdichte), $\rho_{\ddot{u}}$ (Dichte des Deckgebirges), Δh Höhendifferenz der Wellung. Der Unterschied im Überlagerungsdruck ΔP= Δhg ($\rho_{\ddot{u}}$ - ρ_s) bewirkt, dass das Salz von A nach B fließt. (Bildrechte: nach SUPPE 1985)

lateraler Facieswechsel zu Dichteunterschieden kommt, aus denen sich Unterschiede im Überlagerungsdruck (ΔP) ergeben, beginnt das Salz zu fließen (**Halokinese, *halokinesis***). Eine solche laterale Veränderung des Überlagerungsdruckes (ΔP) kann durch eine wellige Grenzlage zwischen Salz und Deckgebirge veranschaulicht werden (Abb. 12.3).

Wenn das Salz von Punkt A nach Punkt B fließt, nimmt die Mächtigkeit des Überlagers von B zu (mehr Salz über B) und über A ab (weniger Salz über A). Dadurch wird der laterale Druckgradient, der das Salzfließen von A nach B steuert, verringert. Auf das seitliche Wegfließen einer größeren Salzmenge muss das Deckgebirge mit größeren internen Verlagerungen reagieren, da der horizontale Druckgradient durch das Salzfließen erniedrigt wird. Würde es sich bei den überlagernden Sedimenten um vollkommen elastische Lagen handeln, würden diese als elastische Rückstellkraft wirken und das Wachsen einer Fehlstelle in der Grenzlage Salz/Deckgebirge verhindern. Das bedeutet, dass es einer Art Initialstörung in der Grenzlage bedarf, mit der die Elastizitätsgrenze des Deckgebirges überwunden wird, um einen Salzdiapir zu initiieren (SUPPE 1985). Der weitere Aufstieg des Salzes wird dann von Auftriebskräften gesteuert (TRUSHEIM 1957, 1960). Im Gegensatz zum fließfähigen, „weichen" Salz sind die überlagernden Schichten fester und spröd. Durch das aufsteigende Salz wird das Überlager verbogen und aufgewölbt. Durch die Biegefaltung (s. Abb. 10.24) werden die überlagernden Schichten gedehnt und abhängig vom Gesteinstyp mehr oder weniger stark verbogen oder von Brüchen und Verwerfungen durchzogen. Reicht der Auftrieb des Salzes allein nicht aus, um das Deckgebirge zu durchdringen, spielt bei der Entwicklung von Salzdiapiren neben den halokine-

tischen Prozessen das tektonische Geschehen eine wichtige Rolle.

Die Kriechfähigkeit von Salzgesteinen nimmt aufgrund der starken nichtlinearen Temperaturabhängigkeit mit der Tiefe deutlich zu. In größere Erdtiefen und damit unter höhere Temperaturen gelangen die in Sedimentbecken abgelagerten Salzschichten durch die über große geologische Zeiträume hinweg andauernde Sedimentation eines mächtigen Deckgebirges. Wie gut das Salz im Untergrund fließt, hängt ferner von der Mächtigkeit der Salzlage ab, denn dem Salzfluss wirken an den Kontakten zu den über- und unterlagernden Schichten Reibungskräfte entgegen. Der Einfluss dieser Reibung nimmt zur Mitte der Salzlage hin ab. Daraus folgt, dass der Salzfluss in einer mächtigen Salzschicht durch die Reibungskräfte kaum behindert wird und dort Fließfalten entstehen, wohingegen der Salzfluss in geringmächtigen Salzlagen durch Reibungswiderstände gehemmt wird.

12.3.3 Gravitativ bedingte Salzbewegung

Neben den lateralen Facieswechseln in Sedimentbecken, die über Salzschichten zu ungleichen Auflasten und damit zu variierenden Gravitationsspannungen führen, welche die Halokinese in Gang setzen, sind derartig gravitationsbedingte Prozesse in salzführenden Sedimentfolgen auch an Beckenrändern und passiven Kontinenträndern in salzführenden Sedimentfolgen von Bedeutung. Dort können die Salzlagen aufgrund der flussaufwärtigen Mächtigkeitszunahme von überlagernden Deltasedimenten in Richtung Ozean gedrückt werden (Abb. 12.4).

Bei Dehnungstektonik gerät die gesamte Schichtfolge in Abb. 12.5 unter Extension. Dies führt zur Reaktivierung der prä-existenten Abschiebungen unter der Salzlage, was über den Abschiebungen einen verstärkten Rückfluss des Salzes bewirkt und zur Vergrößerung der Salzkissen führt. Im Überlager werden Abschiebungen nun auch durch Dehnungstektonik erzeugt, die einen weiteren Salzaufstieg ermöglichen.

Zu lateralen Unterschieden in der Auflast über Salzlagen trägt außerdem eine unregelmäßige Erosion der Deckschichten bei. So ist das Deckgebirge über einer Salzlage in einem Tal geringmächtiger als unter dem an die Talflanken angrenzenden Gelände, d. h. das Salz fließt im Untergrund unter dem Tal mit der geringeren Auflast zusammen.

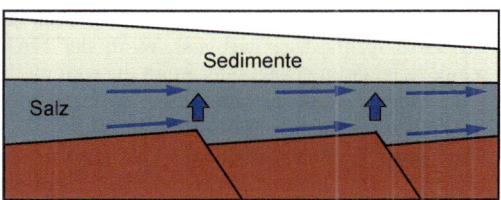

Abb. 12.4 Initiation der Salzbewegung (Halokinese) durch unterschiedliche Mächtigkeit im Deckgebirge (z. B. Deltasedimente am Rande eines Beckens). Die Fließrichtung ist von links nach rechts. Die Ausdünnung der Salzlage über prä-existenten Abschiebungen führt in diesem Bereich zu einem lokalen Rückfluss des Salzes, welche eine Salzaufdomung (Salzkissen) initiiert (dunkelblaue Pfeile,) aus der sich ein Salzstock entwickeln kann (Bildrechte: nach SUPPE 1985)

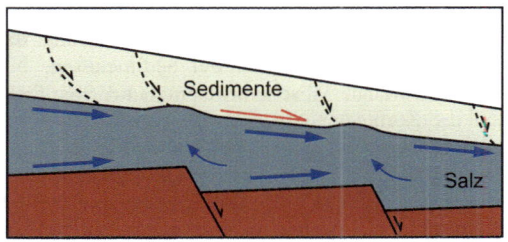

Abb. 12.5 Die unterschiedliche Zunahme der Mächtigkeit der nach rechts geneigten Schicht über der Salzlage initiiert die Halokinese. Auch hier entwickeln sich über den prä-existenten Abschiebungen Salzkissen (s. Abb. 12.4). Je nach Neigung des Schichtverbandes kann das Überlager der Salzschicht gravitativ abgleiten (roter Pfeil), dabei zerreißen und Lücken für einen weiteren Salzaufstieg schaffen (weitere Erläuterungen im Text)

12.4 Halotektonischer Diapirismus

12.4.1 Tektonische Extension und Salzdiapirismus

Durch Halokinese und Tektonik entstehende Strukturen werden als halotektonisch bezeichnet. Abbildung 12.5 zeigt die Kombination beider Prozesse. Der Salzdiapirismus wird durch tektonische Dehnung der gezeigten Schichtfolge ausgelöst. Es entsteht eine Abschiebung und darüber eine Schichtverbiegung (Drapierfalte), wobei das Salz über dem Hangendblock in Richtung Abschiebung wandert (Abb. 12.6 Mitte). Durch den entstehenden Salzdiapir wird die überlagernde gelbe Schicht nach oben gewölbt, gedehnt und zerrissen, was einen weiteren Salzaufstieg begünstigt. Aufwölbung, Dehnung und Entstehung von Abschiebungen im Deckgebirge hängen von der Mächtigkeit des Deckgebirges ab.

Manche Regionen der Erde stehen über lange Zeiträume immer wieder unter tektonischer Extension. In den dadurch entstehenden Becken kann es bei entsprechenden klimatischen und sedimentologischen Voraussetzungen zur Bildung von Salzlagen kommen (Zechsteinbecken in Europa), die während der weiteren Beckenentwicklung von anderen Gesteinen überlagert werden. Bei andauernder oder wiederholter tektonischer Dehnung entstehen unter den Salzlagen Abschiebungen, die zum Zusammenfluss des Salzes führen (Abb. 12.6). Bei starker Dehnung bilden sich in der noch relativ geringmächtigen Schichtfolge über den Salzlagen syn- oder postsedimentäre Abschiebungen. In der Salzlage entsteht als Reaktion auf die dehnungstektonisch

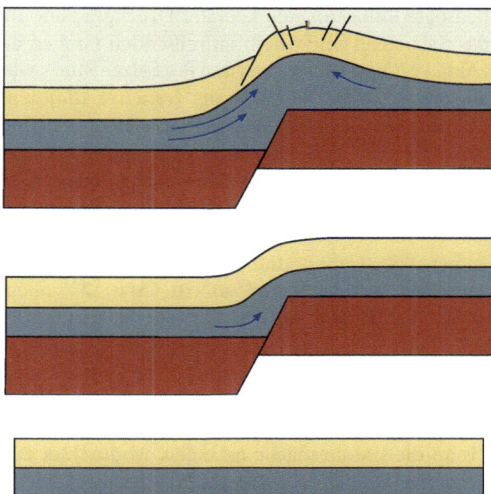

Abb. 12.6 Halotektonische Strukturbildung: (unten) ungestörter Schichtverband (braun = sprödes Gestein, grau = Salz, gelb = weniger sprödes Gestein). (Mitte) Abschiebung und Entstehung einer Drapierfalte mit Salzzusammenfluss im Kern. (oben) Weiterer Salzzusammenfluß über der Abschiebung, Aufwölbung und Zerreissen der überlagernden Schicht. (Bildrechte: verändert nach RGD 1993)

bedingte Entlastung ein lateraler Druckgradient und das Salz steigt unter dem aufreißenden Graben auf (Abb. 12.7 unten). Diese Phase des Salzaufstiegs wird als **reagierender Diapirismus** (*reactive diapirsm*) bezeichnet (VENDEVILLE & JACKSON 1992). Analogversuche von VENDEVILLE & JACKSON (1992) zeigen, dass der Aufstieg des Diapirs stoppt, wenn die tektonische Dehnung aufhört. Ist der Salzauftrieb jedoch stark genug, dann kann der Grabenbereich aufgewölbt werden und es setzt der **aktive Diapirismus** (*active diapirism*) ein (Abb. 12.7 oben). Dieser durch den Auftrieb gesteuerte Diapirismus geht dann auch nach Beendigung der Dehnungstektonik weiter, besonders wenn die Sedimentation um den aufsteigenden Salzstock fortdauert. Der aktive Diapir kann das Überlager auch durchbrechen und bis an die Erdoberfläche gelangen, wodurch er zum **passiven Diapir** (*passive diapir*) wird. Weltweite Beobachtungen haben gezeigt, dass die Bildung der meisten Salzdiapire durch eine tektonische Dehnung unter Einbezug des Grundgebirges oder während Abscherungen im Deckgebirge ausgelöst wurde (JACKSON & VENDEVILLE 1994). Wenn ein Salzstock durch eine tektonische Dehnungsphase initiiert wurde (reagierender Diapirismus), so ist dies auch nach dem Durchlaufen von aktiver und passiver Phase im Endstadium des Salzstockeszu erkennen, weil seine tiefen Flanken durch eine Anhäufung von Abschiebungen charakterisiert werden.

Die Entwicklung eines Diapirs während der tektonischen Dehnung hängt davon ab, wie groß der Salznachschub aus der **ursprünglichen Salzlage** (*salt source layer*) ist. Andauernde tektonische Extension schafft einen immer breiter werdenden Dehnungsbereich, was wiederum zu einem breiter werdenden Diapir führt. Wenn der Nachschub aus der Salzursprungslage nachlässt, wenn der Nachschub zu langsam erfolgt oder wenn die tektonische Dehnungsrate stark zunimmt, dann wird der Salzstock zusammenfallen (HUDEC & JACKSON 2007). Über dem Salzstock sinkt dann das Deckgebirge ein und es entsteht eine Beckenstruktur. Diese Absenkung über dem Salzstock hat nichts mit der im Dachbereich von Salzstöcken vorkommenden Auslaugung und der damit verbunden Hohlraumbildung zu tun, deren Zusammenbruch zu Abschiebungen und Erdfällen führt und damit auch eine Absenkung der Erdoberfläche bewirkt.

12.4.2 Tektonische Kompression und Salzdiapirismus

Wird eine Schichtenfolge tektonisch komprimiert, führt die laterale Einengung zur Entstehung von Stauchfalten. Salzlagen in der Sedimentfolge bilden bevorzugte Abscherhorizonte und Salz fließt in die Kerne der entstehenden Sättel. Der durch die Salzeinpressung im Sattelkern wachsende Diapir kann die durch die Verbiegung geschwächten überlagernden Schichten im Sattelscheitel durchstoßen und tektonisch weiter nach oben gepresst werden. Beim Aufdringen des Diapirs kann der Auftrieb des Salzes zwar auch eine gewisse Rolle spielen, aber die Hauptantriebskraft für den Salzaufstieg resultiert aus der tektonischen Einengung des Salzes. Das Salz gelangt so auch ohne Auftrieb bis an die Erdoberfläche.

Werden prä-existente Salzstrukturen tektonisch eingeengt kann, ein sogenannter „**Tränendiapir**" (*teardrop diapir*) entstehen. Dabei handelt es sich um einen Diapir dessen oberer Teil sich weitgehend von seinem unteren Teil abgetrennt hat. Der

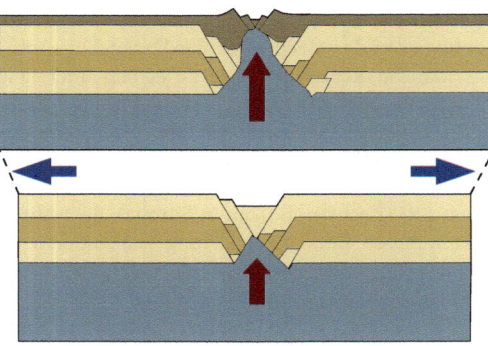

Abb. 12.7 (unten) reagierender Diapirismus durch tektonische Grabenbildung (Dehnung), (oben) aktiver Diapirismus. Erläuterung im Text (Bildrechte: nach HUDEC & JACKSON 2007)

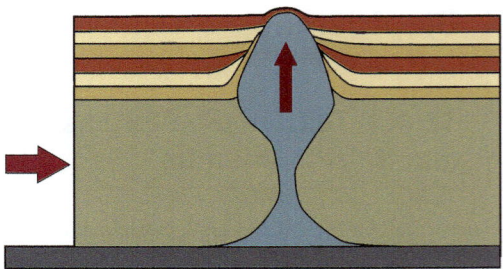

Abb. 12.8 Modell zur Entwicklung eines Tränendiapirs (Bildrechte: verändert nach HUDEC & JACKSON 2007)

ursprünglich sanduhr-förmige Salzdiapir wird zusammengedrückt und an seiner Taille abgequetscht. Das Salz aus der Mitte des Diapirs gelangt so in den oberen Teil des Diapirs, der weiter aufdringt und die überlagernden Schichten aufwölbt (Abb. 12.8); der untere Teil des Diapirs bleibt als Salzfuß zurück (HUDEC & JACKSON 2007).

12.4.3 Salzdecken

Salzdecken (*salt sheets, salt nappes*) entstehen auf vier unterschiedliche Arten: (1) **extrusives Fortschreiten** (*extrusive advance*) des austretenden Salzes, (2) Fortschreiten der zutage tretenden Front einer teilweise überlagerten Salzdecke (*open-toed sheet*), (3) **fortschreitende Überschiebung** (*thrust advance*) und durch eine **Flügel-förmige Salzintrusion** (*salt wing*), die von den Flanken eines Diapirs ausgeht und in eine präexistente, höher liegende Salzlage eindringt, die an den Salzdiapir angrenzt (HUDEC & JACKSON 2006).

Extrusiv fortschreitende Salzdecken können mit einem aus einem Vulkan austretenden Lavastrom verglichen werden. Das Salz dringt relativ rasch von seiner Ursprungslage auf, wird weder durch Sedimentation, Erosion oder Lösung aufgehalten und breitet sich, ohne zunehmende sedimentäre Überlagerung, als Salzdecke auf der Erdoberfläche aus. Bei geringer Sedimentationsrate und raschem „Salzausfluss" kann es zur Wechsellagerung zwischen sich ausbreitenden Salzdecken und den sich gleichzeitig ablagernden Sedimentschichten kommen.

Bei einer teilweise vom Deckgebirge überlagerten Salzdecke kann die zutage tretende Salzfront ebenfalls extrusiv fortschreiten. Der größte Teil des aufdringenden Salzes wird jedoch im wahrsten Sinne des Wortes „unter dem Deckel gehalten" und dies führt zu einer Änderung des Salzflusses, denn die Deckschichten wirken dem Salzfluss entgegen. Andererseits erzeugt die Salzbewegung an der Basis des Überlagers Schleppkräfte, die zum Zerreißen der Deckschichten oder deren Zusammenschub führen können. Mündet aufdringendes Salz aus einem Salzdom oder einer Salzmauer (s.o.) in eine Überschiebungsbahn, bildet das Salz die Basis des Hangendblocks der Überschiebung. Der Überschiebungsprozess kann sowohl tektonisch durch Einengung bedingt sein als auch gravitativ gesteuert werden (HUDEC & JACKSON 2009).

Flügelförmige Salzdecken gehen von der Flanke eines Salzdiapirs aus und dringen in stratigraphisch jüngere Salzlagen ein, die an den Diapir angrenzen. Diese Voraussetzung ist gegeben, wenn während der Sedimentation in einem Becken in der zeitlichen Abfolge immer wieder die Möglichkeit zur Bildung von Salzlagen (Evaporiten) bestand. Beispiele hierfür finden sich im zentraleuropäischen Beckensystem (LITTKE et al. 2008). Hier wurden zur Zechsteinzeit (oberes Perm) in mehreren Zyklen mächtige Evaporitlagen gebildet, deren Salze die großen Salzdiapire im geologischen Untergrund von Norddeutschland aufbauen. Diese Salzdiapire haben drei später im Becken abgelagerte triassische Evaporitlagen sowie die weiteren überlagernden jurassischen, kretazischen und jüngeren Sedimente durchdrungen (BALDSCHUHN et al. 2001). Die von den Salzstöcken ausgehenden flügelförmigen Decken entstanden in der Kreidezeit während der Inversion des Beckens. Durch die Einengung wurden einerseits die bestehenden Salzstöcke zusammen und weiter nach oben gepresst; auf den angrenzenden Salzlagen kam es zur Abscherung und zum Zusammenschub der überlagernden Schichten. Auf diesen Abscherhorizonten drang dann aus dem Diapir ausgequetschtes Salz in die entstehenden Sattelkerne in Form von Salzflügeln ein (HUDEK & JACKSON 2007). Zur Vertiefung des regionaltektonischen Verständnisses der Dynamik der Salzstrukturen im zentraleuropäischen Beckensystem wird auf KUKLA et al. (2008) sowie auf weitere Artikel in dem Buch *Dynamics of Complex Intracontinental Basins* (LITTKE et al., eds. 2008) verwiesen.

12.4.4 Passiver Salzdiapirismus

Von einem **passiven Salzdiapir** (*passive diapir*) spricht man, wenn ein Salzdiapir die Erdoberfläche erreicht hat. Die Salzbewegung und der Salzaufstieg können jedoch andauern oder wieder einsetzen, wenn um den aufgeschlossenen Diapir herum neue Sedimente abgelagert werden. Dies kann über lange geologische Zeiträume geschehen, wobei der Diapir während der Sedimentation immer an der Erdoberfläche bleibt. Die um den Diapir akkumulierenden Sedimente führen zu einer Erhöhung der Auflast auf die ursprüngliche Salzlage im Untergrund und drücken weiteres Salz in den Diapir. Auf den Sedimentstapel werden also an der Erdoberfläche neue Sedimente abgelagert, dadurch wächst der Stapel und wird durch die zunehmende Auflast in die Tiefe und auf die Ursprungssalzlage gedrückt. Dieser selbstorganisierte

Mechanismus wird auf Englisch mit ***downbuilding*** bezeichnet (Abb. 12.9).

Auf diese Weise können passive Diapire von mehreren tausend Meter mächtigen Sedimentfolgen umgeben werden, ohne dass sie diese jemals durchbrechen mussten. Diapire, die rascher aufsteigen als sich die Sedimente daneben ablagern, erweitern sich nach oben und breiten sich über die Erdoberfläche aus. Ist die Aufstiegsrate des Diapirs geringer als die Sedimentationsrate, dann verschmälert sich der Diapir nach oben und wird schlussendlich von Sedimenten bedeckt. Viele der weltweit im Untergrund aufragenden Salzdiapire und Salzmauern hatten passive Diapirphasen (Hudek & Jackson 2007).

12.4.5 Salzbewegungen durch gravitativ bedingte Extension und Kompression

Am passiven Kontinentrand und an seinem Fuß können über Salz- und Tonlagen gleichzeitig gravitativ Dehnungs- und Kompressionsstrukturen entstehen. Das Überlager von Salzschichten gleitet gravitativ auseinander und beckenwärts ab. Am Fuß des Kontinentrands überschieben sich die Schichten oder sie werden in Form von Stauchfalten zusammengeschoben. Dringt immer mehr Salz in die Überschiebungsbahnen ein, können sich Salzdecken entwickeln. Beim Zusammenschub der Schichten entstehen in den Sattelkernen Salzdiapire. Diese können dann weiter zusammengequetscht und so nach oben gepresst werden (Rowan, Peel & Vendeville 2004).

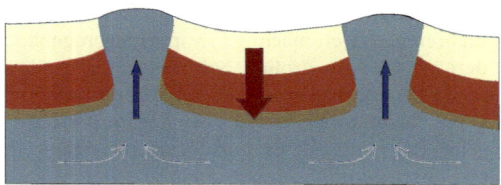

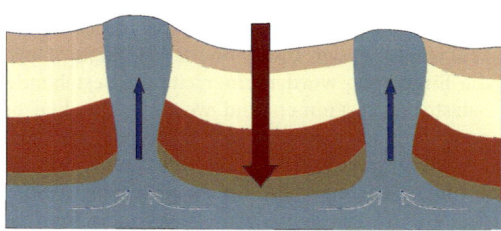

Abb. 12.9 Passiver Salzdiapirismus: Die Diapire haben die Erdoberfläche erreicht. Die Sedimentansammlung um die Diapire herum erhöht die Mächtigkeit des Sedimentstapels und dieser drückt mit zunehmender Auflast (dunkelroter Pfeil) auf die ursprüngliche Salzlage im Untergrund (*downbuilding*). Dadurch wird weiteres Salz in den Diapir eingepresst und dieser bleibt während der Sedimentation weiterhin an der Erdoberfläche aufgeschlossen.

13 Neotektonik

Neotektonische Abschiebungsfläche der Maghlaq – Verwerfung an der Südküste von Malta

13.1 Defintion

Unter **Neotektonik** (*neotectonics*) versteht man das Fachgebiet innerhalb der Geowissenschaften, das sich in einer bestimmten Region der Erde mit der Erforschung von Deformationsstrukturen und Deformationsprozessen befasst, deren Entwicklung in der geologischen Vergangenheit begonnen haben und deren potentielle Aktivität im selben tektonischen Spannungsfeld bis in die Gegenwart andauert. Wenn die aktiv herrschenden Krustenspannungen groß genug sind, entstehen neue (neotektonische) Strukturen. Oftmals werden aber prä-existente, geologisch alte, Strukturen (z. B. Verwerfungen und Klüfte oder Kontaktflächen zwischen unterschiedlichen Gesteinen) als Bewegungsflächen reaktiviert, sofern sie in die Geometrie des gegenwärtigen Spannungsregimes passen und die neotektonischen Spannungen ausreichen, die Reibungswiderstände zu überwinden (s. insb. Kap. 9 Inversionstektonik sowie Kap. 15 Spannungen).

Neotektonische Deformationsphasen können zu verschiedenen erdgeschichtlichen Zeiten begonnen haben und – unter der Voraussetzung eines unveränderten Spannungsfeldes – bis heute andauern. Sie können also unterschiedlich lange Zeiträume umfassen. Wie weit der mit der Vorsilbe Neo- bezeichnete Zeitraum der Deformationsgeschichte in die geologische Vergangenheit zurückreicht, hängt somit davon ab, seit wann das derzeit herrschende tektonische Spannungsfeld einer Region aktiv ist. Die Zuordnung des Begriffs Neotektonik bezieht sich daher nicht auf eine bestimmte geologische Zeitspanne (STEWARD & HANCOCK, 1994).

Dies wird am Beispiel der Konvergenz zwischen der Europäischen und Afrikanischen Platte kurz erläutert. Seit dem oberen Mesozoikum bewegt sich die Afrikanische Platte nach Norden auf die Eu-

Abb. 13.1 Aktive Konvergenzzone zwischen Europa und Afrika in Sizilien. Aktive Überschiebungsfront der Afro-Europäischen Konvergenzzone in Südostsizilien. Die Abbildung zeigt drei Überschiebungen, die in Richtung der Pfeile jünger werden. Die gelb gepunkteten Linien bezeichnen die ausstreichenden Überschiebungsbahnen. Die gelb-gestrichelte Linie zeigt den Verlauf der aktiven Überschiebungsfront. Der Verlauf dieser blinden Überschiebung wurde seismisch erfasst.

ropäische Platte zu. Im Zeitraum von vor ca. 90 Millionen Jahren (Oberkreide) bis vor ca. 5 Millionen Jahre (Oberes Tertiär, Messinium) war die Plattenbewegung mehr oder weniger nordnordost- bis nordostwärts gerichtet. Die Kollision der Platten initiierte die Entstehung der Alpen. Während des Messiniums änderte sich dann die Bewegungsrichtung der Afrikanischen Platte nach Nordwesten und, vereinfacht gesagt, drückt Afrika seit ca. 5 Millionen Jahren nun in nordwestlicher Richtung gegen Europa und bedingt so die gegenwärtige maximale horizontale Spannungsrichtung (SE-NW) im neotektonischen Spannungsfeld Europas und die damit verknüpften Strukturen (Abb. 13.1).

13.2 Wechselbeziehungen zu geowissenschaftlichen Nachbardisziplinen

Mit Untersuchungen zur Kinematik der geologisch jüngsten tektonischen Strukturen einer Region und der daraus abzuleitenden lokalen und regionalen Deformations- und Spannungsfelder ist die Neotektonik direkt mit der **Strukturgeologie / Tektonik** (*Structural Geology / Tectonics*) verknüpft (Abb. 13.2).

Weitere enge Verbindungen hinsichtlich spezieller Methoden zur Erforschung neotektonischer Phänomene bestehen zu folgenden Nachbardisziplinen.

13.2.1 Fernerkundung (*Remote Sensing*)

Die Identifikation von Lineamenten und Deformationsstrukturen auf Luft- und Satellitenbildern hat in den letzten Jahren enorme technische Fortschritte gemacht. Damit können landschaftliche Veränderungen in großem Maßstab über längere Zeiträume erkannt und beobachtet werden.

Mit der **differentiellen Radarinterferometrie** (***D-InSAR** = Interferometric Synthetic Aperture Radar*) können Deformationen der Erdoberfläche im Millimeterbereich erfasst werden. Dazu werden Daten von Radarsatelliten ausgewertet, die in bestimmten zeitlichen Abständen gewonnen wurden. Mit Messungen aus unterschiedlichen Beobachtungsrichtungen wird der Phasenunterschied zwi-

Abb. 13.2 Abschiebung von quartären Bodenhorizonten (weißer Pfeil). Küstenkordillere südlich Concepción, Chile

schen verschiedenen SAR-Aufnahmen ausgewertet und aus sogenannten Interferogrammen können genaue Karten und digitale Höhenmodelle des Untersuchungsgebiets erstellt werden. Daraus lassen sich Aussagen über Hebungs- und Senkungsbereiche treffen oder Rückschlüsse auf Hangbewegungen bzw. Verschiebungen in Erdbebenzonen ziehen. Aus den zeitlichen Abständen zwischen den Messungen können rezente durchschnittliche Hebungs- und Senkungsraten ermittelt werden.

13.2.2 Geodäsie (*Geodesy*)

GPS-Messungen (*Global Positioning System*), *Very long Baseline Interferometry* (VLBI) und Laser-Entfernungsmessungen dienen zur Bestimmung der Koordinaten von Messpunkten. An diesen werden in zeitlichen Abständen Wiederholungsmessungen durchgeführt. Mit diesen Messungen werden rezente Deformationswerte (Verschiebung von Messpunkten bzw. Verlängerung und Verkürzung zwischen den Messpunkten) erfasst und rezente Deformationsraten bestimmt (in welcher Zeit hat sich der Abstand zwischen den Messpunkten um wie viel mm, cm oder m verändert). Aus Vermessungen des Geländes, die ebenfalls in zeitlichen Abständen mit der auf Lasertechnologie basierenden LIDAR-Messtechnik (*Light Detection And Ranging*) durchgeführt werden, lassen sich hochauflösende Geländemodelle im Bereich neotektonisch potenziell aktiver Verwerfungen anfertigen und deren Bewegungsraten (z. B. aseismische Kriechprozesse) ermitteln oder ein eventuelles gravitatives Kriechen in Bergrutschgebieten überwachen.

13.2.3 Tektonische Geomorphologie / Morphotektonik (*Tectonic Geomorphology / Morphotectonics*)

Die Erforschung der Wechselwirkungen zwischen Tektonik und Oberflächenprozessen bei der Gestaltung von Geländeformen mit regionalen und lokalen Ausmaßen erlaubt Aussagen zum Ausmaß von aktiven tektonischen Prozessen, die eventuell zu Georisiken führen können.

Tektonische Ursachen, die zur Reliefentwicklung einer Landschaft beitragen, sind die unter kompressiven Spannungen ablaufenden Überschiebungs- und Faltungsprozesse, die in Konvergenzzonen zur Entstehung von Gebirgen führen (vgl. z. B. Kap. 8.2 und 10.1). Innerhalb der Lithosphärenplatten bewirken Dehnungsprozesse Absenkungen und damit morphologisch erkennbare tektonische Gräben und Horste (vgl. z. B. Kap. 6.3). Horizontalverschiebungsprozesse tragen durch den Versatz von morphologischen Strukturen wie Tälern und Höhenrücken ebenfalls zur Umgestaltung des Landschaftsreliefs bei (vgl. Kap. 7). Der Einfluss von **Oberflächenprozessen** (*surface processes*) auf die Reliefbildung hängt von den mechanischen Eigenschaften der Gesteine (hart/weich) ab und wird von der klimagesteuerten Erosion mitbestimmt (vgl. Kap. 14.1). Darüber hinaus hat die Menge der erodierten Gesteine und der neu entstehenden Sedimente, je nachdem wo diese in welcher Zeit abgetragen und wieder abgelagert werden, Auswirkungen auf den Spannungszustand in der Erdkruste, die durch diese Oberflächenprozesse entlastet oder belastet wird.

Anzeichen für Neotektonik und aktive tektonische Prozesse bezüglich Hebung (Abb. 13.3), Senkung oder Horizontalbewegung spiegeln sich in Veränderungen des **Gewässernetzes** (*drainage pattern*) wider, die beispielsweise zu einer Verlagerung von **Wasserscheiden** (*drainage divide*) führen. Die aktive tektonische Hebung eines Gebiets zeigt sich z. B. in der **antezedenten Eintiefung** (*antecendent incision*) von existierenden Bächen und Flüssen und der damit verbundenen Ausbildung von unterschiedlichen Flussterrassen. Ein Beispiel hierfür ist der Rhein mit seiner Eintiefung in das sich hebende Rheinische Schiefergebirge. Hebungsbedingte Veränderungen des Sohlengefälles eines Flusses drücken sich auch in einer Veränderung des Flusstyps aus. Dieser kann sich dann zu einem **verzweigten** (*anastomosing*) oder mäandrierenden Fluss entwickeln. Tektonische Absenkungen können ein tieferes Einschneiden des Flusses bewirken, tektonisch verursachte Verkippungen des Untergrunds bedingen eine Verlagerung des Flussbettes (z. B. von Mäanderschleifen). Entlang von Küsten gibt die Entwicklung und Ausbildung von **marinen Terrassen** (*marine terraces*) und **Strandplattformen** (*abrasion platform, wave-cut platform*), **Brandungshohlkehren** (*wave-cut notch*) und Bohrmuschelhorizonten in Bezug zum (ehemaligen) Meeresspiegel Auskunft über tektonische Hebungen und Senkungen der Küste. Hierbei muss jedoch zunächst festgestellt werden, ob die Küstenformen durch tektonische Hebungen bzw. Senkungen oder durch eustatische Meeresspiegelschwankungen verändert wurden. Lokale und regionale tektonische Bewegungen zeigen scheinbare Meeresspiegeländerungen an. Weltweite eustatische Meeresspiegelschwankungen werden zwar auch durch die Tektonik mitbestimmt, aber hierbei handelt es sich um überregionale plattentektonische Prozesse, die zum Entstehen und Vergehen von unterschiedlich großen Ozeanen und der Verlagerung von Kontinenten in andere Klimazonen führen und so die Wassermassen und den Meeresspiegel beeinflussen. Dazu kommen lokale/regionale Belastungen, Absenkungen und Aufheizung der Erdkruste durch Vulkanismus oder sich lokal/regional auswirkende exogene Prozesse hinsichtlich Sedimentation und Verwitterung in Küstenbereichen. Weltweit spielen klimabedingte glazioeustatische Veränderungen der Wassermenge mit der Bildung von Eis oder dessen Schmelzen eine wichtige Rolle. Ausführliche Beschreibungen und Interpretationen zur tektonischen Morphologie finden sich bei BURBANK & ANDERSON (2001).

13.2.4 Paläoseismologie (*Paleoseismology*)

Die zeitliche und räumliche Erfassung der Auswirkungen prähistorischer und historischer Erdbeben zeigt das neotektonische Gefährdungspotential einer Region auf.

Derartige Untersuchungen konzentrieren sich auf die plötzlichen Gesteinsdeformationen, die während eines Paläoerdbebens an und nahe der Erdoberfläche stattgefunden haben. Lassen sich in einer Region über einen langen Zeitraum hinweg die paläoseismischen Verschiebungen verschiedener Erdbeben analysieren und datieren, können daraus wichtige Rückschlüsse auf das lokale und regionale tektonische Spannungsfeld sowie auf das Bewegungsmuster und das Langzeitverhalten von Verwerfungen gezogen werden. Mit Kenntnissen zum Verlauf von

Abb. 13.3 Die chilenische Küste südlich von Concepción hat sich neotektonisch gehoben (gelber Pfeil) und so aus der Küstenkordillere kommende Flüsse natürlich aufgestaut, Lago Lanalhue, Chile

Störungszonen und darüber, in welchen Abständen sich Erdbeben in deren Bereich wiederholen, kann die seismische Gefährdung einer Region abgeschätzt werden. Zur Erfassung der quartären Deformationsgeschichte der durch Paläobeben verursachten Störungen wird senkrecht zu diesen ein **Graben** (*trench*) angelegt. Die Auswahl der Lokation richtet sich danach, ob der Paläoversatz an einer bestimmten Verwerfung ermittelt werden soll oder ob an einer Störungszone sich wiederholende Beben analysiert werden sollen. Wichtig dabei ist, dass in dem Grabenprofil klar identifizierbare Leithorizonte und Kartiereinheiten auszumachen sind. Zur zeichnerischen und fotografischen Profilaufnahme wird die Grabenwand geglättet und mit einem Referenznetz aus horizontal und vertikal gespannten Nylonschnüren versehen. Da die Gräben in Lockersedimenten angelegt werden, ist die Absicherung der Grabenwände gegen Einsturz von höchster Wichtigkeit. Je nach Charakter der Verwerfung, Auf- bzw. Abschiebung oder Horizontalverschiebung sind zur Erfassung der Raumlage der Strukturen zwei oder mehrere parallele Gräben notwendig. Derartige Gräben sind je nach Fragestellung und Bodenbeschaffenheit mehrere Meter tief und bis zu mehreren 10er Metern lang und können Ausmaße kleiner, terrassenförmig angelegter Tagebaue annehmen.

Untersuchungen von Paläoerdbeben die archäologische Stätten und alte Gebäude betroffen haben, werden unter dem Begriff **Archäoseismologie** (*archeoseismology*) zusammengefasst. So sind antike Mauern an einer Verwerfung versetzt (Abb. 13.4) oder beim Erdbeben entstandene Spalten in den Fußböden oder im Mauerwerk eines zerstörten Gebäudes sind mit Sediment verfüllt. Herumliegende Mauerblöcke können rotiert sein oder Säulen bzw. ganze Säulenreihen sind in eine bestimmte Richtung umgekippt. Zweifelsfreie Rückschlüsse auf den Ersteinsatz und die Richtung der **Bodenbewegung** (*ground motion*) lassen sich daraus jedoch nicht ziehen, denn wie ein Säulen-Gebäude einstürzt, hängt von dessen Konstruktion ab, d.h. von Sockel, Kapitell, Fries und Gebälk. Eine umfassende Darstellung des Forschungsgebiets Paläoseismologie findet sich bei McCalpin (2009).

13.2.5 Seismotektonik (*Seismotectonics*)

Seismotektonische Untersuchungen befassen sich mit Fragen zu den Ursachen und der Entstehung von Erdbeben und damit mit deren Vorkommen an konvergenten (Subduktionszonen und Kontinent-Kontinent-Kollisionszonen), divergenten und Transform-Plattengrenzen. Durch die Bewegungen der Lithosphärenplatten gegeneinander und deren Verhakung durch Reibungswiderstände bauen sich an deren Plattenrändern Spannungen auf, die sich beim Überwinden des Widerstands in Erdbeben abbauen. Intraplattenbeben können entstehen, wenn die Erdkruste bzw. die Lithosphäre durch plattentektonische Kräfte gestaucht oder gedehnt und bis zum Bruch beansprucht wird. Mitteltiefe Erdbeben und Tiefbeben (bis ca. 650 km Tiefe) kommen nur in Subduktionszonen vor und entstehen durch Zerrung und Stauchung sowie durch Mineralphasenübergänge innerhalb der abtauchenden Platte.

Das **Hypozentrum** (*hypocenter*) ist der Ort, an dem das Erdbeben entsteht (Bebenherd). Es bezeichnet den **Anfangspunkt des Bruches** (*focus*). Direkt darüber, an der Erdoberfläche befindet sich

Abb. 13.4 Paläoseismischer Versatz der Mauer des römisch-nabatäischen Wasserreservoirs von Qasir el Telah, Jordanien an der Wadi Araba-Verwerfung, einem Segment der Totes-Meer-Transformstörungszone. Es gibt archäologische Hinweise darauf, dass die Mauer etwa zu der Zeit repariert wurde, als das Reservoir auch gebaut wurde, d.h. der Zeitpunkt dieses Erdbebens lässt sich in den Zeitraum der römischen Besatzung eingrenzen

das **Epizentrum** (*epicenter*). Die **Herdtiefe** (*focal depth*) wird über die Laufzeit der seismischen Wellen bestimmt. Die Erdbebenstärke wird durch die **Magnitude** (*magnitude*) (= Intensitätsgröße) angegeben Die Berechnungsgrundlage dafür bilden die in Seismogrammen aufgezeichneten maximalen Amplituden der seismischen Wellen.

Ein Erdbeben entsteht, wenn die Erdkruste durch tektonische Bewegungen immer stärker verbogen wird, bis die sich ansammelnden Spannungen zum Bruch des Gesteins führen. Dabei kommt es zum plötzlichen **Spannungsabbau** (*stress release*) bei dem das Gestein zurückschnellt (Abb. 13.5). Der Bruch, der als **Herdfläche** (*fault plane*) bezeichnet wird, kann bis an die Erdoberfläche reichen und dort zu einem sichtbaren Versatz führen (Kap. 8, Abb. 8.18). Bei den meisten Erdbeben erreicht der Bruch die Erdoberfläche jedoch nicht.

Im Augenblick des Bruches entsteht im Erdbebenherd ein charakteristisches Abstrahlmuster (**Abstrahlcharakterisik,** *radiation pattern*) der seismischen Impulse (seismische Wellen). In Abb. 13.6 sind die beiden möglichen Kräftepaare sowie die Kompressions- und Dilatationsquadranten für das Abstrahlmuster von **P-Wellen** (**Primärwellen, Kompressionswellen,** *P-wave, primary wave*) dargestellt. Die Quadranten werden durch zwei senkrecht zueinander verlaufende, sogenannte **Knotenlinien** (*nodal lines*) getrennt, an denen das Vorzeichen des seismischen Signals wechselt. Kompression hat ein positives (+) und Dilatation ein negatives (-) Vorzeichen. Eine der beiden Knotenlinien ist die Bruchfläche (Herdfläche), die andere bezeichnet eine **Hilfsfläche** (*auxiliary plane*).

Aus dem Abstrahlmuster lassen sich sogenannte **Herdflächenlösungen** (*fault plane solutions*) konstruieren, mit denen die räumliche Lage des Bruches im Erdbebenherd, die Richtung des Versatzes (**Dislokation,** *dislocation*) und die Orientierung der drei Hauptspannungen σ_1, σ_2 und σ_3 graphisch dargestellt werden können.

Die von einem Erdbebenherd ausgehenden seismischen Wellen werden (weltweit) von vielen Erdbebenmessstationen registriert. In den dort aufgezeichneten Seismogrammen betrachtet man die Richtung des **Erstausschlags** (*first motion*) der ankommenden P-Welle. Einfach ausgedrückt beobachtet man, ob die Erdbebenmessstation beim Einsetzen des Bebens vom Erdbebenherd aus gesehen wegdrückt (Kompression im Untergrund) oder zu ihm hingezogen wird (Dilatation im Untergrund).

Betrachtet man die Abbildung 13.6 als Aufsicht einer senkrecht stehenden N-S verlaufenden Herdfläche mit sinistraler Bewegung und stellt man sich in jedem Quadranten eine seismische Station vor, so geht der Erstausschlag eines Seismometers im NW-Quadranten nach unten (-), im NE-Quadranten nach oben (+), im SE-Quadranten wieder nach unten (+) und im SW-Quadranten nach oben (+). Das gleiche Bild ergäbe sich aber auch bei einer E-W streichenden dextralen Verschiebung. Welche der beiden Bruchmöglichkeiten stimmt bleibt offen und wird im Zusammenhang mit anderen tektonischen / geophy-

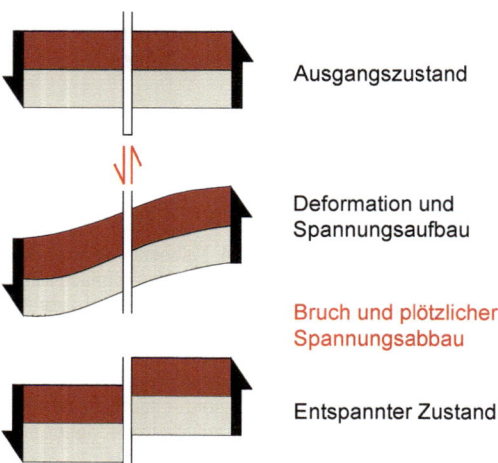

Abb. 13.5 Spannungsaufbau und Spannungsabbau im Herdgebiet eines Erdbebens (Bildrechte: verändert nach BERCKHEMER 1990)

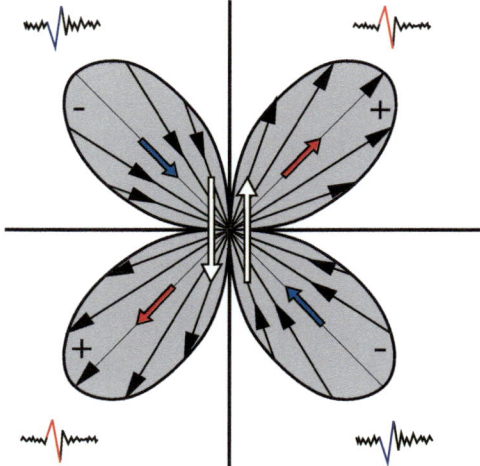

Abb. 13.6 Radiales Abstrahlmuster und schematische Erstausschläge von P-Wellen (Ersteinsatz Kompression = rot; Dilatation = blau)

sikalischen Kriterien (z. B. plattentektonischer, regionaltektonischer Rahmen, Nachbeben) entschieden.

Entsteht die Bruchfläche in der Erdkruste unter einer bestimmten Neigung, ist das Abstrahlmuster komplizierter und muss dreidimensional dargestellt werden. Dazu stellt man sich um den Focus des Bebens eine Kugel vor (Herdkugel Abb. 13.7). Für die Richtung eines vom Hypozentrum ausgehenden geneigten Wellenstrahls wird der Azimut (Φ) angegeben, das ist der von Norden aus im Uhrzeigersinn gemessene Winkel der in die Horizontale projizierten Richtung. Diese entspricht der Richtung vom Epizentrum zur Messstation. Der Abstrahlwinkel ist der Winkel zwischen der Senkrechten im Focus und dem Wellenstrahl (Abb. 13.7).

Die Orientierung der Herdfläche eines Erdbebens im Raum wird, wie bei Verwerfungen (s. Abb. 5.3), mit **Streichen** (*strike*), **Einfallen** (*dip*) und **Einfallsrichtung** (*dip direction*) angegeben. Die **Dislokation** (*dislocation*) oder der Dislokationsvektor, *dislocation vector*) bezeichnet die Richtung des Versatzes beim Bruch. Im geologischen Vergleich ist dies ein Striemungslinear auf einer Verwerfungsfläche mit einer bestimmten **Streichrichtung** (*trend*) und **Abtauchrichtung** (*plunge*).

Für die Konstruktion der Herdflächenlösung betrachtet man die Erdbebenwellen die die Herdkugel nach untern verlassen und beschränkt sich somit auf die untere Kugelhälfte, deren Fläche in einer Lagenkugelprojektion dargestellt wird. Die Projektionsebene liegt unter dem „Südpol" der Halbkugel.

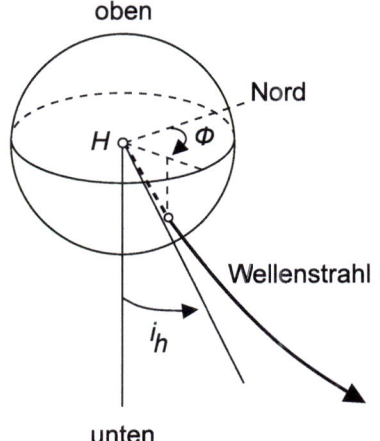

Abb. 13.7 Herdkugel mit dem Hypozentrum (Fokus) des Erdbebens. Azimut (Φ) und Abstrahlwinkel (i_h) des Wellenstrahls (Bildrechte: aus Lexikon der Geowissenschaften 2000)

Die Projektion zeigt ein flächentreues Netz, das Schmidt'sches Netz genannt wird. Dies hat eine Einteilung in Längen und Breitengrade (Groß- und Kleinkreise) sowie Markierungen in Nord-, Süd-, Ost- und West-Richtung. Über dieses Netz wird ein transparentes Deckblatt mit N-S, E-W Einteilung gelegt, das um den Mittelpunkt des Schmidt'schen Netzes drehbar ist. Darauf werden nun die Punkte eingetragen, an denen die Wellenstrahlen die Herdkugel durchdringen. Der Abtauchwinkel wird für die verschiedenen Messstationen aus den geographischen Koordinaten des Erdbebenherdes und der Messstation sowie aus der Herdtiefe berechnet. Wellenstrahlen mit dem Abtauchwinkel 90° verlaufen parallel zur Erdoberfläche und durchdringen die Halbkugel in einem Punkt am oberen Rand. Dieser Rand ist der äußere Kreis des runden Schmidt'schen Netzes. Wellenstrahlen mit 0° Abtauchwinkel gehen durch den Mittelpunkt des Schmidt'schen Netzes. Dazwischen werden die übrigen berechneten Abstrahlrichtungen eingetragen. Die Punkte werden nach dem Charakter des Erstausschlags der an der Messstation ankommenden seismischen Wellen mit einer bestimmten Signatur (+ und -) eingetragen.

Zur Ermittlung der ersten Knotenfläche dreht man das Deckblatt mit den eingezeichneten Punkten über dem Mittelpunkt des Schmidt'schen Netzes soweit, bis ein Großkreis die kompressiven (+) und dehnenden (-) Punkte trennt. Von dieser Knotenfläche zählt man auf dem Äquator 90° über den Mittelpunkt ab und erhält einen Punkt, der die Senkrechte auf die Knotenfläche bildet (Flächenpol). Zur Ermittlung des Einfallens der Knotenlinie zählt man auf dem Äquator den Einfallswert in der Gradeinteilung vom Außenrand (0°) bis an den Großkreis ab. Im nächsten Schritt rotiert man die Folie erneut, bis man wieder einen Großkreis findet, der ebenfalls Pluspunkte (+) von Minuspunkten (-) trennt und auf dem auch der Flächenpol liegt. Damit hat man die zweite Knotenlinie bestimmt. Danach rotiert man die Folie über dem Schmidt'schen Netz soweit zurück, bis die Nordrichtung des Deckblatts wieder über der Nordrichtung des Schmidt'schen Netzes liegt. Die Knotenflächen sind die möglichen Herdflächen des Erdbebens. Die Streichrichtung der beiden Knotenflächen liest man an deren Schnittpunkten mit dem Außenkreis ab, die Einfallsrichtung ist in Richtung der Außenbiegung der Flächenspur. Je steiler die Fläche einfällt, desto näher liegt ihre Flächenspur am Mittelpunkt und umso näher liegt ihre Flächennormale am Außenrand (Ausführliche Erläuterungen zum Gebrauch des Schmidt'schen Netzes finden sich in Kap. 19.2).

Die Felder mit den Pluspunkten werden schwarz (grau) eingefärbt (Kompression), die anderen blei-

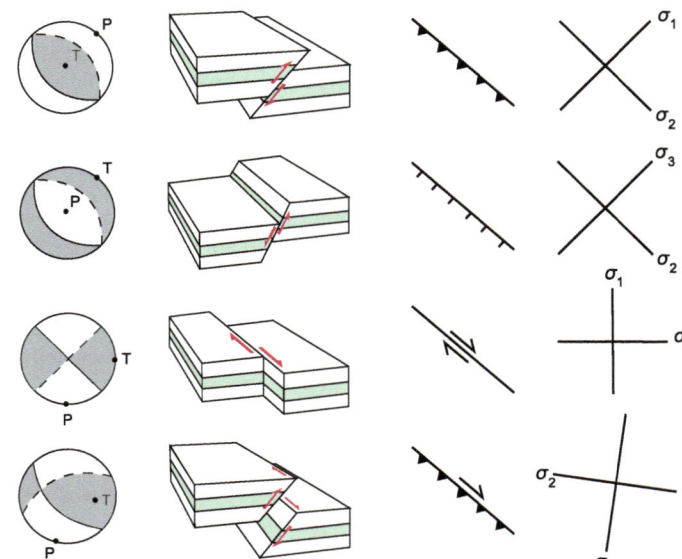

Abb. 13.8 Zusammenhang von links nach rechts zwischen Herdflächenlösungen (P = Verkürzungsachse, T = Verlängerungsachse) Verwerfungen, und Hauptspannungsrichtungen (Bildrechte: verändert nach BERCKHEMER 1990)

ben weiß (Dilatation). Die fertige Graphik charakterisiert den Charakter des Erdbebens. Da die Herdflächenlösungen Wasserbällen ähneln werden sie salopp als **Wasserball-Diagramme** (*beach ball diagrams*) bezeichnet (Abb. 13.8).

Aus den Herdflächenlösungen lassen sich nun die Richtungen der maximalen Verkürzung und der maximalen Verlängerung ermitteln. Die Achse der stärksten Verkürzung (P-Achse) liegt in der Mitte des weißen Dilatationsbereichs, die Verlängerungsachse (T) in der Mitte des schwarzen (grauen) Kompressionsbereichs. Bei der Angabe der Hauptspannungsrichtungen geht man von einer **reinen Scherdeformation** (*pure shear deformation*) aus, d. h. von der Koaxialität zwischen Deformations- und Spannungsellipsoid. Daraus folgt: Die P-Achse entspricht σ_1, die T-Achse = σ_3 und die σ_2-Richtung entspricht dem Schnittpunkt der Knotenlinien.

13.2.6 Weitere geophysikalische Verfahren

Seismische Tomographie (*seismic tomography*). Die gegenwärtigen dynamischen Prozesse und die Strukturierung des Erdinneren werden mit der seismischen Tomographie erfasst. Dieses Verfahren beruht auf den Veränderungen der Geschwindigkeiten von Erdbebenwellen, wenn diese durch dichtere und weniger dichtere respektive durch kalte oder heiße Zonen im Erdinneren verlaufen. So kann damit z. B. das Muster von heißen und kalten Konvektionsströmen und den damit verbundenen plattentektonischen Bewegungen erfasst werden, bzw. es lässt sich die in einer Subduktionszone abtauchende, relativ kältere ozeanische Kruste identifizieren.

Reflexions- und Refraktionsseismik, Gravimetrie. Mit diesen Verfahren werden Orientierung und Lagerungsverhältnisse von Verwerfungen und Schichten sowie Dichteunterschiede in der Erde erfasst. Bei den seismischen Techniken werden mit einem sogenannten **Schuss** (*shot*) an oder nahe der Erdoberfläche durch eine Sprengung, ein Fallgewicht oder durch Vibrationen seismische Impulse erzeugt. Diese verlaufen mit einer vom Gestein abhängigen Geschwindigkeit durch den Untergrund. Beim Übergang in eine Lage mit anderen elastischen Eigenschaften werden die seismischen Wellen reflektiert bzw. refraktiert.

In der **Reflexionsseismik** (*reflection seismics*) werden die Laufzeiten zwischen den vom Schusspunkt ausgehenden, an geologischen Strukturen im Untergrund reflektierten und den in einer bestimmten Anordnung ausgelegten Geophonen (**Geophonauslage,** *arrays of geophones*) empfangenen seismischen Wellen gemessen. Mit den Laufzeiten der Reflexionsimpulse wird die Tiefenlage eines Reflektors (Verwerfung, Schichtgrenze) berechnet. Aus den in verschiedenen Tiefenlagen ermittelten Reflektoren lässt sich dann ein **seismisches Profil** (*seismic section*) erstellen. Liegen Schusspunkt und Geophone auf einer geraden Linie, spricht man von

2-D Seismik (*2-D seismics*). Auf der horizontalen Achse des Profils ist die Entfernung der Geophone zum Schusspunkt aufgetragen; auf der vertikalen Achse sind die Laufzeiten angeben. Für ein **Tiefenprofil** (*depth section*) müssen die Laufzeiten in Tiefen konvertiert werden. Das Tiefenprofil zeigt dann die direkt unter der Linie liegenden Strukturen. Die **3-D Seismik** (*3-D seismics*) gibt eine räumliche Vorstellung der Strukturierung des Untergrunds. Dazu werden die Schusspunkte und die Geophone flächenhaft auf der Erdoberfläche verteilt bzw. in engen Abständen zueinander mehrere seismische Profile geschossen, die dann räumlich korreliert werden.

Die **Refraktionsseismik** (*refraction seismics*) ist generell nur anwendbar, wenn die seismischen Geschwindigkeiten in den übereinanderliegenden Lagen mit der Tiefe zunehmen. Wenn die tiefer liegende Lage eine größere Wellengeschwindigkeit aufweist als die darüber liegende, wird die seismische Welle refraktiert und es entsteht eine Kopfwelle (ähnlich der Bugwelle vor einem fahrenden Schiff). Diese refraktierte Welle kann dann von den Geophonen ab einem gewissen Abstand zum Schusspunkt registriert werden. Ab dieser kritischen Entfernung vom Schusspunkt überholen die refraktierten Wellen die direkt gelaufenen Wellen. Auf dem Seismogramm erscheinen zunächst als Ersteinsätze die in der oberen Lage langsameren direkt gelaufenen Wellen. Ab der kritischen Entfernung werden dann die in der unteren Schicht schneller gelaufenen Wellen als Ersteinsätze registriert. Aus den Ersteinsätzen der direkten und refraktierten Wellen und der kritischen Entfernung lässt sich die Tiefe des Refraktors (z. B. Schichtgrenze) berechnen.

Untersuchungen zur **Gravimetrie** (*gravimetry*) beruhen darauf, dass eine bestimmte Masse über verschiedenen Bereichen der Erde unterschiedlich stark von dieser angezogen wird. Die Gravitationskraft hat an einem bestimmten Ort eine ganz bestimmte Größe und Richtung, die von der Dichte des flachen bis tiefen Untergrunds und von der Morphologie der Erdoberfläche abhängen. So wird die Fallrichtung einer Masse an Gebirgsrändern aus dem theoretisch senkrechten Fall geringfügig zu den Bergen hin abgelenkt. Lokale und regionale Schwereanomalien erzeugen eine unterschiedlich starke Erdanziehungskraft. Die Ursachen sind in verschiedenen Tiefen liegende Plutone, Salzstöcke oder Erzlagerstätten. Im Lithosphärenmaßstab charakterisieren großräumige Gravitationseffekte Plattenkollisions- und Grabenzonen. Gravimetrische Messungen ermöglichen somit die Unterscheidung von Krustenbereichen unterschiedlicher Dichte und erlauben Rückschlüsse auf die strukturellen und stofflichen Verhältnisse im Untergrund.

Georadar-Verfahren (*Ground Penetrating Radar – GPR*). Mit dieser Methode können Strukturen im flachen geologischen Untergrund erkundet werden. Dieser wird dazu mit elektromagnetischen Wellen abgetastet. Bei der Messung wird eine Antenne (Sender und Empfänger) über das zu untersuchende Gebiet gezogen. Das ausgesandte und reflektierte Radarsignal wird vom Empfänger aufgenommen und an eine Rechnereinheit weitergeleitet, verstärkt und gespeichert. Auf einem Monitor können die Radargramme direkt im Gelände während der Messung betrachtet werden. Die gewonnenen Rohdaten werden später zur besseren Darstellung mit spezieller Processing-Software optional diversen Filterprozessen unterzogen. Auf den Radarprofilen lassen sich Reflektoren mit verschiedenen Intensitäten unterscheiden. Diese können Schichtgrenzen, Schichtmächtigkeiten, Grundwasserspiegel, Störungszonen oder Hohlräume darstellen. Reflektorunterbrechungen können als Verwerfungen (Abb. 13.9)

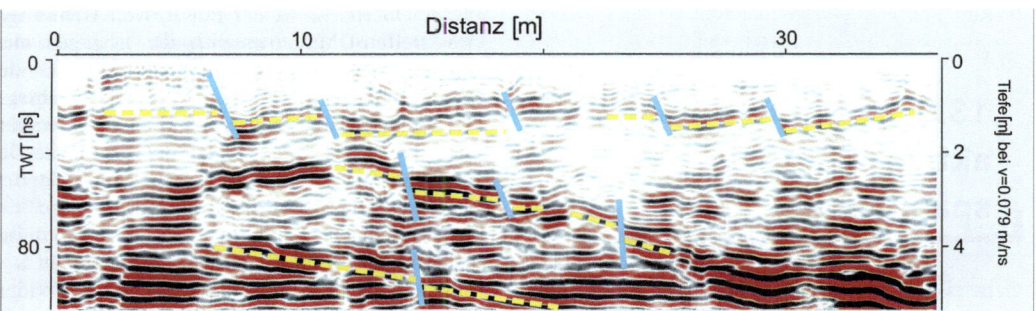

Abb. 13.9 Verwerfungen im Georadargramm. Bei den gezeigten Strukturen handelt es sich um Abschiebungen (blau) die Bodenhorizonte (gelb) im verdeckten Untergrund versetzen und bei der Bildung von Erdfällen in der Metropolregion Hamburg entstanden sind (Bildrechte: REUTHER et al. HADU-Projekt 2005-2009)

gedeutet werden. Die Auswertung erfolgt analog der von seismischen Profilen. Die Auflösung und die Eindringtiefe des Georadars hängen von der Frequenz der verwendeten Antenne und dem elektrischen Widerstand der zu untersuchenden Schichten ab. Für strukturgeologische Untersuchungen des Untergrunds haben sich Antennen im Frequenzbereich 200 MHz oder 100 MHz bewährt. Damit werden maximale Eindringtiefen von 6 m respektive 20 m erreicht (REISS ET AL. 2003).

In der Neotektonik tragen die hier genannten geophysikalischen Verfahren dazu bei, neotektonische oberflächennahe und bis in den tieferen Untergrund reichende, verdeckte Deformationsstrukturen zu erfassen. So kann z. B. festgestellt werden, ob es sich bei den während eines Erdbebens entstandenen Brüchen um die Reaktivierung von prä-existenten tektonischen Strukturen handelt. Zum Beispiel lassen sich die starken Intraplatten-Erdbeben von New Madrid (Missouri, USA) von 1811-1812 und weitere frühere und spätere Erdbeben in der Region einer seismisch aktiven Zone zuordnen, die einer sehr alt angelegten (Ende Präkambrium), ca. 250 km langen und 60 km breiten NW-SE streichenden Grabenzone (Reelfoot Rift) im Untergrund der US-amerikanischen Staaten Illinois, Indiana, Missouri, Arkansas, Kentucky, Tennessee und Mississippi folgt.

13.2.7 Felsmechanik (*Rock Mechanics*)

Diese Disziplin beinhaltet die für neotektonische Untersuchungen von aktiven Deformationen und Spannungen relevanten Methoden zur Bestimmung von Gesteinsparametern wie der Poisson Zahl (*Poisson ratio*) oder des Elastizitätsmoduls (*Young modulus*) mit Laborversuchen und in-situ Messungen (s. Kap. 17).

13.3 *In situ*-Bestimmung aktiver Gesteinsspannungen

Generell können Gesteinsspannungen nicht direkt gemessen werden, sondern man untersucht deren Auswirkungen. Zur *in situ*-Messung von Deformationen im anstehenden Gestein wurden verschiedene Verfahren entwickelt, die entweder (a) direkt an der Erdoberfläche oder in (b) flachen bzw. (c) tiefen Bohrlöchern eingesetzt werden. Zu (a) und (b) gehören die im **Tunnelbau** (*tunneling*) und im **Bergbau** (*mining industry*) entwickelten und angewandten Methoden, bei denen das Gestein (felsmechanisch „Gebirge" genannt) belastet oder entlastet wird. Kenntnisse zu *in situ*-Spannungen aus tiefen Bohrlöchern wurden hauptsächlich aus Erdölbohrungen gewonnen.

13.3.1 Messungen an der Oberfläche

Bei der **Druckkissenmethode** (*flat-jack method*) wird das Gebirge zunächst entlastet und dann wieder belastet. Dazu werden in die Gesteinsoberfläche oder eine Tunnelwand zwei Messbolzen einzementiert. Nach genauer Messung ihres Abstandes (Nullmessung) wird mit einer Gesteinskreissäge zwischen den beiden Messbolzen ein **Schlitz** (*slot*) eingesägt, wodurch sich das Gebirge in diesem Bereich entspannt. In den Schlitz wird dann passgenau ein **hydraulisches Druckkissen** (*flat jack*) eingesetzt. Das Druckkissen wird anschließend soweit „aufgepumpt", bis die Entlastungsverformung wieder ausgeglichen ist. Der aufgebrachte Druck entspricht der Gesteinsspannung (σ_n) senkrecht zur Ebene des Druckkissens und berechnet sich aus dem Produkt von Öldruck im Kissen bei vollständigem Ausgleich der Entlastung (*p*), der Formkonstanten des verwendeten Druckkissens (K_m) und dem Verhältnis zwischen Kissen- und Schnittfläche (K_a). Damit wird die Spannung bestimmt, die vor dem Sägen des Schlitzes im Gestein vorhanden war.

$$\sigma_n = p \, K_m \, K_a$$

Eine weitere Messmöglichkeit von Deformationen an der Oberfläche ist der Einsatz von **Dehnungsmessstreifen DMS** (*strain gauges*). Dabei geht man davon aus, dass sich ein unter Spannung stehendes Gestein bei seiner Entlastung verformt (**Gebirgsentlastungsverfahren**, *stress relief method*). Vereinfacht lässt sich das Prinzip, bei dem minimale Deformationen mit Dehnungsmessstreifen elektrisch gemessen werden können, wie folgt erklären. Ein DMS besteht aus einem dünnen Draht. Wird dieser gedehnt, dann verändert sich sein Querschnitt und damit sein elektrischer Widerstand. Diese Widerstandsänderung dient als Messwert. Der spezifische Widerstand ist stark temperaturabhängig, deshalb werden für den Leiter Drähte aus Konstantan oder Platin-Iridium verwendet, da diese Legierungen einen niedrigen Temperaturkoeffizienten haben. Um einen möglichst langen Leiter im Dehnungsmessstreifen zu haben, werden die sehr dünnen Drähte auf der Trägerfolie in Schleifen angebracht.

Zur Deformationsmessung wird eine aus drei DMS bestehende kleeblattförmige **Deformationsrosette** (*strain-rosette*) auf die plangeschliffene Gesteinsoberfläche geklebt. Nach einer Nullmessung wird die Deformationsrosette überbohrt, und zwar so tief, dass die Dehnungsmessstreifen auf dem überbohrten Gesteinsstück vollkommen von den umgebenden Spannungen entlastet werden. Mit der elektrischen Widerstandsmessung kann dann die Richtung der maximalen Längenänderung **longitudinale Verformung** ε (*longitudinal strain* – s.a. Kap. 16.3) bestimmt werden. Die gemessenen Deformationen liegen weit unter 1% im Bereich eines Hundertstels Millimeter oder darunter. Zur quantitativen Betrachtung dieser extrem kleinen Deformationen wendet man die Regeln der Infinitesimalen Deformationstheorie an (s. Kap. 16.3.6). Die maximale aktive Spannungsrichtung im Gestein ist parallel zur maximalen Längenänderung (max. Entlastungsrichtung) orientiert. Bei dieser Messmethode mit Dehnungsmessstreifen auf der Erdoberfläche können Temperaturschwankungen die Messergebnisse beeinträchtigen oder gar verfälschen. Das heißt, an den Messstellen muss zusätzlich die Temperatur gemessen werden sowie die Eigenschaften des Gesteins (Wärmeausdehnungskoeffizient; Elastizitätsmodul, Poissonzahl (Kap. 17.2.2) bekannt sein, um den temperaturbedingten Spannungsanteil zu ermitteln. Der Betrag der tektonischen Spannung wird dann nach der Beziehung $\sigma = E\,\varepsilon$ berechnet. Der Elastizitätsmodul E des Gesteins wird im Gelände oder im Labor *insitu* bestimmt (Kap. 17.2.2).

13.3.2 Oberflächennahe Messungen in flachen Bohrlöchern

Mit der Deformationsmessung in flachen Bohrlöchern vermeidet man die obengenannten Temperatureinflüsse auf das Deformationsverhalten. Bei den angewandten Verfahren wird das Gebirge zur Spannungsbestimmung ebenfalls entlastet. Die bekannteste Gebirgsentlastungsmethode ist die sogenannte **Doorstopper**-Methode (*doorstopper-method*). Der Name rührt von der Form der Messzelle her, die einem Türstopper ähnelt. Die Messungen werden in Bohrlöchern in einer Tiefe zwischen 3 m und 30 m durchgeführt. Dazu wird die Doorstopper-Messzelle auf dem plangeschliffenen Boden eines Bohrlochs mit einer speziellen Setzeinheit richtungsorientiert aufgeklebt. Die Messzelle enthält vier Dehnungsmessstreifen, die jeweils unter 45° zueinander angeordnet sind (Abb. 13.10). Zur Bestimmung der ebenen Deformation sind bei dieser DMS-Anordnung eigentlich nur drei DMS notwendig. Mit dem vierten Dehnungsmessstreifen kann jedoch kontrolliert werden, ob die Messung technisch einwandfrei erfolgt. Nach einer Nullmessung wird der Bohrlochboden mit Messzelle überbohrt (innerer Durchmesser der Kernbohrkrone 76 mm). Dabei wird der stehenbleibende Bereich von den umgebenden Spannungen entlastet (Abb. 13.11). Der Bohrkern mit der Messzelle wird anschließend aus dem Bohrloch gezogen und die Deformation der DMS wird gemessen (Abb. 13.12). Parallel zur Richtung der maximalen Verlängerung (max. Entlastungsrichtung) ist die aktive maximale horizontale Hauptspannung im Gebirge orientiert; der Betrag der Spannung wird nach der Beziehung $\sigma = E\,\varepsilon$ berechnet.

Neben den Doorstoppern kommen in flachen Bohrungen im Überbohrungsverfahren bis ca. 30 m Tiefe auch **Deformationsmesssonden** (*strain gauges*) zum Einsatz. Hierzu wird zunächst ein Bohrloch mit großem Durchmesser (z.B. 146 mm = Überbohrungsdurchmesser) bis zu der Tiefe, in welcher die Deformationsmessung erfolgen soll, niedergebracht. In den Boden dieser ersten Bohrung wird ein zweites konzentrisches Pilotbohrloch mit einem kleineren Durchmesser (z.B. 46 mm) mit der

Abb. 13.10 Doorstopper-Deformationsmesszelle von unten mit vier unter 45° zueinander angeordneten Dehnungsmessstreifen. Durchmesser des Drahtes ca. 0,02 mm, Material: Konstantan, Nichrome, Platin oder Platin-Iridium. Durchmesser der Messzelle 2,5 cm

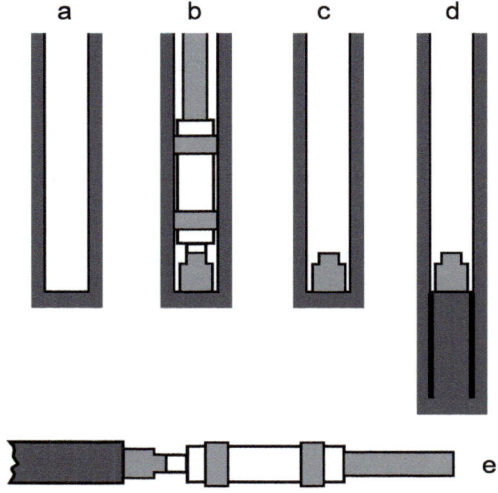

Abb. 13.11 Doorstopper-Messung.
(a) Der Boden des Bohrlochs (Durchmesser 76 mm) wird in einer Tiefe von ca. 3 m plangeschliffen, gesäubert und getrocknet.
(b) Auf den Bohrlochboden wird mit einer Setzeinrichtung die Doorstopper-Messzelle orientiert aufgeklebt. Nach Abbinden des Spezialklebers wird für alle vier DMS eine Nullmessung durchgeführt.
(c) Die Setzeinrichtung wird gezogen.
(d) Die Messzelle wird überbohrt. Während des Überbohrens entspannt sich das Gestein, d. h. das freistehende Gesteinselement wird von den in-situ Spannungen isoliert.
(e) Der Bohrkern mit aufgeklebter Messzelle wird gezogen und die Messzelle wird wieder an die Setzeinrichtung angeschlossen. Am Messgerät wird die Längenänderung der Dehnungsmessstreifen abgelesen, d. h. die longitudinalen Deformationen (strain) des Bohrkernes werden gemessen.

Länge von ca. 1 m abgeteuft. In dieses Loch wird dann die Deformationsmesssonde orientiert eingesetzt. Die Sonde besteht aus beweglichen, sogenannten Wegaufnehmern, die sich radial gegen die Wand des Pilotbohrlochs drücken. Die Messsonde ist über ein Kabel durch das Bohrgestänge und den Spülkopf mit dem Messgerät an der Erdoberfläche verbunden. Nach Einbau der Sonde erfolgt eine Nullmessung. Danach wird die Pilotbohrung mit der Messsonde mit dem großen Durchmesser überbohrt. Dabei entsteht ein dickwandiger Gesteinszylinder, der von den umgebenden Gesteins-Spannungen befreit wird. Die Bewegungen, d. h. die Längenänderungen des sich entlastenden Kerns, werden während des Überbohrvorganges kontinuierlich über die sich weiter an die Wand des Pilotbohrloches drückenden Wegaufnehmer gemessen. Die Vorteile dieser Methode bestehen in der Wiederverwendbarkeit der Sonde, in der kontinuierlichen Messung während des Bohrvorgangs und die Messung kann auch in einem wassergefüllten Bohrloch stattfinden.

Triaxialzelle (*triaxial strain cell*). Mit der Triaxialzelle kann der dreidimensionale Spannungszustand im Gebirge bestimmt werden. Messungen mit der Triaxialzelle sind mit integriertem Bohrlochcomputer bis in 150 m Tiefe möglich. Für die Messung wird am Boden eines Bohrlochs mit größerem Durchmesser (146 mm) ein ca. 70 cm tiefes Pilotbohrloch mit geringerem Durchmesser (39 mm) hergestellt, in welches die Triaxialzelle eingesetzt wird. Diese enthält drei Deformationsrosetten, die jeweils aus drei Dehnungsmessstreifen bestehen. Diese werden mit der Messzelle parallel zu deren Achse, tangential zur Bohrlochwand und unter 45° im Bohrloch eingeklebt. Über den Bohrlochcomputer, der direkt

Abb. 13.12 Deformationsmessung am Bohrkern

13.3 In situ-Bestimmung aktiver Gesteinsspannungen

über der Messzelle befestigt ist, werden die Messdaten während des Überbohrens übertragen.

Bohrloch-Schlitzsonde (*borehole-slotter*). Bei Messungen mit der Schlitzsonde ist kein Überbohren erforderlich. Die ebenfalls zu den Gebirgsentlastungsverfahren gehörende Methode beruht auf einer lokalen Spannungsentlastung in der Bohrung. In der Sonde, die einen Durchmesser von 9 cm hat, ist eine kleine Diamantkreissäge eingebaut, mit der parallel zur Bohrlochachse ein ca. 1 mm breiter und bis zu 25 mm tiefer Schlitz in die Bohrlochwand gesägt wird. Vor, während und nach dem Sägen wird ein **Kontaktdehnungsaufnehmer** (*contact strain sensor*) an die Bohrlochwand gedrückt. Damit wird die tangentiale Dehnung der Bohrlochwand gemessen. In der jeweiligen Messtiefe werden nacheinander mindestens um 120° versetzte Schlitze gesägt und gemessen, um daraus die Spannungen in der Ebene senkrecht zum Bohrloch zu ermitteln (BOCK 1993). Unter Zugrundelegung einer linear-elastischen Verformung (Kap. 17.1.1) und der Kirsch-Gleichungen bezüglich Spannungen und Deformationen um eine kreisförmige Öffnung kann aus der Entlastung des sekundären Spannungszustandes der Bohrlochwand auf den primären Spannungszustand des Gebirges zurückgerechnet werden. Die Schlitzsonde kann in Bohrlöchern bis zu 30 m Tiefe eingesetzt werden. Der Vorteil dieses Verfahrens liegt in der Zeit der Einzelmessung (ca. 5 Minuten), wodurch in relativ kurzer Zeit sehr viele Messungen durchgeführt werden können und eine hohe Messdichte erreicht wird.

13.3.3 Spannungsbestimmungen in tiefen Bohrlöchern

Hydraulisches Bruchverfahren (*hydraulic fracturing*). Diese Methode wird in Bohrlöchern bis zu 5000 m Tiefe eingesetzt. Das Gestein in der Bohrung wird dabei hydraulisch bis zum Bruch belastet. Dazu wird in einem nach unten und oben durch sogenannte Packer (*packer*) abgedichteten Abschnitt des Bohrlochs solange Wasser oder Bohrschlamm gepumpt, bis der Flüssigkeitsdruck (**kritischer Flüssigkeitsdruck p_c**, *breakdown pressure*) auf die Bohrlochwand so groß ist, um dort einen Extensionsbruch zu erzeugen. Der Flüssigkeitsdruck fällt nach der Erzeugung des Bruches ab und der sich einstellende Druck ist gerade so groß um den Riss offenzuhalten (p_s). Dieser Riss öffnet sich parallel zur Bohrlochachse als Längsriss (Abb. 13.13).

Für die weitere Spannungsbetrachtung kommt es darauf an, in welcher Tiefe und unter welchen tektonischen Rahmenbedingungen das *hydrofracking* stattfindet. Bei einem senkrechten Bohrloch wird die vertikale Spannung S_v vom Gewicht des überlagernden Gesteins bestimmt und nimmt mit der Tiefe ständig zu. D. h. in geringer Tiefe ist die vertikale Spannung noch die kleinste Hauptspannung (s. a. Kap. 15.3), der durch das *hydrofracking* zunächst vertikal verlaufende Riss dreht sich in

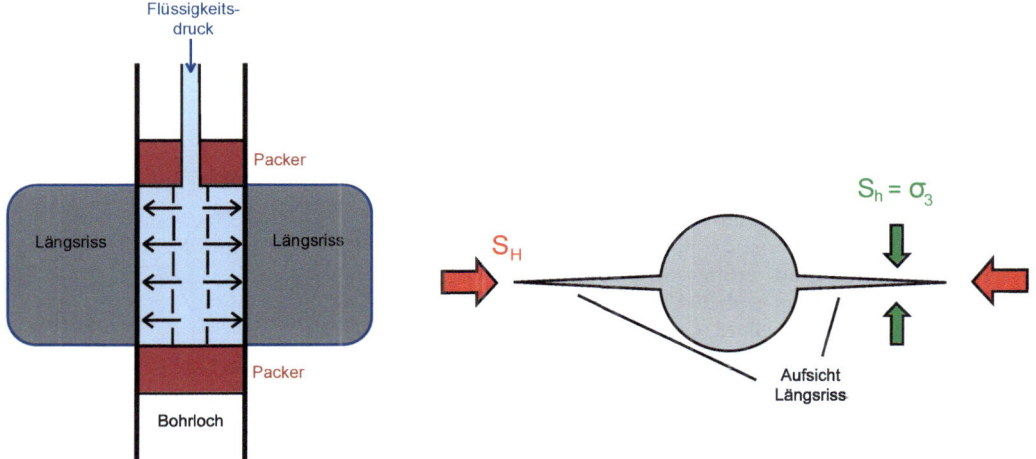

Abb. 13.13 Hydraulisches Bruchverfahren (links) Bohrlochlängsschnitt; (rechts) Bohrlochquerschnitt (Erläuterungen siehe Text)

einiger Entfernung und verläuft dann im Gestein horizontal (senkrecht zu S_v was in diesem Fall σ_3 entspricht, s.a. Kap. 15). In größeren Tiefen bleibt die Längsrichtung des initialen Bruchs erhalten. Der Betrag der im Gestein wirkenden kleinsten Horizontalspannung S_h (= σ_3) entspricht dem Flüssigkeitsdruck (p_s), der den Riss offenhält (Abb. 13.13 rechts):

$$S_h = p_s$$

Die Richtung der größten Horizontalspannungsrichtung S_H verläuft senkrecht zu dem entstandenen Riss, dessen Orientierung im Bohrloch mit einem Bohrloch-Televiewer festgestellt wird. Die Berechnung von S_H erfolgt dann mit dem Wert des kritischen Flüssigkeitsdrucks, der experimentell im Labor zu ermittelnden Zugfestigkeit (T_0) und dem Wert von S_h bei Anwendung theoretischer Kenntnisse der Spannungsverteilung um ein unter Spannung stehendes Bohrloch.

In der Erdölindustrie wird das hydraulische Bruchverfahren angewendet, um durch die künstliche Rissbildung im Speichergestein die Produktivität einer Bohrung zu erhöhen.

Bohrlochrandausbrüche (*borehole breakouts*). In Bohrungen bilden sich aufgrund der unterschiedlichen mechanischen Eigenschaften der Gesteinsabfolge und des *in situ*-Spannungszustands Randausbrüche in der Bohrlochwand. Die Geometrie der Bohrlochrandausbrüche wird elektromechanisch mit der Abspreizung von bis zu sechs Kaliberarmen sogenannter Kalibersonden oder mit akustischen Messsonden bestimmt. Die Messgeräte wurden ursprünglich zur Abschätzung der Zementmenge für die Ringraumfüllung bei der Verrohrung eines Bohrlochs entwickelt. Seit mehr als 30 Jahren (BELL & GOUGH 1979 wird die Geometrie der Bohrlochrandausbrüche zur Erfassung der aktiven horizontalen Spannungsrichtungen herangezogen (ZOBACK 1985). Die Randausbrüche entstehen im Bohrloch, wenn die Spannung um das Bohrloch herum (**Umfangsspannung**, *circumferential stress, hoop stress*) die für das Bruchversagen des Bohrlochrands erforderliche Spannung überschreitet (HEIDBACH et al. 2007). Kompressive Bohrlochrandausbrüche bilden sich in vertikalen Bohrlöchern senkrecht zur maximalen Horizontalspannung S_H in Richtung der minimalen Horizontalspannung S_h (Abb. 13.14). Generell werden Bohrlochrandausbrüche zur Bestimmung der aktiven Horizontalspannungen verwendet (Word Stress Map). In Diskussion ist die Frage, ob sich aus der Tiefe der Randausbrüche tatsächlich auch die Magnituden der *in situ*-Spannungen ableiten lassen (AMADEI & STEPHANSSON 1997).

Bohrloch-induzierte Zugbrüche (*drilling-induced tensile fractures DITF*). Diese Brüche sind in vertikalen Bohrlöchern parallel zur Richtung der aktiven maximalen Horizontalspannung (S_H) orientiert und entstehen unter Zugbruchversagen der Bohrlochwand (Abb. 13.15), wenn die Spannungskonzentration um das Bohrloch kleiner ist als die Zugfestigkeit des Gesteins (BRUDY. & ZOBACK 1995).

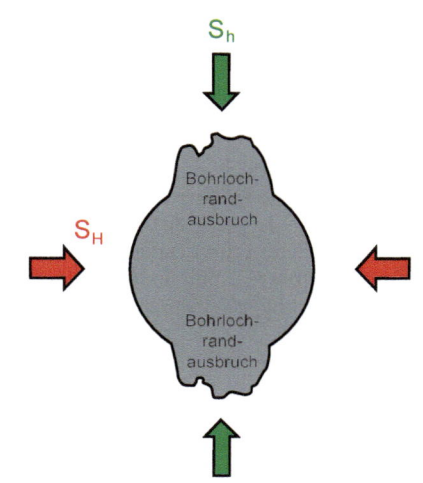

Abb. 13.14 Orientierung von Bohrlochrandausbrüchen im Querschnitt eines Bohrlochs bezüglich der maximalen (S_H) und minimalen (S_h) horizontalen Hauptspannungen

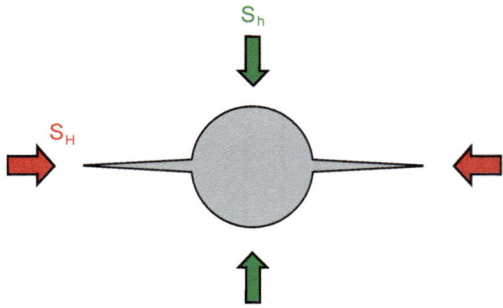

Abb. 13.15 Orientierung von Bohrloch-induzierten Zugbrüchen im Querschnitt eines Bohrlochs bezüglich der maximalen (S_H) und minimalen (S_h) horizontalen Hauptspannungen

13.4 Ermittlung von potentiell aktiven Verwerfungen mit Radon-Messungen im Bodengas

Radon ist ein natürlich vorkommendes Edelgas mit der Ordnungszahl 86 im Periodensystem der Elemente. Es entsteht in den Zerfallsreihen von Uran und Thorium durch den α-Zerfall von Radium. Von den drei in der Natur vorkommenden gasförmigen Isotopen hat **Radon (^{222}Rn)** in der Zerfallsreihe von Uran-238 eine Halbwertszeit von 3,8 Tagen, Thoron (^{220}Rn) in der Zerfallsreihe von Th-232 = 55 Sekunden und Actinon (^{219}Rn) in der Zerfallsreihe U-235 = 4 Sekunden. Während die Radon-Isotope Thoron und Actinon also schon nach kurzer Zeit zerfallen, kann sich das Radon (^{222}Rn) im geologischen Untergrund knapp 4 Tage lang von seinem Entstehungsort entfernen und je nach Beschaffenheit des Gesteinsverbands über kleinere und größere Entfernungen migrieren. Die Konzentration von Radon in der Bodenluft hängt von der Gesteins- und Bodenzusammensetzung und vom Porenraum sowie von den Wegsamkeiten entlang von Klüften und Verwerfungen im Untergrund ab.

Radonmessungen in der Bodenluft wurden zur Lokalisierung von aktiven Verwerfungen z. B. in Deutschland im Neuwieder Becken (KEMSKI 1993), an der San Andreas-Verwerfung in Kalifornien (KING et al. 1996) oder entlang der Totes Meer-Transform-Störung in Jordanien (ATALLAH et al. 2001) durchgeführt.

Zur Messung der Radongehalte werden quer zum Verlauf einer Verwerfung sogenannte Bodengasprofile angelegt und mit Bodengassonden im Abstand von ca. 10 m Radonproben genommen. Je nach den örtlichen Untergrundsverhältnissen (Steine im Boden), oder wenn die Radonkonzentrationen bei den Messungen größere räumliche Veränderungen zeigen, werden die Messabstände entweder verkürzt oder verlängert. Nachdem das Radon durch den α-Zerfall von Radium gebildet wurde, kann es auf zweierlei Art an die Erdoberfläche gelangen. Geschieht die Migration durch Diffusion im Porenraum, dann ist der Radongehalt von der Geochemie des Gesteins abhängig. Das Radon wandert nur über geringe Entfernungen und die Radonwerte sind in der Bodenluft über derselben Gesteinsart gleichmäßig verteilt. Im Gegensatz dazu strömt das Radon bei einem advektiven Transport über weite Entfernungen durch Risse und Spalten, bis es an der Erdoberfläche über räumlich begrenzten Verwerfungszonen austritt. Die Sprödeformation entlang einer aktiven Verwerfung bricht das Gestein immer wieder auf. Dadurch werden erneut Wegsamkeiten für das Radon geschaffen und an den neuen Bruchflächen wird zusätzlich Radon freigesetzt (KEMSKI 1993).

Aufgrund der kurzen Halbwertszeit von 3,8 Tagen kann bei einem starken Anstieg der Radongehalte in einem begrenzten Abschnitt des Bodengasprofils auf eine aktive oder neotektonische Verwerfungszone im Untergrund geschlossen werden.

13.5 Neotektonik und Georisiken

Die mit neotektonischen Prozessen verknüpften **Georisiken** (*georisks*) hängen mit **Naturgefahren** (*natural hazards*) zusammen, die von den endogenen Prozessen der Erde (Kap. 1) gesteuert werden. Erdbeben, Vulkane und Tsunamis sind **Geogefahren** (*geohazards*) die immer wieder auftreten, seit die Erde besteht. Sie werden aber für den Menschen zum Risiko, wenn sie die von ihm besiedelten Gebiete heimsuchen. Unter Georisiken verstehen wir also die Auswirkungen von Geogefahren auf die Infrastruktur und die damit verbundene Gefährdung von Menschenleben und die Zerstörung von Sachwerten. Der Grad der **Anfälligkeit** (*vulnerability*) gegenüber Georisiken wird bei der steigenden Weltbevölkerung immer größer, zumal zunehmend auch potentiell gefährdete Gebiete immer dichter besiedelt werden. Diese Erhöhung der Georisiken betrifft, neben den neotektonischen, selbstverständlich auch diejenigen, die von exogenen und klimabedingten Prozessen verursacht werden. Dazu gehören erosionsgesteuerte Massenbewegungen, Erdfälle, Überflutungen und Stürme sowie der relativ seltene Fall eines großen Meteoriteneinschlags. Eine Zusammenstellung der unterschiedlichen Naturgefahren findet sich bei BRYANT (2005).

Die Abschätzung von neotektonisch verursachten Georisiken erfordert das Verständnis der Ursachen aktiver Spannungszustände in der Erdkruste und deren mögliche Auswirkungen auf die Entwicklung oder Reaktivierung tektonischer Strukturen. Dazu dienen die in diesem Kapitel genannten Untersuchungsmethoden, mit denen potentielle Verwerfungen in einem neotektonischen Spannungsfeld erfasst werden können und mit denen der aktive Spannungszustand in der Erdkruste bestimmt wird. Aus der Geometrie der Deformationsstrukturen und den Spannungsrichtungen lassen sich potenziell aktive Verwerfungen ermitteln. Mit einer Einschätzung der seismischen Gefährdung für einen bestimmten Zeitraum und der schwierigen Abschätzung der Stärke der Bewegungen werden u.a. von Versicherungsgesellschaften Modellrechnungen bezüglich der zu erwartenden Schäden durchgeführt. Leider können Erdbeben bislang nicht vorhergesagt werden. Jedoch lassen sich mit der Beobachtung der Erdbebenstärke, der Erdbebenhäufigkeit und dem zeitlichen Abstand zwischen verschieden starken Beben für eine bestimmte Region bzw. ein Land gewisse seismische Zonen abgrenzen. In diesem Rahmen werden **Karten zur seismischen Gefährdung** (*seismic hazard maps*) und **Karten zur Erdbebendichte** (*earthquake density maps*) mit der durchschnittlichen Anzahl von Erdbeben einer bestimmten Magnitude pro Jahr erstellt sowie sogenannte **Erschütterungs-Karten** (*shake maps*) angefertigt, in denen in annähernder Echt-Zeit die Bodenbewegung und die Stärke der Erschütterung nach einem bedeutenden Erdbeben dargestellt wird. Ferner werden, so vorhanden, Verwerfungen in quartären Sedimenten kartiert.

Auf der Erde gibt es ganz generell Zonen mit erhöhten seismischen Gefahren wie auch Gebiete, in denen diese gering sind. Zonen erhöhten Risikos sind die Plattengrenzen (Abb. 13.16) mit ihren (a) Subduktionszonen (z. B. Chile, Japan) und den Kontinent-Kontinent-Kollisionszonen (z. B. Himalaya-Region), die (b) divergenten Plattenränder und intrakontinentalen Gräben (z. B. Mittelozeanische Rücken respektive das Ostafrikanische Grabensystem sowie das Rio Grande Rift USA) und (c) die Transformstörungen (z. B. San Andreas-Verwerfung in den USA, Totes Meer-Transformstörung im Nahen Osten, Alpine Fault in Neuseeland). Im Intra-

Abb. 13.16 Weltkarte der seismischen Gefährdung (Bildrechte: aus GROTZINGER et al. 2008, nach SHEDLOCK et al. 2000)

Abb. 13.17 N-S verlaufendes Escarpment in Südchile. Segment der ca. 1000 km langen, potenziell aktiven Liquiñe-Ofqui-Störungszone

Abb. 13.18 Der Vulkan Villarica in Südchile liegt in der N-S verlaufenden Liquiñe-Ofqui-Störungszone. Seine Entstehung, d. h. das Aufdringen des Magmas, wird großen Spalten (sekundäre Zug- und Scherrisse) der 1000 km langen Verwerfungszone zugeordnet. Die Verwerfung läuft durch den V-förmigen Felseinschnitt auf den Betrachter zu.

plattenbereich können sich über lange geologische Zeiträume Spannungen aufbauen, die dann durch starke Erdbeben, oft an prä-existenten Schwächezonen, wieder reduziert werden (z. B. New Madrid in den USA, Meckering und Tennant Creek in Australien). Wenige oder keine Erdbeben kommen in den präkambrischen Kratonen der Kontinente vor, aber wie die Beben in Australien zeigen, gibt es – wie so oft in der Geologie – viele Ausnahmen. Die Abbildungen 13.17 und 13.18 zeigen Bereiche einer potentiell dextral aktiven 1000 km langen Horizontalverschiebungszone in Südchile (Liquiñe-Ofqui-Störungszone, vgl. Kap. 7).

13.5.1 Tsunamis

Der Begriff stammt aus dem Japanischen. Er bedeutet „Hafenwelle" und rührt daher, weil sich die hohen Wellen nur in Küstennähe im Flachwasser bzw. im Hafenbereich aufbauen. Auslöser von Tsunamis sind Seebeben, bei denen an einer submarinen Verwerfung die gesamte Wassersäule emporgehoben (Abb. 13.19) oder abgesenkt wird. Aufgrund der plötzlichen Wasserverdrängung entstehen im offenen Meer sich ringförmig ausbreitende Wellen, deren Höhe weniger als 1 m beträgt und die sich mit einer Geschwindigkeit bis zu 800 km/h ausbreiten. Die Entfernung zwischen den Wellenbergen liegt im Bereich von 100 km und mehr. Erreicht der Tsunami flachere Küstengewässer, wird er stark abgebremst und die Welle kann bis zu 30 m Höhe erreichen. Bevor der Tsunami die Küste erreicht, zieht sich das Wasser relativ schnell vom Strand zurück. Zwischen diesem deutlichen Warnsignal bis zum Eintreffen der großen Welle liegen mehrere Minuten, die ausreichen können, sich in höher gelegene Gebiete in Sicherheit zu bringen. Die ankommende Tsunamiwelle kann dann je nach Morphologie des Geländes mehrere hundert Meter auf das Festland übergreifen und große Gesteinsblöcke (Abb. 13.20 und 13.21) bzw. Gebäudeteile oder Autos tranportieren. Das Wasser läuft danach wieder ab, aber das Land ist anschließend noch weiteren auf- und ablaufenden zerstörerischen Wellen ausgesetzt. Über Tsunamis gibt es eine umfangreiche Literatur, die jüngsten diesbezüglichen Bücher sind von BRYANT (2008), LEVIN & NOSOV (2009) und MURUTA et al. (2010).

Abb. 13.19 Entwicklung eines Tsunamis. Der plötzliche Versatz des Meeresbodens hebt bei einem Seebeben die gesamte Wassersäule an. Im offenen Meer entsteht eine sich rasch ausbreitende Welle mit geringer Höhe, aber großer Wellenlänge. Die nichtmaßstäbliche Abbildung zeigt schematisch, wie sich die Welle im flacher werdenden Wasser immer höher aufbaut und die Wellenlänge kürzer wird, um dann mit enormer Wucht aufs Land zu treffen.

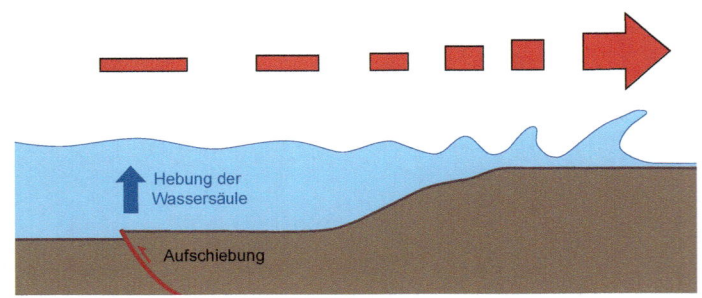

Abb. 13.20 Durch einen Tsunami von einer Strandplattform abgerissene und aufgetürmte Gesteinsplatten, Lombadina, NW-Küste Australien. Hinweise auf Tsunami-Ablagerungen sind dachziegelartige Übereinanderlagerung der Blöcke. Diese zeigen keine Aufschlagmarken, d. h. sie wurden in der Suspension der Tsunamiwelle transportiert und übereinander gelegt.

Abb. 13.21 Tsunami-Ablagerung bei Lombadina, Nordwestküste Australien (Maßstab = 50 cm. Die dachziegelartig strukturierte „Mauer" befindet sich ca. 200 m landeinwärts von der Strandlinie entfernt).

13.5.2 Bergstürze und Massenbewegungen

Sekundäre Auswirkungen von Erdbeben können Bergstürze und Massenbewegungen sein. So sind die Bergstürze an der Südflanke des Dobratsch in Kärnten primär zwar nach dem Abtauen eines eiszeitlichen Gletschers entstanden, der zuvor gegen den Berg gedrückt hat. Ein Erdbeben im Jahr 1342 löste dann einen weiteren riesigen Bergsturz aus (Abb. 13.22), bei dem das Flussbett des Gailtals verschüttet wurde und ein natürlicher Stausee entstand. Menschen kamen damals nicht zu Schaden, weil diese Gegend noch nicht besiedelt war. Das Erdbeben ereignete sich vermutlich an der Gailtal-Störung, einem Segment der E-W verlaufenden neotektonisch aktiven Periadriatischen Naht, einer ca. 600 km langen plattentektonischen Struktur in den Alpen.

13.5.3 Erdfälle in der Folge von Salztektonik

Steigen Salzstöcke in die Nähe der Erdoberfläche auf, kann das durch Spalten in den Untergrund eindringende Wasser zu Auslaugungen führen (Dia-

Abb. 13.22 Bergsturz an der Südflanke des Dobratsch in Kärnten. Abrissnieschen (hell), Bergsturzmaterial am bewaldeten Fuß des Berges

Abb. 13.23 Bahrenfelder See im Stadtgebiet von Hamburg. Der See ist durch einen Erdfall über einem Salzstock entstanden.

pirismus Kap. 12.4). Die entstehenden Hohlräume können bei entsprechendem Überlagerungsgewicht einbrechen, Erdfälle bilden (Abb. 13.23) und in bebauten Gebieten zu einer Erhöhung des Georisikos führen (REUTHER et al. 2007).

13.6 Altersbestimmung in der Neotektonik

Zur Beurteilung neotektonischer Strukturen werden verschiedene Datierungsmethoden angewandt. Dazu werden Altersbestimmungen von Ablagerungen an der Erdoberfläche durchgeführt oder die Mineralisierungen in Verwerfungszonen (z. B. Kalzit) untersucht. So lassen sich z. B. mit der Datierung und Korrelation von marinen oder fluviatilen Terrassen Hebungs- und Senkungsraten ermitteln respektive aus der Störungsmineralisation das Alter der Verschiebung feststellen. Sind diese Minerale intakt, erhält man ein minimales Alter für die letzte Bewegung an der Störung; sind die Minerale zerbrochen, gibt dies das maximale Alter der letzten Bewegung an der Verwerfung an. Je nach den geologischen Rahmenbedingungen (Gesteinstyp, Bodenzusammensetzung und Ablagerungscharakteristika) kommen unterschiedliche Methoden zum Einsatz. Diese reichen von den absoluten Altersdatierungen bis zu den relativen Altersbestimmungen und sind in der Tabelle 13.1 zusammengestellt.

Tabelle 13.1 Datierungsmethoden in der Neotektonik zusammengestellt nach GROTZIGER et al. (2008)* nach BURBANK & ANDERSON (2001) und WALKER, M.J. (2005)**

Methode	Verfahren – datierbares Material	datierbarer Zeitraum / Jahre
BIOLOGISCH		
Dendrochronologie	Auszählung und Vergleich von Jahresringen fossiler Bäume.	bis 10.000*
SEDIMENTOLOGISCH		
Warvenchronologie	Abzählung und Vergleich jährlicher Wechsellagerung zwischen sandig-siltigen Lagen (Sommer) und tonigen Lagen (Winter).	bis 75.000**
CHEMISCH		
Tephrochronologie	Geochemische Identifikation von vulkanischen Aschelagen (Tephraschichten) innerhalb von sedimentären Abfolgen.	0 bis mehrere Millionen*
RADIOMETRISCH		
Thermoluminiszenz (Wärmeleuchten)	Durch Erwärmen werden die in Gitterbaufehlern von Kristallen „eingefangenen" Elektronen freigesetzt. Aus der Intensität des Wärmeleuchtens wird das Alter ermittelt. - Quarzsilt, äolische Sedimente	30.000 - 300.000*
Kohlenstoff-14	Zerfall von radioaktivem ^{14}C. - Schalenmaterial/Kalzit, Holz, Torf	35.000*
Spaltspuren (fission tracks)	Durch Anätzen sichtbar gemachte mikrometergroße Defektlinien (tracks) in der Kristallstruktur von Mineralen (z.B. Apatit) die beim radioaktiven Zerfall (fission) von Uran-238 entstehen.	1000 - 5 Mio**
Uran-234	Zerfall ^{234}U zu ^{230}Th.- Karbonate (Korallen)	30.000 - 300.000*
KOSMOGEN		
Aluminium-26, Beryllium-10	Zerfall von radioaktivem ^{26}Al, ^{10}Be.- Quarz	3 - 4 Millionen*
PALÄOMAGNETISCH		
Säkularvariationen	Bestimmung der zeitlichen Veränderung des Erdmagnetfelds, die sich z.B. in der remanten Magnetisierung zeigt.- Feinkörnige Sedimente	0 - 700.000*
Identifikation von Feldinversionen	Bestimmung der vollständigen Umpolungen des Erdmagnetfeldes. Feinkörnige Sedimente, Lava	> 700.000*

14 Tektonik und Klima

Lee-Seite der Patagonischen Anden – Blick nach Westen. Die mit Westwind über das Gebirge kommenden Wolken lösen sich auf.

14.1 Wechselwirkungen zwischen Tektonik und Klima

Generell wird die Tektonik und die damit verbundenen Strukturen unserer Erde durch endogene Prozesse, d. h. von Kräften aus dem Erdinneren gesteuert, deren Ursachen auf Wärmeunterschieden und den daraus resultierenden Konvektionsströmen sowie auf Dichteunterschieden im Erdkörper beruhen (vgl. Kap. 2.2). Jedoch können in gewissen Bereichen der Erde Wechselwirkungen zwischen tektonischen Prozessen und klimatischen Vorgängen erheblich zur Oberflächengestaltung beitragen. Die tektonische Verdickung oder Verdünnung der Erdkruste in Verbindung mit isostatischen Ausgleichsbewegungen führt zur Heraushebung von Gebirgen (vgl. Abb. 2.1) oder zur Absenkung großer Grabenbereiche und der damit kombinierten Aufwölbung der Grabenschultern (vgl. z. B Abb. 6.14). Tektonisch verursachte Änderungen der Hangneigung ändern den Winkel der Sonneneinstrahlung und beeinflussen somit die Temperaturverwitterung des Untergrunds und folglich dessen Erosion. Höhere Gebirge funktionieren als Wetterscheiden und trennen unterschiedliche Klimabereiche gegeneinander ab. Die Luftströmungen werden von Bergrücken und Tälern beeinflusst und der entstehende Wind bedingt an der Luvseite des Gebirges das Aufsteigen von Luftmassen, die dann abkühlen, wobei das enthaltene Wasser kondensiert und sich Wolken bilden. Während die Luft weiter ansteigt, bleiben die Wolken entweder erhalten oder es beginnt zu regnen bzw. je nach Höhe und Temperatur zu schneien. Auf der Lee-Seite des Gebirges sind die Niederschläge deutlich geringer und die Luftmassen erwärmen sich beim Abstieg wieder. Unterschiede in der Niederschlagsmenge in Form von Regen oder Schnee und Eis (Vergletscherung) sind wesentliche Ursachen der Erosion des geologischen Untergrunds.

Bei der Veränderung des Geländereliefs durch klimatische und tektonische Prozesse kommt es, unter Berücksichtigung der Verwitterungsresistenz des Gesteins, auf den jeweiligen Anteil des exogenen oder endogenen Vorgangs an (Abb. 14.1). Das heißt, die Reliefentwicklung hängt davon ab, wie viel Gesteins- und Bodenmaterial in einer bestimmten Zeit durch Wasser, Eis und Wind erodiert (**Erosionsrate,** *erosion rate*) und umgelagert wird und um welchen Betrag das Gelände in einer bestimmten Zeit tektonisch gehoben oder abgesenkt wird (**tektonische Hebungs-/ und Senkungsraten,** *rates of tectonic uplift / subsidence*).

Mit dem Anwachsen oder Abbau der Geländestrukturen durch tektonisch übereinander gestapelte oder gedehnte Gesteinslagen und durch klimainduzierte Massenbewegungen und Massenverlagerung verändern sich die Gravitationsspannungen und somit der Spannungszustand in der Erdkruste der betroffenen Region. Wechsel im krustalen Spannungsregime wurden und werden aber auch durch Veränderungen von Wasser- und Eismassen auf der Erde verursacht. So wird während Eiszeiten viel Wasser in großen Eismassen gebunden. Dadurch steigt unter dem Eis die Gravitationsspannung ebenfalls an und die Lithosphäre wird durch die Eisauflast gebogen (*lithospheric bending*). Gleichzeitig kommt es andern Orts zu einem Rückzug des Meeres vom Festland (**Regression,** *regression*), was dort zu einer Erniedrigung der Gravitationsspannung führen kann. Schmelzen große Eismassen ab, so wird die Erdkruste in dieser Region, wie z. B. in Skandinavien nach den letzten Eiszeiten, entlastet und die Lithosphäre „federt zurück" (*elastic rebound*) und das Gelände hebt sich. Das Abschmelzen des Eises führt zu einem Anstieg des Meeresspiegels und zu Überflutungen des Festlands (**Transgression,** *transgression*), was wiederum in den betroffenen Gebieten Auswirkungen auf die Spannungen in der Erdkruste haben kann.

Die auf der Nordhalbkugel nach Abschmelzen der Eismassen der letzten Eiszeit nachweisbaren Intraplatten-Erdbeben (das sind Erdbeben, die innerhalb einer Lithosphärenplatte entstehen) werden auf Spannungsänderungen in der Erdkruste zurückgeführt, die mit der postglazialen „Rückfederung" der elastischen Lithosphäre im Zusammenhang stehen (JOHNSTON et al. 1998, WU et al. 1999). Die unter der Auflast erfolgte Biegung der Lithosphäre geht bei der Entlastung zurück, das Gelände hebt sich und beim „Geradebiegen" der Platte entstehen Horizontalspannungen, die alte Brüche in der Erdkruste als Verwerfungen reaktivieren können.

Die Auswirkungen von Meeresspiegelschwankungen auf tektonische Prozesse lassen sich z. B. an der südlichen aktiven Kollisionsfront zwischen

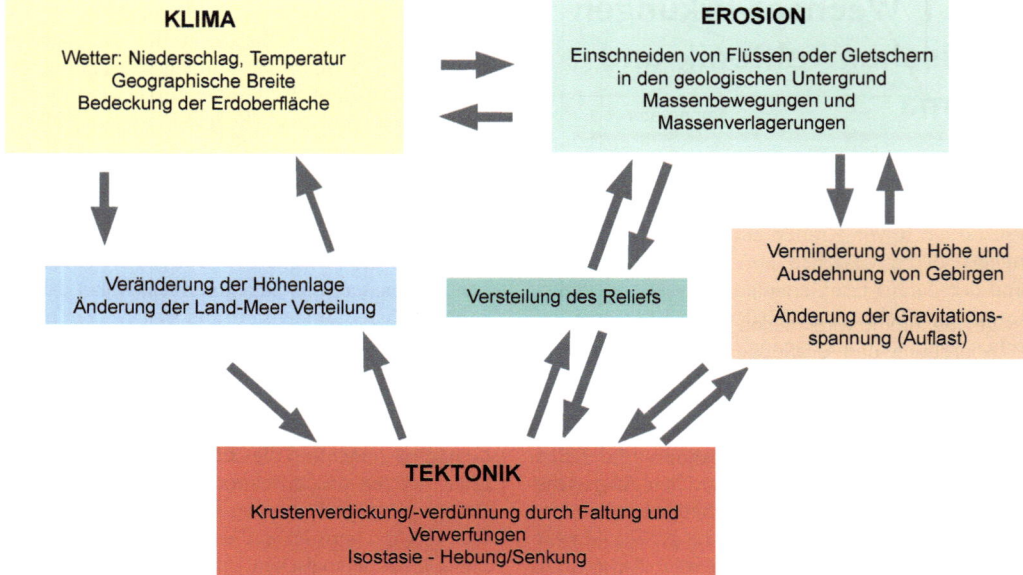

Abb. 14.1 Wechselbeziehungen zwischen Tektonik, Klima und Erosion (Bildrechte: basierend auf WILLET et al. 2006)

Europa und Afrika in Sizilien beobachten. In seiner jüngeren geologischen Vergangenheit (Neogen, seit ca. 25 Millionen Jahren bis heute) wurde der dort durch die Kontinent-Kontinent-Kollision nach Süden fortschreitende und sich verjüngende keilförmige Falten- und Überschiebungsgürtel (vgl. Abb. 8.4 unten) mehrfach überflutet und während zweier Transgressionen an der Basis abgeschert und um jeweils ca. 20 km verschoben. Lag der Überschiebungsgürtel über dem Meeresspiegel, waren die Schubweiten deutlich geringer und der Überschiebungsgürtel wurde intern deformiert (ADAM & REUTHER 1995).

Falten- und Überschiebungen charakterisieren die nach außen gerichteten (**vergenten,** *vergent*) Strukturen eines Gebirges und entstehen in Konvergenzzonen, wenn sich eine Erdplatte unter die andere schiebt (vgl. Kap. 8.2.1). Dabei wird Krustenmaterial von der sich unterschiebenden Platte „abgeschabt" und an die obere Platte angefügt. Beim Unterschiebungsprozess (**Subduktion,** *subduction*) entsteht ein asymmetrisch **zweiseitiges, doppeltvergentes Gebirge** (*doubly-vergent, bivergent orogen*), das aus zwei **Gebirgskeilen** (*orogenic wedges*) besteht (Abb. 14.2), von denen der eine über der abtauchenden Platte liegt und nach vorne gerichtet ist (*pro-wedge*) und sich der andere, nach hinten gerichtet, über der oberen Platte bildet (*retro-wedge*).

Die Keile erreichen beim Zusammenschub eine charakteristische Form, die ganz bestimmten Gesetzmäßigkeiten unterliegt. Die Keilform hängt von der **Hangneigung** (*topographic slope*) und der Neigung der Keilbasis (**basaler Abscherhorizont,** *basal decollement, basal thrust*) ab (vgl. Abb. 8.10). Der beim Zusammenschub immer größer werdende Keil wird solange intern deformiert, bis seine Oberfläche eine kritische Neigung (**kritische Oberflächenneigung,** *critical surface slope*) erlangt hat. Die **kritische Keilform** (*critical taper*) wird von den Materialeigenschaften des Keils, also der Gesteinsart, und von der Geometrie des basalen Abscherungshorizonts bestimmt. Im kritischen Zustand ist die interne Festigkeit des zusammengeschobenen Krustenmaterials so groß geworden, dass der Keil nicht mehr intern deformiert wird, sondern bei andauerndem tektonischem Zusammenschub auf seiner basalen Abscherungsfläche gleitet (DAVIES et al.,1983, DAHLEN 1984, DAHLEN et al. 1984, DAHLEN & SUPPE 1988). Die Form des Keiles charakterisiert somit dessen internen Spannungszustand und der interne Spannungszustand wirkt sich seinerseits auf die Form des Keiles aus. Im kritischen Zustand, d.h. bei einem bestimmten Keilwinkel, ist der Keil sehr deformationsanfällig. Wenn also die Oberfläche eines Krustenkeils flächenhaft erodiert (**Denudation,** *denudation*) wird

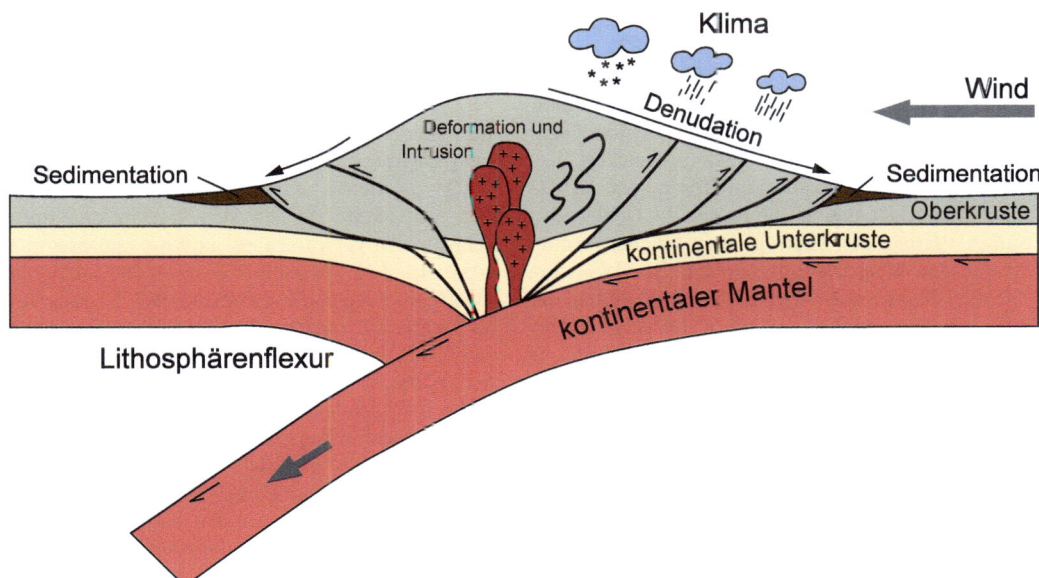

Abb. 14.2 Entstehung eines zweiseitigen Kollisionsorogens in Wechselwirkung mit klimatischen Prozessen (Bildrechte: verändert nach WILLET 1999 und HOTH et al. 2006).

und es zu Massenverlagerungen kommt, ändert sich die Keilform. Der Keil wird zum Erreichen seiner für den Überschiebungsvorgang in der Konvergenzzone notwendigen kritischen Form nun intern deformiert und bei andauernder Konvergenz wieder zusammengeschoben, bis er diese kritische Keilform erneut erreicht hat und weiter über den basalen Abscherhorizont gleiten kann. Aus dieser „Kettenreaktion" wird deutlich, wie eine klimabedingte Erosion direkt in einen tektonischen Prozess eingreift, Deformationen verursacht und eine damit verknüpfte tektonische Hebung ihrerseits wieder zu höheren Erosionsraten führt (WILLETT 1992, WILLETT 1999, WILLET et al. 2006). Den Einfluss der Erosion auf die Bewegungsabläufe von zweiseitigen Orogenen haben HOTH et al. (2006) mit Analogmodellen in **Sandkastenversuchen** (*sandbox experiments*) aufgezeigt.

14.2 Regionale Beispiele

14.2.1 Die Anden

Ein sehr schönes Beispiel für die Wechselbeziehungen zwischen Tektonik und Klima sind die Anden. Diese Gebirgskette am Westrand Südamerikas verläuft ab ca. 18° südlicher Breite vom Grenzgebiet Chile/Peru von den südlichen Zentral-Anden über etwa 4.300 km in Nord-Süd-Richtung bis zur Cordillera Darwin in Feuerland bei ca. 54°S. Das Gebirge quert dabei Klimazonen, die von einem subtropischen Wüstenbereich bis hin zu subantarktischen, stürmischen Feuchtgebieten reichen. Betrachtet man die globalen Luftströmungen auf der Südhalbkugel, so queren die Anden die Gebiete der Südost-Passate, den subtropischen Hochdruckgürtel und den Bereich der außertropischen Westwinde. Mit Höhen von 5000 bis 6000 m im Norden, die mit dem Aconcagua bis 6.962 m aufragen und in Feuerland am Monte Darwin noch knapp 2.400 m erreichen, bilden die Anden eine deutliche orographische Barriere.

Die östliche Seite der südlichen Zentral-Anden in Boliven und NW-Argentinien (Ostkordillere) bildet die Luv-Seite für die mit Feuchtigkeit beladenen Luftströmungen, die vom Atlantik und dem Amazonas Gebiet auf das Gebirge treffen und hier ein humides Klima erzeugen. Da sich die tektonische Aktivität dieses Andenabschnitts weiter nach Osten verlagert (STRECKER et al. 1989, RAMOS et al. 2002) unterliegen hier die Wechselbeziehungen zwischen Reliefentwicklung und Klima ständigen Veränderungen (MONTGOMERY et al. 2001, STRECKER et al. 2007). Auf der Lee-Seite der Ostkordillere herrschen auf der Puna-Hochebene trockene, aride Bedingungen. Durch das Wandern der tektonischen Aktivität nach Osten, verlagert sich auch die Leeseite des Gebirges. Die Ersosion wird geringer, da weniger Wasser vorhanden ist. Die Flüsse schneiden sich nicht mehr tief in den Untergrund ein und es wird weniger Material transportiert. So wird die wachsende Puna-Hochebene durch den nach Osten wandernden und aufsteigenden Gebirgsrand vor starken Niederschlägen geschützt und ihr wenig ausgeprägtes Relief ist eine Folge des ariden Klimas (KLEINERT & STRECKER 2001, STRECKER et al. 2009). Aride Bedingungen herrschen von der Puna-Hochebene über den die Westkordillere bildenden aktiven magmatischen Bogen hinweg bis an die Küstenkordillere. Zwischen West- und Küstenkordillere liegt mit der Atacama-Wüste eines der trockensten Gebiete der Erde.

Bei etwa 30° S kehrt sich das Bild um. Ab hier treten starke Westwinde auf, welche das Klima im südlichen Chile und Argentinien bestimmen. Nach WEISCHET (1970) ist diese Westwindzirkulation im Sommer doppelt so stark wie auf der Nordhalbkugel und die Luftströmungen reißen im Sommer und Winter nur kurzzeitig ab. Dies führt dann trotz der relativ geringen Höhe der Anden in Patagonien und Feuerland zu starken klimatischen Unterschieden an der Luvseite im Westen und der Leeseite im Osten des Gebirges. Für die in Chile liegende Luvseite der Patagonischen Anden sind sehr hohe Niederschläge charakteristisch. Auf der Leeseite in Argentinien herrscht bei immer noch starken Westwinden ein semiarides Klima.

Das asymetrische Bild der Niederschläge entlang der Andenkette spiegelt sich klar in den unterschiedlichen Verwitterungs- und Erosionsprozessen sowie in den Sedimentationsraten beidseitig des Gebirges wider (BANGS CANDE 1997, STRECKER et al. 2007). So werden zum Beispiel im trockenen Nordchile vor der Küste im Pazifik keine oder kaum Sedimente in die Tiefseerine transportiert, wohingegen in Südchile bei Concepcion der Bío Bío-Fluss viel Sediment in den Ozean transportiert. Dies führt und führte dazu, dass sich vor Südchile ein Akkretionskeil bilden konnte und in Nordchile nicht. Das hat wieder Auswirkungen auf die Geometrie der Subduktionszone, was sich dann auf die strukturelle Gestaltung der Oberplatte auswirkt. In Nordchile kommt es ohne Sedimente in der Tiefseerinne zur sogenannten Subduktionserosion, bei der die sich unterschiebende Platte an der Spitze der Oberpatte

14.2 Regionale Beispiele

Krustenmaterial abraspelt und diese praktisch kürzer wird – in Südchile sorgen die in die Tiefseerinne eingetragenen Sedimente dafür, dass sich die tektonische Subduktionserosion und die Akkretion in etwa die Waage halten und sich somit die Geometrie der Subduktionszone kaum verändert.

Die tektonische Heraushebung eines großen Gebirges beeinflusst das Klima, weil dadurch die atmosphärische Zirkulation gestört wird. Das Klima steuert die exogenen Prozesse Verwitterung, Abtragung, Transport und Ablagerung von Gesteinsmaterial und die damit verbundene Umgestaltung des Reliefs. Dies wirkt sich wiederum auf die internen Spannungszustände in der Erdkruste aus und in der Folge wieder auf die Tektonik. Das Klima beeinflusst also auch die Tektonik. Die über einen langen geologischen Zeitraum andauernde Trockenheit in den westlichen Anden könnte nach LAMB & DAVIS (2003) ebenfalls deren tektonische Hebung verursacht haben. Wie bereits oben erwähnt, werden in Nordchile kaum Sedimente in der Tiefseerinne abgelagert. An der Subduktionsstörung, zwischen der sich unterschiebenden ozeanischen Nazca Platte und der überlagernden Südamerikaplatte, kommt es aufgrund des Fehlens des „sedimentären Schmiermittels" zu hohen Scherspannungen. LAMB & DAVIS (2003) diskutieren die Auswirkungen zwischen Sedimenteintrag und die daran gekoppelten Veränderungen von Reibungskoeffizienten oder Porenflüssigkeitsdrucken auf die Scherspannungen, die die Hebungsprozesse entlang des Längsverlaufs der Subduktionszone kontrollieren. Eine weitere Rolle bei der Hebung der Anden spielen **Auftriebsspannungen** (*buoyancy stresses*) zwischen der Tiefseerinne und dem Hochgebirge. Da Scher- und Auftriebsspannungen aber stark durch Erosion und Sedimentablagerungen beeinflusst werden, wird das Klima zu einem wichtigen Steuerungsfaktor des Subduktionsprozesses und der Gebirgsbildung.

14.2.2 Das Ostafrikanische Grabensystem

Morphologisch stark ausgeprägte orographische Barrieren entstehen jedoch nicht nur in Plattenkollisionszonen, sondern auch in Bereichen in denen die Lithosphäre gedehnt wird. Dies geschieht entweder durch eine Aufdomung des Erdmantels oder durch eine Lithosphärenstreckung (vgl. Abb. 6.1 und 6.2) und nachfolgendem Aufdringen von Mantelmaterial. Die Erdkruste zerreißt an Abschiebungen und während der entstehende Graben absinkt, heben sich die Grabenflanken. Ein Beispiel dafür ist das große Grabensystem in Ostafrika mit fast 4.000 km Länge. Es beginnt im Norden zwischen dem Roten Meer und dem Golf von Aden mit dem Äthiopischen Rift und setzt sich nach Süden mit dem Ostafrikanischen Rift fort, das aus einem östlichen Zweig, dem Kenia oder Gregory Rift und einem westlichen Zweig mit dem Albert-, Tanganyika und Malawi/Nyasa See besteht und an der Sambesimündung am Indischen Ozean endet. Das Riftsystem entwickelte sich über zwei Krustenaufwölbungen, die Durchmesser von ca. 1000 km haben. Die Riftbildung begann im Tertiär und die tektonischen Prozesse dauern bis in die Gegenwart an. Das heutige Relief der aufgewölbten Grabenflanken ist in Kenia über 3.400 m hoch, das Grabeninnere liegt um ca. 1000 m tiefer. Auf der östlichen Grabenschulter liegen die beiden großen Vulkane Kilimandscharo (5.895 m) und Mount Kenia (5.194 m). Im westlichen Riftzweig verkörpert das Rwenzori Massif mit über 5000 m Höhe einen extrem emporgehobenen Grundgebirgsbereich. Tektonische Bewegungen im mittleren Pleistozän fielen hier mit einer Vergletscherung des Gebirges zusammen. Durch glaziale Erosion wurden ca. 1–2 km Material von den Ruwenzori-Bergen abgetragen. Dies und das Abschmelzen der Gletscher während Interglazialzeiten führte zu einer isostatischen Rückfederung mit starker Hebung (RING 2008). Die Heraushebung der Schultern des Ostafrikanischen Grabensystems bewirkt in der Folge bedeutsame überregionale und regionale Klimaveränderungen. So wird der interessanten Frage nachgegangen, wie diese tektonischen Prozesse über die damit verbundenen Klimaänderungen auch die Entwicklungsgeschichte des Menschen in Ostafrika beeinflusst haben (u.a. CHRISTENSEN & MASLIN 2008, TRAUTH et al. 2005).

Überregionale Auswirkungen haben die tektonisch gehobenen Schultern des Ostafrikanischen Graben-Systems auf die Monsun-Zirkulation. Im Bereich des Hochdruckgürtels der Südhalbkugel nehmen die dort herrschenden Luftströme über dem Indischen Ozean Feuchtigkeit auf. Die Winde werden in ihrer Richtung von der Coriolis-Kraft beeinflusst und wehen in nordwestliche Richtung. Dieser Effekt verschwindet am Äquator. Hier treffen die Winde auf die durch das Ostafrikanische Rift-System geschaffene topographische Barriere und werden daran nach Norden gelenkt. Sie bilden nun einen schmalen **Windstrom**, (*jet-stream*), der als Somali- oder Findlater Jet bezeichnet wird (FINDLATER 1966). Der mit Feuchtigkeit beladene Luftstrom bewegt sich weiter über das Arabische Meer und wird jetzt durch die auf der Nordhalbkugel nach rechts wirkende Coriolis-Kraft weiter nach Nordosten gelenkt (Sommermonsun), strömt in das Tiefdruckgebiet über Indien und führt dort zu starken Niederschlägen (HAY 1996). Der Monsun trägt nun seinerseits zur verstärkten Erosion bei. Es gibt Betrachtungen dazu, dass die seit 10 Millionen Jahren erfolgende Rotation Indiens gegen den Uhrzeigersinn auf eine Monsun bedingte verstärkte Erosion des östlichen Himalayas zurückzuführen sein könnte, da sich durch die Erosionsprozesse die Kopplung in der Plattenkollisionszone verändert (IAFFALDANO et al. 2011).

14.3 Plattentektonik und Klima

Die horizontalen und vertikalen Bewegungen der Lithosphärenplatten spielen in der Entwicklungsgeschichte der Erde eine entscheidende Rolle bei der Gestaltung des Klimas und seiner Veränderungen. Die Platten, differenziert in ozeanische und kontinentale Kruste bewegen sich mit unterschiedlichen Geschwindigkeiten auseinander, laufen aufeinander zu, unter- und überschieben sich oder gleiten horizontal aneinander vorbei. Während der Entwicklung der Erde entstanden dadurch mehrere **Großkontinente** (*super-continents*), wobei die ersten, während des Präkambriums, relativ schwierig zu rekonstruieren sind. Aber für die Konfiguration von Rodinia vor ca. 1.100 – 700 Millionen Jahren und vor allem für Pangäa vor ca. 300 Millionen Jahre lassen sich sehr gute paläogeographische Belege finden. Wenn der Äquator das Zentrum eines Großkontinents quert, führt das zu höheren Temperaturen. Eine große Landmasse absorbiert auch eine große Menge der Sonneneinstrahlung, d.h. auch die globale Temperatur erhöht sich. Wenn wir die geographische Lage des heutigen Deutschlands betrachten, so lag unser Bereich vor rund 300 Millionen Jahren (Karbon) auf dem Großkontinent Pangäa im Bereich des Äquators und war von „tropischem Regenwald" bedeckt. Im Perm (290 – 250 Millionen Jahre) wanderte der Großkontinent weiter nach Norden und „Deutschland" wurde in einen ariden Klimabereich verschoben. Im Perm setzen dann auch die ersten Prozesse des Auseinanderbrechens von Pangäa ein. Danach wurde Paläo-Deutschland auf der Europäischen Platte bis in seine gegenwärtige Position gerückt.

Die Landoberflächen stehen und standen im Kontakt mit den Ozeanen und der Atmosphäre. Im Laufe geologischer Zeiten verändern die aus Kontinenten und Ozeanen bestehenden Lithospärenplatten ihre Form und Position. Gestaltet durch tektonische Prozesse an den Plattenrändern und im Innern der Platten entwickelt und verändert sich das Relief der Landoberfläche und bewirkt so Veränderungen der atmosphärischen Zirkulation. Computersimulationen (z.B. CHEN & TRENBERTH 1988) zeigen, dass bereits Hebungen von 2000 m zur Ausbildung von Wetterscheiden führen.

Grabenbildungen in den Kontinenten können bis zu deren vollständiger Zerteilung führen. Dadurch öffnen sich neue **Meeresstraßen** (*sea-ways*) und in neuen geographischen Positionen ganze Ozeane. Das führt zu Veränderungen der Meeresströmungen bzw. es ändern sich die Positionen von Land/Meer-Bereichen hinsichtlich ihrer Lage zur Sonneneinstrahlung. Zu bestimmten Zeiten existierten große äquatoriale Meeresströmungen, die wärmeres Wasser vom Äquator in nördlich und südlich angrenzende Meeresbereiche brachten. Wurden diese Strömungen durch Kontinentkollisionen blockiert und konnten in höheren Breiten polare Meeresströmungen entstehen, beeinflussten diese das Klima der in den Polregionen liegenden Kontinente. Die Antarktis kühlte ab, als sie keine Festlandsverbindung zu den umgebenden Kontinenten mehr hatte und von einer kalten Meeresströmung umflossen wurde. Entstehen dann über Land große Gletscher, wird viel Wasser im Eis gebunden und der Meeresspiegel sinkt global ab. Andererseits können die Vulkane in den magmatischen Bögen große Mengen an CO_2 und Schwefeldioxid SO_2 produzieren was – bei starker weltweiter vulkanischer Aktivität – einen Treibhauseffekt induziert, der die globale Temperatur wieder erhöht.

Die plattentektonisch bedingten Klimaveränderungen auf der Erde lassen sich für die letzten 200 Millionen Jahre recht gut rekonstruieren. Das ist der Zeitraum, seitdem sich der Großkontinent Pangäa in die heutigen Platten und Erdteile aufgespalten hat. Die Bereiche von Mittel- und Südamerika und die ihnen vorgelagerten Ozeane sind für die jüngere geologische Vergangenheit unserer Erde, d.h. für den Zeitraum des Neogens mit der Hebung der Anden und mit der Entstehung der Landenge von Panama Schlüsselregionen zum Verständnis der Wechselwirkungen zwischen plattentektonischen Prozessen, atmosphärischer Zirkulation und der Veränderung von Meeresströmungen.

C Theorie und Auswertung

15 Spannungen

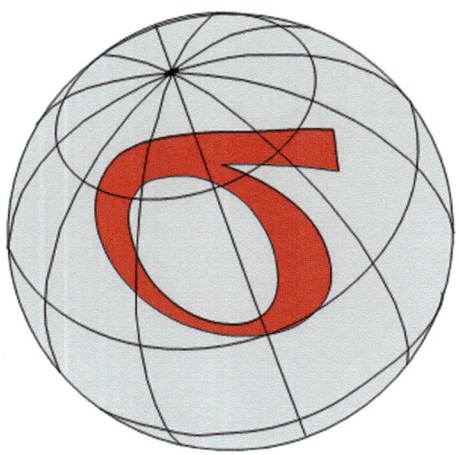

15.1 Allgemeine Definition von Spannung

Wirkt eine **Kraft** (*force*) F auf eine bestimmte **Fläche** (*area*) A eines Festkörpers, dann wird eine **Spannung** (*stress*) σ erzeugt. Spannung ist definiert als Kraft pro Flächeneinheit:

$$\sigma = \frac{F}{A}$$

Eine Kraft von 1 Newton, die auf einen Quadratmeter einwirkt, erzeugt eine Spannung mit der Magnitude 1 Pascal ($1\,\text{N} \cdot \text{m}^{-2} = 1\,\text{Pa}$). Weitere Maßeinheiten für die Spannung sind das Kilopascal ($1\,\text{kPa} = 10^3\,\text{Pa}$) und das Megapascal ($1\,\text{MPa} = 10^6\,\text{Pa}$).

Umrechnung in andere in der Fachliteratur noch gebrauchte Einheiten:

1 MPa	= 10 bar	= 10 kp · cm^{-2}
100 MPa	= 1 kbar	= 10^3 bar
10^5 Pa	= 1 bar	
10^2 Pa	= 1 mb (1 Millibar)	
technische Atmosphäre	= 1 at	= 1 kp · cm^{-2}
		= 0,980665 · 10^5 Pa
		= 0,098 MPa (= 735,6 Torr)

Die auf eine bestimmte Fläche wirkende Spannung wird durch den **Spannungsvektor** (*stress vector*) repräsentiert. Wie jeder Vektor kann auch der Spannungsvektor (σ) in Komponenten zerlegt werden, und zwar in die senkrecht zur Fläche wirkende **Normalspannung** σ_n (*normal stress*) und in die tangential zur Fläche wirkende **Scherspannung** τ (*shear stress*) (Abb. 15.1 links). Normalspannungen können **positive Druckspannungen** (*compressive stresses*) oder **negative Zugspannungen** (*tensile stresses*) sein. Eine Druckspannung führt dazu, dass ein Gleiten entlang der Fläche erschwert wird; eine Zugspannung bewirkt, dass sich zwei Gesteinskörper an der Fläche voneinander entfernen. Scherspannungen unterstützen ein Gleiten auf der Fläche und werden hinsichtlich ihrer Richtung entweder als positiv (Gleitbewegung gegen den Uhrzeigersinn = sinistral) oder negativ (Gleitbewegung im Uhrzeigersinn = dextral) bewertet. Eine andere Aufteilung des Spannungsvektors ist nach Komponenten möglich, diese verlaufen parallel zu einem Koordinatensystem (Abb. 15.1 rechts).

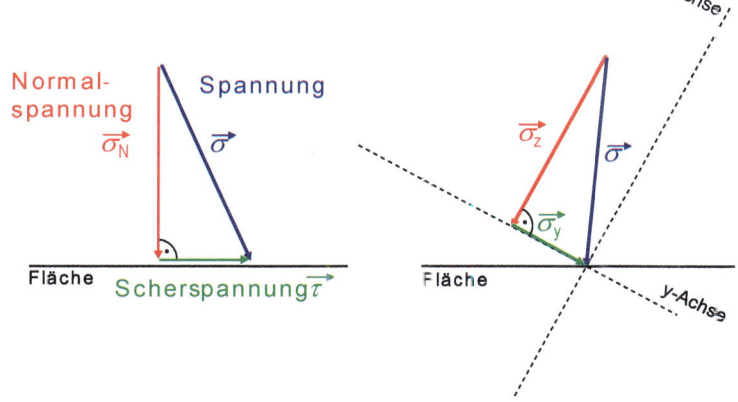

Abb. 15.1 Spannungsvektor aufgeteilt in Normalspannung σ_N und Scherspannung τ (links). Spannungsvektor aufgeteilt in die Komponenten σ_y und σ_z, die parallel zu den Achsen eines kartesischen Koordinatensystems verlaufen (rechts).

Beispiele zur Abhängigkeit der Spannung von der Größe der Kraft und der Größe der Fläche

Die Abhängigkeit der Spannung von der Größe der Kraft und der Größe der Fläche wollen wir uns in folgendem einfachen Beispiel veranschaulichen: Die Gewichtskraft (Erdanziehung) einer 80 kg schweren Person ist F_G = 80 kg · 9,81 m · s^{-2} = 784,8 kg · m · s^{-2} = 784,8 N. Die Person hat Schuhgröße 43, das entspricht einer Sohlfläche von etwa 0,24 m². Steht die Person auf einem Bein, übt sie eine Spannung von σ = 784,8 N : 0,24 m² = 3270 N · m^{-2} = 3270 Pa = 3,37 kPa auf den Untergrund aus. Steht die Person auf 2 Beinen sind es bei einer 0,48 m² großen Fläche 1,63 kPa. Diese Person begibt sich auf die Eisfläche eines zugefrorenen Sees ... und bricht ein. Das Eis hat der Spannung nicht standgehalten. Eine zweite Person, die 70 kg wiegt, eilt mit einem 3 kg schweren und 0,8 m · 2 m großen Brett zur Hilfe herbei, legt sich flach auf das Brett und übt somit folgende Spannung auf den Untergrund aus: σ = 716,13 N : 1,6 m² = 447,58 N · m^{-2} = 447,58 Pa = 0,448 kPa. Das Eis bricht nicht. Wird die erste Person flach mit auf das Brett gezogen gilt: F_G = 153 kg · 9,81 m · s^{-2} = 1500,93 N; für die Spannung ergibt sich eine Magnitude von σ = 1500,93 N : 1,6 m² = <u>0,938</u> kPa. Die Person kann gerettet werden, da das Eis bei dieser Belastung noch trägt.

15.2 Der Spannungsbegriff

Der Begriff Spannung wird auf zweierlei Arten verwendet. Zum einen ist die Spannung gleichbedeutend mit dem oben behandelten **Spannungsvektor**, der durch die auf eine Fläche wirkende Kraft definiert ist. Diese Spannung wird in der englischsprachigen Fachliteratur auch als *traction* bezeichnet. Zum anderen versteht man unter Spannung eine Ansammlung von Spannungsvektoren in einem Punkt, der Flächen jedweder Orientierung repräsentiert. Diese **Spannung (*stress*)** charakterisiert in einem Körper den kompletten **Spannungszustand an einem Punkt (*complete state of stress at a point*)**. Die Unterscheidung der beiden Spannungsbegriffe ist äußerst wichtig, denn bei einer Spannung bezüglich einer einzelnen Fläche handelt es sich um einen Vektor und bei dem gesamten Spannungszustand an einem Punkt um einen Tensor 2. Stufe. Tensoren sind mathematische Größen die in unserem Fall raumbezogen, geometrisch definiert sind. Die Stufe eines Tensors bezieht sich auf die Zahl ihrer Indizes. Zahlen = Skalare sind Tensoren 0. Stufe. Vektoren sind Elemente eines Vektorraumes. Vektorräume des Spannungsvektors sind zwei- und dreidimensionale Räume, also Koordinatensysteme mit x- und y-Achse bzw. x-, y- und z-Achse. In diesen Räumen können Vektoren als Pfeil dargestellt werden. Vektoren sind Tensoren 1. Stufe. Tensoren 2. Stufe haben 9 Komponenten, z. B. a_{11}, a_{12}, a_{13}, a_{21}, a_{22}, a_{23}, a_{31}, a_{32}, a_{33} und können als Matrizen mit Zeilen und Spalten dargestellt werden (s. u.).

15.3 Spannungszustand an einem Punkt

$$\sigma_{ij} = \begin{pmatrix} \sigma_{xx} & \tau_{xy} & \tau_{xz} \\ \tau_{yx} & \sigma_{yy} & \tau_{yz} \\ \tau_{zx} & \tau_{zy} & \sigma_{zz} \end{pmatrix}$$

Den Spannungstensor veranschaulichen wir uns mit einem unendlich kleinen Würfel, der quasi den Spannungszustand in einem Punkt darstellt. Der Würfel wird in ein rechtshändiges, orthogonales, kartesisches Koordinatensystem eingebunden. Auf jede Würfelfläche wirkt eine Normalspannung und zwei Scherspannungen. Der Tensor wird also durch neun verschiedene Komponenten definiert. Drei beschreiben die senkrecht auf den Punkt wirkenden Normalspannungen und sechs bezeichnen die tangentialen Scherspannungen, die auf den Punkt ausgeübt werden. Inklusive der Rückseiten des Würfels sind es also insgesamt 18 Spannungskomponenten.

Bei einem **infinitesimalen** (*infinite*) Würfel wirken auf gegenüberliegenden Seiten immer genau die gleichen Spannungen, der Würfel ist im Gleichgewicht. Es genügt somit, nur die drei senkrecht aufeinander stehenden Ober- bzw. Vorderseiten zu betrachten (Abb. 15.2):

x, y und z sind die Achsen des Koordinatensystems.
σ_{xx}, σ_{yy}, σ_{zz} sind die Normalspannungskomponenten zu den Achsen des Koordinatensystems. Diese verlaufen parallel zu x, y, und z. Zu jeder Normalspannungskomponente gehören jeweils zwei tangential wirkende Scherspannungen.
τ_{xy}; τ_{xz} sind die zur Normalspannungskomponente σ_{xx} gehörenden Scherspannungskomponenten.
τ_{yx}; τ_{yz} sind die zur Normalspannungskomponente σ_{yy} gehörenden Scherspannungskomponenten.
τ_{zx}; τ_{zy} sind die zur Normalspannungskomponente σ_{zz} gehörenden Scherspannungskomponenten.

Der erste Index gibt an, welche Achse des Koordinatensystems die Normale (Senkrechte) auf der Fläche bildet. Der zweite Index gibt die Richtung an, in welche die Scherspannungskomponente wirkt.

Insgesamt gibt es 9 Komponenten, die den Spannungszustand mit einem symmetrischen Tensor zweiter Stufe beschreiben und die in folgender Matrix darstellt sind:

In dem betrachteten Punkt, d. h. auf dem infinitesimal kleinen Würfel, heben sich die paarweise vorkommenden Scherspannungen an senkrecht zueinander orientierten Flächen gegenseitig auf.

$$\tau_{xy} = \tau_{yx}, \qquad \tau_{xz} = \tau_{zx}, \qquad \tau_{yz} = \tau_{zy}$$

Damit reduziert sich der Spannungstensor auf die Angabe von 6 unabhängigen Komponenten:

$$\sigma_{ij} = \begin{pmatrix} \sigma_{xx} & \tau_{xy} & \tau_{xz} \\ \tau_{xy} & \sigma_{yy} & \tau_{yz} \\ \tau_{xz} & \tau_{yz} & \sigma_{zz} \end{pmatrix}$$

Diese Matrix stellt den homogenen Spannungszustand in einem Punkt dar. Voraussetzung hierfür ist, dass sich der Körper nicht bewegt und dass keine Rotationen stattfinden.

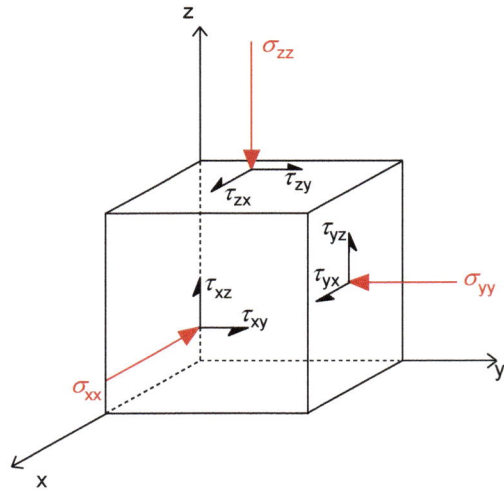

Abb. 15.2 Darstellung der neun Spannungskomponenten auf den positiven Flächen eines Würfels für eine beliebig orientierte Spannung

Spannungskomponenten

	x-Achse (Spalte 1)	y-Achse (Spalte 2)	z-Achse (Spalte3)	
auf der Fläche senkrecht zu x	σ_{xx}	τ_{xy}	τ_{xz}	(Zeile 1)
auf der Fläche senkrecht zu y →	τ_{yx}	σ_{yy}	τ_{yz}	(Zeile 2)
auf der Fläche senkrecht zu z →	τ_{zx}	τ_{zy}	σ_{zz}	(Zeile 3)
in Richtung der	↑	↑	↑	

i = **Zeilenindex** x, y und z; j = **Spaltenindex** x, y und z; $i = j$: **Normalspannungen**; $i \neq j$: **Scherspannungen**

15.3 Spannungszustand an einem Punkt

Durch Koordinatentransformation ist es möglich, die Größe der Spannungskomponenten bezüglich unterschiedlich orientierter Koordinatensysteme x, y, und z zu berechnen. Bei einer ganz bestimmten Orientierung des Koordinatensystems verschwinden alle Scherspannungskomponenten auf den drei aufeinander senkrecht stehenden Ebenen. Die Achsen dieses Koordinatensystems werden als Hauptachsen 1,2,3 bezeichnet; die verbleibenden Normalspannungen sind definiert als die drei **Hauptspannungen** (*principal stresses*):

$$\sigma_{ij} = \begin{pmatrix} \sigma_1 & 0 & 0 \\ 0 & \sigma_2 & 0 \\ 0 & 0 & \sigma_3 \end{pmatrix}$$

Es gilt: $\sigma_1 > \sigma_2 > \sigma_3$

σ_1 = größte Hauptspannung (*maximum principal stress*)
σ_2 = mittlere Hauptspannung (*intermediate principal stress*)
σ_3 = kleinste Hauptspannung (*minimum principal stress*)

Diese drei Hauptspannungen können auch bezüglich ihrer Abweichung (*deviation*) von der **Durchschnittsspannung** (*mean stress*) $\sigma_r = 1/3\,(\sigma_1+\sigma_2+\sigma_3)$ beschrieben werden. Die Unterschiede zwischen den herrschenden Hauptspannungen und der Durchschnittsspannung werden als **Deviatorspannungen** (*deviatoric stresses*) bezeichnet. Die Hauptdeviatorspannungen sind somit $\sigma_{d1} = \sigma_1-\sigma_r$, $\sigma_{d2} = \sigma_2-\sigma_r$ und $\sigma_{d3} = \sigma_3-\sigma_r$. Die Deviatorspannungen kontrollieren das Ausmaß der Deformation.

15.3.1 Spannungsellipsoid

Die Hauptspannungen und der allgemeine Spannungszustand lassen sich graphisch dreidimensional mit einem Ellipsoid, dem so genannten **Spannungsellipsoid** (*stress ellipsoid*) darstellen (Abb. 15.3). Das Spannungsellipsoid repräsentiert den Spannungszustand an einem Punkt, durch den eine infinite Anzahl an Flächen jedweder Orientierung verläuft, mit denen eine infinite Anzahl von Spannungen assoziiert ist.

Die Form des allgemeinen Spannungsellipsoids wird von den drei Hauptspannungen $\sigma_1 > \sigma_2 > \sigma_3$ bestimmt. Die drei Hauptspannungen stehen senkrecht auf den drei **Hauptspannungsebenen** (*principal planes of stress*). Die Hauptspannungen entsprechen in diesem Fall ihren parallel orientierten

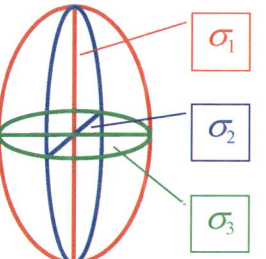

Abb. 15.3 Darstellung des räumlichen Spannungszustandes als Spannungsellipsoid

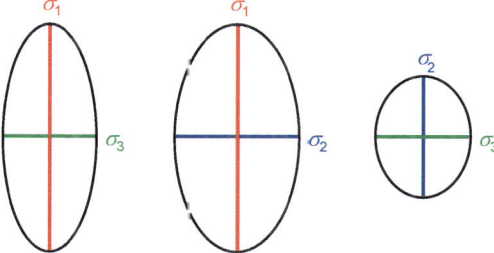

Abb. 15.4 Die drei Spannungsellipsen des Spannungsellipsoids

Normalspannungen und auf die Hauptspannungsebenen wirken keine Scherspannungen. In den drei Hauptspannungsebenen liegen die drei allgemeinen Spannungsellipsen, welche die zweidimensionalen Spannungszustände mit σ_1 und σ_3, σ_1 und σ_2 sowie σ_2 und σ_3 veranschaulichen (Abb. 15.4).

Sonderfall: Beim isotropen Spannungszustand gilt: $\sigma_1 = \sigma_2 = \sigma_3$. Das Spannungsellipsoid ist dann eine Kugel, die Spannungsellipsen sind gleich große Kreise.

Bei der weiteren Betrachtung des Spannungszustands an einem Punkt beschränken wir uns der Einfachheit halber auf die Spannungsellipse, die durch σ_1 mit dem maximalen Spannungsbetrag und σ_3 mit dem minimalen Spannungsbetrag definiert wird (linkes Spannungsellipsoid in Abb. 15.4). Auf den im Zentrum liegenden Punkt wirken bei diesem Spannungszustand, bildlich gesehen innerhalb der Spannungsellipse, neben den beiden Hauptspannungen eine infinite Anzahl von weiteren Spannungen ein. Die Länge dieser Spannungsvektoren, d.h. die Magnitude dieser Spannungen, wird von der Form der Spannungsellipse bestimmt.

Bis auf die beiden Hauptspannungen σ_1 und σ_3 wirken die in Abb. 15.5 gezeigten Spannungsvektoren nicht auf Flächen, die senkrecht zur Länge des

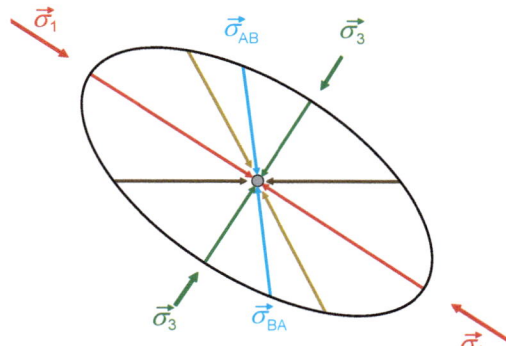

Abb. 15.5 Die Spannungsellipse wird durch die Enden von Spannungsvektoren definiert, die auf unterschiedliche Flächen wirken. Die infinite Anzahl dieser Flächen wird durch einen Punkt repräsentiert. Dargestellt ist hier eine Hauptspannungsebene aus dem Spannungsellipsoid des kompressiven Spannungszustands. Die größte Hauptachse fällt mit 30° nach rechts ein. Da sich die Pfeilspitzen der Vektoren in einem Punkt im Zentrum der Ellipse treffen, können in der Graphik – etwas verkürzt – nur wenige Vektoren dargestellt werden. Die richtige Länge der Vektoren entspricht dem Durchmesser der Ellipse (beim tensionalen Spannungszustand zeigen die Vektoren nach außen). Die Vektoren AB und BA sind Gegenstand der Konstruktionsaufgabe Kasten S. 185

Vektors verlaufen. Bei diesen Spannungsvektoren handelt es sich also nicht um eine Auswahl von Normalspannungen unterschiedlicher Intensität. Diese Spannungsvektoren haben Scherspannungskomponenten, deren Betrag von Null abweicht. Jedem Spannungsvektor der Ellipse ist eine ganz bestimmte Fläche zugeordnet. Kennen wir nun den durch σ_1 und σ_3 definierten Spannungszustand, so können wir für jeden Spannungsvektor der Ellipse die Lage dessen assoziierter Fläche ermitteln. Die Lage dieser Fläche ist zwar aus der Spannungsellipse direkt nicht ersichtlich, kann aber graphisch ermittelt werden.

Zur Ableitung der Normalspannung und der Scherspannung in ihrem Bezug zu den Hauptspannungsrichtungen und der Orientierung der Fläche betrachten wir in der 2D-Darstellung ein rechtwinkliges Dreieck (Abb. 15.9 Mitte), dessen Katheten Flächen repräsentieren, die parallel zur σ_1- und σ_3- Achse verlaufen. Die Hypotenuse stellt die Fläche (A) dar. Die Senkrechte auf dieser Fläche wird so gewählt, dass sie durch den Schnittpunkt von σ_1 und σ_3 verläuft und mit der Hauptspannungsrichtung σ_1 den Winkel ϑ einschließt. Für unsere

Betrachtung setzen wir ein **Kräftegleichgewicht** senkrecht und parallel zur Fläche (A) voraus. Dazu lösen wir die Spannungsvektoren, die auf die beiden senkrecht zueinander stehenden Seiten des Dreiecks (Ankathete und Gegenkathete) wirken, in Komponenten senkrecht und parallel zur Hypotenuse (= Fläche A) auf.

Kräftegleichgewicht parallel zur Fläche A bedeutet: nach links wirkende Kräfte = nach rechts wirkende Kräfte
oder
$\tau \cdot (A) + \sigma_3 \cdot \cos\vartheta \cdot (A \cdot \sin\vartheta) = \sigma_1 \cdot \sin\vartheta \cdot (A \cdot \cos\vartheta)$
Spannung × Fläche + Spannung × Fläche = Spannung × Fläche
Kraft + Kraft = Kraft

Bei Kräftegleichgewicht sind die Kräfte gleich groß und somit sind auch die Spannungen gleich groß. Die Fläche A kann somit herausgekürzt werden. Aufgelöst nach der Scherspannung ergibt sich dann:
$\tau = (\sigma_1 - \sigma_3) \cos\vartheta \sin\vartheta$ \hfill (1)
oder
Kräftegleichgewicht in Richtung senkrecht zur Fläche A bedeutet **nach unten wirkende Kräfte = nach oben wirkende Kräfte**
oder
$\sigma_N \cdot (A) = \sigma_1 \cdot \cos\vartheta \cdot (A \cdot \cos\vartheta) + \sigma_3 \sin\vartheta \cdot (A \sin\vartheta)$
Kraft = Kraft + Kraft

$\sigma_N = \sigma_1 \cdot \cos^2\vartheta + \sigma_3 \cdot \sin^2\vartheta$ \hfill (2)

Berücksichtigt man für die Gleichung (1), dass

$\cos\vartheta \cdot \sin\vartheta = \frac{1}{2} \cdot \sin 2\vartheta$ ist

und dass für Gleichung (2)

$\cos^2\vartheta = \frac{1}{2}(1 + \cos 2\vartheta)$ und

$\sin^2\vartheta = \frac{1}{2}(1 - \cos 2\vartheta)$ ist,

ergibt sich für τ

$\tau = (\sigma_1 - \sigma_3) \cdot \frac{1}{2} \sin 2\vartheta$

Scherspannung $\tau = \dfrac{(\sigma_1 - \sigma_3)}{2} \sin 2\vartheta$ \hfill (3)

und für σ_N

$\sigma_N = \sigma_1 \cdot \frac{1}{2}(1 + \cos 2\vartheta) + \sigma_3 \frac{1}{2}(1 - \cos 2\vartheta) =$

$\dfrac{\sigma_1}{2} + \dfrac{\sigma_1 \cdot \cos 2\vartheta}{2} + \dfrac{\sigma_3}{2} + \dfrac{\sigma_3 \cdot \cos 2\vartheta}{2}$

15.3 Spannungszustand an einem Punkt

Graphische Methode zur Identifizierung der mit einem Spannungsvektor der Spannungsellipse assoziierten Fläche

Gegeben ist die Spannungsellipse der Abb. 15.5 mit dem Einfallen der großen Hauptachse von 30° nach rechts. Gesucht: Fläche, die mit dem Spannungsvektor σ_{AB} (σ_{BA}) verknüpft ist.
Lösung (Abb. 15.6.):
- Zeichnen Sie einen Kreis um die Ellipse, der diese genau einschließt.
- Ziehen Sie eine Linie vom Ende des Spannungsvektors σ_{AB} = Punkt p parallel zur kurzen Hauptachse der Ellipse bis an den Kreis (Schnittpunkt p').
- Ziehen Sie von diesem Schnittpunkt (p) eine Linie zum gemeinsamen Mittelpunkt von Ellipse und Kreis.
- Die Senkrechte zur Linie von p' zum Mittelpunkt ist die gesuchte Spur der Fläche, auf welche der gegebene Spannungsvektor wirkt.

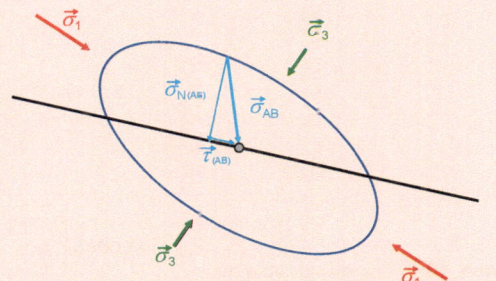

Abb. 15.7 Die mit dem Spannungsvektor σ_{AB} assoziierte Fläche einschließlich Normal- und Scherspannungskomponente

Bezogen auf einen Hauptspannungsvektor geht aus der Konstruktion hervor, dass dessen assoziierte Fläche senkrecht zur Hauptspannungsrichtung verläuft und seine Scherspannung Null ist (Abb. 15.8).

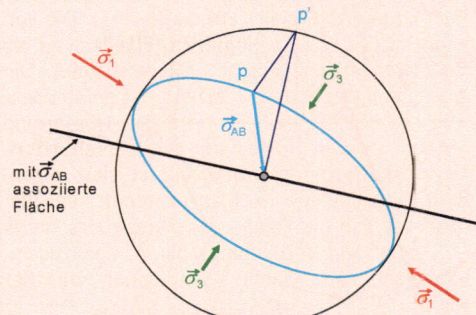

Abb. 15.6 Konstruktion der mit dem Spannungsvektor σ_{AB} assoziierten Fläche.

Die Spannungsellipse (Abb. 15.7) zeigt ferner, dass sich die Normalspannungskomponente und die Scherspannungskomponente, die auf eine Fläche wirken, mit der Änderung der Orientierung dieser Fläche fortschreitend ändern müssen.

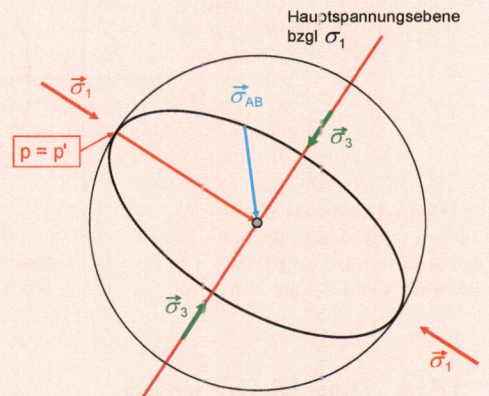

Abb. 15.8 Konstruktion der mit dem Hauptspannungsvektor σ_1 assoziierten Fläche. Diese Fläche ist eine Hauptspannungsebene, auf die keine Scherspannung wirkt

somit

Normalspannung

$$\sigma_N = \frac{(\sigma_1 + \sigma_3)}{2} + \frac{(\sigma_1 - \sigma_3) \cdot \cos 2\vartheta}{2} \quad (4)$$

Sind σ_1 und σ_3 sowie ϑ bekannt, können mit den Formeln (3) und (4) die Scher- und Normalspannung auf jeder beliebig orientierten Fläche berechnet werden.

Relativbewegungen in einem festen Körper hängen vornehmlich von der Magnitude der auftretenden Scherspannungen an bestimmten Flächen ab; die Scherspannungen werden ihrerseits von der **Differentialspannung (differential stress)** bestimmt. Diese bezeichnet die Differenz zwischen maximaler und minimaler Hauptspannung: $\boldsymbol{\sigma_D = \sigma_1 - \sigma_3}$.

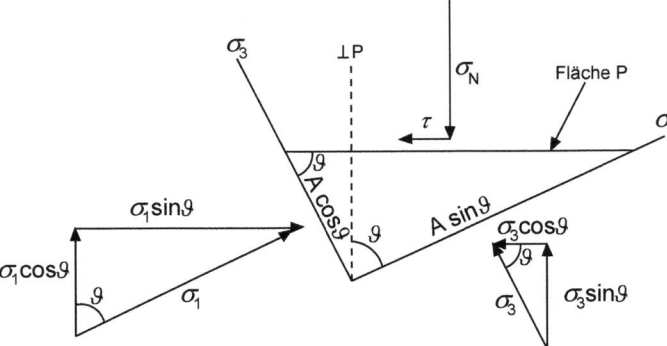

Abb. 15.9 Graphik zur Ableitung der Scherspannung τ und Normalspannung σ_N

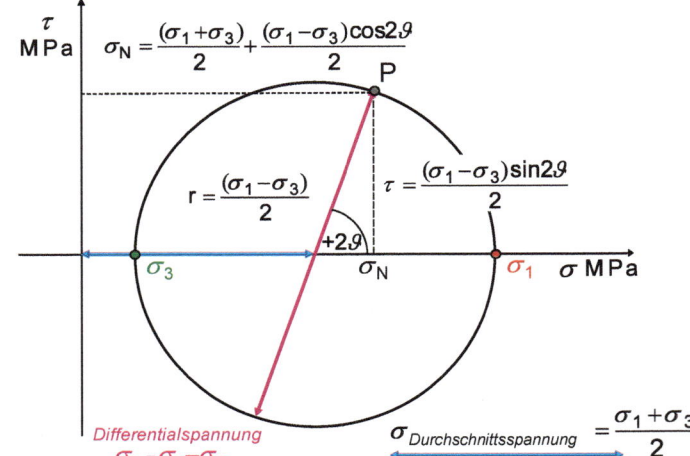

Abb. 15.10 Mohr'scher Spannungskreis des zweidimensionalen Spannungszustands für allgemeine Kompression

15.4 Der Mohr'sche Spannungskreis

Die Beziehungen zwischen den verschiedenen Spannungen und der Orientierung der Flächen, auf die diese wirken, veranschaulicht klar und einfach der **Mohr'sche Spannungskreis** (*Mohr stress circle, Mohr diagram*) (Abb. 15.10). Diese graphische Darstellungsmöglichkeit wurde von C. O. Mohr entwickelt (C. O. Mohr, 1835–1918; Professor für Bauingenieurwesen in Stuttgart und Dresden, Mohr 1900).

Der Mohr'sche Spannungskreis wird in einem rechtwinkligen Koordinatenkreuz konstruiert. Auf den Achsen werden in einer bestimmten Unterteilung die Spannungseinheiten (z. B. MPa) aufgetragen. Wenn die Beträge für die Hauptspannungen bekannt sind, können Normal- und Scherspannung für jede zwischen 0° und 180° orientierte Fläche graphisch ermittelt werden. Da auf einer Fläche, die senkrecht zu einer Hauptspannungsrichtung liegt, keine Scherspannungen vorkommen, werden die Werte der Hauptspannungen σ_1 und σ_3 auf der horizontalen σ_N-Achse eingezeichnet. Kompressive Spannungen liegen rechts und Zugspannungen links vom Koordinatenursprung. Die Scherspannungen (τ) liegen auf der vertikalen Achse. Die positiven (sinistralen) Scherspannungen werden oberhalb und die negativen (dextralen) Scherspannungen unterhalb des Ursprungs abgetragen. Die Durchschnittsspannung der maximalen und minimalen Hauptspannung, in unserem Fall ½ ($\sigma_1 + \sigma_3$), bezeichnet auf der horizontalen Achse die Lage des Mittelpunkts des Mohr'schen Spannungskreises.

15.4 Der Mohr'sche Spannungskreis

Dieser liegt zwischen σ_1 und σ_3. Der Durchmesser des Kreises repräsentiert die Differentialspannung, also die Differenz zwischen σ_1 und σ_3; der Radius des Kreises entspricht somit der halben Differentialspannung.

15.4.1 Maximale Scherspannung

Die zur horizontalen Achse des Koordinatenkreuzes an den Scheitelpunkt des Kreises gelegte parallele Tangente liefert auf der vertikalen Achse den Betrag der maximalen Scherspannung für die durch den Kreis repräsentierte Differentialspannung (Abb. 15.11). Dieser Zusammenhang ergibt sich über den Winkel 2ϑ. Der einfache Winkel ϑ bezeichnet generell den Winkel zwischen der Normalen auf einer Fläche in einem Gesteinskörper (= Normalspannung σ_N) und der σ_1-Richtung. Die maximale Scherspannung auf dieser Fläche wird erreicht, wenn der Winkel $\vartheta = 45°$ beträgt; die Fläche ist dabei um 45° zu den Hauptspannungsrichtungen geneigt.

Der Wert von τ in der Gleichung $\tau = (\sigma_1 - \sigma_3) \cdot \frac{1}{2} \sin 2\vartheta$ hat sein Maximum, wenn $2\vartheta = 90°$ und $\sin 2\vartheta = 1$ ist. Realisiert wird die größte Scherspannung auf einer Fläche, die im Winkel von 45° zu den Hauptspannungen von σ_1 und σ_3 verläuft, ungeachtet der Beträge von σ_1 und σ_3. In diesen Lagen beträgt die Scherspannung:

$$\tau_{max} = \frac{1}{2}(\sigma_1 - \sigma_3)$$

Die Normalspannung σ_N ist in diesem Fall gleich der Durchschnittsspannung σ_D.

Im Mohr'schen Spannungskreis wird der Winkel ϑ zur Darstellung dieser Winkel-Beziehung stets mit seinem doppelten Betrag von der horizontalen Achse des Koordinatenkreuzes aus im Mittelpunkt des Spannungskreises abgetragen. Somit ist der maximal in der Natur vorkommende Winkel ϑ von 45° im Spannungskreis als Winkel von $2\vartheta = 90°$ einzutragen. Kleinere Winkel werden genauso vom Scheitelpunkt des Winkels (Kreismittelpunkt) aus abgetragen. Dabei unterscheidet man zwischen positivem und negativem Winkel. Der definierte positive Winkel öffnet sich von der horizontalen Achse aus gegen den Uhrzeigersinn (Linksdrehung); der definierte negative Winkel öffnet sich von der horizontalen Achse im Uhrzeigersinn (Rechtsdrehung).

Generell hängen positive bzw. negative ϑ-Werte von der Orientierung der Fläche ab, auf welche die Spannungen wirken. Der geöffnete Winkelschenkel schneidet den Spannungskreis im Punkt P. Dieser Punkt auf dem Kreis entspricht der Lage der Fläche P, die in Abhängigkeit von dem Winkel ϑ in einem Gesteinskörper liegt. Sämtliche auf diese Fläche wirkenden Spannungen sowie der herrschende Spannungszustand können in der Mohrkreis-Graphik abgelesen werden. Der Betrag für die Normalspannung ergibt sich aus der Senkrechten auf der σ_N-Achse durch P; der Betrag für die Scherspannung ergibt sich aus der Senkrechten zur τ-Achse durch P. Der Kreis ist als Ganzes betrachtet der Ort einer infiniten Anzahl von Punkten, welche die Spannungen auf Flächen mit allen möglichen Werten für ϑ repräsentieren.

Die Winkelbezeichnung wird in der Literatur sehr unterschiedlich gehandhabt. In einigen Darstellungen wird der Winkel zwischen der Flächennormalen und der Hauptspannungsrichtung σ_1 mit

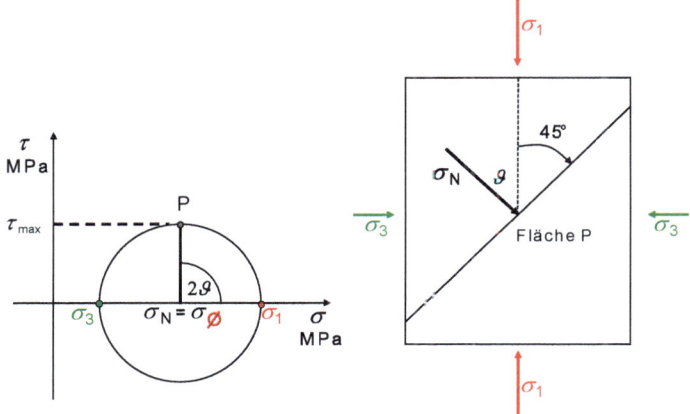

Abb. 15.11 Mohr'scher Spannungskreis mit maximaler Scherspannung (links), Spannungen und Winkelbeziehungen zur Lage der Ebene im Gesteinskörper (rechts)

dem griechischen Buchstaben α bezeichnet und der Ergänzungswinkel auf 180° mit einem großen Theta Θ. In anderen Diagrammen und vielen Skripten, die über das Internet zugänglich sind, werden andere griechische Buchstaben für diesen Winkel bzw. für den diesem entsprechenden Winkel zwischen der Fläche und der σ_3-Richtung verwendet. In den meisten Lehrbüchern wird der griechische Buchstabe Θ für den Winkel zwischen der Flächennormalen und der Hauptspannungsrichtung σ_1 verwendet; der Winkel 2 α bezeichnet dann den Bruchflächenwinkel zwischen zwei potentiellen Scherflächen. Wir folgen den Bezeichnungen des letzten Beispiels, jedoch verwenden wir das kleine, altgriechische theta ϑ, um Verwechslungen mit dem unterschiedlich gebrauchten großen Theta Θ auszuschließen.

15.4.2 Reine Scherspannung

Der Spezialfall mit $+\sigma_1$ (Kompression) = $-\sigma_3$ (Dehnung), bei dem die Flächen der maximalen Scherspannung gleichzeitig Flächen reiner Scherung sind, bezeichnet die **reine Scherspannung** (*pure shear stress, pure shear*) (Abb. 15.12). Die auf diese Flächen wirkende Normalspannungskomponente ist Null.

Ist die Normalspannung $\sigma_N = \sigma_1$, also gleich der Hauptspannung, dann ist $\vartheta = 0$ und somit $\tau = 0$ (Abb. 15.13 links). Entsprechendes gilt, wenn die Fläche senkrecht zur kleinsten Hauptspannung σ_3 liegt. Dann ist $\vartheta = 90°$ oder $2\vartheta = 180°$ und somit $\tau = 0$ (Abb. 15.13 rechts)

Sehr anschaulich geht aus den Abbildungen zum Mohr'schen Spannungskreis hervor, dass die Magnitude der Scherspannung vom Durchmesser des Spannungskreises, d.h. von der Differentialspannung $\sigma_1 - \sigma_3$ abhängt. Wird die Differentialspannung, d.h. der Unterschied zwischen σ_1 und σ_3 kleiner, nimmt die Scherspannung ab. Ist $\sigma_1 = \sigma_3$ dann ist die Scherspannung = 0. Bei gleichen kompressiven Hauptspannungen bezeichnet man diesen Spannungszustand als hydrostatische Kompression, ein Spannungszustand, der in aufgeschmolzenen und fluidgesättigten Bereichen im Erdinnern möglich ist. Sind beide Hauptspannungen gleich groß und negativ, entspräche dies einer hydrostatischen Dehnung, einem allerdings im Erdinnern sehr unwahrscheinlichen Spannungszustand.

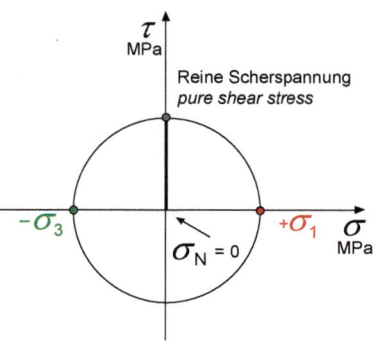

Abb. 15.12 Mohr'scher Spannungskreis für reine Scherspannung

15.5 Grenzen der Spannung

Geometrisch ist die Größe des Mohr'schen Spannungskreises theoretisch nicht begrenzt. Betrachten wir jedoch praktisch ein Gestein, auf das eine immer größer werdende Differentialspannung wirkt, wird diese beim Erreichen einer bestimmten Magnitude und einer damit verbundenen kritischen Scherspannung in Abhängigkeit von der Kohäsion (Zusammenhalt) des Gesteins und seines inneren Reibungswinkels zu einem Materialversagen führen.

Unter Belastung reagieren Gesteine zunächst elastisch. Wird die **Elastizitätsgrenze** (*yield point*)

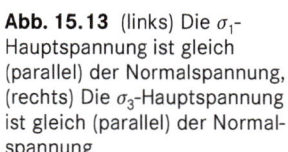

Abb. 15.13 (links) Die σ_1-Hauptspannung ist gleich (parallel) der Normalspannung, (rechts) Die σ_3-Hauptspannung ist gleich (parallel) der Normalspannung

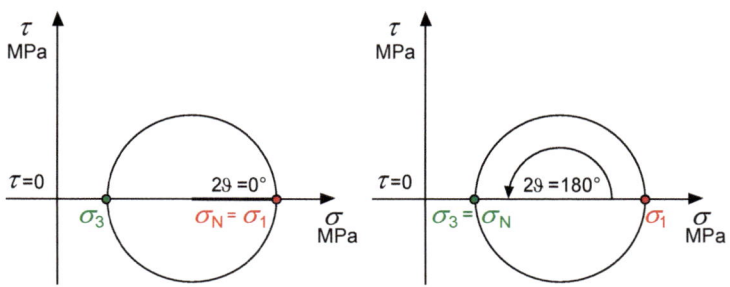

15.5 Grenzen der Spannung

erreicht, verformt sich das Material. Dabei verhält sich das Material entweder **spröd** (*brittle*) und es kommt zum Bruch oder das Material reagiert **duktil** (*ductile*). Die duktile Deformation ist durchdringend und das Gestein behält nach dem Überschreiten der Elastizitäts- oder Fließgrenze seine Kohäsion (Zusammenhalt); dabei treten keine sichtbaren Diskontinuitäten auf.

Bei der spröden Deformation zerbricht das Gestein unter niedrigem Umlagerungsdruck nach einer geringen elastischen Verformung bei einem bestimmten Spannungsbetrag an der Elastizitätsgrenze. Spröde Deformation umfasst die Bruchbildung sowie das Gleiten auf Bewegungsflächen und steuert somit die Entwicklung von Klüften und Verwerfungen.

15.5.1 Der Bruch des Gesteins

Die Kriterien, unter denen es bei einer bestimmten Differenzspannung und unter einem bestimmten Umlagerungsdruck zum Bruch des Gesteins kommt, sind im **Coulomb'schen Bruchkriterium** (*Coulomb fracture criterion*) definiert. Die Scherspannung τ, die für einen Sprödbruch notwendig ist, hängt von der zu überwindenden Kohäsion des Materials c und von dem materialspezifischen Reibungskoeffizienten μ, d.h. vom inneren Reibungswinkel ϕ des Materials ab. Das Gestein bricht bei der kritischen Scherspannung

$$\tau_{krit} = c + \mu \sigma_N \text{ (Coulomb-Kriterium)}$$

τ_{krit}	kritische Scherspannung
c	Kohäsion
μ	Reibungskoeffizient (= empirisch ermittelte Gesteinsfestigkeit)
$\mu = \arctan \phi$	ϕ = Winkel der inneren Reibung (Winkel zw. der Einhüllenden und der Horizontalen)
σ_N	Normalspannung

Die genaue Definition für einen Bruch, der unter diesen Bedingungen entsteht, ist **Scherbruch** (*shear fracture*).

Mohr-Coulomb'sches Bruchkriterium – Triaxial-Versuch

Der Zusammenhang zwischen dem Coulomb'schen Bruchkriterium und dem Mohr'schen Spannungskreis wird im **Mohr-Coulomb'schen Bruchkriterium** (*Mohr-Coulomb criterion*) veranschaulicht. Das Bruchverhalten des Gesteins wird dazu unter sich ändernden Spannungsbedingungen in einem Triaxialversuch untersucht. Man verwendet dazu eine zylindrische Gesteinsprobe, die in einer Gesteinspresse (Abb. 15.14) bis zum Bruch belastet wird. Zur Demonstration der Abhängigkeit der Scherfestigkeit von der Normalspannung führt man für dasselbe Gestein mehrere Triaxialversuche durch. Dazu werden drei gleiche Gesteinsproben jeweils bei unterschiedlichem **Umlagerungsdruck** (*confining pressure*) bis zum Bruch vertikal belastet. Die für den Bruch notwendige vertikale Spannung σ_1 nimmt mit steigendem Umlagerungsdruck zu. Zu jedem Versuch stellt man für den Augenblick des Bruches den Mohr'schen Spannungskreis dar.

Der Ausgangsspannungszustand bei Beginn eines Versuches ist jeweils der lithostatische Spannungszustand oder der isotrope Spannungszustand mit allseitig gleichem Umlagerungsdruck, d.h. alle Hauptspannungen sind gleich groß: $\sigma_1 = \sigma_2 = \sigma_3$ oder S_v (max. Vertikalspannung) = S_H (maximale Horizontalspannung) = S_h (minimale Horizontalspannung). Der Umlagerungsdruck wirkt sich direkt auf die Gesteinsfestigkeit aus; sie nimmt mit steigendem Umlagerungsdruck zu. Das bedeutet, dass bei höheren Umlagerungsdrucken für den Bruch höhere Differentialspannungen notwendig sind.

Dieser Zusammenhang lässt sich an drei Spannungskreisen veranschaulichen (Abb. 15.15). Die Kreise repräsentieren drei unterschiedliche Spannungszustände mit jeweils höheren Umlagerungsdrücken und der im Augenblick des Bruchs wirkenden Differentialspannung. Die gemeinsame Tangente an die Kreise bezeichnet die **Mohr'sche Einhüllende** oder **Hüllkurve** (*Mohr envelope*), die der linearen Funktion: $\tau_{krit} = c + \mu \sigma_N$ folgt. Die Mohr'sche Einhüllende schließt mit der horizontalen σ_1-Richtung den inneren Reibungswinkel ϕ des untersuchten Gesteins ein und trennt die stabilen Spannungszustände von den instabilen Spannungszuständen. Die Kohäsion c ergibt sich als der von der Normalspannung unabhängige Teil der Scherfestigkeit. Die jeweiligen Berührungspunkte zwischen Tangente und Kreis, verbunden mit dem jeweiligen Kreismittelpunkt definieren den Winkel 2ϑ und damit die Lage der Bruchfläche des Gesteins, an der es beim Erreichen der kritischen Scherspannung bricht.

Fazit: Hat man die Mohr'sche Hüllkurve einmal für ein bestimmtes Gestein ermittelt, kann man damit die maximale Differentialspannung σ_D für jeden beliebigen Umlagerungsdruck vorhersagen. Stabiler Zustand: Der Mohr-Kreis bleibt unter der Einhüllenden. Instabiler Spannungszustand: Der Mohr-Kreis berührt bzw. überschneidet die Einhüllende.

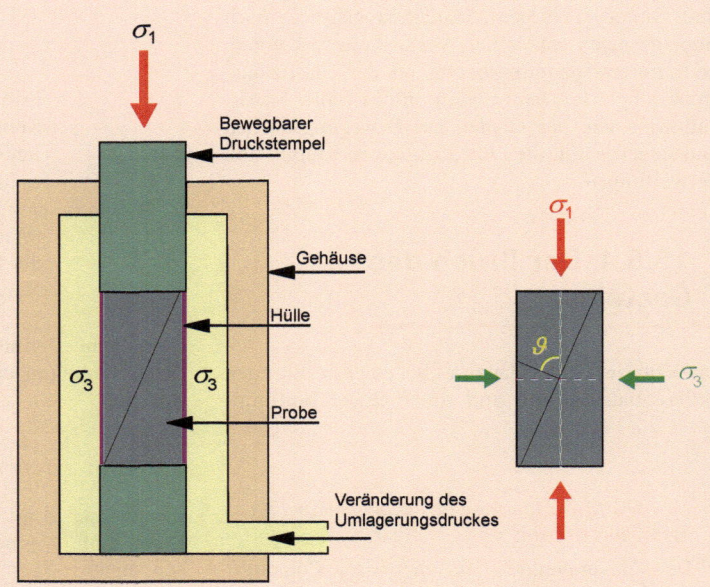

Abb. 15.14 Triaxial-Versuch. Die Gesteinsprobe befindet sich zwischen zwei inneren Stahlkolben in der Flüssigkeit einer abgeschlossenen Druckzelle. Mit Pumpen wird über die Flüssigkeit ein allseitiger Umlagerungsdruck erzeugt. Dann werden die beiden vertikal angeordneten inneren Kolben zusammengedrückt und es verändert sich die Differenz zwischen Umlagerungsdruck und Vertikalspannung. Diese Differentialspannung wird bis zum Bruch erhöht.

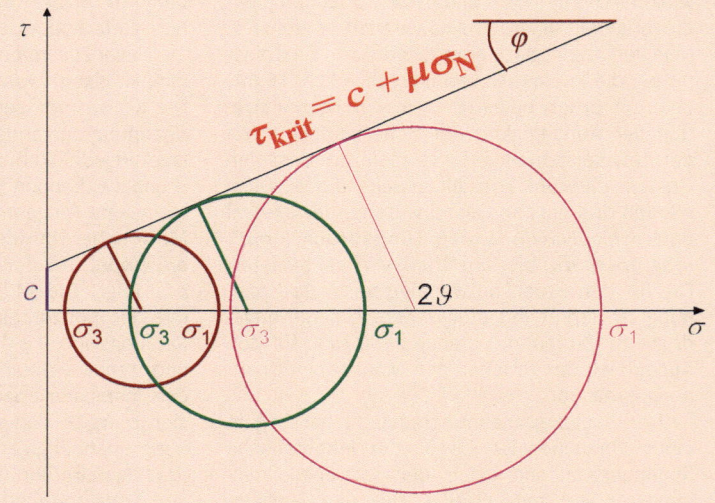

Abb. 15.15 Bestimmung des Mohr-Coulomb'schen Bruchkriteriums im Triaxial Versuch, dargestellt in Mohr'schen Spannungskreisen bei sich ändernden Umlagerungsdrucken und Differentialspannungen. Die Kohäsion c ergibt sich als Schnittpunkt der Mohr'schen Hüllkurve mit der τ-Achse und ist der von der Normalspannung unabhängige Teil der Scherfestigkeit.

15.5.2 Reibung (*friction*)

Reibungskoeffizient μ und Reibungswinkel ϕ sind wichtige Materialkennwerte und betreffen die Reibungszustände sowohl innerhalb eines Festkörpers als auch zwischen sich berührenden und gegeneinander verschiebenden Festkörpern.

Eine innere Reibung wird wirksam, wenn ein Festkörper belastet wird und sich dabei in ihm seine Atome relativ zueinander bewegen; sie charakterisiert den Widerstand, der der Belastung entgegenwirkt. Der **Winkel der inneren Reibung (*angle of internal friction*)** ist der Winkel, bis zu dem ein Fest- oder Lockergestein belastet werden kann, bevor es bricht oder abrutscht. In der Tektonik ist die innere Reibung ein wichtiger Faktor bei der Neuanlage von Brüchen und Verwerfungen.

Die „äußere Reibung" bezeichnet die Kraft, welche der Relativbewegung von zwei sich gegeneinander verschiebenden und berührenden Festkörpern entgegen wirkt. Die äußere Reibung spielt eine wichtige Rolle bei der Reaktivierung von präexistenten Brüchen oder Verwerfungen im aktiven Spannungsfeld.

Die ersten generellen Versuche zu Reibungsphänomenen führte LEONARDO DA VINCI (1452–1519) durch. Er ermittelte die Kraft, mit der ein Block entgegen der Reibungskraft auf einer ebenen Fläche in Bewegung gesetzt wird. Außerdem untersuchte er die Reibung zwischen einem Block und einer schiefen Ebene und maß den Winkel, bei dem der Block anfängt zu rutschen. Der französische Physiker GUILLAUME AMONTONS (1663–1705) fand 1699 heraus, dass die Scherkraft, die benötigt wird, um eine Bewegung zwischen einem Block und einer ebenen Unterlage zu erzeugen, proportional zu der Normalkraft ist, die den Block auf die Unterlage drückt. Ferner konstatierte AMONTONS, dass der Reibungswiderstand unabhängig von der Größe der Berührungsfläche sei (Amontons'sche Gesetze). Neuere Untersuchungen deuten allerdings darauf hin, dass zwischen wahrer Kontakt- und scheinbarer Auflagefläche ein großer Unterschied besteht, denn die wahre Berührungsfläche zweier aufeinander liegender Körper ist nur ein Teil der scheinbaren Auflagefläche.

Der Schweizer Physiker und Mathematiker LEONARD EULER (1707–1783) unterschied zwischen Haft- und Gleitreibung. Der französische Physiker CHARLES AUGUSTIN DE COULOMB (1736–1806) führte Versuche zur Gleitreibung durch.

Zur Veranschaulichung der Reibung wird der Versuch von BYERLEE (1978) wiedergegeben (Abb. 15.16). Auf einer mehr oder weniger ebenen

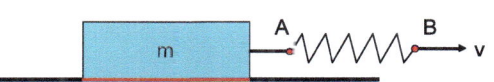

Abb. 15.16 Darstellung eines Reibungsversuchs (Bildrechte: nach BYERLEE 1978).

Unterlage liegt ein Block mit der Masse m. Am Block greift parallel zur Kontaktfläche über eine Feder AB die tangentiale Kraft F_T an. Das Ende B der Feder wird mit der Geschwindigkeit v nach rechts gezogen.

Zeichnet man die Federkraft als Funktion der Verschiebung von B auf, dann ergibt sich die in Abb. 15.17 dargestellte Kurve.

Bei Belastung der Feder beobachtet man zunächst einen linearen Anstieg der tangentialen Kraft bis zum Punkt C (Abb. 15.17). Dieser Kraft wirkt die Reibungskraft (Haftreibung) zwischen Block und Unterlage und seine senkrecht wirkende Gewichtskraft entgegen, die am Punkt C von der tangentialen Kraft überwunden werden. Die Kurve weicht nun von der geraden Linie ab. Das bedeutet, dass es zu einem relativen Versatz zwischen Block und Unterlage kommt, bei dem die tangentiale Kraft nicht weiter linear zunimmt. Die Feder wird weiter gedehnt und die angewandte Kraft erreicht am Punkt D ihr Maximum. Der Block springt nun entweder ruckartig vorwärts, wobei die Federkraft schlagartig zum Punkt E abfällt und dann wieder bis zum Punkt F ansteigt, um evtl. wieder abzufallen und erneut anzusteigen, oder der Block bewegt sich nach einem geringen tangentialen Spannungsabfall gleichförmig (gepunktete Linie) bei gleich bleibender Kraft vorwärts. Die Kräfte an den Punkten C, D und G werden respektive als initiale, maximale und residuale Reibung bezeichnet (BYERLEE 1978).

Das **Reibungsgleiten (*frictional sliding*)** erfolgt je nach Beschaffenheit der Oberflächen und nach der Art des Kontaktes zwischen den sich relativ zueinander bewegenden Gesteinsblöcken unterschiedlich. Sollen zwei sich gegenüberliegende Gesteinsblöcke an ihrer Kontaktfläche in Bewegung gesetzt werden, muss zunächst die Haftreibung R_H überwunden werden: $R_H = \mu_H F_N$. Diese ist proportional zur senkrecht wirkenden Normalkraft F_N; μ_H ist der **statische Reibungskoeffizient oder Haftreibungskoeffizient (*coefficient of static friction*)**.

Bei $F_T = \mu_H F_N$ erreicht die tangentiale Kraft ihren kritischen Wert und der Block beginnt zu gleiten. Dividiert man beide Seiten dieser Gleichung durch die nominelle Kontaktfläche, ergibt sich die Scherspannung:

$$\tau = \mu_H \sigma_N$$

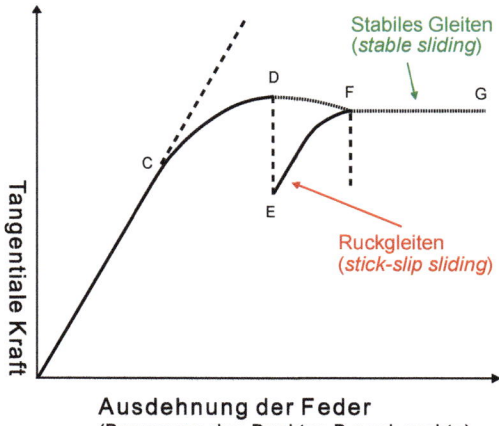

Abb. 15.17 Die auf den Block in Abb. 16.16 wirkende Reibungskraft in Abhängigkeit von der durch die Feder repräsentierten Tangentialkraft (Bildrechte: nach BYERLEE 1978)

Diese Scherspannung ist notwendig, um auf der Berührungsfläche zwischen Block und Unterlage eine Bewegung zu initiieren. Ist die Bewegung jedoch in Gang gebracht, stellt man fest, dass die Scherspannung, die notwendig ist um das Gleiten aufrecht zu erhalten, geringer als $\mu_H \sigma_N$ ist, und zwar

$$\tau = \mu\, \sigma_N$$

μ ist dabei der **dynamische Reibungskoeffizient** (**Gleitreibungskoeffizient**, *coefficient of dynamic friction*); dieser ist kleiner als μ_H. Seit Coulomb ist bekannt, dass der dynamische Reibungskoeffizient für viele technische Materialien nahezu unabhängig von der Geschwindigkeit des bewegten Blocks ist.

Das Reibungsgleiten kann ungleichförmig als **Ruckgleiten** (*stick-slip sliding*) oder gleichförmig als **stabiles Gleiten** (*stable sliding*) erfolgen (Abb. 15.17). In der Natur wird stabiles Gleiten eher in präexistenten Bruchzonen stattfinden, in denen das Gestein an einzelnen Störungsflächen bereits stark zerrieben ist und der Bewegung wenig Widerstand entgegengesetzt wird (s. u. Kasten „Darstellung der Reaktivierung einer prä-existenten Verwerfung im Mohr'schen Spannungskreis"). Beim Ruckgleiten verhaken sich die aneinander vorbei bewegenden Blöcke immer wieder an Vorsprüngen der mehr oder weniger rauen Flächen. Hier kommt es dann zum lokalen Spannungsaufbau und einer Unterbrechung des Gleitens, bis die Vorsprünge zerschert werden und sich die Blöcke mit einem Ruck weiterbewegen.

Zum Reibungsgleiten auf trockenen Kontaktflächen hat BYERLEE (1978) zahlreiche felsmechanische Versuche mit verschiedenen Gesteinen durchgeführt. Dabei hat er beobachtet, dass bei niedrigen Normalspannungen bis ca. 5 MPa die maximale Reibung kaum vom Gesteinstyp abhängt, sondern von der Rauigkeit der Oberflächen bestimmt wird. Die Reibungskoeffizienten schwanken unter geringen Normalspannungen sehr stark, die Werte liegen hier zwischen 0,3 und 10.

Bei höheren Normalspannungen bis zu 200 MPa haben die Byerlee'schen Versuche gezeigt, dass das Reibungsgleiten tatsächlich weitgehend vom Gesteinstyp unabhängig ist und sich die Scherspannungen proportional zu den Normalspannungen verhalten. Für Scherspannungen, die notwendig sind, um trockene präexistente Bruchflächen zu reaktivieren, wurde auf Basis empirischer Daten das **Byerlee'sche Gesetz** (*Byerlee's law*) formuliert:

Bei $\sigma_N < 200$ MPa, das entspricht Krustentiefen bis ca. 8 km, gilt

$$\tau_{krit} = 0{,}85\, \sigma_N \quad (\arctan 0{,}85 = 40{,}36°)$$

In größeren Tiefen bei Spannungsbeträgen von 200 MPa $< \sigma_N <$ 2000 MPa gilt

$$\tau_{krit} = 50\ \text{MPa} + 0{,}6\, \sigma_N \quad (\arctan 0{,}6 = 30{,}94°)$$

15.5.3 Bruchkriterium für Zugbrüche

Ein **Zugbruch** (*tension fracture*) entsteht durch **Zugspannung** (*tensile stress*), wenn diese die **Zugfestigkeit** (*tensile strength*) des Materials überschreitet. Die Zugfestigkeit für Gesteine wird im einaxialen Zugversuch ermittelt. Dazu wird der meist zylindrische Prüfkörper in eine Zug-Prüfmaschine eingespannt und solange einaxial gedehnt, bis er bei einem kritischen Zugspannungswert (σ_{Zkrit}) auseinander reißt. Im Mohr'schen Spannungskreis wird die Grenze zwischen stabilen und instabilen Zugspannungszuständen durch die Zug-Bruch-Einhüllende (Abb. 16.19) repräsentiert. Dies ist eine Linie, die senkrecht zur horizontalen σ-Achse durch den Punkt σ_{Zkrit} verläuft. σ_{Zkrit} ist somit die kritische Normalspannung die zum Zugbruch führt. Ein Spannungskreis rechts dieser Linie stellt einen stabilen Spannungszustand dar. Berührt der Spannungskreis die Linie, wird damit der kritische Zugbruchzustand repräsentiert. Überquert der Spannungskreis die Linie, so ist der Spannungszustand instabil.

15.5 Grenzen der Spannung

Darstellung der Reaktivierung einer prä-existenten Verwerfung im Mohr'schen Spannungskreis.

Dazu stellen wir uns einen Gesteinsverband vor, in dem eine Verwerfung unter 35° zur aktiven σ_1-Spannungsrichtung verläuft; d.h. in diesem Fall ist φ = 35°. Bei unserer Betrachtung gehen wir zunächst von einem lithostatischen kompressiven Spannungszustand von 2,5 MPa aus. Dieser wird im Mohr'schen Spannungskreis auf der positiven Sigma-Achse durch einen Punkt repräsentiert (Differentialspannung = Durchmesser = 0). Dann erhöhen wir die Differentialspannung (gestrichelte Kreise in Abb. 15.18) solange, bis der Kreis die durch den Winkel φ definierte Steigungsgerade tangential berührt. An diesem Punkt ist die Gleichung $\tau_{krit} = \mu \sigma_N$ erfüllt. Der Berührungspunkt repräsentiert die Verwerfungsfläche, die bei dem erreichten Spannungszustand als Bewegungsfläche reaktiviert wird und Reibungsgleiten einsetzt.

Der Gleitpunkt auf dem Spannungskreis wird, wie bei den vorausgegangenen Mohr-Kreisen, durch einen ganz bestimmten Winkel 2ϑ definiert. In diesem Fall ist 2ϑ = 125° und ϑ = 62,5°. Dies ergibt in unserem Beispiel für σ_3 = 2,5 MPa und für σ_1 = 9,5 MPa. Das Gleiten wird nur auf dieser Fläche einsetzen, deren Normale diesen speziellen Winkel ϑ mit der σ_1-Richtung einschließt. Alle anders orientierten Flächen können bei diesem Spannungszustand nicht reaktiviert werden.

Der Winkel ϑ hängt mit dem Reibungswinkel wie folgt zusammen:

$$\pm \vartheta = 45° + \frac{\varphi}{2}$$

oder, anders ausgedrückt, die Bewegung findet auf einer Fläche statt, die einen Winkel α mit der σ_1-Richtung einschließt, dabei ist:

$$\pm \alpha = 45° - \frac{\varphi}{2}$$

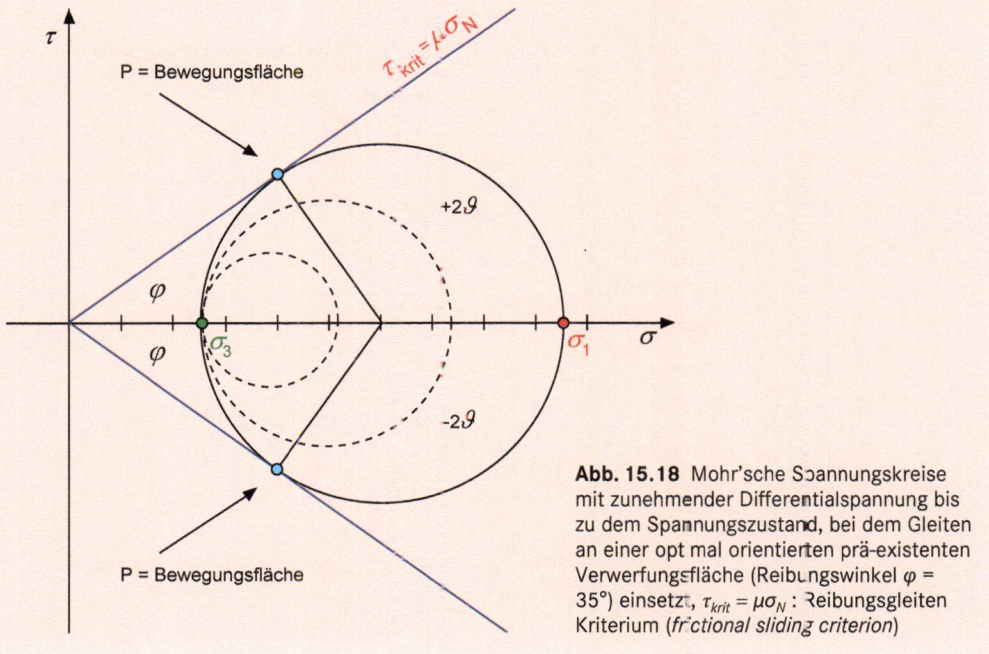

Abb. 15.18 Mohr'sche Spannungskreise mit zunehmender Differentialspannung bis zu dem Spannungszustand, bei dem Gleiten an einer optimal orientierten prä-existenten Verwerfungsfläche (Reibungswinkel φ = 35°) einsetzt, $\tau_{krit} = \mu \sigma_N$: Reibungsgleiten Kriterium (*frictional sliding criterion*)

Im felsmechanischen Versuch liegt die Zugbruchebene senkrecht zur maximalen Zugspannung σ_3. Somit ist der Winkel ϑ = 90° und der Bruchflächenwinkel α = 0°. Im Mohr'schen Spannungskreis entspricht die Spannung auf der Bruchfläche dem Punkt, der unter dem Winkel 2ϑ = 180° von σ_1 = 0 aus abgetragen wird. Die Normalspannungskomponente und die Scherspannungskomponete der Bruchfläche liegen somit genau am tangentialen Berührungspunkt zwischen dem Spannungskreis des kritischen Zugspannungszustands und der Zug-Bruch-Einhüllenden.

Dieses Bruchkriterium definiert die für den Zugbruch notwendige Spannung sowie die Richtung des Bruches: Ein Zugbruch entsteht im Gestein in

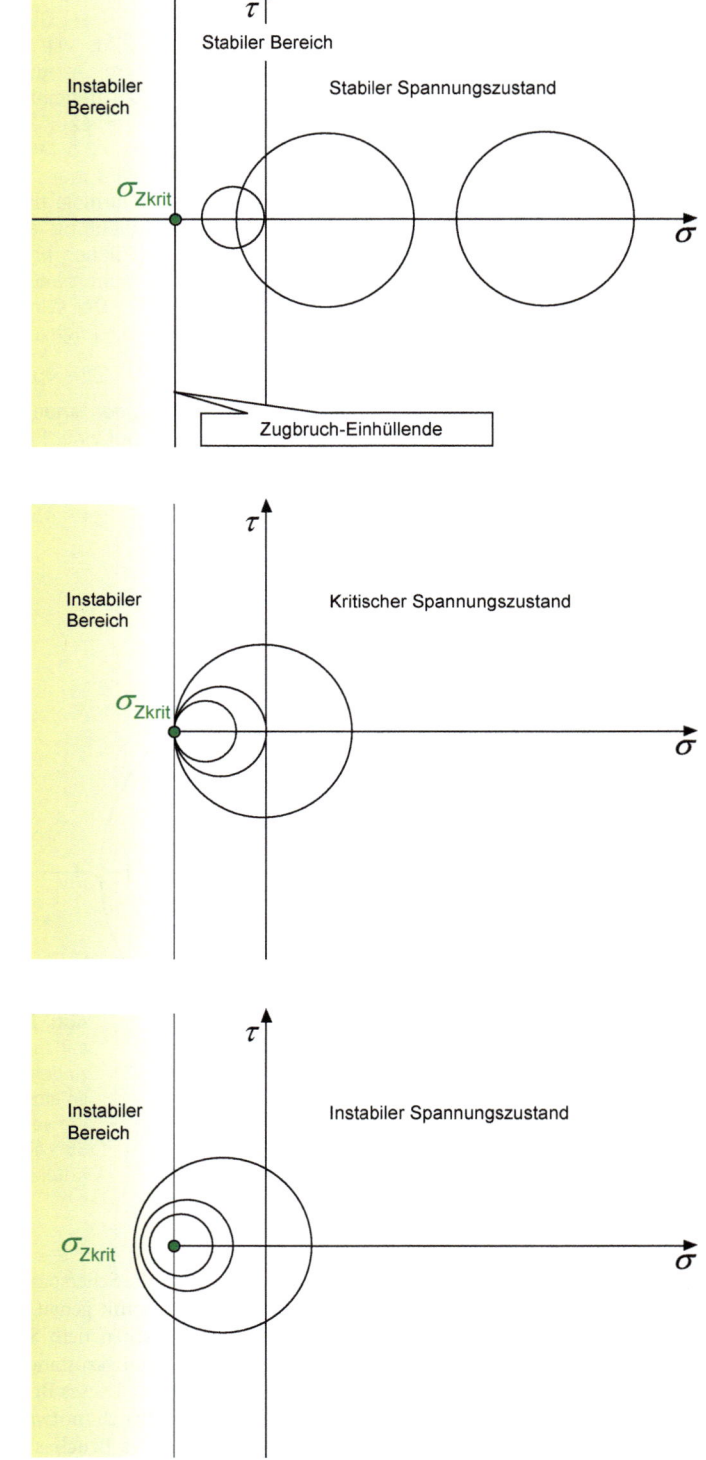

Abb. 15.19 Bruchkriterium für einaxiale Zugbeanspruchung. (oben) stabiler Spannungszustand; (Mitte) kritischer Spannungszustand; (unten) instabiler Spannungszustand (Bildrechte: nach Twiss & Moores 2007)

15.5 Grenzen der Spannung

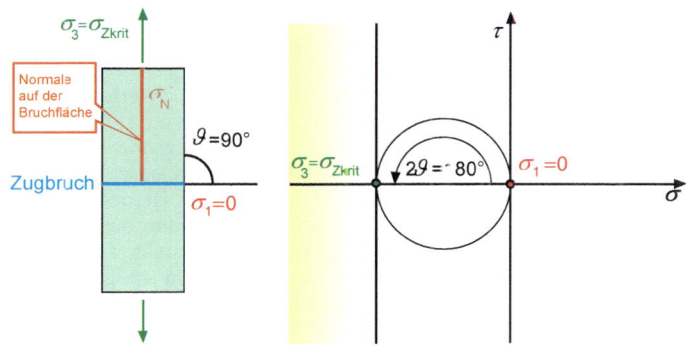

Abb. 15.20 Kritische Zugspannung bei einaxialer Zugbeanspruchung (Bildrechte: nach TWISS & MOORES 2007)

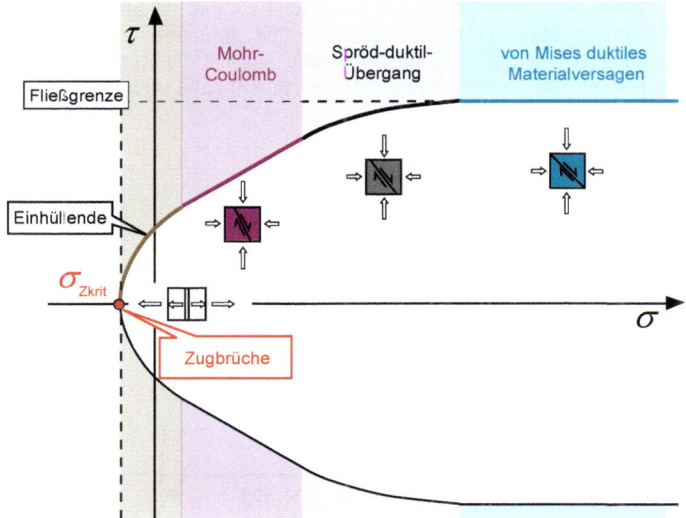

Abb. 15.21 Verlauf einer schematischen Hüllkurve bei verschiedener Materialbeanspruchung mit entsprechendem Materialversagen (Bildrechte: verändert nach TWISS & MOORES 2007)

der Ebene, auf der die Normalspannung den kritischen Wert σ_{Zkrit} erreicht, die Bruchfläche verläuft dabei senkrecht zur maximalen Zugspannung σ_3 (Abb. 15.20).

Dieses Bruchkriterium gilt jedoch nur für Zugbrüche, die unter Zugspannungen entstanden sind. Es gilt nicht für solche Zugbrüche, die sich unter Spannungsbedingungen entwickeln, bei denen keine der Hauptspannungen eine Zugspannung ist, wie z. B. beim so genannten Längssplitting (GRIGGS & HANDIN 1960).

Zugbruch (negative Hauptspannungen bzw. $\sigma_1 = 0$)
Längssplitting (positive σ_1-Spannung, $\sigma_3 = 0$) = **Trennbruch** (in der Felsmechanik)
Extensionsbruch (positive Hauptspannungen)

Die aus Zugbruch-Versuchen gewonnenen Ergebnisse zeigen, dass die gerade Linie der Einhüllenden des Mohr-Coulombschen Bruchkriteriums auf der negativen Seite der σ-Achse in eine parabelförmige Kurve übergeht (Abb. 15.21) und so das Bruchkriterium erweitert.

Dehnungsbrüche sind durch den Abschnitt definiert, in dem der Mohr'sche Spannungskreis links von der vertikalen τ-Koordinate liegt. Berührt der Mohr'sche Spannungskreis die hier senkrecht verlaufende Einhüllende σ_{Zkrit}, so entstehen Zugbrüche, die senkrecht zur kleinsten Hauptspannung ($2\vartheta = 180°$) verlaufen. Bei steigender Spannung nach rechts geht das Mohr-Coulomb'sche Bruchkriterium über das spröd-duktile Materialverhalten in das Von Mises-duktile Materialverhalten über.

Reaktivierung prä-existenter Bruchflächen oder neuer Bruch in einem unter Spannung stehendem Gesteinsverband bei zunehmendem Umlagerungsdruck

Viele Bereiche der Erdkruste bzw. der Lithosphäre waren und sind immer wieder tektonischen und/oder gravitativen Spannungen ausgesetzt. An den dabei entstandenen Brüchen (Klüfte und Verwerfungen) können in der obersten Erdkruste erneut Bewegungen stattfinden, wenn diese prä-existenten Bruchstrukturen in einer dafür günstigen Orientierung zu den Richtungen der aktuell herrschenden Hauptspannungen verlaufen. Bei einem niedrigen Umlagerungsdruck wird eher eine prä-existente Störungsfläche reaktiviert als dass es zu einem Neubruch des Gesteins kommt. Denn für die Reaktivierung der Störung und dem damit verbundenen Reibungsgleiten ist eine viel geringere Differentialspannung notwendig, als bei gleichem Umlagerungsdruck für einen Neubruch erforderlich wäre (Abb. 15.22).

Bei einem höheren Umlagerungsdruck kommt es zu einer als **Kataklase** (*cataclasis*) bezeichneten Spröddeformation. Diese ist durch eine Störungszone charakterisiert, die aus vielen kleinen Rissen und Brüchen besteht, an denen das Gestein zerbrochen ist und so genannte **Störungsbrekzien** (*fault breccias*) bildet. Das Verhalten der sich während der Bewegung gegeneinander verschiebenden Gesteinsbruchstücke in der Störungszone bezeichnet man als **kataklastisches Fließen** (*cataclastic flow*). Für das kataklastische Fließen ist beim selben Umlagerungsdruck eine geringere Differentialspannung notwendig, als für die Reaktivierung einer prä-existenten Bruchfläche (Abb. 15.22).

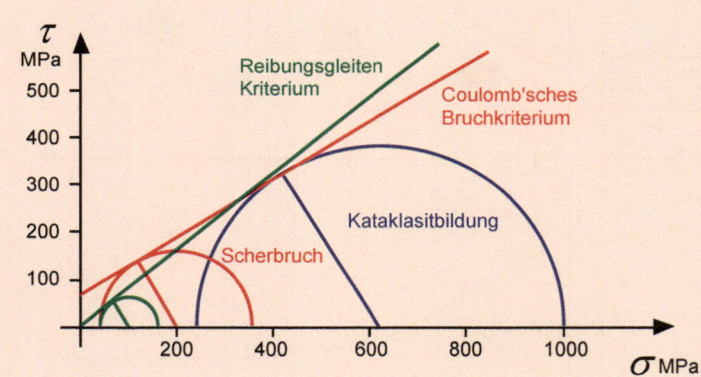

Abb. 15.22 Zusammenhänge zwischen Umlagerungsdruck und der Reaktivierung bzw. Neuanlage von Verwerfungen (Bildrechte: nach TWISS & MOORES 2007)

15.5.4 Auswirkungen von Porenflüssigkeiten auf das Bruchverhalten und Reibungsgleiten von Gesteinen

Die Reaktivierung von prä-existenten Brüchen wie auch die Neuanlage von Brüchen hängt stark davon ab, ob diese Störungsprozesse unter trockenen Bedingungen ablaufen oder ob die Störungszone bzw. das Gestein Porenflüssigkeiten enthält. Diese stehen im Porenraum der Gesteine unter einem gewissen Druck, der eine Änderung der Spannungsverhältnisse bewirkt.

Besitzt ein Gestein eine gewisse Porosität, so können sich in diesen Hohlräumen innerhalb der festen Gesteinsmatrix so genannte Porenfluide ansammeln. Dabei handelt es sich um Flüssigkeiten und Gase, normalerweise um Wasser. Weitere Fluide sind z. B. Öl oder Kohlendioxid, in größeren Erdtiefen auch geschmolzenes Gestein. Steht ein Gestein unter Druck, so tragen die Porenfluide einen Teil dieses Druckes und wirken diesem aus dem Porenraum entgegen. Das heißt, der Porenfluiddruck wirkt in gewisser Weise wie eine Zugspannung. Dieser Effekt ist in einem Gestein in alle Richtungen derselbe. Das bedeutet, dass im Fall positiver, kompressiver Hauptspannungen diese um den Betrag des Porenfluiddrucks (p_{fl}) zu „effektiven

15.5 Grenzen der Spannung

Spannungen (σ_i')" erniedrigt werden (TERZAGHI 1936):

$$\sigma_1' = \sigma_1 - p_{fl},\ \sigma_2' = \sigma_2 - p_{fl},\ \sigma_3' = \sigma_3 - p_{fl}$$

Im Zusammenhang mit dem Mohr'schen Spannungskreis werden bei herrschenden Porenflüssigkeitsdrucken alle σ - Spannungen durch die effektiven σ_i' - Spannungen ersetzt. Dadurch wird der Spannungskreis nach links, näher an die Mohr'sche Hüllkurve verschoben. Daraus folgt, dass ein In-situ Spannungszustand der ohne Porenflüssigkeitsdrucke stabil ist, bei einer Zunahme der Porenflüssigkeitsdrucke instabil werden kann, wenn dabei die kritische Scherspannung erreicht wird.

Bezüglich des Mohr-Coulomb'schen Bruchkriteriums (Abb. 15.15) bzw. der Byerlee-Gesetze betreffs des Kriteriums für Reibungsgleiten gilt somit bei großen Differentialspannungen bei Zunahme des Porenflüssigkeitsdruckes

$$\tau_{krit} = c + \mu\sigma_N'\ \text{bzw.}\ \tau_{krit} = \mu\sigma_N'$$

$\sigma_N' = (\sigma_N - p_{fl})$ = effektive Normalspannung

Bei kleinen Differentialspannungen führt eine Zunahme des Porenflüssigkeitsdruckes zur Ausbildung von Zugbrüchen (Abb. 15.23)

Tektonisch fördern hohe Porenflüssigkeitsdrucke die Reaktivierung oder Neuanlage von Verwerfungen in Gesteinen, in denen unter trockenen Bedingungen keine Verwerfungen aktiv geworden wären.

Ingenieurgeologisch wirken sich Porenflüssigkeitsdrucke auf die Standfestigkeit von Böschungen aus. Generell bilden Tone oder auch Salze recht gute Gleithorizonte. Ihre Gleitfähigkeit wird durch hohe Porenflüssigkeitsdrucke noch erhöht und es kommt zu Rutschung. Bei niedrigen Differentialspannungen können Porenflüssigkeitsdrucke Zugrisse verursachen, was dann nach starken Regenfällen rasch zu Hangrutschen führen kann.

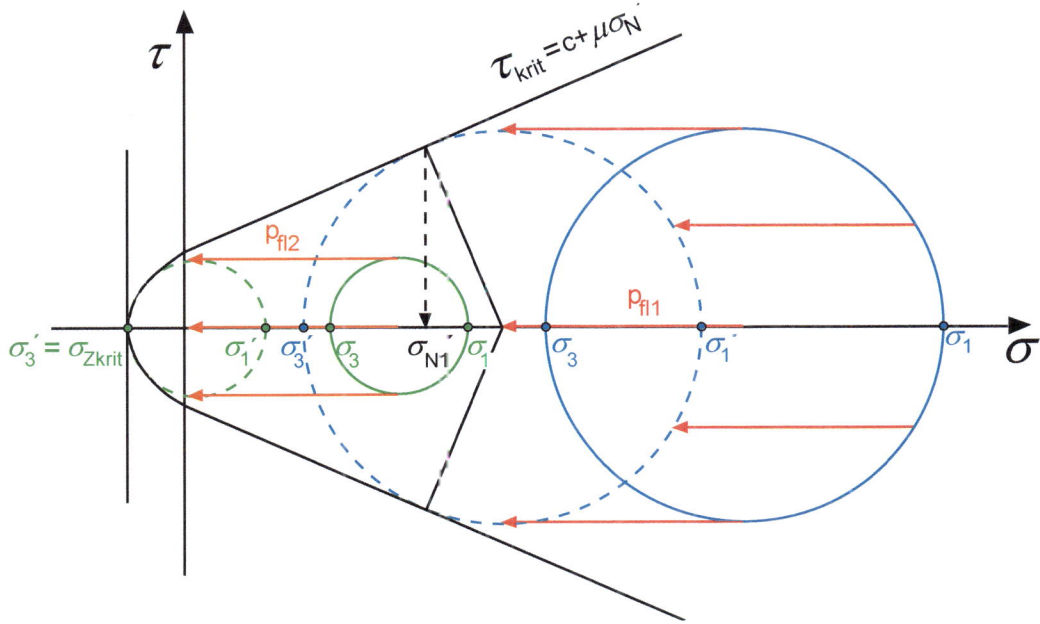

Abb. 15.23 Einfluss des Porenflüssigkeitsdruckes (p_{fl}) dargestellt im Mohr'scher Spannungskreis. Bildung von Scherbrüchen unter p_{fl1} (rot) bei höherer Differentialspannung (blau). Bildung von Zugbrüchen unter p_{fl2} (orange) bei niedriger Differentialspannung (grün).

Induzierte Spannungen: Beeinflussung von Spannungszuständen durch den Menschen

Eine durch den Menschen verursachte Veränderung des Spannungszustands im Gesteinsverband geschieht z. B. (a) durch Einbringen von Flüssigkeiten (Wasser) in den Untergrund oder (b) durch Auflast von Wasser und Gestein (Baumaterial), z. B. bei Staudämmen, oder auch durch (c) Abtragung von Gesteinsmassen in Steinbrüchen oder Gebirgsentlastung durch Förderung von Erdgas. Alle diese Vorgänge führen zu einer Veränderung der Differentialspannung.

(a) Die Injektion von Flüssigkeiten bewirkt einen Porenflüssigkeitsdruck im Porenraum des Gesteins. Dieser setzt die Spannungen herab. Bei einer bestimmten Orientierung prä-existenter Störungen im aktiven Spannungsfeld werden diese reaktiviert.

(b) Eine Gesteins- bzw. Wasser-Auflast erhöht die Vertikalspannung gegenüber der Umlagerungsspannung, was dann zum Bruch führen kann. Kommen Porenflüssigkeitsdrucke dazu, werden zusätzlich die Spannungen auf die effektiven Spannungen erniedrigt und es kommt noch eher zum Bruch.

(c) Eine Gebirgsentlastung, z. B. der Abbau von Gesteinen, aber auch die Förderung von Erdgas, kann zu einer Verringerung des Umlagerungsdruckes führen und damit die Differentialspannung (Vertikalspannung − Umlagerungsdruck) erhöhen und so Bewegungen an prä-existenten Störungen initiieren.

Kenntnisse über den gegenwärtigen Spannungszustand (*in-situ stress*) sind also bei der Bearbeitung vieler geowissenschaftlicher Fragen äußerst wichtig. Sei es auf geologisch-geophysikalischen Gebieten (Tektonik, Erdbebenforschung), in der Erdölexploration, im Steine-Erden-Bereich, in der Geothermie oder im Bauingenieurwesen (Tiefbau) und Bergbau. Einige Beispiele dazu werden im Kapitel 18 Angewandte Tektonik erläutert.

16 Deformation

Ellipsenförmig verformte, ursprünglich runde Crinoidenstielglieder

16.1 Definition

Unter **Deformation** (*strain*) verstehen wir die Veränderung der Form oder des Volumens eines Körpers aufgrund von Spannungen. Wie wir in Kapitel 2 erfahren haben, werden Spannungen in der Geologie durch gravitative und tektonische Kräfte erzeugt. Die Deformation des Gesteins bzw. großer Gesteinsverbände erfolgt im Zuge der Spannungsumwandlung und des damit verbundenen Spannungsabbaus. Dies geschieht, wenn die **Festigkeit** (*strenght, resistance*) des Gesteins überschritten wird. In der Folge kommt es zu Relativbewegungen im Gestein. Diese äußern sich vom kleinsten **Versatz** (*dislocation*) der Kristallstrukturen im Nano- und Mikrobereich über die Verschiebungen und Verbiegungen von Gesteinskörpern im mm-, m- und 10er m Bereich bis hin zu mehreren hundert Kilometer langen **Verwerfungen** (*faults*) und **Falten** (*folds*) die ganze Berge erzeugen.

Je nach der Kompetenz des Gesteins geschieht der Spannungsabbau entweder durch **spröde (bruchhafte) Deformation** (*brittle deformation*) oder durch **plastische (bruchlose) Deformation** (*plastic deformation*). Bei der Spröddeformation verliert das Gestein seinen Zusammenhalt und zerbricht. Die dabei entstehenden **Brüche** (*fractures*) sind durch kleine Versätze entweder senkrecht oder parallel zu ihren Bruchflächen charakterisiert und werden in der Tektonik als Extensionsklüfte respektive Scherklüfte bzw. – bei größeren Beträgen – als Verwerfungen bezeichnet. Spröd- oder Bruchdeformation ist der überwiegende Deformationsmechanismus in der oberen Erdkruste bis ca. 10 km Tiefe. Die plastische Deformation findet in größeren Erdtiefen unter der Zunahme von Druck und/oder Temperatur statt. Das Gestein wird über einen längeren Zeitraum verformt, ohne dass es seinen Zusammenhalt verliert – es beginnt zu fließen.

Wozu befassen wir uns in der Geologie mit Deformationen? In der Explorationsgeologie ist es z. B. wichtig, die ursprüngliche Ablagerungsform bestimmter Gesteinsschichten in einer deformierten Gesteinsabfolge zu rekonstruieren. Dadurch können zum Beispiel Aussagen über den Aufbau eines später deformierten sedimentären Beckens gemacht werden, in dessen Deformationsstrukturen heute Erdöl- oder Erdgaslagerstätten zu finden sind. Aus *in-situ*-Bestimmungen gegenwärtiger Deformationen können Rückschlüsse auf aktive Spannungsrichtungen und Spannungsfelder gezogen werden. Dies ist in der Ingenieurgeologie und Felsmechanik hinsichtlich Gebirgsstabilitäten von besonderer Bedeutung. Die Ermittlung von Deformationswerten über eine Verwerfungszone (Scherzone) hinweg gibt Hinweise auf Versatzbeträge der Störung und auf ihren Bewegungssinn. Damit kann die Deformationsgeschichte rekonstruiert werden.

16.2 Arten der Deformation

16.2.1 Translation, Rotation, interne Deformation und Volumenänderung

Wirken auf einen Körper äußere Kräfte und setzt der Körper diesen Kräften keinen Widerstand entgegen, so wird er verschoben und/oder rotiert. Bei diesen Deformationsarten, der **Translation** (*translation*) und der **Rotation** (*rotation*), bleibt die Form und ursprüngliche Größe des Körpers erhalten (Abb. 16.1, Abb. 16.2). Beispiele für derartige Deformationen sind die Bewegungen und Rotationen von Lithosphärenplatten, die Bewegung von intakten Gleitdecken (s. Kap. 8) oder die Verkippung und Drehung von Krustenblöcken in Verwerfungszonen.

Setzt der Körper den Kräften einen Widerstand entgegen, gerät er unter Spannung. Die dabei im Körper einsetzende Teilchenbewegung bewirkt dessen interne Deformation oder Verformung (*strain*) oder, anders ausgedrückt, dessen Verzerrung (*distortion*) (Abb. 16.3).

Druck (*compression*) und **Zug** (*tension*) bewirken eine Volumenänderung des Körpers (Abb. 16.4).

In der Natur können die vier genannten Deformationsarten mit unterschiedlichen Anteilen gemeinsam vorkommen. Zur Rekonstruktion einer progressiven Deformation ist es wichtig zu wissen, ob die Deformationsarten gleichzeitig wirksam waren oder ob sie nacheinander stattgefunden haben und in welcher Reihenfolge.

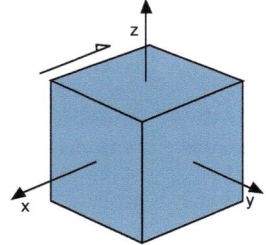
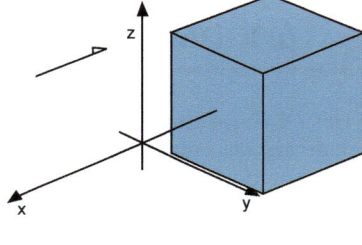

Abb. 16.1 Translation. Jedes Körperteilchen erfährt die gleiche Verschiebung (*displacement*). Der gesamte Körper wird um einen bestimmten Betrag in eine bestimmte Richtung verschoben

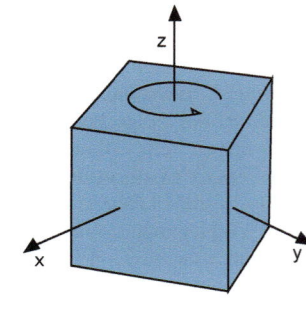

Abb. 16.2 Rotation. Hierbei wird der gesamte Gesteinskörper um einen bestimmten Winkel um eine Drehachse rotiert

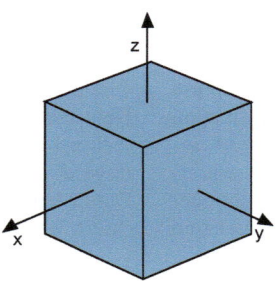
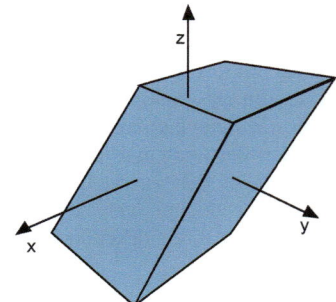

Abb. 16.3 Interne Deformation. Im Körper erfolgt eine Längen- und Winkeländerung. Dies führt zur Veränderung der Form, d. h. zur Verzerrung des Körpers

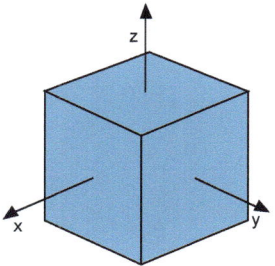
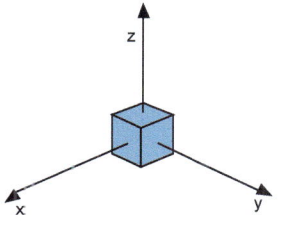

Abb. 16.4 Volumenänderung des Körper durch allseitig gleichen Druck

16.2.2 Homogene Deformation und inhomogene Deformation

Bei der internen Deformation unterscheidet man zwischen **homogener Deformation** (*homogeneous strain*) und **inhomogener Deformation** (*inhomogeneous strain*).

Bei der homogenen Deformation bleibt eine gerade Anordnung von Partikeln oder eine gerade Linie egal welcher Richtung auch im deformierten Zustand gerade. Alle im undeformierten Zustand parallelen Linien sind auch im deformierten Zustand parallel (Abb. 16.5).

Bei der inhomogenen Deformation werden zumindest einige im Ausgangsstadium gerade Linien verbogen oder zerbrochen, und manche im Ausgangsstadium parallele Linien sind nach der Deformation nicht mehr parallel (Abb. 16.6).

Jede Art von Deformation geht von dem undeformierten Zustand des Körpers aus und endet im deformierten Zustand (**Deformierter Endzustand** *finite state of strain*). Die Deformation wird in einem **Verschiebungsfeld** (*displacement field*) beschrieben. Dieses Verschiebungsfeld setzt sich aus den **Verschiebungsvektoren** (*displacement vectors*) zusammen. Die Verschiebungsvektoren verbinden in den zu vergleichenden Zuständen identische Punkte. Sie stellen aber nicht unbedingt den tatsächlichen Weg dar, den ein Partikel oder eine Partikellinie während der Deformation zurückgelegt hat. Die Zwischenstufen bzw. die Bewegungsgeschichte der Materialteilchen werden nicht berücksichtigt (Beispiel Knickband-Entwicklung in Abb. 16.7).

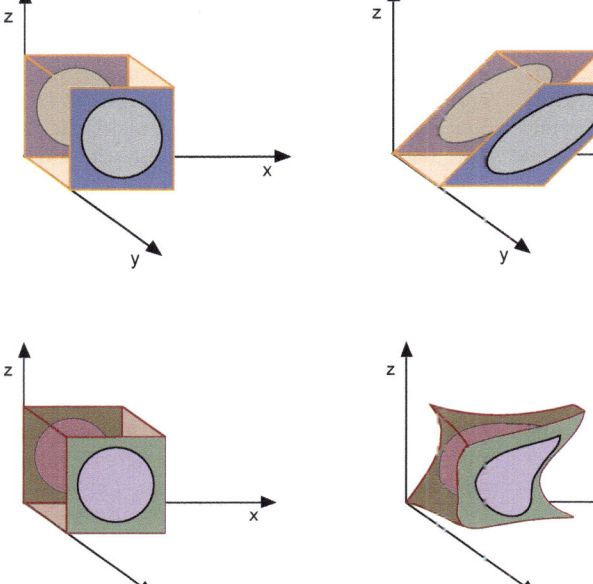

Abb. 16.5 Homogene Deformation

Abb. 16.6 Inhomogene Deformation

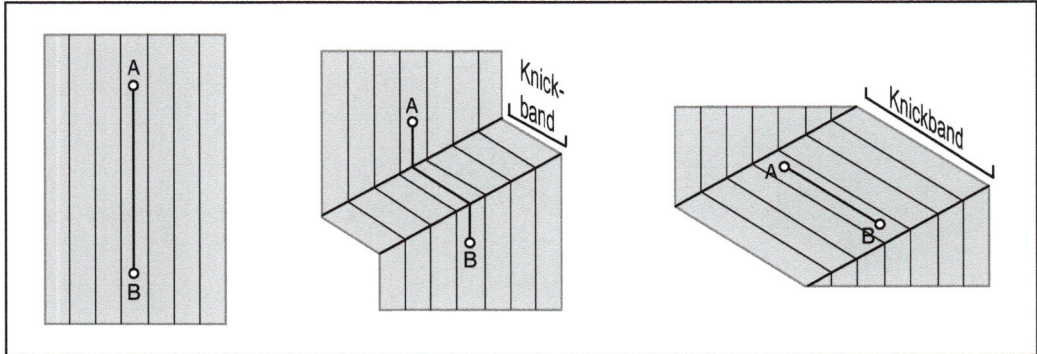

Abb. 16.7 Knickband- (*kinkband*) Entwicklung in einem einzelnen Kristall. Eine Linie von Partikeln (AB,) die im undeformierten Zustand gerade ist (links) und auch im homogen deformierten Endstadium (rechts) eine Gerade ist, ist in Zwischenstadien (Mitte) nicht gerade

Die Zwischenstufen beschreiben die **progressive Deformation** (*progressive deformation*) oder die **Deformationsgeschichte** (*deformation history*) des betrachteten Körpers. Progressive Deformation bedeutet viele **kleine Verformungsschritte** (*incremental distortion*) oder viele winzige bzw. **infinitesimale Deformationen** (*infinitesimal strains*).

16.3 Deformationsanalyse (*strain analysis*)

Bei der internen Deformation verändert sich die Länge von Linien, es ändern sich Winkel zwischen Linien und es ändert sich das Volumen. Sind einige diese grundlegenden Größen bekannt, können verschiedene Arten der Deformation für ein und denselben Körper berechnet werden.

16.3.1 Lineare Deformation (*linear strain*)

Hierzu betrachten wir die Länge einer Referenzlinie im undeformierten Gestein und deren Änderung bei einer **Verlängerung** (*extension*) bzw. bei einer **Verkürzung** (*shortening*).

Die **longitudinale Verformung** ε (*longitudinal strain*) ist das Verhältnis der Länge des deformierten Zustands (l_d) minus der undeformierten Länge (l_u) zur undeformierten Länge (l_u)

$$\varepsilon = \frac{l_d - l_u}{l_u} = \frac{\Delta l}{l_u}$$

Ist ε positiv, dann handelt es sich bei der longitudinalen Verformung um eine Verlängerung, ist ε negativ, liegt eine Verkürzung vor. Die Angabe der longitudinalen Verformung ist dimensionslos. Die prozentuale Verlängerung oder Verkürzung einer Linie erhält man, indem man den Wert der longitudinalen Verformung (ε) mit 100 % multipliziert. Die für ε möglichen Werte bewegen sich von − 1 (stärkste Verkürzung) über 0 (keine Längenänderung) bis zu „unendlich" (stärkste Verlängerung).

Im Zahlenbeispiel betrachten wir eine Materiallinie L im undeformierten Gestein mit der Ursprungslänge l_u = 5 cm. Während der Deformation verändert der Gesteinskörper, der die Linie L enthält, seine Form und die Linie wird auf eine Endlänge l_d = 8 cm verlängert. Die Längenänderung Δl ist 3 cm. Die longitudinale Verformung beträgt: ε = (8 cm − 5 cm) / 5 cm = 0,6 (dimensionslos). Der Wert ist positiv, die Verlängerung beträgt also 60 %. Ist die Ursprungslänge l_u = 6 cm und die Endlänge nach der Deformation l_d = 4 cm beträgt die Längenänderung (Δl) = − 2 cm. Die longitudinale Verformung ist dann: ε = (4 cm − 6 cm)/4 cm = − 0,5. Der Wert ist negativ, die Verkürzung beträgt 50 %.

Lineare Verlängerungen können z. B. mit deformierten Belemniten bestimmt werden. Belemniten sind fossile Tintenfische und kommen in Schichten der Jura und Kreidezeit vor. Erhalten ist meist nur der hintere geschoßförmige Teil, das so genannte Rostrum. Dieses besteht aus Kalzit, wobei die Mineralfasern radial angeordnet sind. Das bedingt eine mechanische Anisotropie und Schwäche des Fossils, wenn es in seiner Längsrichtung gestreckt wird (RAMSAY & HUBER 1983). Bei der Dehnung wird das Fossil in einzelne Stücke zerrissen, die sich bei zunehmender Dehnung immer weiter voneinander trennen. Die dabei entstehenden Zwischenräume sind meist mit faserigen Kalzit-Mineralen verfüllt, wobei die Mineralfasern parallel zur Dehnungsrichtung verlaufen. Die gedehnten Belemniten eignen sich sehr gut zur Bestimmung der linearen Deformation und wurden bereits von dem berühmten Schweizer Geologen ALBERT HEIM (1849–1937) zur Deformationsbestimmung herangezogen (MILNES 1979). Bei RAMSAY & HUBER (1983) finden sich eine Reihe anschaulicher Beispiele zur Deformationsanalyse mit Belemniten. Um die longitudinale Verformung (Elongation) zu bestimmen, misst man zunächst die Gesamtlänge des deformierten Belemniten (mit den Zwischenräumen). Aus der Länge der Einzelteile erhält man dann die undeformierte Länge des Fossils.

Ein weiterer in der Literatur verwendeter Deformationswert ist der so genannte Stretchwert oder Stretch (*stretch*) S. Dieser repräsentiert den Betrag einer deformierten Länge l_d dividiert durch deren ursprüngliche Länge l_u.

$$S = \frac{l_d}{l_u}$$

Der Stretch ist immer positiv, auch bei Verkürzung. Mit dem Elongations-Wert hängt der Stretch-Wert wie folgt zusammen (für unser Zahlenbeispiel ist der Stretchwert $S = 8$ cm : 5 cm = 1,6):

$$S = 1 + \varepsilon$$

(im Beispiel: $S = 1 + 0,6 = 1,6$)

Die **quadratische Elongation** (*quadratic elongation*) λ ist das Standardmaß der finiten Längenänderung. Dieser Parameter definiert die Längen der Hauptachsen der Deformationsellipse und findet seine Anwendung im Mohr'schen Deformationskreis. Dort dient er zur Vereinfachung der Deformationsgleichungen (siehe Mohr'scher Deformationskreis der finiten Deformation in Kap. 16.3.8)

$$\lambda = \left(\frac{l_d}{l_u}\right)^2 = (1+\varepsilon)^2 = S^2$$

(im Beispiel $\lambda = (1,6)^2 = 2,56$)

16.3.2 Winkelscherung ψ (*angular shear*) und Scherverformung γ (*shear strain*)

Deformationsbedingte Winkeländerungen in jede beliebige Richtung sind definiert durch die Winkeländerung zwischen der Richtung einer deformierten Linie und einer Linie, die ursprünglich senkrecht zu dieser stand. Dieser Winkel wird als Winkelscherung ψ bezeichnet (z. B. Änderung des Winkels zwischen ehemals senkrecht zur Schichtung verlaufenden Grabgängen in Sedimentgesteinen, ehemals senkrecht aufeinander stehenden Linien wie Schlossrand und Medianlinie bei Brachiopoden oder die senkrecht zur Mittellinie verlaufenden Pleuren bei Trilobiten usw.). Die Ablenkung der Senkrechten aus der Bezugsrichtung kann entweder im Uhrzeigersinn (dextral) oder gegen den Uhrzeigersinn (sinistral) gerichtet sein und wird damit als negativ respektive positiv bezeichnet (Abb. 16.8, Abb. 16.9) (RAMSAY &

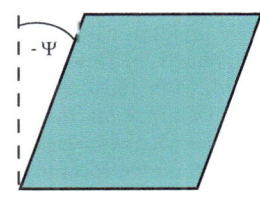

Abb. 16.8 Negative Winkelscherung – ψ

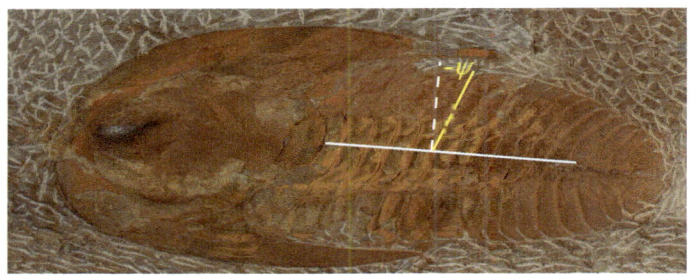

Abb. 16.9 Deformierter Trilobit

HUBER 1983). Der Tangens der Winkelscherung ψ bezeichnet die Scherverformung γ.

$\gamma = \tan \psi$

16.3.3 Volumenverformung

Die **Volumenverformung** ε_V (*volumetric strain*) wird als das Verhältnis zwischen der Volumenänderung ΔV des Körpers, die bei der Deformation stattgefunden hat, und dem ursprünglichen Volumen V_u des Körpers (V_d = deformiertes Volumen) definiert.

$\varepsilon_V = \Delta V / V_u = (V_d - V_u) / V_u$

Für Veränderungen des Volumens eines Materials kommen mindestens drei Mechanismen in Betracht. (1) Die Schließung des Porenraums zwischen den Gesteinskörnern führt zu einer Abnahme des Volumens und bewirkt damit eine negative Volumenänderung. (2) Drucklösung in Gesteinen findet bevorzugt an den Kontaktflächen aneinandergrenzender Körner (Mineralen) statt und führt ebenfalls zu einer negativen Volumenänderung. (3) Brüche im Gestein bewirken eine Zunahme des Volumens. Ferner können Volumenänderungen durch Druckentlastung bei Denudation oder durch thermische Prozesse verursacht werden.

16.3.4 Deformationsellipsoid

Die dreidimensionale homogene Verformung wird graphisch im **Deformationsellipsoid** (*strain ellipsoid*) (Abb. 16.10) veranschaulicht, welches sich bei der Deformation einer Kugel ergibt.

Das allgemeine Deformationsellipsoid wird durch drei **Hauptverformungsachsen** (*principal axes of strain*) definiert, die mit λ_1, λ_2 und λ_3 bezeichnet werden. Diese Achsen werden auch **Hauptrichtungen** der **Deformation mit X, Y und Z** (*principal directions of strain*) genannt. Je nach Problemstellung in der Deformationsanalyse werden die Deformationsbeträge als longitudinale Verformungswerte ε_1, ε_2 und ε_3, als Stretchwerte S_1, S_2 und S_3 oder als Wert der quadratischen Elongation angegeben.

Sonderfälle des Deformationsellipsoids sind die axiale Längung, bei der das lang gezogene (prolate) Ellipsoid wie eine Zigarre aussieht ($\lambda_1 \gg \lambda_2 = \lambda_3$) und die axiale Plättung; hier sieht das abgeplattete (oblate) Ellipsoid wie ein Pfannkuchen aus ($\lambda_1 = \lambda_2 \gg \lambda_3$).

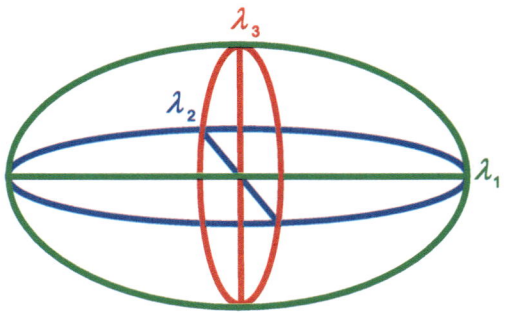

Abb. 16.10 Allgemeines Deformationsellipsoid

Das allgemeine Deformationsellipsoid hat drei **Hauptdeformationsebenen** (*principal planes of strain*). Diese verlaufen parallel zu den Hauptverformungsachsen und stehen senkrecht aufeinander. Die Ebenen schneiden sich in der Mitte der drei Hauptdurchmesser und definieren drei **Deformationsellipsen** (*strain ellipses*). Die Form der Ellipse (Elliptizität) wird durch das Verhältnis der Hauptdeformationsachsen bestimmt und repräsentiert den **Verformungsgrad** (*strain intensity*).

$R = (1+ \varepsilon_1)/(1+ \varepsilon_3)$

Anmerkung: Wir verwenden in der zweidimensionalen Darstellung die Deformationswerte ε_1 und ε_3 bzw. S_1 und S_3 oder λ_1 und λ_3, um ε_2, S_2 und λ_2 in der dreidimensionale Darstellung zur Verfügung zu haben.

Ein Kreis mit dem Radius R (=1) wird durch vertikale Verkürzung und horizontale Verlängerung zu einer Ellipse deformiert (Abb 16.11). Wir betrachten zunächst die Radien in x- und z-Richtung und kalibrieren so die beiden Hauptachsen der Deformationsellipse bezüglich der longitudinalen Verformung (ε) bzw. des Stretchwertes oder der quadratischen Elongation (λ) in den Richtungen x (maximale Verlängerung) und z (maximale Verkürzung). Die deformierte Endlänge (l_{dx}) ist gleich der Ursprungslänge (l_{ux}) multipliziert mit dem Stretch (S). Damit ist die Länge der Halbachse in x-Richtung gleich dem Radius des undeformierten Bezugskreises ($l_{ux} = 1$) multipliziert mit dem Faktor ($1 + \varepsilon_x$) = Stretchwert in x-Richtung. Da der Radius des Bezugskreises mit dem Wert 1 gewählt wurde, hat die Länge der Halbachse der Deformationsellipse in x-Richtung den Stretchwert S_x. Dies entspricht andererseits der Quadratwurzel aus der quadratischen Elongation in der x-Richtung: $\sqrt{\lambda_x} = \sqrt{\lambda_1}$. Entsprechend ist die Länge der Halbachse der Ellipse in z-Richtung: $(1 + \varepsilon_z) = S_z = \sqrt{\lambda_z}$.

16.3 Deformationsanalyse (strain analysis)

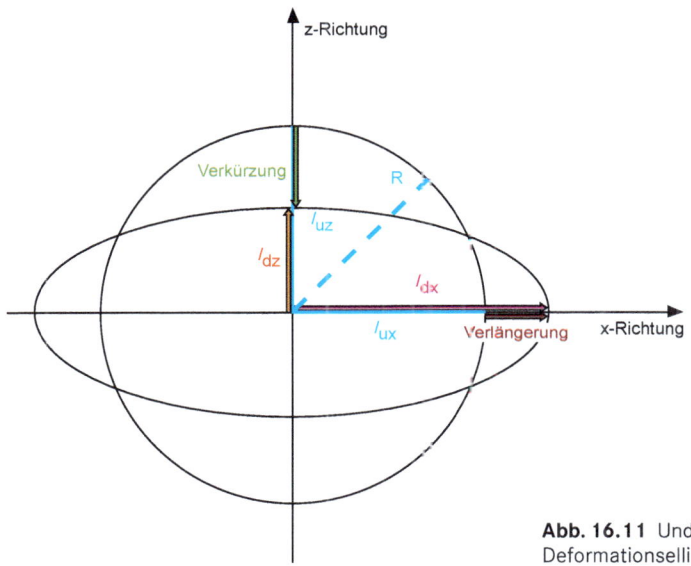

Abb. 16.11 Undeformierter Kreis und Kalibrierung der Deformationsellipse

16.3.5 Allgemeine Verformung von Linien

Dazu gehen wir von den in Abb. 16.12a im linken oberen Quadranten des Kreises eingezeichneten verschiedenfarbigen Linien aus. Diese Linien erfahren bei der Deformation eine Veränderung ihrer Länge und ihrer Orientierung (zur besseren Veranschaulichung werden die deformierten Linien im Quadranten rechts unten gezeigt). Einige Linien wurden bei der Deformation verlängert und einige wurden verkürzt. Außer der vertikalen und der horizontalen Linie wurden alle Linien rotiert und sind jetzt flacher geneigt. Es gibt zwei Richtungen, in welche keine longitudinale Verformung erfolgt ($\varepsilon = 0$). Diese Richtungen liegen dort, wo sich der Kreis mit der Ellipse überschneidet (Abb. 16.12b). Diese Linien trennen Richtungen, in denen es zu Verlängerungen kommt, von solchen Bereichen, in denen verkürzt wird.

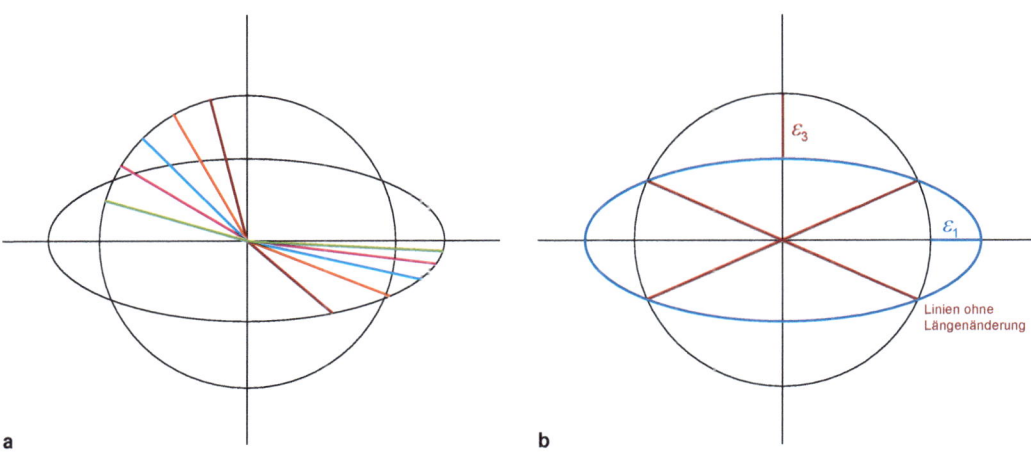

Abb. 16.12 a) Deformation von Linien b) Keine Längenänderung bei der Deformation

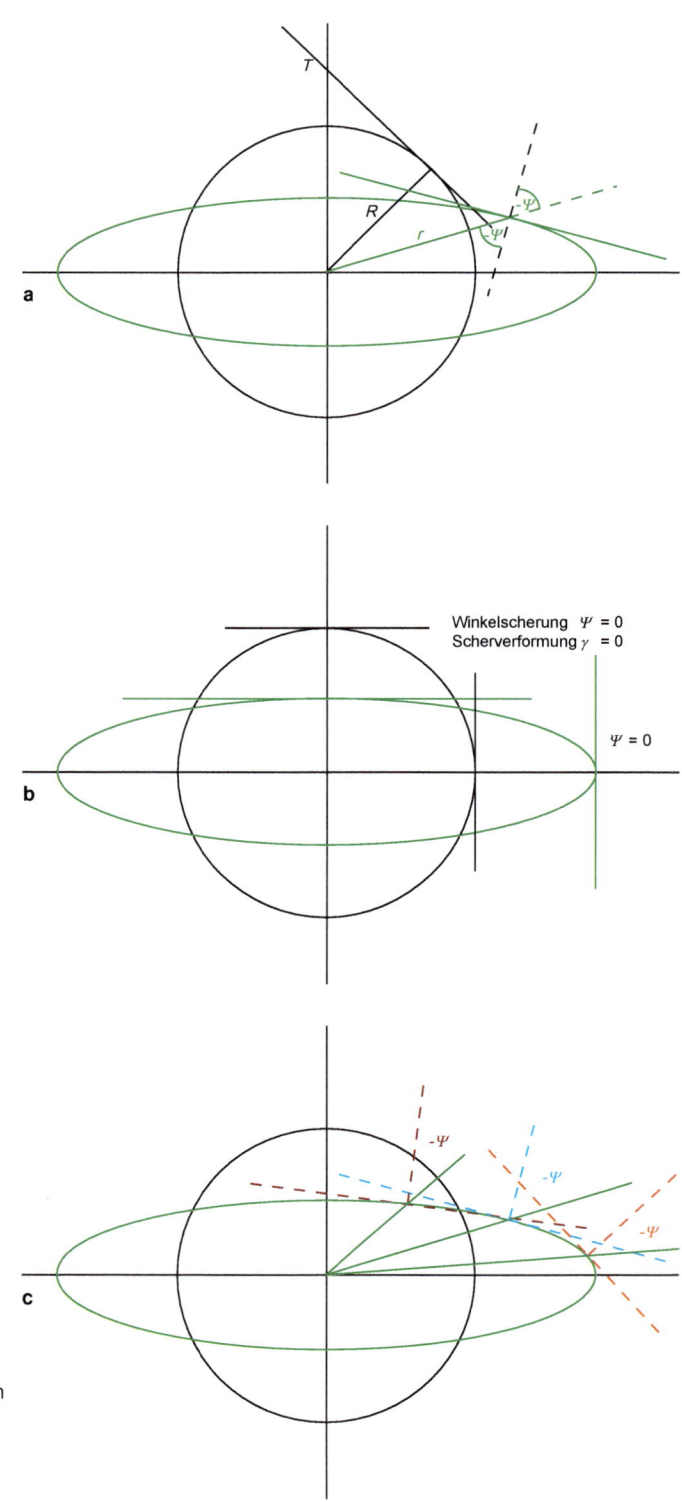

Abb. 16.13
(a) Winkelscherung
(b) Winkelscherung = 0
(c) Änderung der Winkelscherung durch die Änderung der Orientierung der sich verformenden Linie von braun gestrichelt über blau gestrichelt zu orange gestrichelt.

16.3 Deformationsanalyse (strain analysis)

Zur Ermittlung der Scherverformung γ legen wir am äußeren Ende eines Radius' eine Tangente (T) beliebiger Orientierung an. Diese schließt mit dem Radius (R) einen rechten Winkel ein (Abb. 16.13a). Nach der Deformation haben diese Linien eine andere Orientierung. Die Änderung ihrer relativen Orientierung ist die mit dem Winkel ψ bezeichnete Winkelscherung. Mit dem Winkel ψ wird die Scherverformung γ berechnet. Betrachten wir die Winkelscherung ψ von R, so öffnet sich der Winkel, den r mit der ehemaligen Senkrechten auf der Tangente zu R einschließt, im Uhrzeigersinn und ist somit negativ.

Für Deformationsrichtungen, die parallel zu den Hauptachsen der Deformationsellipse verlaufen, verändert die Verformung den rechten Winkel zwischen dem Radius und seiner Tangente am Kreis nicht. Die Winkelscherung ψ ist dann Null und folglich ist auch die Scherdeformation γ Null (Abb. 16.13b).

Der Betrag der Winkelscherung ψ und damit der Wert der Scherverformung γ ändert sich mit der Orientierung der sich verformenden Linie (Abb. 16.13c).

16.3.6 Infinitesimale Verformung und finite Deformation

Während der Deformation werden bei der Verformung des Kreises in eine Ellipse bestimmte Bereiche gestreckt und andere gestaucht. Beide Bereiche werden durch zwei ehemalige Radien des Ausgangskreises getrennt (vgl. Abb. 16.12b). In Abb. 16.14 werden zwei Deformationsereignisse der infinitesimalen Deformation *(incremental strain)* sowie die bei koaxialer Überlagerung daraus resultierende finite Deformation dargestellt, bei der sich drei Deformationssektoren aufzeigen lassen: (I) Bereich fortgesetzter Verlängerung, (II) Bereich fortgesetzter Verkürzung und (III) Bereich, in dem zunächst eine Verkürzung stattfand, der jetzt aber verlängert wird.

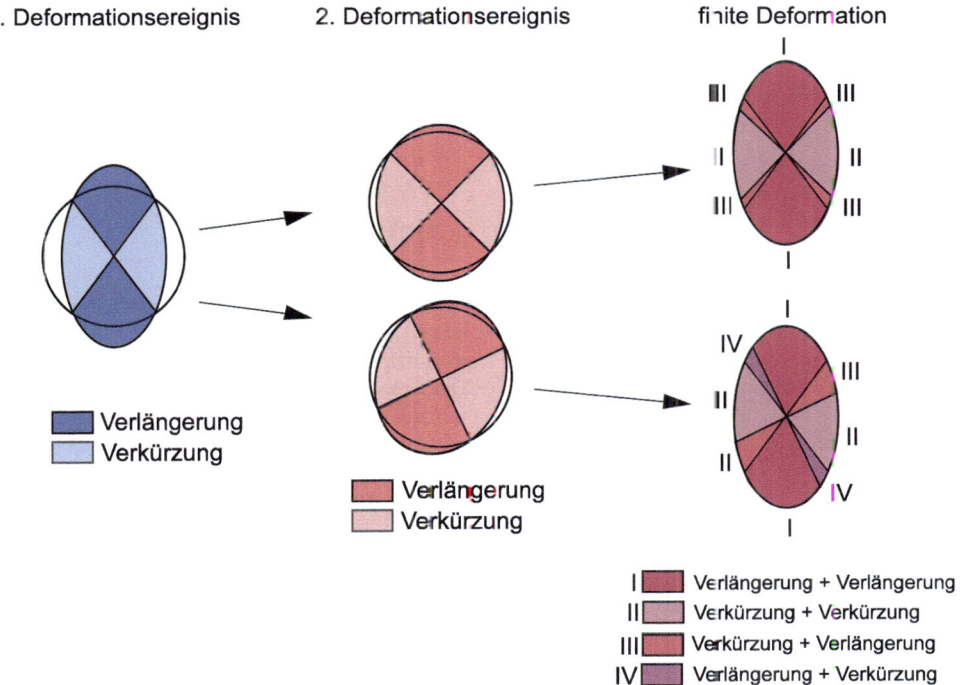

Abb. 16.14 (oben) Koaxiale Überlagerung von zwei infinitesimalen Deformationsereignissen und resultierende finite Deformation; (unten) nicht-koaxiale Überlagerung von zwei infinitesimalen Deformationsereignissen und resultierende finite Deformation (Bildrechte: verändert nach RAMSAY 1967)

Bei der nicht-koaxilaen Deformationsgeschichte ist die Geometrie etwas komplexer (Abb. 16.14 unten). Die Überlagerung des ersten Deformationsereignisses durch ein zweites Ereignis ergibt in der finiten Deformation vier Deformationsbereiche. (I) Bereich fortgesetzter Verlängerung, (II) Bereich fortgesetzter Verkürzung, (III) Bereich, in dem zunächst eine Verkürzung stattfand, der jetzt verlängert wird, und (IV) ein Verlängerungsbereich, der jetzt verkürzt wird.

Die Deformationsellipse bzw. das Deformationsellipsoid veranschaulicht Verformungszustände beliebiger Größen. Diese können z.B. in den geotechnischen Bereichen der experimentellen und angewandten Felsmechanik oder der Ingenieurgeologie sehr gering sein; in der Tektonik erreichen sie z.B. bei den Überschiebungsprozessen der Gebirgsbildung regionale Ausmaße.

Die Variationen der Deformationswerte können graphisch im **Mohr'sche Deformationskreis** (*Mohr circle of strain*) dargestellt werden. Für die Konstruktion des Kreises kommt es jedoch darauf an, ob es sich um eine infinitesimale Deformation handelt, bei der die Verformung weniger als 1% beträgt oder ob es sich um eine finite Deformation mit größeren Verformungswerten handelt.

16.3.7 Die Deformationsgleichungen

Dazu betrachten wir zunächst die infinitesimale Deformation. Hier wird postuliert, dass die Radianten der Scherverformung γ und der Winkelscherung ψ numerisch gleich sind (MEANS 1976). Mit der Deformationsgleichung für infinitesimale Deformation lässt sich die Verformung einer beliebig orientieren Linie in einer Hauptdeformationsebene berechnen. Die Gleichungen enthalten die longitudinalen Verformungswerte ε_1 und ε_3 und den Winkel θ, der zwischen der verformten Linie und der horizontalen ε_1-Richtung liegt (θ ist im infinitesimalen Bereich sowohl im undeformierten als auch im deformierten Zustand fast gleich). Die Berechnung der infinitesimalen Deformation wird bei MEANS (1976) ausführlich behandelt.

Für die infinitesimale longitudinale Verformung einer beliebig orientierten Linie gilt

$$\varepsilon = \frac{(\varepsilon_1+\varepsilon_3)}{2} + \frac{(\varepsilon_1-\varepsilon_3)}{2} \cdot \cos 2\theta .$$

Für die Scherverformung gilt

$$\gamma = (\varepsilon_1 - \varepsilon_3) \cdot \sin 2\theta \quad \text{oder} \quad \frac{\gamma}{2} = \frac{(\varepsilon_1 - \varepsilon_3)}{2} \cdot \sin 2\theta .$$

Die **finite Deformation** mit ihren Deformationswerten und der Ableitung der Deformationsgleichungen wird ausführlich bei RAMSAY (1967) behandelt. In die Grundgleichung der Deformation geht hier die quadratische Elongation und die Scherverformung als Funktionen von λ_1 und λ_3 sowie der Winkel θ ein, den die deformierte Materialinie mit der horizontalen x-Achse einschließt.

Dabei wird $\dfrac{1}{\lambda} = \lambda'$, $\dfrac{1}{\lambda_1} = \lambda_1'$ und $\dfrac{1}{\lambda_3} = \lambda_3'$ und

$\dfrac{\gamma}{\lambda} = \gamma'$ gesetzt.

Diese Parameter wurden aus Gründen der Vereinfachung der Deformationsgleichungen so festgelegt (RAMSAY 1967).

Somit gilt

$$\lambda' = \frac{(\lambda_1'+\lambda_3')}{2} + \frac{(\lambda_3'-\lambda_1')}{2} \cdot \cos 2\theta$$

und

$$\gamma' = \frac{(\lambda_3'-\lambda_1')}{2} \cdot \sin 2\theta .$$

Die Winkelscherung ψ erhält man für jeden θ Wert aus

$$\psi = \tan^{-1}\gamma = \gamma' / \lambda'$$

16.3.8 Der Mohr'sche Deformationskreis

Der **Mohr'sche Deformationskreis** (*Mohr circle of strain*) ist die graphische Konstruktion der Deformationsgleichungen (Abb. 16.15). Beim **Mohr'schen Deformationskreis für infinitesimale Deformation** werden auf der Abszisse die longitudinalen Verformungswerte ε abgetragen. Die positiven Werte werden rechts vom Ursprung, die negativen Werte links vom Ursprung des Koordinatenkreuzes eingetragen. Auf der Ordinate liegen die Werte für die Scherverformung. Die während der Deformation ablaufende Längenänderung ε und der halbe Wert der Scherverformung $\gamma/2$ repräsentieren die **Komponenten der infinitesimalen Deformation** (*components of infinitesimal strain*) einer Linie. In Anlehnung an den Mohr'schen Spannungskreis wird die Längenänderung, etwas unglücklich, auch als **Normaldeformation** (*normal strain*) bezeichnet. Bei den Spannungen war die Normalkomponente ein zu ei-

16.3 Deformationsanalyse (strain analysis)

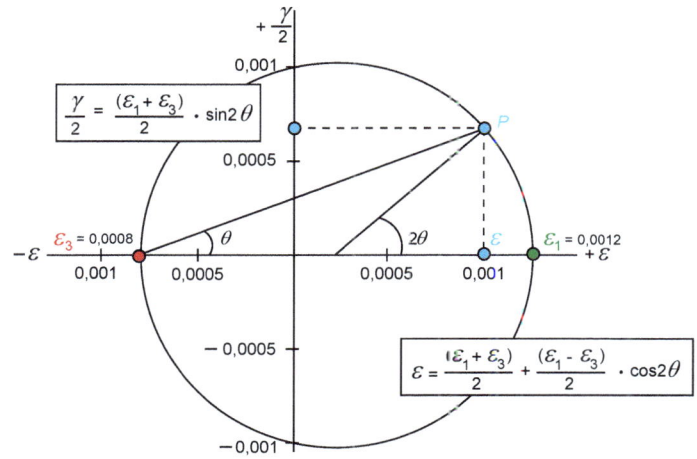

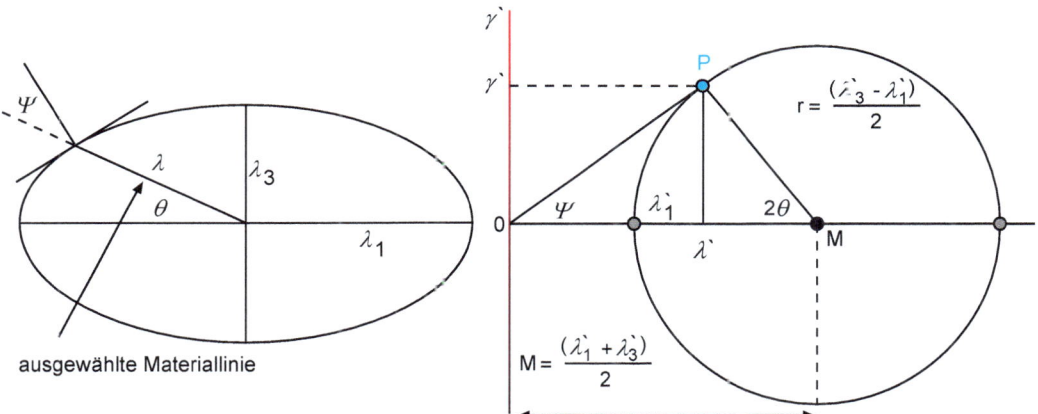

Abb. 16.15 Der Mohr'sche Deformationskreis für infinitesimale Deformation. Der Punkt P definiert die Lage einer deformierten Linie. Seine Koordinaten entsprechen der Längenänderung einer Linie, die mit der ε_1-Richtung einen Winkel von θ einschließt (Bildrechte: nach MEANS 1976)

Abb. 16.16 Zusammenhänge zwischen der Deformationsellipse und dem Mohr'schen Deformationskreis für finite Deformation.

ner Fläche senkrecht wirkender Vektor. Im Falle der Deformation hat die Normalkomponente nichts mit einer Fläche senkrecht zu der betrachteten Linie zu tun. Diese Komponente ist einfach ein Maß für die Längenänderung dieser Linie (MEANS 1976).

Der Mohr'sche Kreis für infinitesimale Deformation findet seine Anwendung bei der Darstellung von sehr kleinen, mit bloßem Auge nicht erkennbaren Deformationen. Derart geringe Werte misst man mit sogenannten Dehnungsmessstreifen (DMS) (s. Kap. 13.3). Diese werden z. B. in den Materialwissenschaften, dem Ingenieurwesen, in der Felsmechanik und in der Ingenieurgeologie bei der Überwachung von Bauteilen oder zur Erfassung von Felsverformungen und Setzungen von Bauwerken eingesetzt. Die Ausgangslängen der DMS, die aus sehr dünnen Drähten bestehen, sind bekannt. Die minimalen Längenänderungen werden über Messungen des elektrischen Widerstands erfasst, der sich bei der Längenänderung ändert, da der „Messdraht" dünner wird. Bekannt sind bei diesen Messungen die Richtung und die Dehnungsbeträge der Messstreifen und man sucht die Richtung und die Beträge der Hauptdeformationen (ε_1; ε_3). Oder man kennt die Werte der Hauptdeformationsachsen und sucht die Deformationskomponenten für eine Materiallinie, die unter einem Winkel θ zur ε_1-Richtung verläuft.

Bestimmung der finiten Deformation mit dem Mohr'schen Deformationskreis

Gesucht sind die Deformationswerte der beiden in Abb. 16.17 dargestellten deformierten Belemniten Neben den deformierten Fossilien ist als gestrichelte Linie die **Streckungslineation** (*stretching lineation*) des Gesteins angeben. Diese oftmals in deformierten Gesteinen zu erkennenden Lineationen markieren die Richtung, in der das Gestein am stärksten gestreckt (gedehnt) worden ist.

1. Messen der deformierten und undeformierten Längen der beiden Belemniten zur Bestimmung der Stretchwerte und der Werte λ'.

   a. Stretch-Wert linker Belemnit: $S_a = 1{,}89$, $\lambda_a' = 0{,}280$

   b. Stretch-Wert rechter Belemnit: $S_b = 1{,}76$, $\lambda_b' = 0{,}323$

2. Zeichnen Sie die vertikale γ'-Achse und dazu im Abstand eines gewählten Maßstabes für die beiden Deformationswerte jeweils eine Parallele (Abb. 16.18).

3. Wählen Sie auf der λ_a'-Line einen beliebigen Punkt A. Konstruieren Sie von A aus eine Linie, die mit der noch zu zeichnenden horizontalen Linie einen Winkel von $2\theta_a' = 30°$ einschließt.

4. Der Scheitelwinkel des gleichschenkligen Dreiecks ABC (Abb. 16.18) ist gleich $2\theta_a' + 2\theta_b' = 90°$. Die beiden Basiswinkel sind folglich 45°. Konstruieren Sie in A eine zweite Linie, die mit der ersten Linie den Winkel von 45° einschließt. Diese Linie schneidet die λ_b'-Line im Punkt B.

5. Konstruieren Sie in B eine Linie, die mit der Linie AB ebenfalls den Basiswinkel von 45° einschließt. Diese Linie schneidet die erste von A aus gezogene Linie in C, dem Mittelpunkt für den Deformationskreis.

6. Zeichnen Sie den Deformationskreis um C mit dem Radius AC = BC.

7. Zeichnen Sie die horizontale λ'-Achse durch C. Der Kreis schneidet die horizontale Achse an den reziproken Werten der maximalen und minimalen quadratischen Elongation: $\lambda_1' = 0{,}263$ und $\lambda_3' = 0{,}515$.

8. Damit ist $\lambda_1 = 3{,}802$ und $\lambda_3 = 1{,}942$; für die Stretchwerte ergibt sich für $S_1 = 1{,}94987$ und für $S_3 = 1{,}39356$.

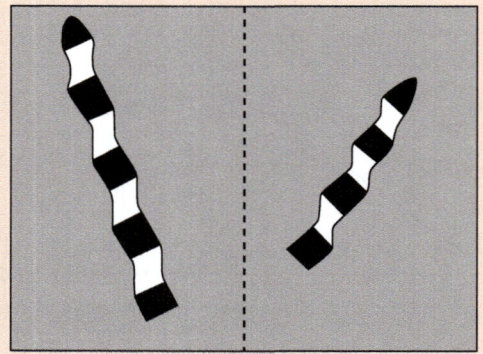

Abb. 16.17 Deformierte Belemniten auf einer Schichtfläche. Die gestrichelte Linie entspricht der Streckungslineation (in Anlehnung an RAGAN 1985).

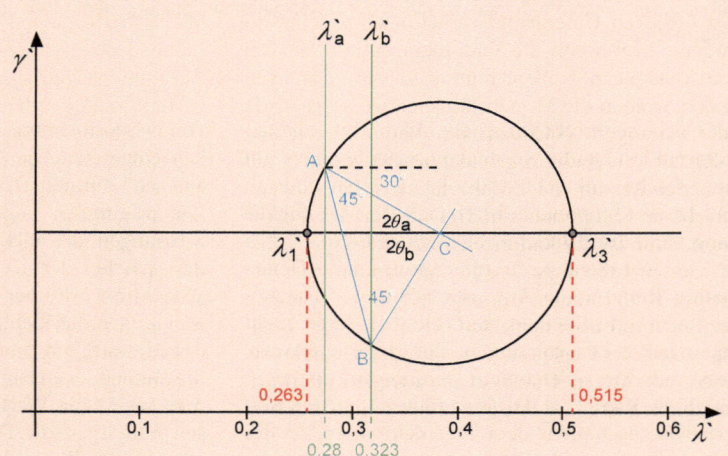

Abb. 16.18 Konstruktion des Mohr'schen Deformationskreises für finite Belemniten-Deformation (Bildrechte verändert nach RAGAN 1985)

In der Tektonik findet der Mohr'sche Deformationskreis für finite Deformationen bei der Analyse von sichtbaren Deformationen seine Anwendung. Hier werden auf der Abszisse die Kehrwerte der quadratischen Elongation λ' (= $1/\lambda$) eingezeichnet; auf der Ordinate wird die modifizierte Scherverformung γ' (= $1/\gamma$) eingetragen. In Abb. 16.16 werden die Zusammenhänge zwischen den Deformationsparametern einer Linie mit bestimmter Orientierung in der Deformationsellipse und den entsprechenden Deformationsparametern im Mohr'schen Deformationskreis veranschaulicht.

Jeder Punkt auf dem Deformationskreis beschreibt den Deformationszustand (γ', λ') einer Materiallinie in einem deformierten Gestein, die mit der λ_1-Richtung einen Winkel θ einschließt. Im Deformationskreis wird der Winkel 2θ links vom Kreismittelpunkt von der horizontalen Achse aus abgetragen. Die Linie, die P mit dem Koordinatenursprung verbindet, schließt mit der horizontalen Achse den Winkel ψ (Winkelscherung der Materiallinie) ein.

> **Bestimmung der finiten Deformationen in der Tektonik**
>
> Dazu untersucht man im Gestein sogenannte **Verformungsmarker** (*strain marker*). Dabei handelt es sich um
> 1. Objekte, die im undeformierten Zustand rund sind (z. B. Ooide, Lapilli, Reduktionsflecken in Sandsteinen, Querschnitte von Crinoidenstielgliedern – siehe Titelbild, Korallen oder fossilen Grabspuren).
> 2. Objekte, die ursprünglich ellipsenförmig waren (z. B. Xenolithe).
> 3. Objekte, die ursprünglich länglich waren (z. B. Belemniten oder Orthoceraten).
> 4. Objekte mit bekannten Winkeln (z. B. 90°-Winkel zwischen Schlossrand und Medianlinie bei Brachiopoden oder der 90°-Winkel zwischen der Mittellinie und den Pleuren bei Trilobiten – s.a. Abb. 4.9)
> 5. Objekte, die vor der Deformation spiralförmig waren, wie Ammoniten oder bestimmte Gastropoden.
>
> Ausführliche Darstellungen zur Analyse von Verformungsmarkern finden sich bei RAMSAY & HUBER (1983). RAGAN (2009) gibt eine umfassende Einführung mit zahlreichen Beispielen in strukturgeologisch-geometrische Analysen.

Der Winkel zwischen den beiden Hauptdeformationsachsen, die in der Ellipse senkrecht aufeinander stehen beträgt im Deformationskreis 180°. Aus dem Deformationskreis geht direkt hervor, dass bei γ' gleich Null, die Scherverformung γ für die beiden Hauptdeformationsachsen Null ist

16.3.9 Reine versus einfache Scherung

Bei der homogenen Deformation unterscheidet man zwei Arten der Verformung, die durch die relative Orientierung von bestimmten Partikellinien vor und nach der Verformung definiert sind. Wenn wir von einem Kreis ausgehen, so finden sich in diesem zwei zueinander senkrecht stehende Linien, die auch bei der Deformation in einer Ellipse senkrecht zueinander bleiben. Diese Linien sind die Hauptverformungsachsen deren Längen sich während einer Deformation ändern. Behalten die Hauptverformungsachsen ihre Orientierung bei, wird dies als **reine oder nicht rotierende Scherung** (*pure shear deformation*) bezeichnet. Ändert sich die Orientierung der Hauptverformungsachsen und rotieren sie, dann handelt es sich um die **einfache oder rotierende Scherung** (*simple shear deformation*). Bei der reinen Scherung (pure shear) handelt es sich um eine **koaxiale Verformung** (*coaxial strain*). Hier behalten die Hauptverformungsachsen ihre Richtungen während der Verformung bei. (Abb. 16.19 links). Bei der einfachen Scherung (*simple shear*) handelt es sich um eine **nicht-koaxiale Verformung** (*noncoaxial strain*). Hier ändern sich die Richtungen der Hauptverformungsachsen (Abb. 16.19 rechts)

16.3.10 Teilchenbewegung bei progressiver Deformation (*progressive strain*)

Die einzelnen Materialpartikel eines Körpers folgen während der Deformation bis zu deren Endzustand (*finite deformation*) bei reiner und einfacher Scherung unterschiedlichen Deformationspfade, die durch so genannte Teilchentrajektorien (*particle trajectories*) beschrieben werden (Abb. 16.20). Der Verlauf der Bewegungsvektoren ist bei reiner und einfacher Scherung unterschiedlich. Bei der reinen Scherung wandern die Partikel bei progressiver Deformation aus der Umgebung der sich verkürzenden Achse in Richtung der länger werdenden Achse symmetrisch zu den Seiten und ändern dabei ihre Richtung. Bei der einfachen Scherung bewegen sich die Materialteilchen bevorzugt parallel zu einer Scherebene die ihre Richtung beibehält (*x*-Richtung), wobei sich ihre Bewegungsgeschwindigkeit senkrecht zu dieser Scherebene linear verändert.

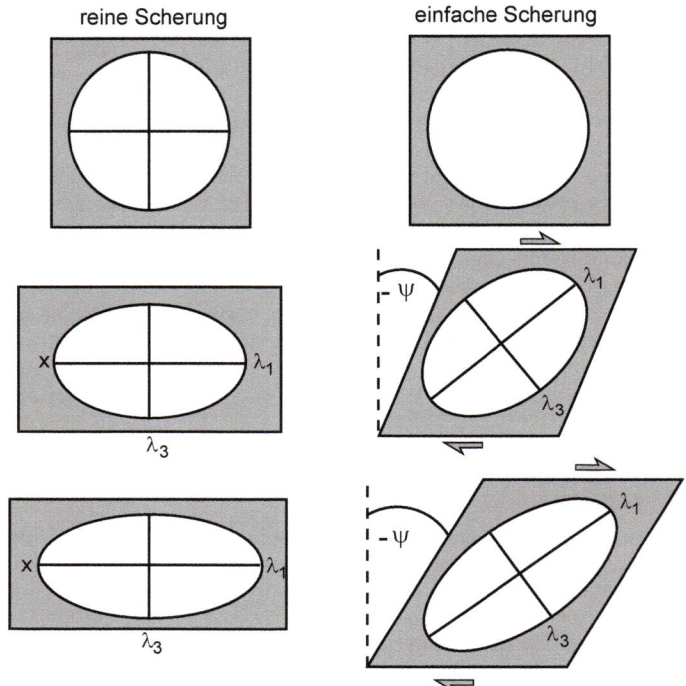

Abb. 16.19 (links) reine Scherung; (rechts) einfache Scherung

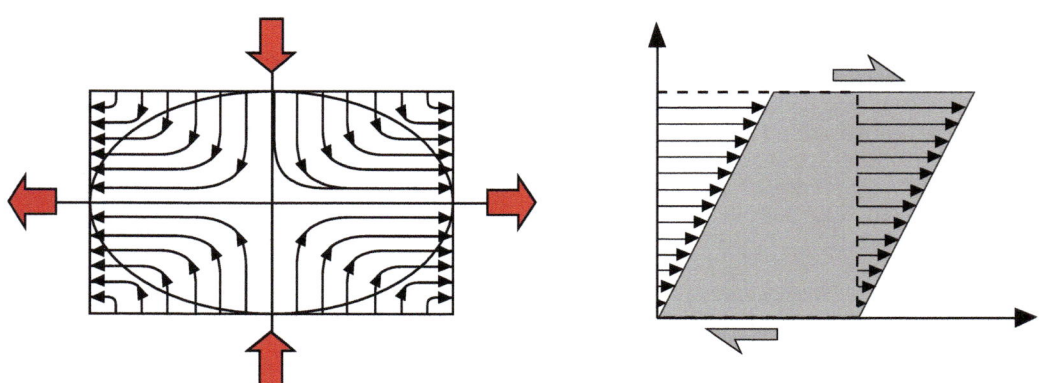

Abb. 16.20 Partikel-Deformationspfade bei reiner und einfacher Deformation (Bildrechte: verändert nach TWISS & MOORES 2007)

17 Verformungsverhalten

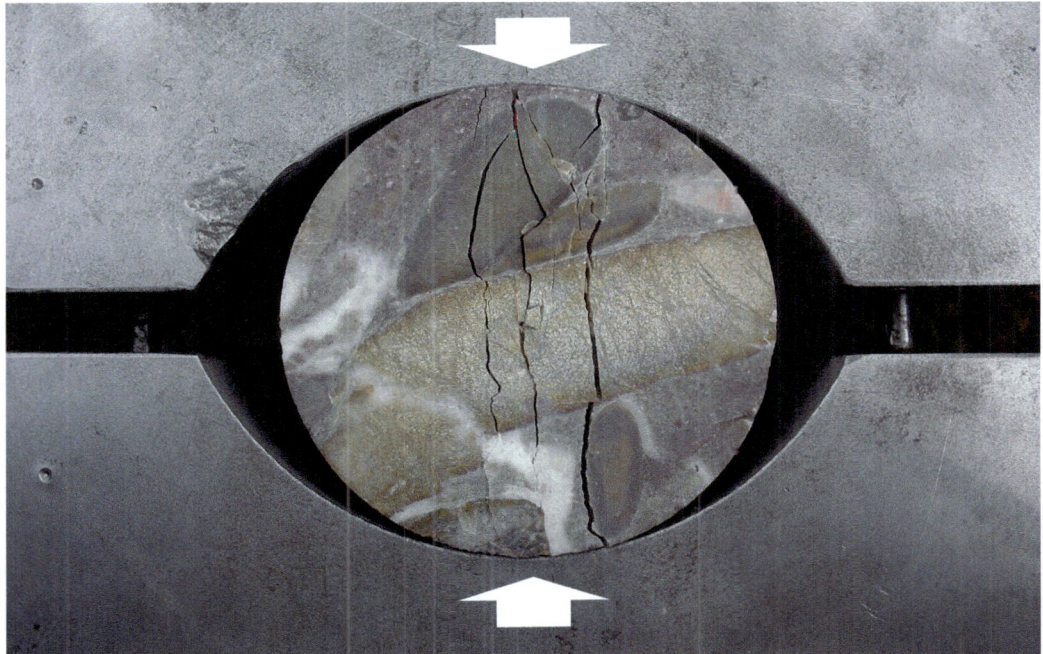

Spröde Gesteinsdeformation unter uniaxialer Kompression

17.1 Zusammenhang zwischen Spannung und Deformation

Das Verhalten von Gesteinen unter sich verändernden Kräften, Spannungen und Temperaturen in Abhängigkeit von der Zeitdauer der Verformung wird unter dem Begriff **Rheologie** (*rheology*) zusammengefasst (von griechisch ρει *rhei* = fließen und λογοσ *logos* = Kunde) und unter Anwendung physikalischer Gesetze in der Kontinuumsmechanik untersucht. Das Kontinuum ist dabei ein in seinen Grenzen lückenlos zusammenhängendes Material. Bei der Materialverformung unterscheidet man drei Grundkategorien: die elastische, viskose und plastische Verformung. Im Folgenden wird das jeweilige Materialverhalten in einem mechanischen Analogmodell veranschaulicht und an einem geologischen Beispiel erläutert.

17.1.1 Elastische Verformung

Für elastisches Materialverhalten ist charakteristisch, dass die Deformation sofort mit dem Einsatz der Spannung auftritt. Beim Nachlassen der Spannungen geht die Verformung vollständig zurück, sie ist reversibel. Das mechanische Modell für linear elastisches Materialverhalten ist eine Spiralfeder, die als Hooke'scher Körper bezeichnet wird (Abb. 17.1 links). Nach dem **Hooke'schen Gesetz** (*Hooke's law*) besteht für den elastischen Bereich der Verformung zwischen Spannung σ und Deformation ε ein linearer Zusammenhang:

$$\sigma = E \cdot \varepsilon$$

© Springer-Verlag GmbH Deutschland, ein Teil von Springer Nature 2012
C.-D. Reuther, *Grundlagen der Tektonik*,
https://doi.org/10.1007/978-3-8274-2724-3_17

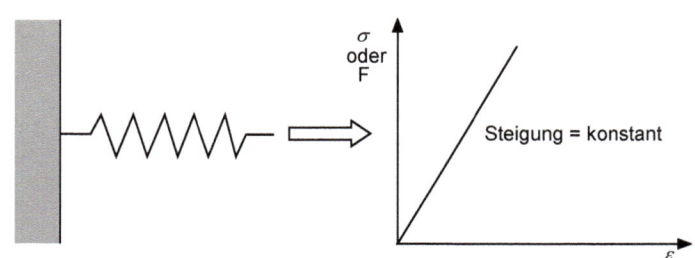

Abb. 17.1
(links) Hooke'sches Modell
(rechts) Spannung / Deformation

E **ist der Elastizitätsmodul (Young Modulus)**. Er ist als der konstante Quotient aus Spannung und Dehnung definiert und reicht von Null bis zu einem Grenzwert der Spannung, der Proportionalitäts- oder Elastizitätsgrenze. Ein geologisches Beispiel für die elastische Gesteinsverformung ist die Ausbreitung von seismischen Wellen.

17.1.2 Viskose Verformung

Viskoses Materialverhalten ist durch eine irreversible und dauerhafte Deformation gekennzeichnet. Nach dem Spannungsabbau bleibt der erreichte Deformationszustand erhalten. Das Analogmodell, der so genannte Newton-Körper, ist ein Dämpfungszylinder (Abb. 17.2 links). Hier wird in einem mit einer viskosen Flüssigkeit gefüllten Zylinder ein locker anliegender Kolben bzw. ein poröser Kolben bewegt. Jeder Versatz des Kolbens führt zu einem Fließen der Flüssigkeit zwischen dem Kolben und der Wand des Zylinders bzw. durch die Löcher des Kolbens. Die Bewegungsrate des Kolbens nimmt dabei mit zunehmender Kraft, bzw. zunehmender Spannung zu. Je höher die Spannung ist, desto schneller fließt die Flüssigkeit durch den Zwischenraum. Das zähe Fließen der Newton'schen Flüssigkeit verdeutlicht die Beziehung zwischen Spannung σ und Verformungsrate (Versatz pro Zeiteinheit) $d\varepsilon/dt$:

$$\sigma = \eta \, (d\varepsilon/dt)$$
$$\sigma = \eta \dot{\varepsilon}$$

η ist die Viskositätskonstante und $\dot{\varepsilon}$ ist die Verformungsrate (der Punkt über dem Epsilon weist auf den Differentialquotienten bezüglich der Zeit hin).

Die Gleichung zeigt, dass die Spannung direkt proportional zum Verformungsgrad ist (Abb. 17.2 rechts). Je höher die Spannung wird, desto schneller verformt sich das Material. Die gesamte Verformung ist vom Betrag der Spannung und von der Länge des Zeitraums, in dem sie wirkt, abhängig. So kann auch eine relativ geringe Spannung, die über einen sehr langen Zeitraum wirkt, zu starken Verformungen führen. Viskose Verformung ist somit von der Deformationsrate abhängig. Übertragen in die Geologie und auf tektonische Strukturen spiegelt sich ein Deformationszustand, der nach dem Abbau der Spannungen bestehen bleibt, in gefalteten Gesteinen wieder, die keinerlei Anzeichen auf Bruchbildung aufweisen. Viskose Verformungen von Gesteinen sind oft thermisch induziert.

17.1.3 Plastische Verformung

Bei der plastischen Verformung handelt es sich ebenfalls um eine irreversible Verformung. Um eine permanente Verformung hervorzurufen, muss jedoch eine kritische Spannung erreicht werden,

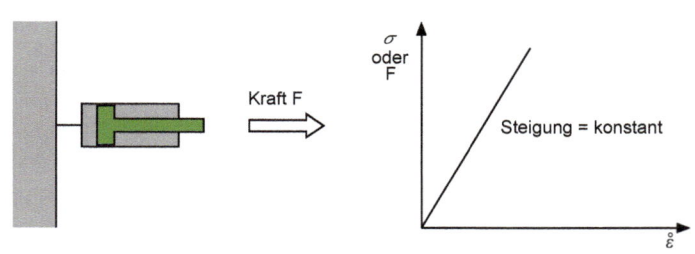

Abb. 17.2
(links) Newton'sches Modell
(rechts) Spannung / Deformationsrate

17.1 Zusammenhang zwischen Spannung und Deformation

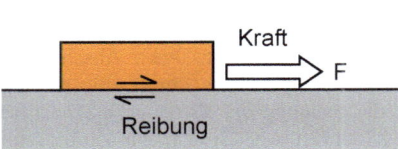
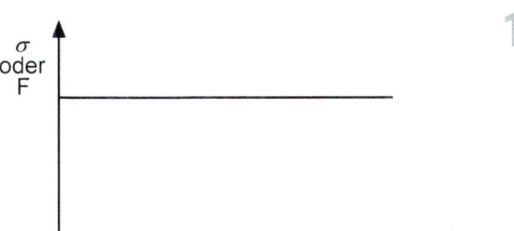

Abb. 17.3
(links) Saint Venant-Modell
(rechts) Fliessgrenze / Deformation

d.h. das Material kann bis zu einem kritischen Spannungswert σ_y, der so genannten **Fließgrenze** (*yield stress*), Spannungen aufnehmen. Unterhalb der Fließgrenze ist die Verformung elastisch, an der Fließgrenze können theoretisch unbegrenzte plastische Deformationen erzeugt werden.

$$\text{kritische Spannung } \sigma_y = \text{Fließgrenze}$$

Das mechanische Anologmodell für ideal plastisches Materialverhalten ist der Saint Venant-Körper (Abb. 17.3 links). Ein ruhender Block liegt auf einer rauen Oberfläche. Um diesen zu verschieben, muss die angreifende Kraft bzw. die Spannung bis zu einem kritischen Wert erhöht werden. Bei Überwindung des Reibungswiderstandes beginnt der Block zu gleiten. Hat das Gleiten einmal begonnen, kann die Kraft nicht mehr größer als der Reibungswiderstand werden (Abb. 17.3 rechts), es sei denn bei einer Beschleunigung der Bewegung. Geologisch-mineralogisch–kristallographische plastische Verformungen sind Versetzungen von Ein- und Polykristallen. Wird die Fließgrenze bei zunehmender Spannung und Deformation überschritten, setzt die plastische Materialverformung ein. Im Gestein werden jetzt keine weiteren Spannungen mehr aufgebaut, das Material entzieht sich praktisch einer steigenden Spannung durch Deformation. Fällt die Spannung unter den kritischen Wert ab, hört die Verformung sofort auf. Das Material wird wieder „fest" und seine Bestandteile behalten die Form bei, die sie an dem Punkt erreicht haben, an dem die Spannung wieder unter die Fließgrenze abfällt. Die plastische Verformung ist unabhängig von der Verformungsrate und setzt bei hohen Spannungen ein. Plastisches Materialverhalten ist häufig vom Druck abhängig und nicht von der Temperatur.

Aus der Kombination dieser drei Grundkategorien der Materialverformung miteinander ergeben sich weitere Verformungszustände. Hierzu wird auf die Lehrbücher von Jaeger et al. 2007, Mandl 1988, 2000, Karato 2008, Turcotte & Schubert 2002, Twiss & Moores 2007 verwiesen.

17.1.4 Spröde und duktile Gesteinsdeformation

Bei der **Spröd-Deformation** (*brittle deformation*) versagt das Gestein, wenn es über seine Bruchfestigkeit hinaus belastet wird. Der mit dem Bruch verbundene Kohäsionsverlust äußert sich geologisch durch die Entstehung von Klüften und Verwerfungen. Bevor jedoch der Bruch eintritt, verhält sich das Gestein annähernd elastisch.

Bei Zunahme des allgemeinen Umlagerungsdrucks findet je nach Gesteinstyp ab einem bestimmten Druck der Übergang vom spröden zum duktilen Materialverhalten statt. Dieser Wechsel hängt nicht nur von der Höhe des Umlagerungsdrucks ab, sondern auch noch von der Temperatur und der Verformungsrate. Generell verhält sich ein Gestein umso spröder, je geringer Temperatur und Umlagerungsdruck sind und je höher die Verformungsrate ist. Je höher die Temperatur und der Umlagerungsdruck ansteigen und je geringer die Verformungsrate wird, oder je länger die Spannung aufrechterhalten wird, umso duktiler wird sich ein Gestein verhalten.

Die duktile Deformation (*ductile deformation*) umfasst plastische und/oder viskose Verformungen von Gesteinen. Duktiles Bruchverhalten bedeutet, dass ein Gestein entlang einer potentiellen Bruchzone zunächst sehr stark plastisch deformiert wird, bevor es nach dem Überschreiten der Fließgrenze zergleitet. Die generelle duktile Verformung läuft ohne Kohäsionsverlust ab. Die Verformung findet an inter- und intrakristallinen Bewegungszonen im mikroskopischen bis submikroskopischen Bereich statt und äußert sich in einer sich ständig ändernden penetrativen Verformung. Die Fließfestigkeit eines Materials ist stark von der Temperatur und von der Verformungsrate abhängig. Die Fließfestigkeit nimmt mit der Tiefe bei zunehmender Temperatur ab.

17.1.5 Spannung und Gesteinsdeformation

Der Zusammenhang zwischen Spannung und Deformation lässt sich im Labor mit dem einaxialen Druckversuch aufzeigen. Dazu wird eine, meist zylinderförmige, Gesteinsprobe axial, d.h. in σ_1-Richtung belastet (siehe Titelbild). Während des Versuchs wird die Spannung erhöht, die Deformation ständig gemessen und in einer Spannungs-Deformationskurve aufgezeichnet (Abb. 17.4).

Die Spannungs-Deformationskurve kann in 4 Abschnitte gegliedert werden:

In den ersten beiden Abschnitten (0A) und (AB) ist das Gesteinsverhalten annähernd elastisch. Im **Abschnitt (0A)** zeigt die Kurve zunächst eine konvexe Krümmung, also kein lineares Verhalten. Jedoch ist diese Deformation im allgemeinen noch reversibel (Jaeger et al. 2007).

Im **Abschnitt (AB)** wird annähernd elastisches Verhalten erreicht. Die Kurve ist linear. Die Deformation folgt dem Hook'schen Gesetz (vgl. Abb. 17.1b). In diesem Versuchsstadium wird die Probe in Längsrichtung verkürzt (longitudinal Verkürzung von ε_3) und in der Querrichtung gleichmäßig verlängert (laterale Ausdehnung $\varepsilon_1 = \varepsilon_2$).

Der **Abschnitt (BC)** beginnt bei einer Spannung, die etwa zwei Drittel der maximal bei Punkt C erreichten Spannung ausmacht. Dieser Abschnitt ist, bei zunehmender Spannung, durch eine ständige Abnahme der Steigung der Kurve gekennzeichnet. In diesem Abschnitt treten irreversible Veränderungen im Gestein auf. Entlastungen und erneute Belastungen in diesem Versuchsabschnitt würden zu unterschiedlichen Spannungs-Deformationskurven führen. Ein solcher Entlastungszyklus im Abschnitt (BC) beginnt unter der Spannung σ_E im Punkt E und endet bei einem Spannungswert von Null mit einer dauerhaften Deformation der Gesteinsprobe bei ε_F. Wird die Probe erneut belastet, verläuft die Belastungskurve (ε_FG) unterhalb der ersten Belastungskurve (0ABEC) und erreicht diese wieder bei einer Spannung, die höher ist als am Punkt E, in Punkt G.

Der vierte **Abschnitt (CD)** beginnt bei Punkt C. Hier ist die maximale Spannung, die die Probe aushält, erreicht. Hier beginnt das Materialversagen. Bei zunehmender Deformation nimmt die Spannung ab, bis es bei D zum endgültigen Bruch kommt.

Eine Entlastung im Abschnitt (CD) bei Punkt H würde bei einem Spannungswert von Null zu einer großen, permanenten Deformation ε_I führen. Die erneute Belastung würde die Belastungskurve (ε_IJ) erzeugen. Die in J erreichbare Spannung wäre geringer als die Ausgangsspannung H zu Beginn dieses Zyklus. Dies bedeutet, dass die Belastbar-

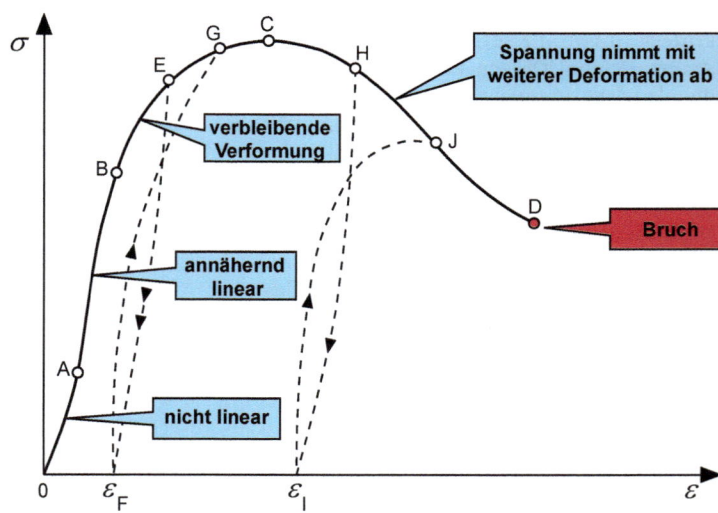

Abb. 17.4 Spannungs-Deformationskurve für ein Gestein unter uniaxialer Kompression

17.1 Zusammenhang zwischen Spannung und Deformation

keit der Probe abgenommen hat. Diese Ent- und Belastungskurve kann jedoch im normalen Belastungsversuch, in dem die Spannung verändert wird, nicht beobachtet werden, weil die Gesteinsprobe bei Punkt C versagt. Man kann aber dieses Gesteinsverhalten in einer Versuchsanordnung darstellen, in der die Deformation gezielt veränderbar ist (JAEGER et al. 2007).

Der Zusammenhang zwischen Spannung und Deformation kann auch mit zwei in der Tektonik, Ingenieurgeologie, Felsmechanik und Werkstoffkunde wichtigen Materialparametern veranschaulicht werden, und zwar mit dem **Elastizitätsmodul** (*Young-Modulus*) und der **Poisson-Zahl** (*Poisson's ratio*).

17.2.1 Elastizitätsmodul

Der Elastizitätsmodul, abgekürzt E-Modul wird mit E bezeichnet und definiert den Zusammenhang zwischen Spannung und Deformation (relative Verlängerung) eines festen Körpers bei linear elastischem Verhalten (s.a. Hookesches Gesetz, Elastizitätsgesetz, *law of elasticity*).

$$E = \frac{\sigma}{\varepsilon}$$

Dabei bezeichnet σ die uniaxial aufgebrachte Spannung und ε das Verhältnis von Längenänderung zur ursprünglichen Länge bei longitudinaler Verformung (siehe Kapitel 16 Deformation) des Prüfkörpers.

$$\varepsilon = \frac{\Delta l}{l_u}$$

Die Einheit des Elastizitätsmoduls ist die einer Spannung (Pa bzw. MPa)

Der Elastizitätsmodul ist somit als der konstante Quotient aus der Spannung σ zur Deformation ε definiert, und zwar von Null bis zu einem Grenzwert der Spannung, der so genannten Proportionalitätsgrenze. Dies ist die maximale Spannung, bis zu der die Spannung proportional zur Dehnung ist und der Graph in einem Spannungs-Deformationsdiagramm noch eine Gerade ist.

Bestimmung von Elastizitätsmodul und Verformungsmodul

In Gesteinen mit linear elastischem Verhalten bleibt der Quotient aus Spannung σ zur Dehnung ε von Null bis zur Grenzwert der Spannung (Proportionalitätsgrenze) nahezu konstant. In Gesteinen mit nichtlinear elastischem Materialverhalten muss der Elastizitätsmodul abschnittsweise bestimmt werden.

Zur Bestimmung des Elastizitätsmoduls gibt es verschiedene Messverfahren, die im Labor oder direkt im Gelände durchgeführt werden.

Bei den Laborversuchen handelt es sich um Druckversuche an Bohrkernen. Im Gelände werden die Messungen in Bohrlöchern mit Sonden (Bohrlochaufweitungssonden, „Goodman-Sonde") durchgeführt. Bei den Messungen ist zu beachten, dass der E-Modul von verschiedenen Umgebungsbedingungen abhängig ist, z. B. Temperatur, Bergfeuchte, Verwitterungsgrad des Gesteins sowie dessen Anisotropie (= Richtungsabhängigkeit einer physikalischen Eigenschaft). Ferner spielt bei E-Modul-Bestimmungen die Belastungsgeschwindigkeit eine sehr große Rolle.

Laborversuch

Im Labor werden der Elastizitätsmodul und der Verformungsmodul eines Gesteins im einaxialen Druckversuch bestimmt (FECKER & REIK 1987). Dazu wird ein meist zylindrischer Prüfkörper in der Achsenrichtung in verschiedenen Zyklen unter steigender Belastung zusammengedrückt und wieder entlastet. Die Probe wird also nicht bis zum Bruch belastet. Die verschiedenen Lastzyklen werden in einem Spannungs-Deformationsdiagramm aufgezeichnet (Abb. 17.5).

Der Elastizitätsmodul kann nun an der Entlastungskurve subjektiv unterschiedlich definiert werden:
a) Steigung der Tangente (als gerade Linie, welche die Kurve in einem bestimmten Punkt berührt).
b) Steigung einer Sekanten (einer Geraden, welche die Kurve in zwei Punkten schneidet).
c) Steigung (Tangente) in einem beliebigen Punkt.
d) Belastung bei 50% der maximal aufgebrachten Belastung.

In der Felsmechanik wird der Elastizitätsmodul bei einer bestimmten Laststufe als Steigung der Sekante der Entlastungskurve definiert. Diese Sekante schließt mit der Abszisse den Winkel γ ein.

Der so definierte Elastizitätsmodul ist in der Regel nicht konstant, sondern verändert sich mit der unterschiedlichen Belastung der Lastzyklen. Nimmt der E-Modul mit steigender Belastung (z. B. im dritten Lastzyklus) ab, deutet das auf eine zunehmende Schwächung der elastischen Rückfederungskraft und auf eine Zunahme des bleibenden Verformungsanteils hin. Steigt der E-Modul mit der Belastung an, ist daraus auf eine Verfestigung des Gesteins unter Last und einer entsprechenden Abnahme des verbleibenden Verformungsanteils zu schließen.

Neben dem E-Modul, der das elastische Materialverhalten charakterisiert, wird im Spannungs-Deformationsdiagramm auch der **Verformungsmodul V** (*deformation modulus*) bestimmt. Dieser Kennwert erfasst die gesamte, unter einer bestimmten Last, auftretende Deformation und berücksichtigt somit auch elasto-plastische Materialeigenschaften. Der Verformungsmodul ist als die Neigung der Geraden, die der Verbindungslinie zwischen Belastungsnullpunkt σ_0 und einer bestimmten Laststufe entspricht, definiert (Sekante an Belastungskurve).

Wie die meisten Materialien zeigen auch Gesteine ein zeitabhängiges Materialverhalten. Dies zeigt sich darin, dass bei einer andauernden, gleichen Belastung die Verformung weitergeht. Man bezeichnet dies als das **Kriechen** (*creep*) des Materials. Die Verformungsgeschwindigkeit hängt dabei von der Größe der Belastung ab. Unterhalb einer gewissen Grenzbelastung stabilisiert sich der Kriechprozess. Bei höherer Belastung kommt es nach einer gewissen Zeit zu einem beschleunigten Kriechen, welches dann zum Versagen des Prüfkörpers führt.

In-situ-Geländeversuch

Zur In-situ-Bestimmung des Elastizitätsmodul werden in einem Bohrloch so genannte Dilatometerversuche durchgeführt. Dabei wird ein bestimmter Abschnitt in einem Bohrloch mit einer Sonde aufgeweitet. Je nach Art des geologischen Untergrunds, Fels oder Boden, werden unterschiedliche Bohrlochaufweitungssonden verwendet. Generell wird eine radial dehnbare, ca. 1 – 2 m lange, zylindrische Sonde hydraulisch gegen die Bohrlochwand gepresst. Bei kontrollierter

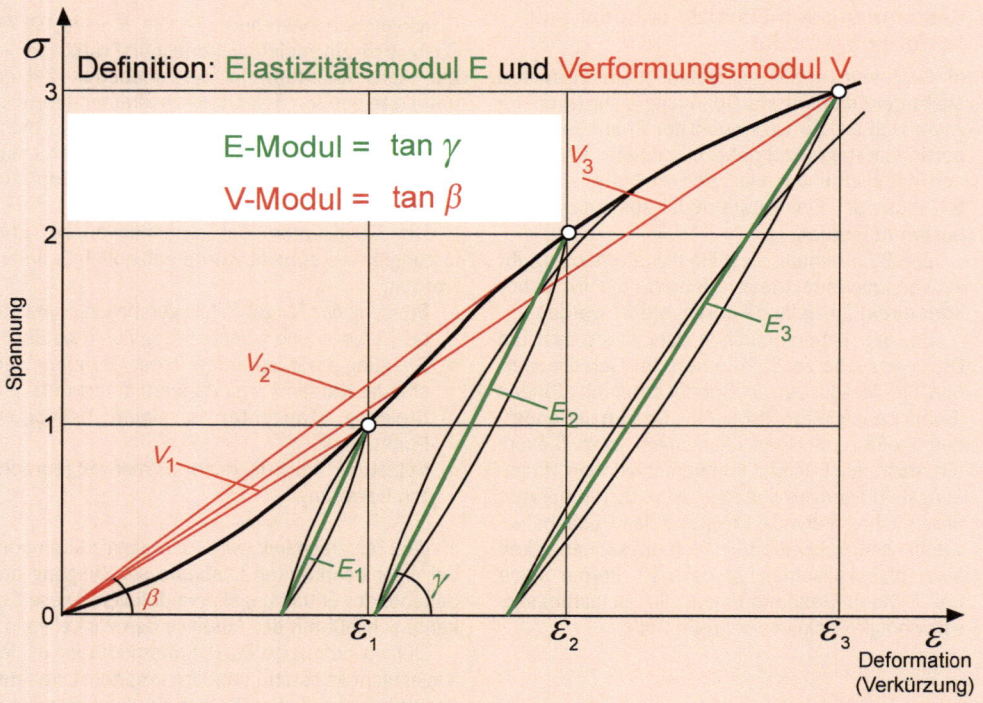

Abb. 17.5 Spannungs-Deformationsdiagramm für drei Lastzyklen zur Bestimmung von Elastizitäts- und Verformungsmodul (Bildrechte: nach FECKER & REIK 1987, dort nach HEITFELD & DÜLLMANN 1978)

Erhöhung des Anpressdruckes wird die diametrale Deformation der Bohrlochwand gemessen. Die Bohrlochwand wird in mehreren unterschiedlich starken Laststufen belastet; für jede einzelne Laststufe wird eine Belastungs- und Entlastungskurve aufgezeichnet. Im Diagramm werden der auf die Bohrlochwand wirkende Druck und die dadurch bedingte Ausweitung des Bohrlochs aufgezeichnet. Aus dem Last-Deformationsdiagramm können dann die Informationen bezüglich des Elastizitätsmoduls und des Verformungsmoduls entnommen werden.

Bei beiden beschriebenen Versuchen im Labor und im Gelände handelt es sich um statische Messverfahren der elastischen Kennwerte, bei denen eine unmittelbare Verformung gemessen wurde.

Der dynamische Elastizitätsmodul wird seismisch mit den Geschwindigkeiten der Kompressions- oder Scherwellen sowie der Dichte und der Poisson-Zahl (s.u) des Gesteins bestimmt. Dynamisch bestimmte E-Werte liegen etwa 10 - 100 % höher als statische. Die wesentliche Erklärung für den höheren E_{dyn} liegt am Zeitfaktor, denn die dynamische Beanspruchung erfolgt plötzlich. Die bleibende Verformung (Verformungsmodul) kann seismisch nicht ermittelt werden.

Bestimmung mit Scherwellengeschwindigkeit:

$$E_{dyn} = 2\,(\rho)\,v_s^2\,(1+v)$$

Bestimmung mit Kompressionswellengeschwindigkeit:

$$E_{dyn} = \frac{v_p^2\,(1-2v)(1+v)}{(1-v)}$$

(v_s = S-Wellengeschwindigkeit, v_p = P-Wellengeschwindigkeit, ρ = Dichte, v = Poisson-Zahl)

17.2.2 Poisson-Zahl

Die **Poisson-Zahl** (*Poisson's ratio*) ist eine dimensionslose Größe, die sich aus dem Verhältnis von Querdeformation zu Längsdeformation ergibt. Die Bestimmung der Poisson-Zahl v eines Gesteins erfolgt im uniaxialen Druck- oder Zugversuch (siehe folgende Kästen).

Bestimmung der Poisson-Zahl im uniaxialen Druckversuch

Wird ein Körper in Richtung seiner Längsachse uniaxial belastet, so wird er in dieser Richtung verkürzt. Die ursprüngliche Länge l_u wird zur deformierten Länge l_d. Die Verkürzung ist $\Delta l = l_u - l_d$. Die longitudinale Verformung = Stauchung (Längsdeformation) ist $\varepsilon_l = \Delta l / l_u$ Dieser Wert ist negativ (s.a. Kapitel 16.3 Deformation). Quer zur Hauptdruckrichtung wird der Körper verlängert (Abb. 17.6). Die Verlängerung ist $\Delta q = q_u - q_d$. Die Querdeformation ist dann $\varepsilon_q = \Delta q / q_u$. Dieser Wert ist positiv (s.a. Kapitel 16.3 Deformation). Die Poisson-Zahl ergibt sich aus dem Verhältnis von Querdeformation ε_q zu Längsdeformation ε_l. Da die Werte im Zähler und Nenner normalerweise umgekehrte Vorzeichen besitzen, wird in der Definition ein negatives Vorzeichen verwendet, um einen positiven Wert für die Poisson-Zahl zu erhalten:

$$v = -\frac{+\varepsilon_q}{-\varepsilon_l}$$

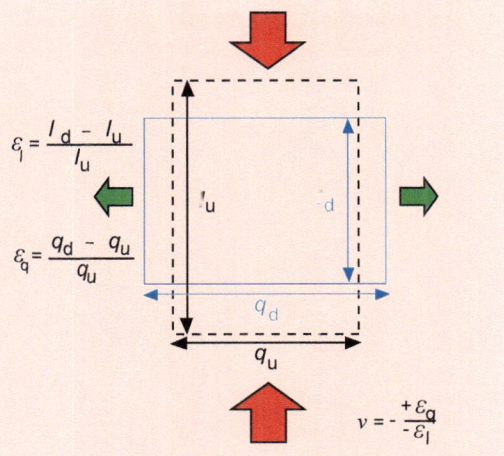

$$\varepsilon_l = \frac{l_d - l_u}{l_u}$$

$$\varepsilon_q = \frac{q_d - q_u}{q_u}$$

$$v = -\frac{+\varepsilon_q}{-\varepsilon_l}$$

Abb. 17.6 Bestimmung der Poisson-Zahl v im uniaxialen Druckversuch. Querdeformation/Längsdeformation. Die Veränderung der Maße des Probekörpers ist bei der realen Bestimmung der Poisson-Zahl sehr gering und hier zur Veranschaulichung stark übertrieben.

Bestimmung der Poisson-Zahl im uniaxialen Zugversuch

Der Körper in Abb. 17.7 wird in Richtung seiner Längsachse uniaxial gedehnt und dabei verlängert. Die Verlängerung ist $\Delta L = L_u - L_d$. Der Verformungswert ist positiv: $\varepsilon_L = \Delta L / L_u$. Quer zur Hauptdehnungsrichtung verringert sich die Dicke D des Körpers, obwohl in dieser Richtung keine Spannung wirkt. Die Verformung ist $\varepsilon_D = \Delta D / D_u$. Dieser Wert ist negativ. Die Poisson-Zahl ergibt sich aus dem Verhältnis von ε_D zu ε_L. Da die Werte im Zähler und Nenner umgekehrte Vorzeichen besitzen und für die Definition ein negatives Vorzeichen verwendet wird (s.o.), ist der Wert für die Poisson-Zahl:

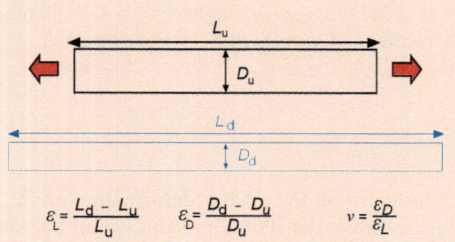

$$\varepsilon_L = \frac{L_d - L_u}{L_u} \qquad \varepsilon_D = \frac{D_d - D_u}{D_u} \qquad v = \frac{\varepsilon_D}{\varepsilon_L}$$

Abb. 17.7 Bestimmung der Poisson-Zahl v im uniaxialen Zugversuch. Die Veränderung der Maße des Probekörpers ist bei der realen Bestimmung der Poisson-Zahl sehr gering und hier zur Veranschaulichung stark übertrieben.

Die Poisson-Zahl v ist ein für Festigkeits- und Spannungsberechnungen außerordentlich wichtiger Materialparameter. Im Allgemeinen liegt der Bereich zwischen $0 < v < 0{,}5$. Bei natürlichen Gesteinen liegen die Poisson-Zahlen zwischen 0,1 und 0,3. Die Poisson-Zahl stellt bei den Gesteinen keine unbedingte Konstante dar. Sie ist von der Temperatur, dem Wassergehalt, dem Verwitterungsgrad des Gesteins oder seiner Anisotropie abhängig.

Poisson-Zahlen für einige häufig verwendete Materialien:

Kork:	0,00
Glas:	0,20
Stahl:	0,27 - 0,33
Blei:	0,44
Gummi:	0,50

Ein Material mit einer Poisson-Zahl von 0,5 ist inkompressibel. Ein Material mit einem Wert nahe 0 ist kompressibel, kann also verkürzt werden, ohne jedoch dabei dicker zu werden. Deswegen lässt sich ein Korken leicht in einen Flaschenhals drücken.

In der Geotechnik und Felsmechanik wird oftmals auch der Kehrwert der Poisson-Zahl „Poisson-Zahl" genannt und wie folgt bezeichnet: $m = 1/v$.

D Anwendung in der Praxis

18 Angewandte Tektonik

Chuquicamata in Chile. Der Kupfertagebau wurde in der Nord-Süd verlaufenden Präkordilleren-Verwerfungszone im Bereich der „Falla Oeste" angelegt. Der Verlauf der vererzten Horizontalverschiebungszone ist an dem geradlinigen Farbwechsel des Gesteins in der Abbauwand zu erkennen.

Kenntnisse tektonischer Strukturen und das Verständnis der Spannungszustände in der Erdkruste spielen in vielen Bereichen der geowissenschaftlichen Praxis eine wichtige Rolle. So ist die Strukturierung des geologischen Untergrunds mitverantwortlich für die Anreicherung von festen, flüssigen und gasförmigen **mineralischen Rohstoffen** (*mineral resources*), für die Fließwege von Grund- und Oberflächenwasser sowie für die **Standortbeschaffenheit** (*on-site conditions*) bei **Baumaßnahmen** (*building activities*) unterschiedlichster Größenordnung oder hinsichtlich der **Abfallentsorgung** (*waste-deposal*) über oder unter Tage. Auf Grund der Fülle der Beziehungen zwischen Tektonik, **Bergbau** (*mining*), **Hydrologie** (*hydrology*) und **Bauwesen** (*construction engineering*) werden hier nur einige Beispiele exemplarisch aufgeführt.

18.1 Tektonische Strukturen und Lagerstätten

Unter einer **Lagerstätte** (*deposit*) versteht man die natürliche Ansammlung von metallischen und nichtmetallischen (einschließlich der organischen und aus deren Umwandlung entstandenen) Rohstoffen, die – abhängig vom wirtschaftlichen Interesse – in **Bergwerken** (*underground mining*), **Tagebauen** (*opencast mining*) oder **Bohrungen** (*drillings, wells*) abgebaut und gefördert werden. Die Bildung von Lagerstätten ist eng mit der regionalen Geologie eines Gebiets verknüpft. Dort müssen bestimmte Gegebenheiten für die Entstehung der Ausgangsstoffe vorhanden sein und natürliche Mechanismen sowie Wegsamkeiten für deren Ablagerung, Transport und Anreicherung existieren. Diese hängen primär mit den magmatischen, sedimentären oder metamorphen Rahmenbedingungen zusammen. Der spezielle strukturgeologische Charakter der Lagerstätte steht im Zusammenhang mit plattentektonischen Deformationsprozessen der Gegenwart oder früherer Erdzeitalter (vgl. Kap. 2 und 13).

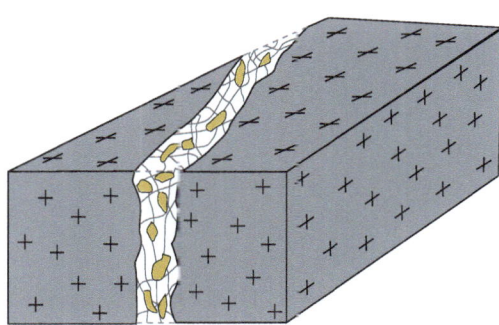

Abb. 18.1 Gang, Ausfüllung einer Spalte im Gestein mit Mineralen

18.1.1 Strukturbedingte Erzlagerstätten (*ore deposits*) und nichtmetallische Minerallagerstätten (*non-metallic mineral deposits*)

Verwerfungen zerstören den Gesteinsverband und die entstandenen Risse und Spalten können Wegsamkeiten für hydrothermale Lösungen bilden. Die hydrothermalen Wässer stammen aus Magmenintrusionen im tieferen Untergrund oder es handelt sich um meteorisches Wasser (Niederschlagswasser aus der Atmosphäre). Dies sickert in das gestörte Deckgebirge ein und kann über einem sich abkühlenden Pluton aufgeheizt werden. Das aus dem Magma stammende juvenile Wasser und die im Deckgebirge zirkulierenden Grundwässer transportieren die in ihnen enthaltenen gelösten Stoffe und dringen an Klüften und Verwerfungen auf. Dort führt eine rasche Abkühlung zur Abscheidung von Erzmineralen. Die mineralisierten Spalten werden bergmännisch als **Gang** (*vein*) oder **Ader** bezeichnet (Abb. 18.1). Bei entsprechenden Anreicherungen spricht man von **Ganglagerstätten** (*vein deposits, lode deposits*). Da die Spaltenfüllung in und entlang der Verwerfungszone jünger ist als das umgebende Gestein, bezeichnet man diese Lagerstätten als **epigenetisch** (*epigenetic*; von griech. epi = darauf und genesis = Schöpfung). Die entlang einer Verwerfung aufdringenden hydrothermalen Lösungen können auch in angrenzende Schichtfugen eindringen (Abb. 18.2). Die eine Erzlagerstätte begleitenden nichtmetallischen Minerale nennt man Gangart; dazu gehören z. B. Quarz und Kalzit.

Ein sehr schönes Beispiel für eine **wiederholte Mineralisation** (*multiple mineralisation*) von tektonischen Strukturen sind die „Goldsättel" von Bendigo in Süd-Australien. Die dortige Goldmine-

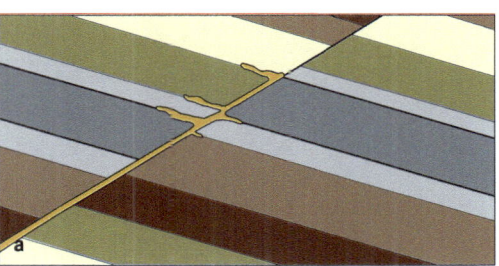

Abb. 18.2 (a) Mineralisierte Verwerfung und an der Verwerfung mineralisierte Schichtfugen. (b) Mineralisierte Klüfte 3 – 5 cm breit (Zinkblende und Bleiglanz) in der Firste (*roof*) eines Abbaustollens des Lautenthaler Gangzuges der einer Abschiebung folgt; Grube Lautenthals Glück, Lautenthal, Harz.

Abb. 18.3 (a) „Goldsättel". Schematisch vereinfachte Darstellung der multiplen Gold-Quarz Mineralisation in engen Knickfalten. Weitere Erläuterungen im Text (rot = Sandstein, braun = Schiefer), (b) Sekundäre Knickfalten in schichtparalleler Goldader, Bendigo-Mine, Victoria / Australien (Bildrechte: Foto P. SCHAUBS)

ralisation erfolgte zusammen mit Quarz in engen Knickfalten und charakterisiert ein in mehreren Schüben entstandenes komplexes Gangsystem, das vereinfacht in Abb. 18.3 dargestellt ist. Die ersten Gold-Quarz-Gänge entstanden bereits zu Beginn der Faltung schichtparallel und in den Hohlräumen der Sattelumbiegungen (allg. Entstehung s. Kap. 10, Abb. 10.31). Die **mineralisierten Sattelumbiegungen** werden als *saddle reefs* bezeichnet. Im Zuge der weiteren Deformation bildeten sich **Flankenaufschiebungen** (*limb thrusts*), die die Sattelumbiegungen versetzten und entlang derer es in der Scherzone, den assoziierten Zugspalten und den versetzten Sattelumbiegungen zu weiteren Mineralisationen kam. Ferner fallen innerhalb der Sandstein-/Schieferabfolge Gold-Quarz-Gänge auf, die parallel zur Klüftung oder Schieferung verlaufen. In den Sandsteinen sind die Gänge radial und senkrecht zu den Schichten orientiert. In den Schiefern kommen in den Sattelkernen miteinander verbundene (**anastomisierende,** *anastomosing*) Quarzgänge parallel zur Achsenebenenschieferung vor (SCHAUBS et al. 2002).

18.1.2 Strukturbedingte Erdöl- und Erdgas-Lagerstätten (*oil and gas deposits*)

Erdöl und Erdgas sind ein Gemisch aus **Kohlenwasserstoffen** (*hydrocarbon*), das aus organischen Rückständen von Plankton oder Algen entstanden ist, die in marinen oder lakustrinen Sedimenten abgelagert wurden und sich unter anoxischen Bedingungen angereichert haben. Bei zunehmender Überlagerung werden die organischen Stoffe diagenetisch umgewandelt und ein großer Teil des Porenwassers wird durch Kompaktion ausgetrieben. Unter der mit der Tiefe ansteigenden Temperatur bildet sich im Bereich zwischen ca. 60° und 120°C, dem sogenannten **Ölfenster** (*oil window*), in ca. 2–4 km Tiefe Erdöl, bei höheren Temperaturen (über 150°C) gehen die Kohlenwasserstoffverbindungen des Erdöls in Erdgas über. Wichtig für die Bildung von Erdöl- und Erdgas ist, dass das entstehende **Erdölmuttergestein** (*source-rock*) eine ausreichend lange Zeit im Erdöl- oder Erdgasfenster verbleibt.

18.1 Tektonische Strukturen und Lagerstätten

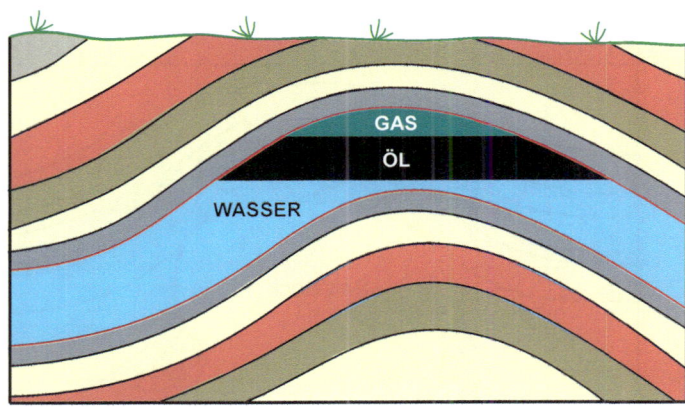

Abb. 18.4 Erdölfalle in einer Sattelstruktur (Antiklinale)

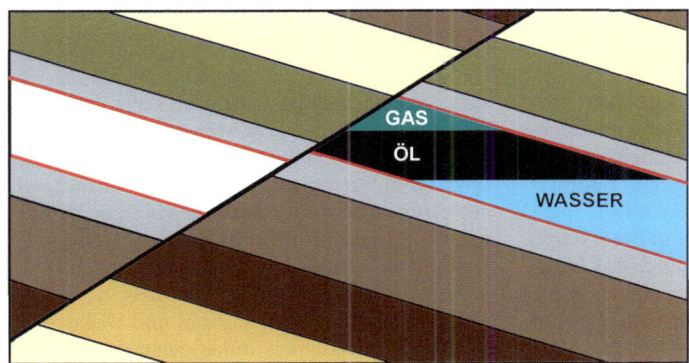

Abb. 18.5 Erdölfalle an einer Abschiebung. Gas und Öl steigen in der einfallenden permeablen Schicht bis unter die Abschiebung auf und werden hier an den nach rechts einfallenden und versetzten undurchlässigen Schichten (olivgrün) gestaut und von Wasser unterlagert

Bedingt durch Auflast und/oder tektonischen Druck wandern dann verbliebenes Formationswasser, Erdöl und Erdgas aus dem Muttergestein (**1. Migration;** *primary migration, expulsion*) in durchlässigere (*permeable*) Gesteinsschichten, z. B. in poröse Sandsteine mit Durchlässen zwischen den Poren oder in geklüftete Kalke. Diese bilden die potentiellen **Erdölspeichergesteine** (*reservoir rocks*). Während der weiteren Migration (*secondary migration*) trennen sich Wasser, Erdöl und Erdgas aufgrund ihres unterschiedlichen Auftriebs und gelangen entweder an die Erdoberfläche oder stauen sich übereinander an einer relativ undurchlässigen Lage.

Zur Lagerstättenbildung kommt es, wenn sich größere Mengen von Erdöl und/oder Erdgas in Fallenstrukturen ansammeln. Die potentiellen Fallen sind meist mit Grundwasser gefüllt. Das Speichergestein in der Falle muss so permeabel sein, dass das aufdringende Öl und Gas das dort vorhandene Porenwasser nach unten verdrängen kann.

Die **Abdichtung** (*seal*) der Lagerstätte besteht z. B. aus Schiefertonen mit einer geringen Durchlässigkeit (*low permeability*) oder sie wird von einer Verwerfung gebildet, an der Schichten von unterschiedlicher Durchlässigkeit gegeneinander versetzt sind. Verwerfungen dienen außerdem als versiegelnde Barriere, wenn sie mit tonigen Gesteinen „verschmiert" (*clay smear*) sind (**Störungsletten,** *fault gouge*). Jedoch können Verwerfungen auch Wegsamkeiten für die Migration schaffen, wenn der Versatz geringer ist als die Mächtigkeit des Reservoirs oder wenn beim Versatz eine **Brekzienzone** (*brecciated zone*) entsteht und dadurch in der Verwerfung eine höhere Permeabilität geschaffen wird (Biddle & Wielchowsky 1994, Faerseth et al. 2007).

Tektonisch bedingte Öl- und Gasfallen (*structural traps*) entstehen z. B. in Antiklinalen (Abb. 18.4), an Verwerfungen (Abb. 18.5) und an den Flanken oder im Dach von Salzstöcken (Abb. 18.6).

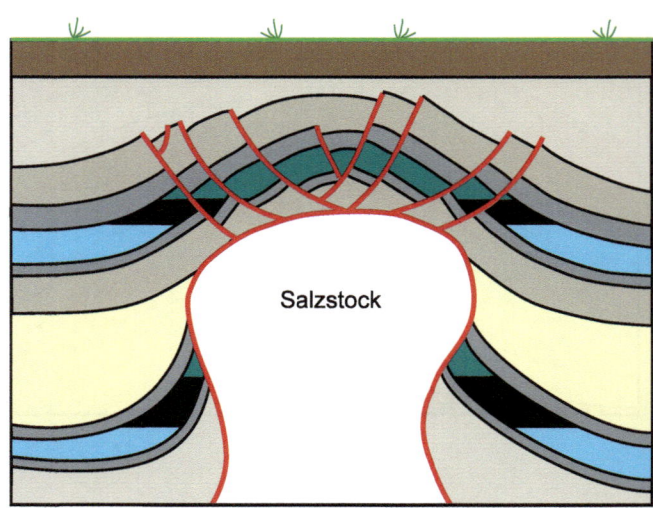

Abb. 18.6 Erdölfallen an den Flanken und im Dach eines Salzstocks. Durch das Aufdringen des Salzstockes wurden die Schichten nach oben geschleppt und das aufdringende Erdöl (schwarz) und Erdgas (grün) in den permeablen Schichten an den impermeablen Flanken des Salzstocks über den wassergesättigten Speichergesteinen (hellblau) gestaut. Im Dachbereich des Salzstocks wird die Öl- und Gas-führende Schicht mehrfach an Abschiebungen versetzt. Der Versatzbetrag ist geringer als die Mächtigkeit der Speichergesteinsschicht. An den permeablen Verwerfungen gelangen Öl und Gas in die einzelnen Schollen, die von einer impermeablen Schicht überlagert werden

Zur Förderung von Erdöl oder Erdgas wird eine Bohrung abgeteuft, in die dann ein Steigrohr eingebaut wird, das im Bereich der Lagerstätte perforiert ist. Je nachdem, ob Erdgas oder Erdöl gefördert wird, werden hierbei verschiedene Techniken angewendet. Zunächst gelangen Erdgas und Erdöl durch den natürlichen Lagerstättendruck durch das Bohrloch an die Erdoberfläche. Über dem Bohrloch befinden sich verschiedene Absperrvorrichtungen, um ein unkontrolliertes Ausdringen von Öl und Gas zu verhindern. Bildet die Öl oder Gas führende Schicht auch einen Grundwasserleiter, so steigt der Grundwasserspiegel in der Lagerstätte an, weil durch die Öl- und Gasentnahme der Druck in der Falle absinkt. Beim Nachlassen des Lagerstättendrucks wird der Druck zur weiteren Gasgewinnung künstlich erhöht; Öl wird mittels Tiefpumpen („Nickemänner", deren pferdekopfförmiger Antrieb über der Bohrung zu sehen ist) weiter gefördert.

Ausführliche Beschreibungen und Diskussionen zu Petroleum Systemen finden sich u.a. in MAGOON & DOW (1994) und BJORLYKKE (2010).

Ausgeglichene Profile (*balanced cross sections*)

Unter einem **geologischen Profil** (*geological cross section*) versteht man zunächst ganz allgemein einen senkrechten Schnitt durch einen Bereich der Erdkruste, wie er beispielsweise in einem Straßenanschnitt oder einer Steinbruchwand zu sehen ist. Ein geologisches Profil veranschaulicht die Strukturierung von Gesteinskörpern, d. h. die Lagerungsverhältnisse, die Art und den Bewegungssinn von Verwerfungen sowie andere geologische Formen im Untergrund. Die Erstellung eines Profils basiert auf den Informationen einer geologischen Kartierung der Erdoberfläche, d. h. auf direkten Aufschlussdaten wie z. B. Gesteinsart, Raumlage von Schichten (Streichen, Einfallen, Einfallsrichtung) und / oder auf Bohrungen bzw. auf geophysikalischen Daten, z. B. aus der Reflexionsseismik und/oder der Bohrlochgeophysik. Bei der Erstellung eines geologischen Profils ist man bestrebt, die strukturellen Verhältnisse im Untergrund möglichst realistisch wiederzugeben, um damit einen Einblick in die geologische Entwicklung einer Region zu bekommen.

Ein tektonischer Profilschnitt gibt Auskunft über die Art und den Ablauf der Entstehung von Falten und Verwerfungen im Untergrund. **Ausgeglichene (bilanzierte) Profile** (*balanced cross sections*) zeigen Schnitte, bei denen die Strukturen nach geometrischen Gesetzmäßigkeiten schrittweise in den Ausgangszustand vor der Deformation zurückverformt werden können (**wiederhergestelltes Profil**, *restored section*). Ausgeglichene Profile sind Interpretationen, die geologisch schlüssig sind. Sie spiegeln jedoch nicht unbedingt die wahre Untergrundsituation wider, sind aber immer realistischer als nicht

18.1 Tektonische Strukturen und Lagerstätten

ausgeglichene Profile. Ihre Aussagekraft hängt von der Anzahl der zur Konstruktion verfügbaren Daten (Gesteinsabfolge, Strukturgeologie, Geophysik) sowie von der Erfahrung des Bearbeiters ab.

Abbildung 18.7 zeigt den Unterschied zwischen einem **nicht zurückverformbaren** (*nonretrodeformable, nonrestorable*) und einem **zurückverformbaren** (*retrodeformable, restorable*) Profil durch eine Sattelstruktur die an einer Aufschiebung versetzt ist. Die Datenbasis zur Konstruktion der Profile bezüglich des Einfallens der Schichten an der Erdoberfläche und in Bohrungen sowie zur Lage der Aufschiebung im Untergrund ist für beide Profile gleich. Bewegen wir den Hangendblock im linken Profil an der Aufschiebung zurück, um die ungestörte Sattelstruktur wiederherzustellen, so ist das nicht möglich. Bei der Interpretation rechts ist der Schichtverlauf im gestörten Sattelkern so dargestellt, dass das Profil zurückverformt werden kann (nach SUPPE 1985).

Die Konstruktion eines ausgeglichen Profils basiert auf folgenden Grundlagen: Das Profil muss parallel zur tektonischen Transportrichtung verlaufen. Dabei geht man von einer zwei-dimensionalen Deformation (**ebene Verformung**, *plane strain*) aus, d. h. kein Material hat die Profilebene verlassen (z. B. durch querverlaufende Horizontalverschiebungen oder durch Streckung senkrecht zum Profil). Desweiteren setzt man eine Volumenkonstanz der Gesteine während

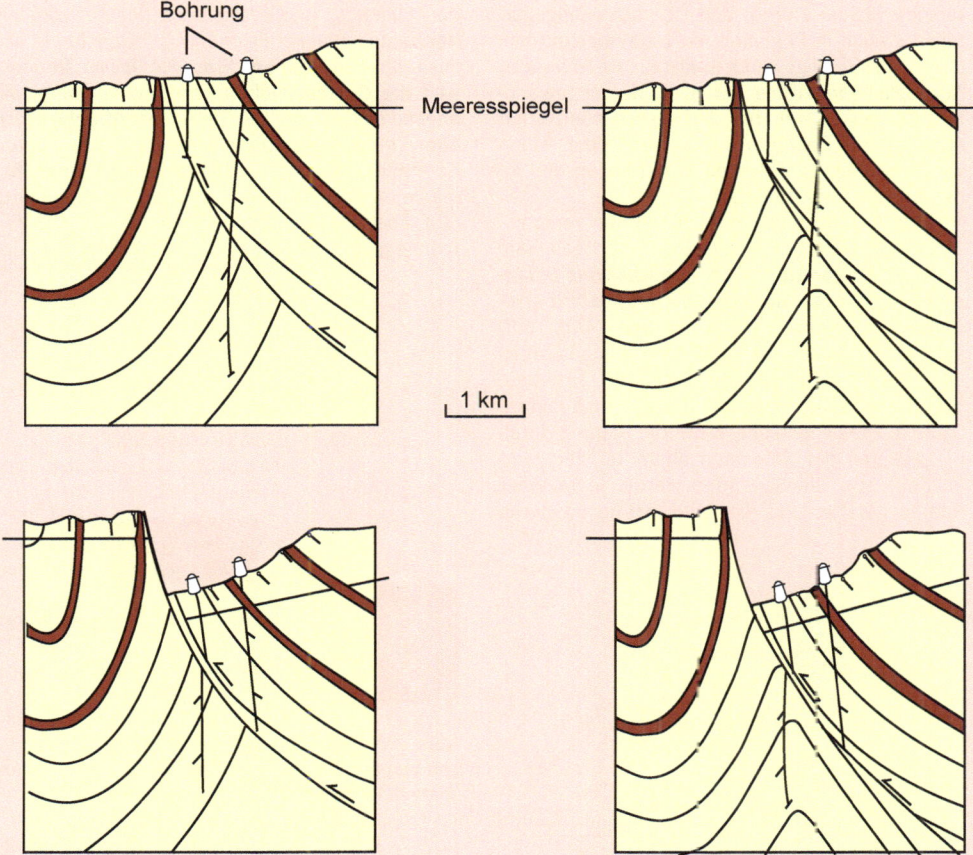

Abb. 18.7 Nicht zurückverformbares (links) und zurückverformbares (rechts) Profil eines an einer Aufschiebung versetzten Sattels (Bildrechte: verändert nach SUPPE 1985)

der Deformation voraus. Lässt sich ein Volumenzuwachs, zum Beispiel durch Magmatismus, in der Profilebene quantifizieren, so kann auch ein solches Profil bilanziert werden und Aufschluss darüber geben, welches der magmatische und welches der tektonische Anteil bei einer Verdickung der Erdkruste ist – entsprechend können dann auch quantifizierbare Massendefizite (z. B. durch Drucklösung) in die Bilanzierung aufgenommen werden.

Die Grundlagen zur Konstruktion ausgeglichener Profile wurden von GOGUEL (1952), LAUBSCHER (1962, 1965) und DAHLSTROM (1969) gelegt. In den 1950-er bis 1970-er Jahren wurde die Technik bilanzierter Profile hauptsächlich zur Darstellung der Deformationsstrukturen in den Falten- und Überschiebungsgürteln Nordamerikas im Zuge der Erdölexploration eingesetzt. Inzwischen werden die Methoden weltweit sowohl in unterschiedlichen Falten- und Überschiebungsgürteln als auch in Regionen mit Dehnungstektonik (GIBBS 1983) angewandt und ständig erweitert. Ausgeglichene Profile liefern in der angewandten Tektonik sowie bei der wissenschaftlichen Analyse von Gebirgen und Grabenzonen einen wichtigen Beitrag zu deren strukturellen und kinematischen Interpretationen.

Zum Ausgleich von Profilen wurden verschiedene Methoden entwickelt. Die Grundtechniken sind der **Längenausgleich** (*constant line balancing*) und der **Flächenausgleich** (*constant area balancing*). Beim Längenausgleich (Abb. 18.8) geht man davon aus, dass die Schichtlängen und die Schichtmächtigkeiten der einzelnen Schichten während der Deformation konstant bleiben. Dies geschieht, wenn die Faltung durch Biegegleiten der Schichten charakterisiert wird (s. Kap. 10). Die Schichten werden über einer Rampe gefaltet und die Deformation ist durch schichtparalleles Gleiten charakterisiert. Bei der Rückverformung werden die Schichten in ihre horizontale Ursprungslage zurückgezogen.

Beim Flächenausgleich geht man von dem Erhalt der Fläche während der Deformation aus. Abbildung 18.9 (oben) zeigt eine undeformierte Gesteinseinheit. Schichten sind aus Vereinfachungsgründen nicht eingezeichnet. Werden Gesteine zusammengeschoben, entsteht z. B. eine Sattelstruktur (Abb. 18.9, unten). Um ein solches Profil auszugleichen, wird als erstes die Länge L_0 einer **Leitschicht** (*key bed*) gemessen. Dazu sind zwei **Begrenzungspunkte x und y** (*pin points*) festzulegen. Sie markieren die Stelle, an der die Krümmung der Sattelflanken endet. Nun misst man den Abstand zwischen den beiden Begrenzungspunkten x und y, das ist die Länge L, auf die die Schicht verkürzt wurde. Die Verkürzung ΔL ergibt sich aus $(L_0 - L)$. Die von den Linien L_0 und L begrenzte Fläche wird als Verkürzungsfläche Fläche (A_V) bezeichnet. Die zusammengeschobene Fläche A_V ist entstanden, weil die Gesteinseinheit von ihrem Untergrund abgeschert wurde. Die Tiefe zum **Abscherhorizont** (*depth-to-detachment*) lässt sich folgendermaßen bestimmen. Man bestimmt zunächst planimetrisch die Fläche des Sattelquerschnitts (A_V) über der Verbindungslinie L. Die zusammengeschobene Fläche A_V entspricht nun der

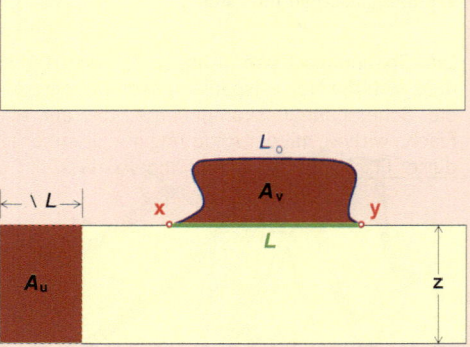

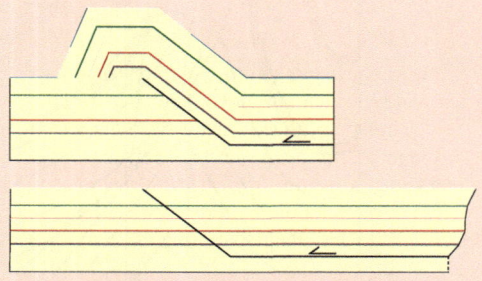

Abb. 18.8 Biegegleitfaltung über einer Rampe (oben) und Längenausgleich der Schichten (unten)

Abb. 18.9 Profilausgleich bei Erhalt der Schichtlängen und Ermittlung der Tiefenlage des Abscherhorizonts (Bildrechte: nach WOODWARD et al. 1989)
$A_V = A_U$
$\Delta L = (L_0 - L)$
$A_V = A_U = z * \Delta L = z (L_0 - L)$
$z = A_V / (L_0 - L)$
weitere Erläuterungen siehe Text

ursprünglichen Fläche (A_U), die durch die Verkürzung (*shortening*) zu einem Sattel deformiert wurde: $A_V = A_U$ (GOGOUEL 1962). Daraus folgt: Die durch die Verkürzung entstandene Fläche (A_V) ist gleich der Linienverkürzung (ΔL) multipliziert mit der Tiefe zum Abscherhorizont (z). Für die Tiefe zum Abscherhorizont folgt daraus $z = A_V / \Delta L$.

Bei einer weiteren Methode zum Ausgleich von Profilen und zur Darstellung der Tiefenstruktur werden **konzentrische Falten** (*concentric folds*) vorausgesetzt. Bei diesen haben die Krümmungsradien der gefalteten Schichten (Antiklinalen, Synklinalen) alle denselben Mittelpunkt, d. h. die Krümmungsradien nehmen zum Faltenkern hin ab (s. Kap. 10). Verbindet man die auf den Sattelflanken liegenden Wendepunkte aller Schichten miteinander, so schneiden sich diese unter den Antiklinalen im Sattelkern und über den Synklinalen im Muldenkern. Dies sind die Bereiche, zu denen hin die Faltung immer enger wird, so dass es hier zu Abscherungen kommt (s. Kap. 10, Abb. 10.28 und 10.29).

Im Kapitel 8.4 (Nomenklatur von Auf- und Überschiebungen) wird auf den geometrischen Zusammenhang zwischen Überschiebungen und Falten eingegangen. In vielen Profilkonstruktionen für **Störungs-Biegefalten** (*fault-bend folds*) und **Störungsausbreitungsfalten** (*fault-propagation folds*) werden diese als Knickfalten dargestellt (SUPPE 1983). Knickfalten haben gerade Faltenflanken und einen klaren Knickpunkt im Sattel- bzw. Muldenkern (Kap. 10.2.2). Für die Profilkonstruktion geht man davon aus, dass der **Achsenwinkel** (*axial angle*) zwischen der Achsenebene und den Faltenflanken etwa gleich groß ist (s. Abb. 8.35 und 8.36). Die Achsenebenen bilden also im Profil die Winkelhalbierenden. Diese Linien werden im Sattel nach unten, in der Mulde nach oben verlängert. In ihrem Schnittpunkt setzt eine neue Achsenfläche mit geringerem Achsenwinkel ein (EISBACHER 1996). Auf diese Weise nehmen die Achsenflächen zu den Faltenkernen hin ab. Dabei wird der Achsenwinkel immer geringer und die Schichten immer kürzer. Die ursprünglichen Schichtlängen können im Profil nur durch eine Abscherung erhalten bleiben oder wenn sie an Aufschiebungen übereinander geschoben werden und so verkürzt werden. Zu den Faltenkernen hin nehmen die Deformationen immer stark zu. Wie diese dargestellt werden, hängt von den zur Verfügung stehenden Daten, z. B. aus einem reflexionsseismischen Profil, und von der Erfahrung des Bearbeiters bezüglich des generellen Faltungsstils der Region ab.

Über ausgeglichene Profile gibt es eine umfassende Literatur. Sehr gute Zusammenfassungen finden sich in den Lehrbüchern von EISBACHER (1996) und FOSSEN (2010). Anleitungen zur Konstruktion bei DAHLSTROM (1969), SUPPE (1983, 1985) und WOODWARD et al. (1989), an regionalen Studien seien ROEDER et al. (1978) und ONCKEN (1988) erwähnt.

18.2 Tektonische Strukturen und Grundwasser

18.2.1 Überblick Grundwasser

Grundwasser (*ground water*) ist ganz allgemein unterirdisches Wasser, das im Porenraum von Kies, Sand und Sandsteinschichten oder in Klüften und Spalten vorkommt. Das von oben in den Untergrund einsickernde Wasser wird an einer schwer durchlässigen Schicht gestaut (Grundwassersohlschicht). Der **Grundwasserspiegel** (*water table*) liegt zwischen dem **Sickerwasser-Bereich** (**vadose Zone**, *zone of aeration*) und der darunterliegenden, Wasser gesättigten, **phreatischen Zone** (*zone of saturation*). Über dem Grundwasserspiegel befindet sich der **Kapillarsaum** (*capillary fringe*), dessen Mächtigkeit von der Porengröße des Gesteins über der gesättigten Zone abhängt (je kleiner die Poren, desto höher der kapillare Aufstieg).

Ein Transport von Wasser in einer mit Wasser gesättigten Schicht findet nur statt, wenn die Poren oder Klüfte miteinander verbunden sind. Eine solche Schicht bezeichnet man als **Grundwasserleiter** oder **Aquifer** (*aquifer*); hierbei unterscheidet man zwischen Porengrundwasserleitern und Kluftgrundwasserleitern. Einen Gesteinskörper, der Wasser enthält, aber nicht durchlässig ist, nennt man **Aquiclude** (**Grundwassernichtleiter**, *aquiclude*), während ein **Aquitard** (*aquitard*) ein Gesteinskörper ist, der im Vergleich zu einem benachbarten Gesteinskörper gering wasserdurchlässig ist.

Die Bewegung des Wassers in einem Aquifer wird von der Schwerkraft gesteuert. Die Fließgeschwindigkeit des Grundwassers hängt von dem hydraulischen Gradienten (*hydraulic gradient*) und der **hydraulischen Leitfähigkeit** (**Durchlässigkeitsbeiwert** K_f, *hydraulic conductivity*) ab.

Der **hydraulische Gradient** ergibt sich aus der unterschiedlichen Höhenlage des Grundwasserspiegels an zwei Punkten und dem dazwischen liegenden horizontalen Abstand (Höhenunterschied geteilt durch horizontalen Abstand = Fließweg). Ein in der Höhe variierender Grundwasserspiegel ergibt sich in Abhängigkeit vom Grundwasservorrat und entsteht bei einer unregelmäßigen Topographie. Bezogen auf NN liegt der Grundwasserspiegel bei regelmäßigen Regenfällen unter einem Hügel höher als unter einem Tal. Zu einer kontinuierlichen Wasserversorgung werden die Brunnenbohrungen bis unter den Grundwasserspiegel abgeteuft. Die Wasserentnahme führt zu einer **Grundwasserabsenkung** (*drawdown*) und um den Brunnen herum bildet sich im Grundwasserspiegel ein Absenkungstrichter.

Die **hydraulische Leitfähigkeit** eines Grundwasserleiters hängt allgemein von der Permeabilität des durchströmten Materials (k), der Dichte der Flüssigkeit (ρ), der Viskosität der Flüssigkeit (η) und der Erdbeschleunigung (g) ab.

Nach dem **Darcy'schen Gesetz** (*Darcy's law*) ist das Volumen (Q) des in einer bestimmten Zeiteinheit durch eine bestimmte Querschnittsfläche (A) fließenden Wassers dem Höhenunterschied des Grundwasserspiegels (h) und der hydraulischen Leitfähigkeit K_f direkt proportional und umgekehrt proportional der Länge des Fließweges (l).

$$Q = A \cdot (K_f \cdot h/l)$$

Wasser bewegt sich in einem Grundwasservorkommen entweder als freies, **ungespanntes Grundwasser** (*unconfinded aquifer*) oder als **gespanntes Grundwasser** (*confined aquifer*). Gespanntes Grundwasser entsteht, wenn der Grundwasserspiegel nach oben durch eine schlecht durchlässige Schicht am Aufstieg gehindert wird. Die sogenannte **Grundwasserdruckfläche** (*potentiometric surface*) liegt dann über der Obergrenze des Grundwasserleiters.

18.2.2 Strukturgeologische Beispiele

Ein Sonderfall für gespanntes Grundwasser ist das **artesische Wasser** (*artesian water*). Ein derartiges Grundwassersystem entsteht unter zwei Voraussetzungen. (1) Der Aquifer muss geneigt sein, so dass an einem Ende Wasser zufließen kann. (2) Der Aquifer muss nach oben und unten durch Aquitarde begrenzt werden.

Strukturgeologisch kommen Aquifere z. B. in Falten vor. Bei der Grundwassererschließung ist die Geometrie der Strukturen zu beachten. Der in Abbildung 18.10 dargestellte artesische Brunnen wurde in das gespannte Grundwasser einer Synklinalstruktur abgeteuft. Das Wasser gelangt springbrunnenartig selbständig bis über die Erdoberfläche, da diese tiefer liegt als die Grundwasserdruckfläche. Liegt die Grundwasserdruckfläche unterhalb der Erdoberfläche, gelangt das Wasser nur bis zu dieser Höhe und wird dann abgepumpt.

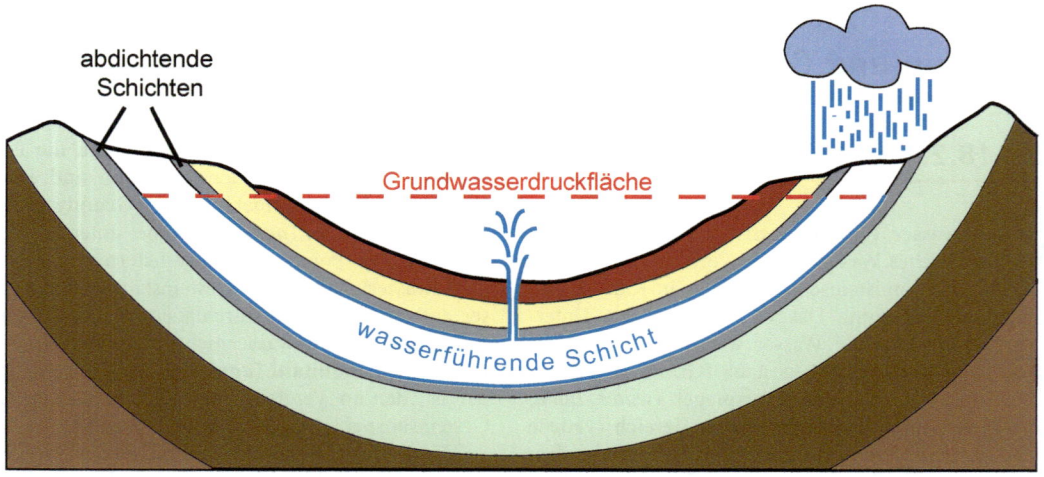

Abb. 18.10 Artesischer Brunnen

Das **Grundwassererneuerungsgebiet** (*groundwater recharge area*) befindet sich im Beispiel dort, wo die wasserführende Schicht in der Muldenflanke von der Erosion angeschnitten wird.

Wird ein Aquifer von einer Verwerfung angeschnitten und liegt die Grundwasserdruckfläche oberhalb der Erdoberfläche, kann das Wasser in einer Zerrüttungszone aufsteigen und es entsteht eine natürliche artesische Quelle.

Da das Grundwasser sehr langsam fließt, erneuert es sich in großen artesischen Systemen oft nicht so schnell, wie es entnommen wird. Hat sich das Grundwasser in der Vergangenheit unter anderen Klimabedingungen als heute angesammelt, wie z. B. unter den gegenwärtigen Wüsten, erneuern sich die dortigen Wasserressourcen nicht.

Wie bereits oben erwähnt, können Verwerfungen Wasserwegsamkeiten bilden. Über Verwerfungen können mehrere, durch Aquitarde abgegrenzte übereinanderliegende Aquifere (Grundwasserstockwerke) miteinander verbunden werden und das Wasser vermischt sich. Entlang von Verwerfungszonen kann verstärkt Oberflächenwasser und so auch Abwasser ins Grundwasser eindringen. Mit Störungsletten verschmierte Verwerfungen können aber auch eine Barriere für das Grundwasser darstellen. So sind strukturgeologische Kenntnisse z. B. bei der Ausweisung und Abgrenzung von Wasserschutzgebieten gefragt – z. B. Wie ist die dortige Schichtlagerung? Gibt es durchlässige oder abdichtende Verwerfungen? Welche Richtung haben diese, wie ist die Orientierung der Klüfte?

18.3 Tektonische Strukturen und Geothermie

18.3.1 Überblick Geothermie

Der Begriff **Geothermie** stammt aus dem Griechischen und bedeutet **Erdwärme**. Nach der Definition des Vereins Deutscher Ingenieure (VDI) ist die **Geothermische Energie** (*geothermal energy*) die in Form von Wärme gespeicherte Energie unterhalb der festen Oberfläche der Erde. Die **geothermische Tiefenstufe** (*geothermal step*) bezeichnet die Tiefe, in der die Temperatur um 1K zunimmt (m/K); der **geothermische Gradient**, *geothermal gradient* gibt die Temperaturzunahme mit der Tiefe an (K/m). Die durchschnittliche Temperaturzunahme in der Erde beträgt 3K pro 100 m Tiefe. Aufgrund der regionalen geologischen Gegebenheiten treten zwischen den geothermischen Gradienten große Unterschiede auf. Dies macht eine unterschiedliche Nutzung der Erdwärme möglich.

Die geothermische Energie zählt zu den regenerativen Energien. Der Vorteil geothermischer Verfahren liegt darin, dass die Energiegewinnung weder vom Klima noch von Jahres- oder Tageszeiten abhängt und sich die Anlagen durch eine große Umweltfreundlichkeit auszeichnen.

Die Erdwärme ist primär bei der Entstehung der Erde entstanden (s. Kap. 2). Die heutige Erdwärme stammt zu ca. 30 % aus dem verbliebenen Rest dieser Wärme und zu ca. 70 % aus Wärme, die durch einen ständig stattfindenden natürlichen radioaktiven Zerfall von instabilen Atomkernen im Erdinneren erzeugt wird. Die entstehende Hitze setzt Konvektionsströmungen in Gang, die ihrerseits Schmelzprozesse steuern, im Zuge derer heißes Magma in die Nähe oder an die Erdoberfläche dringt und damit unterschiedlichen Wärmeanomalien charakterisiert. Die Quellen der Erdwärme werden in zwei Kategorien eingeteilt, und zwar in die oberflächennahe und die tiefe Geothermie.

Die **oberflächennahe Geothermie** betrifft Bereiche bis etwa 400 m Tiefe und kommt schon bei relativ geringen Temperaturen auch in geringerer Tiefen in Betracht. Dazu wird in flachen Tiefen durch einen Kollektor oder in etwas größerer Tiefe durch eine Sonde kaltes Wasser in die Erde geleitet und dort (geringfügig) natürlich erwärmt. Das Rohrsystem ist mit einer Wärmepumpe verbunden, die dem Wasser Wärme entzieht und diese in höhere Temperaturen umwandelt (Wärmepumpen funktionieren ähnlich wie Kühlschränke, nur umgekehrt), mit denen dann Heizung und Warmwasserbereitung betrieben werden.

Die **tiefe Geothermie** schließt Gebiete mit hohen oder niedrigeren Untergrundtemperaturen ein, die als **Hochenthalpie-Systeme** oder **Niederenthalpie-Systeme** bezeichnet werden (Enthalpie bedeutet erwärmen, erhitzen). Die Niederenthalpie-Systeme sind in **hydrothermale** (*hydrothermal*) und **petrothermale** (*petrothermal*) Systeme untergliedert (s.u.).

18.3.2 Tektonik und Geothermie

Hochenthalpie-Systeme. Hohe Untergrundtemperaturen kennzeichnen normalerweise vulkanisch aktive Gebiete. Das sind die mittelozeanischen Rücken, die magmatischen Bögen, intrakontinentale Grabenzonen und die Heißen Flecken (*hot spots*). Die bis zu mehreren hundert Grad Celsius heißen Fluide (Wasser/Dampf) können dort an vulkano-tektonischen und tektonischen Rissen und Spalten aufsteigen. Beispiele sind Island, das auf dem mittelatlantischen Rücken liegt, das Wairakei-Geothermalgebiet auf der Nordinsel Neuseelands, das an Abschiebungen im *backarc*-Bereich einer Subduktionszone gebunden ist, das Geysirfeld von El Tatio (Abb. 18.11) in einem vulkano-tektonischen Graben im Magmatischen Bogen in 4300 m Höhe der chilenischen Anden, die Region um den Baringo-See in Kenia, die über Verwerfungen im Ostafrikanischen Graben liegt, und die vulkano-tektonischen Bruchzonen auf Hawaii.

Allgemein entsteht der natürliche Dampf oder das heiße Wasser durch die Aufheizung von Grundwasser. Zur Erschließung der geothermalen Lagerstätten werden Bohrungen in das Dampf- oder Wasser-dominierte Reservoir abgeteuft. Wichtig ist die Erneuerung oder Nachfüllung des Systems. Das kann auf natürliche Weise durch Regen oder Ozeanwasser geschehen oder erfolgt durch das Wiedereinleiten der in einem Kraftwerk abgekühlten Fluide, denn die Förderung großer Mengen an Dampf und Heißwasser kann zu starken Landabsenkungen führen. Um überhaupt ein Kraftwerk betreiben zu können, muss eine große Menge an Fluiden zur Verfügung stehen, die mit wirtschaftlich tragbaren Kosten genutzt werden kann.

Niederenthalpie-Systeme. In diesen Systemen können die Temperaturen aufgrund unterschiedlicher geothermischer Tiefenstufen stark schwanken. Beispielsweise nimmt die Temperatur im Bereich des tertiären Kirchheim-Uracher-Vulkangebiets in Süddeutschland auf 100 m Tiefe um rund 10 °C zu.

Bei **hydrothermalen Systemen** wird heißes Wasser und Dampf von (ca. 100–150 °C) aus einem tiefen Aquifer (durchschnittlich 2000–3000 m) über eine Fördersonde in verschiedene Wärmetauscher zur Nutzung für Fernwärme und Stromerzeugung eingebracht. Danach wird das abgekühlte Wasser über eine Injektionssonde wieder in den Aquifer zurückgeleitet (Bohrlochdoublette). Der Abstand zur Förderbohrung muss entsprechend groß sein, damit sich dort nicht kaltes und warmes Wasser vermischen.

Abb. 18.11 Geysirfeld von El Tatio, südliche Zentral-Anden, Chile

Bei **petrothermalen Systemen** wird über eine Injektionsbohrung Wasser in trockene tiefe Bohrlöcher (ca. 3000–5000 m) in heiße, meist wenig durchlässige Gesteine eingebracht. Im tiefen Untergrund fließt dieses Wasser über Kluftsysteme zur Förderbohrung und kommt mit ca. 175 °C wieder nach oben (*Hot Dry Rock* – **HDR Verfahren**). Der Produktionshorizont liegt im Grundgebirge (z. B. herrschen in 5000 m Tiefe ca. 200 °C). Meistens müssen die Fließwege im Gestein technisch durch Hydrofrack-Verfahren erweitert oder neu geschaffen werden (Reservoirstimulation). Solche Systeme heißen **stimulierte petrothermale Systeme** oder *Enhanced Geothermal Systems* (**EGS**). Wichtig ist dabei, dass die Risse im Gestein so erzeugt werden, dass in der Tiefe eine Verbindung zwischen dem Förderbohrloch und der im Abstand von mehreren hundert Metern liegenden Injektionsbohrung geschaffen wird. Die beiden Bohrlöcher haben an der Erdoberfläche, im Bereich des Kraftwerks, einen Abstand von ca. 15 m, in der Tiefe laufen sie auseinander. Zur Festlegung der Bohrlokation sind Kenntnisse über die Orientierung der Klüfte und über den Charakter der Verwerfungen (z. B. Abschiebungen, Horst-Grabenstruktur) und deren Richtungen in dem infrage kommenden Gebiet notwendig. Klüfte und Verwerfungen stehen in engem Zusammenhang mit dem heutigen Spannungsfeld. Da sich dessen Richtung in geologischen Zeiträumen, in denen unterschiedlich orientierte Bruchstrukturen im Untergrund geschaffen wurden, verändern kann, sind Kenntnisse des aktiven lokalen/regionalen Spannungsfeldes erforderlich. Es sind Überlegungen anzustellen, in welcher Richtung aktive und prä-existente Brüche verlaufen, die künstlich aufgeweitet und verbunden werden können.

Ein Beispiel für ein EGS-System befindet sich bei Soultz-sous-Forêts, ca. 50 km nördlich von Strasbourg, im französischen Teil des Rheingrabens. Die Erforschung der geothermischen Anomalie begann in deutsch-französischer Kooperation Mitte der 1980er Jahre. In mehreren Bohrphasen wurden Bohrungen abgeteuft, von denen drei bis in eine Tiefe von 5000 m vorgetrieben wurden. Das durch den geologischen Wärmetauscher im Untergrund zirkulierende Wasser wird mit 175 °C gefördert und der Dampf wird in einem geothermischen Kraftwerk zur Stromgewinnung verwendet. Die Forschungsarbeiten in Soultz dienten der Weiterentwicklung des Hot-Dry-Rock-Verfahrens unter Einbeziehung natürlicher Wasservorkommen. Die Durchlässigkeit dieses im Granitgrundgebirge liegenden geothermischen Reservoirs ist an N-S streichende Kluftzonen und an 160° streichende Störungszonen gebunden, die quer zu den Verwerfungen des NNE–SSW orientierten Rheingrabens liegen. Die Bruchzonen bilden räumliche Rissanhäufungen (clusters), die in 1800–2000 m Tiefe sehr durchlässig sind und in 3000–3400 m Tiefe aus einem dichten Netz von Rissen bestehen. Im unteren Bereich der Bohrungen ist das Gestein dann wenig permeabel. Angaben zum derzeitigen Forschungsstand in Soultz finden sich u. a. bei DEZAYES et al. (2010) und BAILLIEUX et al. (2011).

(Hydrothermale) Geothermieanlagen in Deutschland: (1) Neustadt-Glewe/Mecklenburg-Vorpommern, Förderungsbohrung 2.455 m mit bis zu 97 °C heißem Thermalwasser, Inbetriebnahme Heizwerk 1994, Kraftwerk 2003; (2) Landau/Rheinland-Pfalz, Förderungsbohrung 3.300 m, Thermalwassertemperatur 160 °C, Inbetriebnahme Kraftwerk 2007; (3) Unterhaching/Bayern, Förderungsbohrung/Thermalwassertemperatur (2004) 2.350 m / 122 °C, (2007) 3.580 m /133 °C, Inbetriebnahme Kraftwerk 2009.

Zur Aufweitung des vorhandenen Kluftsystems oder zur Schaffung neuer Brüche müssen in den Bohrungen hohe hydraulische Drücke aufgebracht werden. Seit den 1950er Jahren ist aus Einpressungen von Abwasser in den geologischen Untergrund bekannt, dass der dort künstlich gesteigerte Druck Erdbeben auslösen kann (EVANS 1966). Erdbeben können durch jegliche stärkere Störung des hydrologischen Systems oder allgemein des lokalen Spannungsfeldes ausgelöst werden. In Gebieten mit potentiell aktiven Verwerfungen, die im aktiven Spannungsfeld kurz vor dem Erreichen der kritischen Scherspannung stehen, kann das unter Druck injizierte Wasser die Porenflüssigkeitsdrücke erhöhen und zum plötzlichen Bruch führen (s. Kap. 15.5). Auch eine starke Entnahme von großen Fluidmengen bedingt eine Veränderung des aktiven Spannungszustands. Dadurch ändert sich der Umlagerungsdruck, die Differentialspannungen steigen damit an und führen so zum plötzlichen Bruch.

Im Zusammenhang mit Geothermie-Projekten werden beispielsweise die Erdbeben im Dezember 2006 mit der Magnitude 3,4 und mehreren Nachbeben im Januar 2007 von Basel am südlichen Ende des Rheingrabens sowie die Erdbeben im August 2009 mit der lokalen Magnitude 2,7 und weitere spürbare Beben im September 2009 in der Nähe des Geothermiekraftwerks Landau gesehen.

Vor dem Hintergrund einer seismischen Gefährdung sind für Geothermie-Standorte Risikoanalysen durchzuführen. Diese basieren auf Untersuchungen der Tiefstruktur des Gebiets, auf Berechnungen von Überschreitungswahrscheinlichkeiten verschiedener maximaler Bodengeschwindigkeiten potentieller Erdbeben und auf Abschätzungen der im Reservoir stattfindenden hydraulischen Druckausbreitung sowie thermischen Veränderungen, die sich auf den Spannungszustand im Untergrund auswirken.

18.4 Tektonische Strukturen und Baugeologie

Das Erkennen und die Beachtung von tektonischen Strukturen hinsichtlich der Sicherung von Bauwerken wird an den folgenden Beispielen erläutert.

Durch die in Abb. 18.12 gezeigte Baugrube verläuft eine Abschiebung (nördliche Randstörung des Fildergrabens in Süddeutschland), an der gebankte Kalksandsteine und Kalke des Unteren Juras durch eine breite Störungszone mit Störungsletten gegen die roten Knollenmergel des Mittlerer Keuper versetzt sind. Die aneinandergrenzenden Formationen haben völlig unterschiedliche Baugrundeigenschaften. Im Gegensatz zu den angrenzenden kompakten Kalkschichten handelt es sich beim Knollenmergel um eine Formation mit einem hohen Anteil an quellfähigen Tonmineralen. Bei Durchfeuchtung mit Grund- oder Niederschlagswasser quillt dieser Tonstein nahe der Oberfläche stark auf, wodurch der ursprüngliche Gesteinsverband zerstört wird. Der Knollenmergel neigt in besonderem Maß zu Bodenkriechen und Rutschungen, da die Scherparameter des Gesteins durch die Aufnahme von Wasser verändert werden. Bei der Gründung des Gebäudes muss das unterschiedliche Verhalten des Baugrundes berücksichtigt werden.

Böschungen sind per Definition künstlich geneigte Geländeoberflächen, die nach den Regeln der Technik stabil angelegt werden (DACHROTH 2002). Die Standfestigkeit von Straßenböschungen im Fels hängt von der Böschungsneigung und der Höhe der Böschung ab und wird vom Streichen und Fallen der angeschnittenen Schichten sowie der Ausbildung der Klüfte bestimmt. Günstig ist, wenn die schräg gestellten Schichten und Klüfte in den Berg einfallen; ungünstig ist es, wenn tektonisch geneigte Schichten mit der Böschung bzw. etwas flacher als die Böschung einfallen, die Streichrichtung parallel zur Straße verläuft und zudem eine Wechsellagerung von z. B. Tonen und Kalken vorliegt. Dann sollte der Böschungswinkel kleiner als der Winkel der möglichen Gleitflächen sein. Bei ungünstiger Schichtlagerung und Klüftung sollten standardisierte Böschungen nicht angelegt werden.

Der **Verlauf von Verwerfungen und Klüften** kann sich auf Baumaßnahmen auswirken, da stark zerriebenes und geklüftetes Gestein die Gesteinsfestigkeit des Baugrundes verändert oder sich Störungszonen je nach Füllung als Wasserstauer oder Wasserbringer negativ auf die Baumaßnahme auswirken. Eine **Schieferung** des Gesteins kann sich je nach Einfallen und Abstand der Schieferungsflächen (vgl. Kap. 11.3) auf die Standfestigkeit von Böschungen auswirken. Beim Bau von Tunneln werden entweder im Tunnel selbst oder zuvor in Sondierstollen Gesteinscharakter und Deformationen untersucht. Dazu werden die Raumlagen und die Art der tektonischen Strukturen erfasst und in Quer- und Längsprofilen – die während der Bauphase ergänzt werden – dargestellt und hinsichtlich der Sicherungsmaßnahmen ausgewertet.

Abb. 18.12 Baugrube mit Abschiebung. Versatz von gebankten Kalken (rechts) gegen stark quellfähige tonige Mergel (links). Erläuterungen im Text. (Die Baugrube hat zwei Sohlen. An der Wand der unteren Sohle ist die Verwerfung aufgeschlossen. Die durch das obere Drittel des Bilds verlaufenden Linie ist die Basis der oberen Sohle.)

18.4 Tektonische Strukturen und Baugeologie

Die tektonische Struktur spielt zusammen mit dem Gesteinscharakter eine wichtige Rolle bei der Anlage von **Talsperren** (*dams*). Dies betrifft die Wasserdichtheit des Stausees, die Standsicherheit der Hänge des Staubeckens und vor allem die Belastung des Untergrunds durch die Auflast des Bauwerkes und des später gestauten Wassers. Ungünstig auf die Anlage eines Stausees wirkt sich die Tatsache aus, dass Täler häufig entlang von Kluftzonen und Verwerfungen entstanden sind. Bei gekrümmten Staumauern können sich deren Blockfugen mit der Klüftung unter wechselnden Winkeln überschneiden und auf der gesamten Länge des Stauraumes kann vermehrt Sickerwasser in den Untergrund eindringen, das jenseits der Staumauer wieder austritt (FECKER & REIK 1987). Die Auswirkung tektonischer Strukturen auf die Dichtheit des Absperrquerschnitts ist in Abb. 18.13 dargestellt.

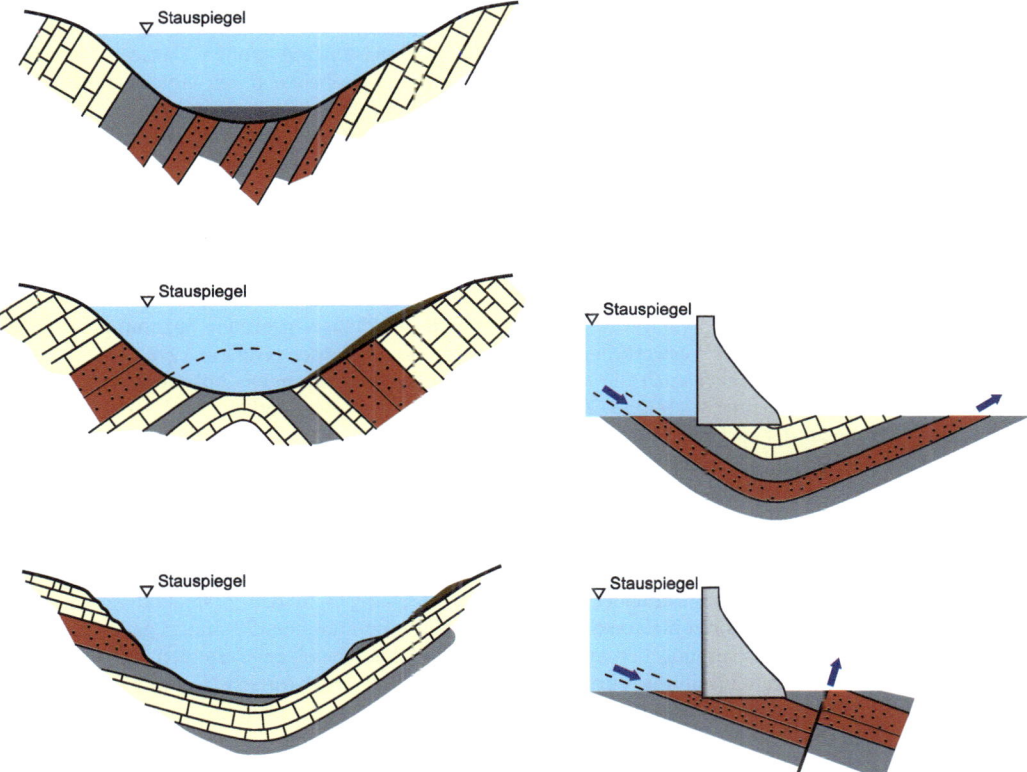

Abb. 18.13 Tektonische Strukturen und Dichtheit des Absperrquerschnitts einer Staumauer (wasserdurchlässige Schichten = braun)
(oben) Die stark geneigten Schichten streichen parallel zum Tal. Das Stauwasser dringt auf der Länge des Stauraums in die durchlässigen Schichten ein.
(Mitte links) Die Schichten bilden eine Antiklinale: 1) Das Wasser kann aus dem Stausee in durchlässige Schichten einsickern und um den Damm herumfließen. 2) Der Stausee ist nur durch die Überdeckung des Ausstrichs der wasserdurchlässigen Schichten (braun) von wasserundurchlässigen Hanglehmen (dunkelbraun) abgedichtet.
(Mitte rechts) Die Staumauer steht über der stromabwärts einfallenden Flanke einer Synklinale. Das Wasser fließt durch die gebogene durchlässige Schicht unter der Staumauer durch (blauer Pfeil).
(unten links) Die Schichten bilden eine Synklinale in Talrichtung: 1) Die Schichten weisen eine geringere Neigung auf als der Hang = das Wasser kann um die Staumauer herumfließen. 2) Die Schichten weisen die gleiche Neigung auf wie der Hang = es besteht Gleitgefahr.
(unten rechts) Bei tektonisch gestörten, stromabwärts mäßig geneigten Schichten kann das Wasser durch die durchlässigen Schichten über die Störungszone abfließen.
(Bildrechte: nach ZÁRUBA & MENCL 1961)

Der Staudamm bildet eine bestimmte Auflast auf den geologischen Untergrund, die in der Phase, während sich das Wasser ansammelt, weiter zunimmt. Der Aufstau von Wasser induzierte im Bereich einiger Staudämme Erdbeben (GUHA 2001). Stauseen können auf zweierlei Art und Weise Erdbeben auslösen. (1) Das Gewicht des Wassers verändert das gegenwärtige Spannungsfeld, weil im Bereich des Stausees die Vertikalspannung zunimmt. (2) Das Erdbeben wird durch eine Erhöhung des Porenflüssigkeitsdrucks ausgelöst, da dieser die Normalspannung verringert (Kap. 15.5.4). Die Wahrscheinlichkeit für eine durch einen **Stausee induzierte Seismizität** (*reservoir induced seismicity RIS*) hängt davon ab, ob sich der Stausee in einem potentiell seismisch aktiven Gebiet (z. B. Plattengrenzen) oder in einem eher aseismischen (alte kontinentale Kernbereiche) befindet. Eine weitere Rolle spielt der Erdbebenzyklus, d. h. wann war das letzte Erdbeben? Geschah es vor längerer Zeit (z. B. vor mehreren Zehner oder Hunderter Jahren) und befindet sich die Region gerade am Ende einer Ruhephase und hat sich sehr viel Spannung akkumuliert?

Für die Reaktivierung einer Verwerfung, die ja zu dem Erdbeben führt, ist aber auch die Art der zu reaktivierenden Verwerfung wichtig (S. Kap. 5), d. h. die Richtungen der drei Hauptspannungen und dann die Größe der Differentialspannung (s. Kap 15.5). Bei einer Aufschiebung ist die maximale Spannung horizontal und die minimale Spannung vertikal orientiert. Wird die vertikale Spannung durch die Auflast vergrößert, dann nimmt die Differentialspannung ab und ein bevorstehendes Erdbeben wird unterdrückt. Bei Horizontalverschiebungen entspricht die Vertikalspannung der mittleren Hauptspannung und deren Erhöhung dürfte hinsichtlich der Reaktivierung der Verwerfung keine Rolle spielen. Bei Abschiebungen ist die maximale Hauptspannung jedoch vertikal orientiert und wird durch die Auflast des Stausees erhöht. Dies führt zu einem Anstieg der Differentialspannung und zum möglichen Auslösen eines Erdbebens. Wie in Kapitel 15.5.4 dargelegt wurde, spielen Porenflüssigkeitsdrücke eine wichtige Rolle bei der Anlage und Reaktivierung von Verwerfungen.

Erdbeben, die durch Stauseen verursacht werden, können direkt nach der Füllung des Stauraums mit Wasser stattfinden, oder sie treten mit einer mehrjährigen Verzögerung auf. Dies hängt davon ab, ob die Beben durch Spannungen induziert oder durch eine Veränderung der Porenflüssigkeitsdrücke bewirkt werden (GIBSON 1997). Die Verzögerung hängt von der Permeabilität des Gesteins ab. Die meisten mit großen Stauseen zusammenhängenden Erdbeben traten einige Jahre nach der Füllung auf. Der Assuan-Stausee in Ägypten wurde ab 1964 gefüllt, war 1975 voll und zu Erdbeben kam es 1981. Mit der Zeit wandert der durch Auflast verursachte Porendruck in größere Tiefen und aktiviert dann Verwerfungen in größeren Entfernungen zum Stausee. In den meisten Fällen wird die durch den Stausee induzierte Seismizität nachlassen, weil sich das Spannungsfeld und die Porendrücke an die durch den Stausee gegebene Spannungskonstellation anpassen werden (GIBSON 1997).

Aktive Spannungen im Gestein können in Tunneln und Bergwerken erhebliche Auswirkungen haben. So führen große Horizontalspannungen zu Verformungen von Tunnel- und Stollenwänden. Durch die geschaffenen Hohlräume wird das Gebirge in diesem Bereich entspannt. Es drückt somit in den Hohlraum und es kann quer zur Horizontalspannungsrichtung zur Faltung und Aufschiebungen in der Firste und der Sohle des Hohlraumes kommen. Besonders gefährlich sind in dichten und massigen Gesteinen die sogenannten **Bergschläge** (*rock-bursts*). Dabei platzen tonnenschwere Gesteinsbrocken mit lautem Knall von den Tunnel- oder Stollenwänden ab. Gegenmaßnahmen sind Entspannungsbohrungen, Verankerungen bzw. spezielle Sprengtechniken.

19 Einmessung und graphische Darstellung von Flächen und Linearen

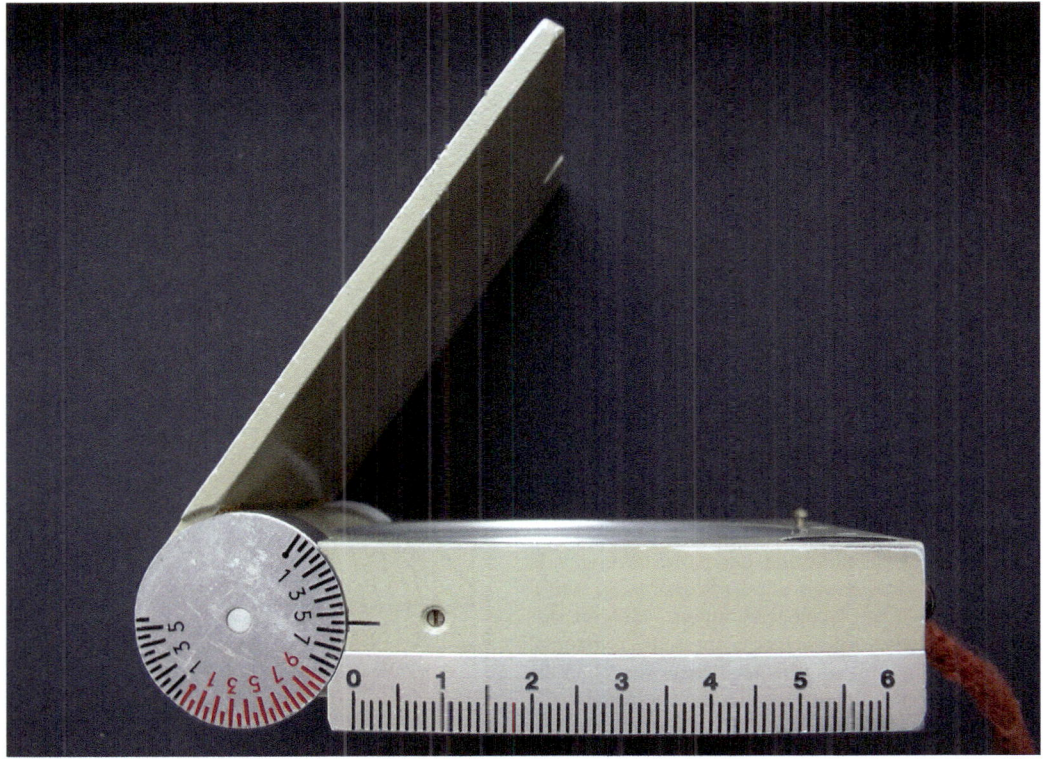

Seitenansicht eines Gefügekompasses mit Gradeinteilung und halb aufgeklappter Deckklappe die an die zu messende Fläche angelegt wird

19.1 Messungen mit dem Geologenkompass im Gelände

Die räumliche Orientierung von geologischen Flächen und Linearen wird im Gelände mit dem Geologen- oder Gefügekompass eingemessen. Das Besondere an einem Geologenkompass ist, dass auf seiner Skala die Himmelsrichtungen Ost und West vertauscht sind, d. h. verglichen mit einem normalen Wander- oder Marschkompass verlaufen die Gradeinteilung und die Markierungen N – E – S – W gegen den Uhrzeigersinn. Dies hat mit der Messtechnik zur Ermittlung des **Streichens** (*strike*) einer geologischen Fläche (Schicht-, Kluft- Schieferungs- oder Verwerfungsfläche) oder eines Linears

© Springer-Verlag GmbH Deutschland, ein Teil von Springer Nature 2012
C.-D. Reuther, *Grundlagen der Tektonik*,
https://doi.org/10.1007/978-3-8274-2724-3_19

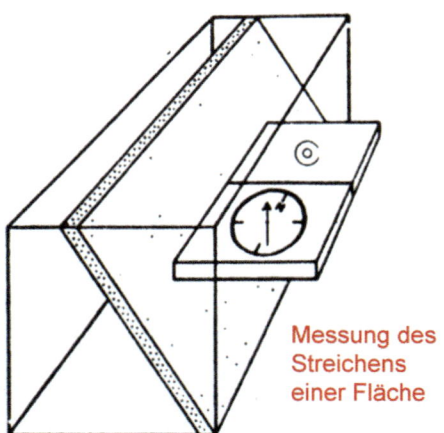 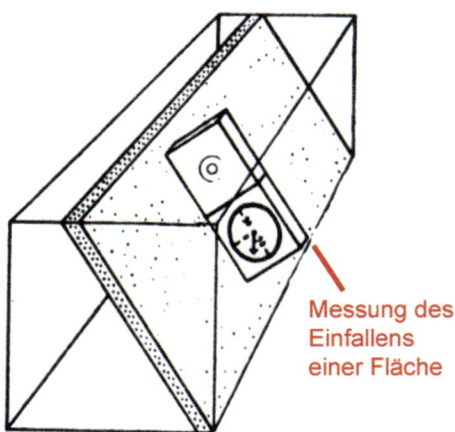

Abb. 19.1 Einmessen der Raumlage einer Fläche: (links) Streichen; (rechts) Einfallen (Bildrechte: nach ADLER et al. 1969a)

(Faltenachsen, Gleitstriemen, Verschneidungslinien zwischen Schichtung und Schieferung oder sedimentärer Strömungsmarken) zu tun.

Unter dem Streichen versteht man die Schnittlinie einer geologischen Fläche mit einer gedachten Horizontalebene (Kap. 5, Abb. 5.3). Der Winkel zwischen der Streichlinie und der Nordrichtung, z. B. 40°, wird als Streichwert mit der Schreibweise N40°E bezeichnet. Der Geologenkompass (Bergmannskompass) wird mit seiner Längsseite horizontal (Überprüfung mit eingebauter Wasserwaage) an die Schicht angelegt. Wenn sich die Kompassnadel in die Nordrichtung eingependelt hat, hat sich praktisch der ganze Kompass unter der Nadel gedreht und die Nadel steht über dem auf der feststehenden Skala abzulesenden Streichwert (Abb. 19.1). Zur Angabe der Raumlage der geologischen Fläche wird noch deren **Einfallen** (*dip*) und die **Einfallsrichtung** (*dip direction*) bestimmt. Das Einfallen wird mit dem im Kompass integrierten Pendel-Klinometer mit einer Skalenteilung von 0° bis 90° gemessen, z. B. 50°. Dazu wird der Kompass in Richtung der stärksten Neigung („wohin das Wasser abläuft") hochkant auf die einfallende Fläche gestellt. Anschließend wird noch die Himmelsrichtung des Einfallens bestimmt, in unserem Beispiel wäre das SE. Zur Messung von Streichen und Fallen muss dieser Kompass zweimal an die Fläche angelegt werden (Abb. 19.1). Durch Streichrichtung, Einfallswinkel und Einfallsrichtung ist eine Fläche in ihrer Lage im Raum eindeutig festgelegt, z. B. 40/50 SE.

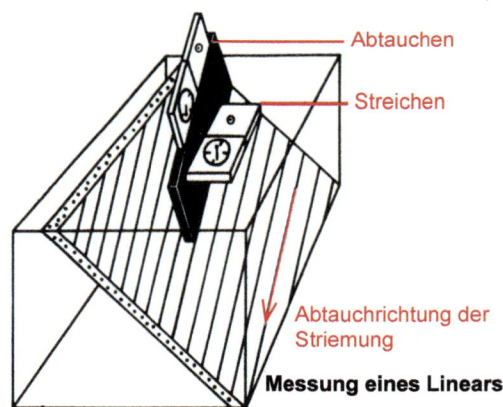

Abb. 19.2 Einmessen der Raumlage eines Linears: Streichen und Abtauchwinkel wird an einer Hilfsfläche gemessen (Bildrechte: nach ADLER et al. 1969a)

Die Streichrichtung eines Linears misst man, indem man das Linear, z. B. eine tektonische Striemungsrille auf einer geneigten Verwerfungsfläche, in die Horizontale projiziert. Dazu wird senkrecht auf das Linear eine Hilfsfläche (Kartenbrett oder Geländebuch) gehalten und die Streichrichtung an dieser Hilfsfläche gemessen. Im Gegensatz zum Einfallen von Flächen spricht man bei einem Linear von dessen **Abtauchen** (*plunge*). Unter dem

19.1 Messungen mit dem Geologenkompass im Gelände

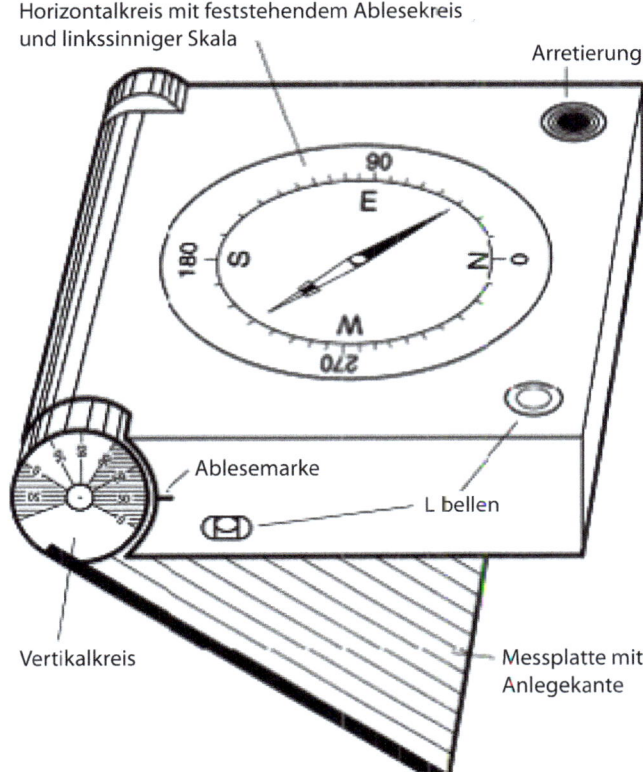

Abb. 19.3 Gefügekompass (Bildrechte: aus Lexikon der Geowissenschaften 2000)

Abtauchen versteht man den Winkel, den das Linear mit der Horizontalen einschließt. Streichen und Abtauchen eines Linears sind richtungsgleich. Das Abtauchen oder den Abtauchwinkel misst man, indem man den Kompass hochkant auf die Kante der auf dem Linear stehenden Hilfsfläche (Geländebuch) legt und am Klinometer den Abtauchwinkel abliest (Abb. 19.2). Zusätzlich muss dann noch die Richtung, in die das Linear abtaucht, angegeben werden. Durch Streichrichtung, Abtauchwinkel und Abtauchrichtung (z. B. 60/10 SW) ist ein Linear in seiner Lage im Raum eindeutig festgelegt.

Für tektonische, gefügekundliche Untersuchungen wurde von E. CLAR 1954 ein Geologenkompass entwickelt, mit dem Streichen und Fallen mit einmaligem Kompassanlegen an die Fläche gemessen werden können. Der sogenannte **Gefügekompass** (Abb. 19.3) verfügt über eine rechteckige Deckelklappe, die bei horizontaler Ausrichtung des Kompasses (Wasserwaage) an die zu messende Fläche angelegt wird. Dies erfordert meist etwas Übung. Die N-S-Kante des Gehäusedeckels und des Kompasses weisen dann in Richtung des Einfallens. Nach dem Einpendeln der Kompassnadel wird zunächst der Einfallswinkel abgelesen. Dazu ist mit dem Scharnier des Gefügekompasses eine zweifarbige (schwarz/weiß oder schwarz rot markierte) vertikale Gradskala kombiniert (siehe Titelbild). Der zwischen 0° und 90° liegende Einfallswinkel wird an einer Markierung am Gehäuse abgelesen. Liegt die Markierung einem Einfallswinkel im schwarzen Quadranten gegenüber, dann wird die Richtung der Kompassnadel auf der horizontalen Gradeinteilung an der schwarzen Nadelseite abgelesen; liegt der Wert im weißen (resp. roten) Quadranten, wird an der weißen (roten) Nadelseite abgelesen. Bei dem gemessenen sogenannten Clar-Wert wird zuerst dieser Wert, der die **Einfallsrichtung** bezeichnet, genannt und dann der Einfallswinkel angegeben. Der mit dem Geologen/Bergmannskompss gemessene Wert 40/50 SE lautet in der Gefügeschreibweise (Clar-Wert) 130/50.

Zur Einmessung von Linearen wird die N-S-Kante der Deckelklappe an das Linear angelegt, der

Kompass horizontal ausgerichtet und das **Streichen** bestimmt. Der **Abtauchwinkel** kann dann direkt auf dem Vertikalkreis abgelesen werden, zusätzlich wird dann noch die **Abtauchrichtung** angegeben.

19.2 Graphische Darstellung von Flächen und Linearen

Für die Analyse tektonischer Strukturen werden die durch Streichen, Fallen, Fallrichtung und Abtauchrichtung definierten Raumlagen (3-D) von Flächen und Linearen mit Hilfe der **sphärischen Projektion** (*spherical projection*) zwei-dimensional abgebildet. Dazu stellt man sich vor, dass die Fläche oder das Linear durch das Zentrum einer **Kugel** (*sphere*) verläuft. In der Geologie werden Flächen und Lineare in die **untere Halbkugel** (*lower hemisphere*) gelegt und ihre Schnittbeziehungen mit dem Kugelmantel ausgewertet (Abb. 19.4). Die Schnittlinie zwischen einer Fläche und der Kugeloberfläche bildet einen **Großkreis** (*great circle*) der auf die Äquatorebene projiziert wird. Der Mittelpunkt eines Großkreises fällt immer mit dem Mittelpunkt der Kugel zusammen. Beim Errichten einer Normalen, senkrecht zur Fläche im Kugelmittelpunkt, durchstößt diese Senkrechte den Kugelmantel an einem Durchstoßpunkt, dem sogenannten **Polpunkt** (*pole*), der auch als **Flächenpol** bezeichnet wird. Die Projektion eines Linears geschieht durch die Verbindung seines Durchstoßpunktes mit dem Mittelpunkt des **Stereonetzes** (*stereonet*).

Hier soll nur die **flächentreue Projektion** (Lambert'sche Projektion) behandelt werden, da diese für eine statistische Auswertung von planaren und linearen geologisch-tektonischen Elementen sehr gut geeignet ist. Die graphische Darstellung der tektonischen Daten erfolgt auf einem Gradnetz, dessen Netzlinien sich aus der flächentreuen Polbezogenen Projektion der Lagenkugel mit den sich in den Polen schneidenden **Längenkreisen (Großkreise)** und parallelen **Breitenkreisen (Kleinkreise,** *small circles*) ergeben. Das **flächentreue Stereonetz** oder **Schmidt'sches Netz** (Abb. 19.5) eignet sich besonders zur Bestimmung statistischer Schnittlinien von verschiedenen Flächensystemen. Das **winkeltreue Stereonetz (Wulffsches Netz)** wird vor allem in der Kristallographie zur räumlichen Darstellung von Kristallachsen, -winkeln und Flächen verwendet (ADLER et al. 1969 a,b).

Innerhalb homogener tektonischer Bereiche kann aus der Einmessung von Flächen und Linearen deren statistische Orientierung ermittelt werden. Aus der Streuung der erhaltenen Flächenpole oder aus den Durchstoßpunkten der Lineare kann die bevorzugte Orientierung der planaren und linearen Elemente der untersuchten Region ermittelt werden.

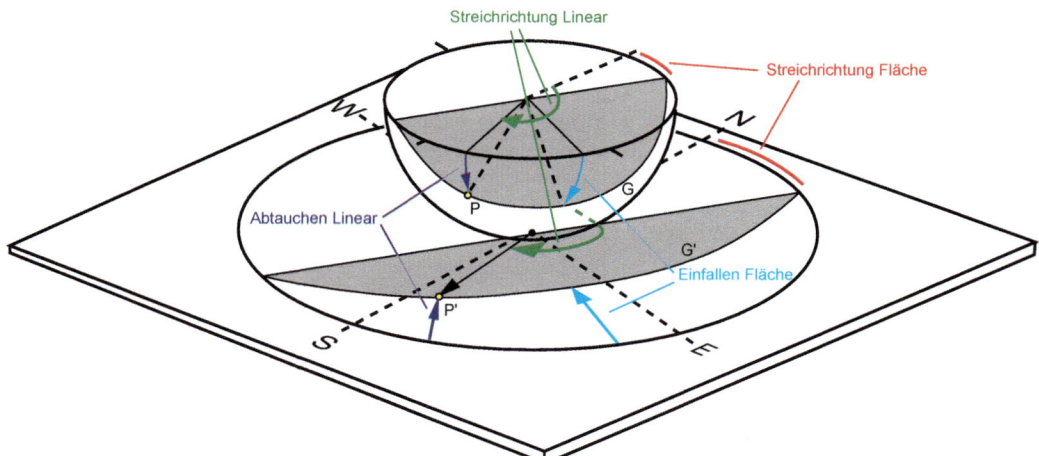

Abb. 19.4 Projektion von Flächen und Linearen (untere Lagenkugelhälfte) (Bildrechte: verändert nach EISBACHER 1996)

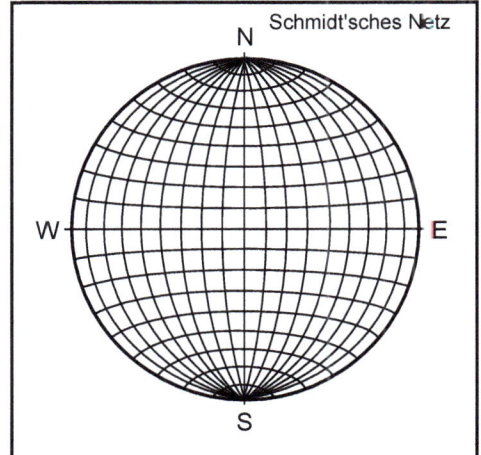 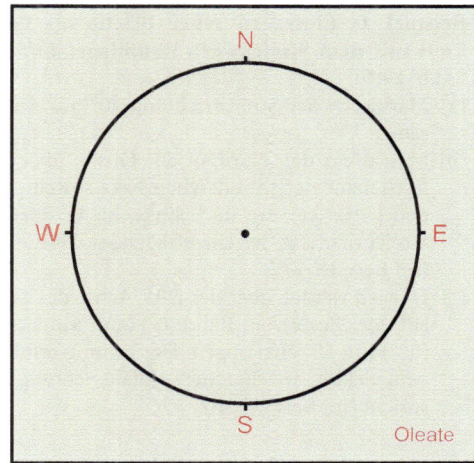

Abb. 19.5 Schmidt'sches Netz, Transparentpapier (Oleate)

19.3 Eintragung von Flächen und Linearen in das Schmidt'sche Netz

Für die manuelle Handhabung des Schmidt'schen Netzes benötigt man das ausgedruckte Netz (Durchmesser 10 cm), Transparentpapier, einen Reißnagel, Bleistift und Radiergummi.

Vorbereitung. Das Transparentpapier (Oleate genannt) wird auf das Schmidt'sche Netz gelegt und auf dem von unten durch den Mittelpunkt des Netzes gedrückten Reißnagel drehbar befestigt. Dann werden der Außenkreis des Netzes sowie die Himmelsrichtungen auf das Transparentpapier durchgepaust (Abb. 19.5 rechts).

Im Folgenden einige Beispiele:

Beispiel 1: Eintragen einer Fläche als Großkreis mit dem Streichwert. Raumlage: 40/50 SE (Abb. 19.6)

(a) Markieren der Streichrichtung 40° am Außenrand.
(b) Man dreht den Nordpol der Oleate über dem feststehenden Schmidt'schen Netz soweit gegen den Uhrzeigersinn nach links, bis er über der Streichrichtung der einzutragenden Fläche liegt (im Beispiel 40°).
(c) Danach werden über der E-W Achse des Netzes auf der Oleate vom Rand (0°) zum Mittelpunkt (90°) hin 50° abgetragen. Der Eintrag erfolgt in dem Sektor, welcher der Einfallsrichtung entspricht (im Beispiel SE).
(d) Der markierte Punkt auf der Oleate wird mit dem N- und S-Pol des Netzes durch einen Großkreis verbunden.
(e) Zurückdrehen der Oleate, bis ihr Nordpol mit dem des Netzes zur Deckung kommt.

Die Flächenspur (40/50 SE) auf der Oleate trifft den Außenkreis des Netzes bei 40° im NE-Sektor und bei 220° im SW- Sektor.

Je steiler die Fläche einfällt, desto mehr nähert sich ihre Flächenspur dem Mittelpunkt des Netzes. Fällt die Fläche flacher ein, wandert ihre Flächenspur zum Außenkreis.

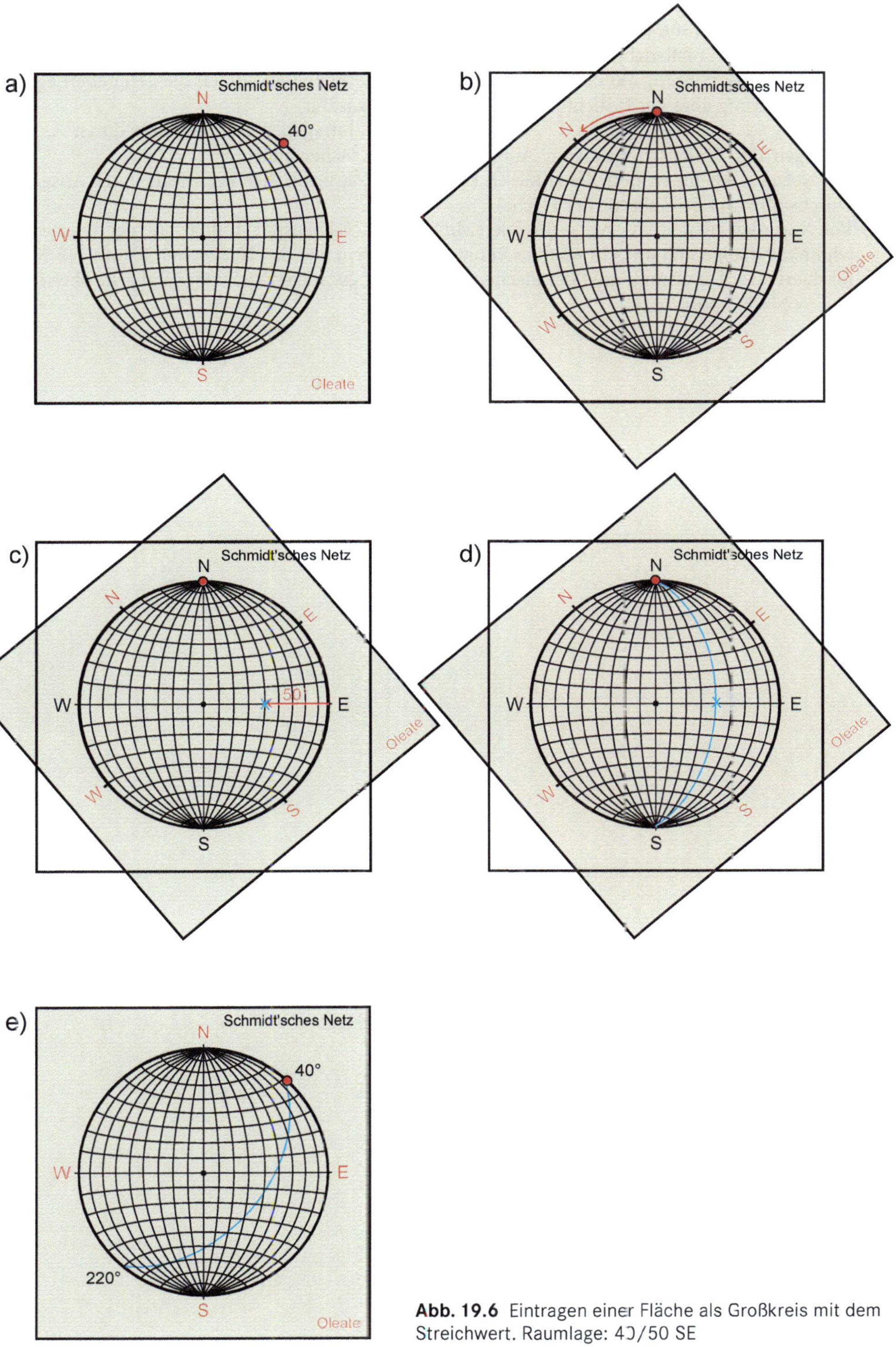

19.3 Eintragung von Flächen und Linearen in das Schmidt'sche Netz 243

Abb. 19.6 Eintragen einer Fläche als Großkreis mit dem Streichwert. Raumlage: 40/50 SE

Beispiel 2: Eintragen einer Fläche als Großkreis mit dem Clar-Wert: 130/50 (Abb. 19.7)

(a) Markieren der Einfallsrichtung auf der Oleate.
(b) Drehen der Markierung auf die E-W Achse, bis die Markierung über der E-Richtung des Netzes liegt.
(c) Abtragen des Einfallswinkels vom Außenrand des Netzes nach innen und X markieren (X = Durchstoßpunkt der Falllinie der Fläche).
(d) Von X werden auf der E-W Achse über den Mittelpunkt 90° abgezählt und ein weiterer Punkt O markiert (O = Durchstoßpunkt der Flächennormale = Flächenpol).

Flächenpole können auch direkt eingetragen werden, indem man den Wert des Einfallswinkels (nach dem Drehen auf die E-W Achse) vom Mittelpunkt aus auf die gegenüberliegende Seite abzählt).

(e) Eintragen des Großkreises durch X, Erhalt der Flächenspur.
(f) Zurückdrehen der Oleate in die Ausgangslage.

Die Flächenspur 130/50 auf der Oleate trifft den Außenkreis des Netzes bei 40° im NE-Sektor und bei 220° im SW- Sektor (vergleiche oben).

19.3 Eintragung von Flächen und Linearen in das Schmidt'sche Netz

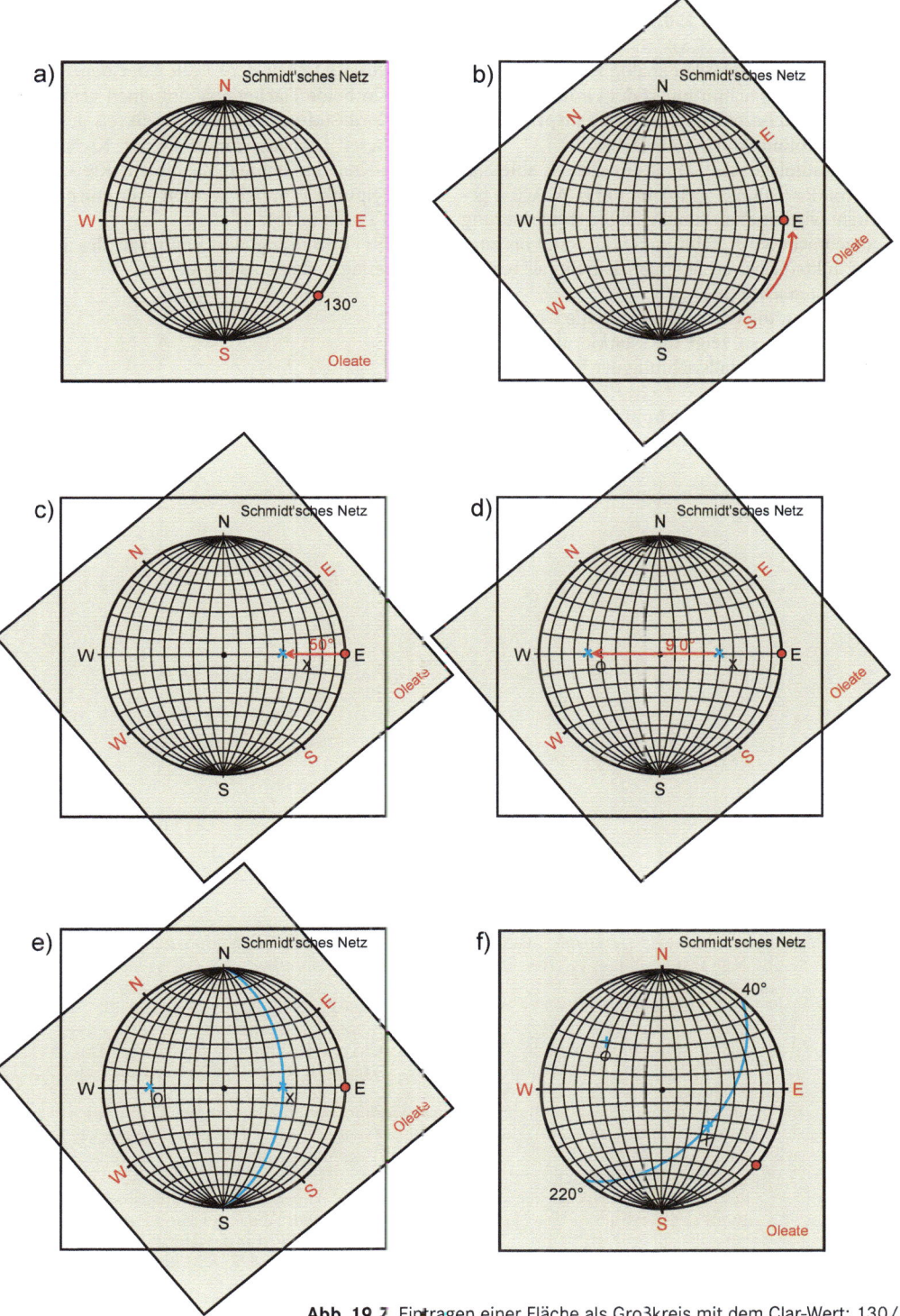

Abb. 19.7 Eintragen einer Fläche als Großkreis mit dem Clar-Wert: 130/50

Beispiel 3: Ermittlung einer Faltenachse aus den Clarwerten 120/60 und 250/20

Aus Großkreisen (Abb. 19.8):
(a) Die Großkreise werden analog zu Beispiel 2 gezeichnet. Der Schnittpunkt der Großkreise wird als β-Punkt bezeichnet (gelb). Er entspricht dem Durchstoßpunkt der Faltenachse B.
(b) Die Raumlage des Schnittpunktes ist ablesbar, wenn der β-Punkt (gelb) auf die E-W Achse gedreht wird und am Rand eine Strichmarkierung angebracht wird. Zählt man vom Rand bis zum β-Punkt (gelb), erhält man den Einfallswinkel der Faltenachse (hier 14°).
(c) Dreht man die Oleate wieder in die Ursprungslage zurück, so zeigt die Markierung am Außenrand die Einfallsrichtung der Faltenachse an (hier 202).
Für die Raumlage des Schnittpunktes ergibt sich der Clarwert 202/14.

Aus Flächenpolen (19.9):
(a) Die Flächenpole (grün) werden analog zu Beispiel 2 gezeichnet.
(b) Durch Drehen der Oleate über dem Netz werden beide Flächenpole auf einen gemeinsamen Nord-Süd-verlaufenden Großkreis gedreht und dieser nachgezeichnet. Dieser Kreis wird als π-Kreis bezeichnet. Zu diesem Kreis kann der Polpunkt ermittelt werden – er entspricht dem β-Punkt (gelb).
(c) Die Ermittlung der Raumlage des β-Punktes verläuft analog zu oben.

19.3 Eintragung von Flächen und Linearen in das Schmidt'sche Netz

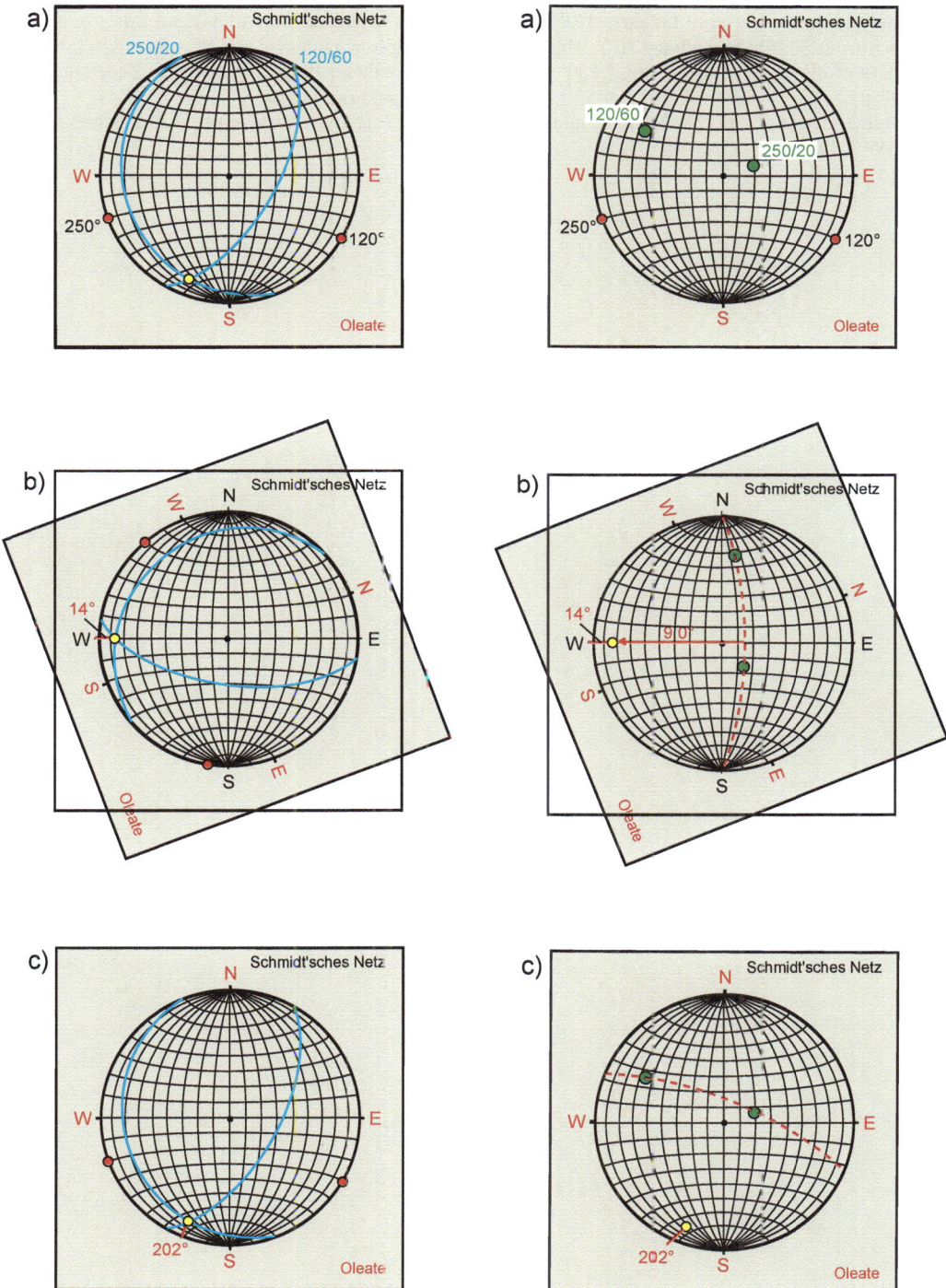

Abb. 19.8 Ermittlung einer Faltenachse aus Großkreisen mit den Clarwerten 120/60 und 250/20

Abb. 19.9 Ermittlung einer Faltenachse aus Flächenpolen mit den Clarwerten 120/60 und 250/20

Beispiel 4: Eintragung eine Linears: 250/30 (Einfallsrichtung 250, Abtauchwinkel 30°) (Abb. 19.10)
(a) Markierung der Einfallsrichtung 250° auf der Oleate.
(b) Drehen der Oleate bis die Markierung über der E-W Achse liegt.
(c) Abtragen des 30° Abtauchwinkels von der Markierung entlang der E-W Achse nach innen. Der erhaltene Punkt X entspricht dem Durchstoßpunkt des Linears.
(d) Oleate in die Ausgangslage zurückdrehen.

19.3 Eintragung von Flächen und Linearen in das Schmidt'sche Netz

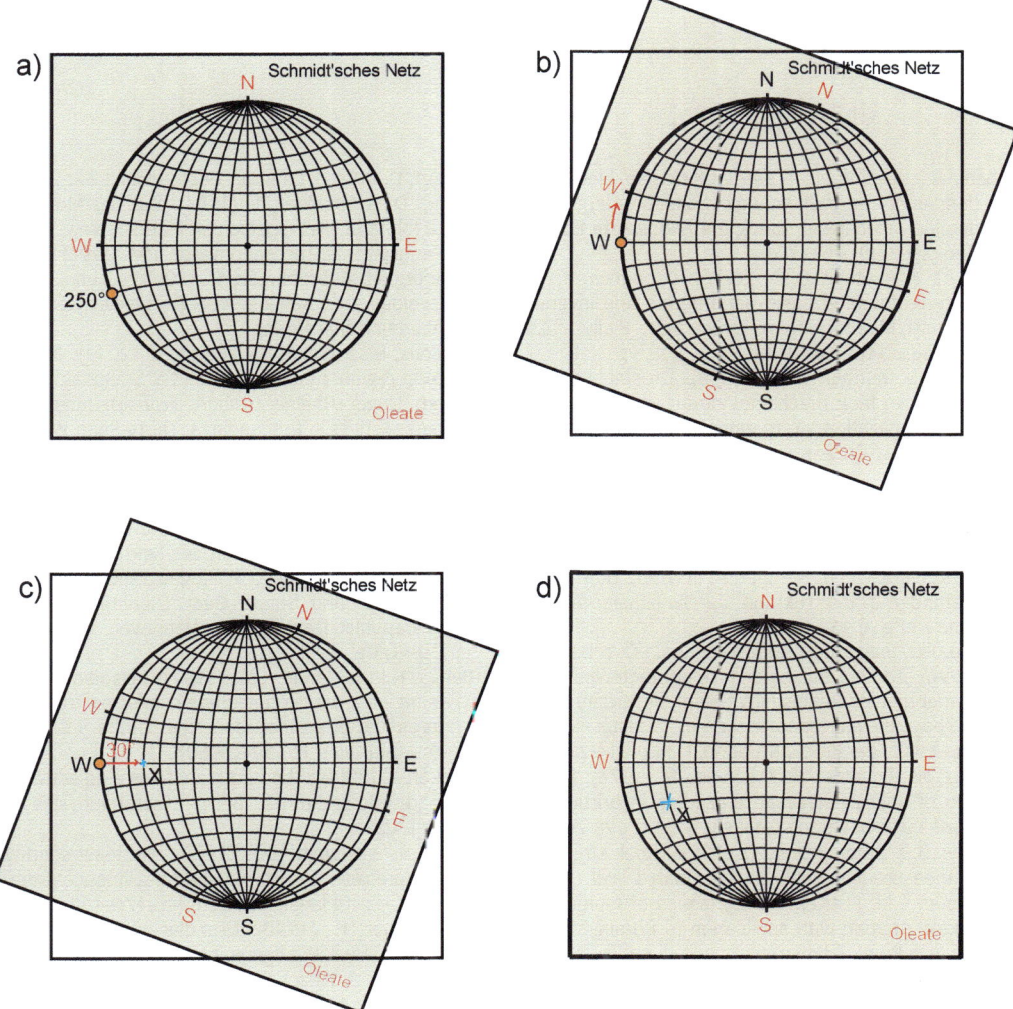

Abb. 19.10 Eintragung eine Linears: 250/30 (Einfallsrichtung 250, Abtauchwinkel 30°)

Literatur

Abels, A., Bischoff, L. (1999): Clockwise block rotations in northern Chile: indications for a large-scale domino mechanism during the middle-late Eocene. Geology 27(8):751-754

Adam, J. & Reuther, C.-D. (1995): Dynamics of neotectonic foreland basin deformation and inversion (Central Mediterranean Thrust Belt, Sicily).- Z.dt. geol.Ges. 146: 340-354

Adam, J. & Reuther, C.-D. (2000): Crustal dynamics and active fault mechanics during subduction erosion. Application of frictional wedge analysis on to the Nort Chilean Forearc.- Tectonophysics 321: 297-325

Adler, R., Fenchel, W., Hannak, W. & Pilger, A. (1969a): Einige Grundlagen der Tektonik I.- Clausthaler Tektonische Hefte 1, 64 S.

Adler, R., Fenchel, W. & Pilger, A. (1969b): Statistische Methoden in der Tektonik II.- Clausthaler Tektonische Hefte 4, 111 S.

Alonso, J.L., Pulgar, J.A., Garcia-Ramos, J.C. & Barba, P. (1996): Tertiary basins and Alpine tectonics in the Cantabrian Mountains (NW Spain). In Tertiary basins of Spain, the startigraphic record of crustal kinematics.- Eds.: Friend, P.F. & Dabrio, C.J., p 214-227

Alvarez, W., Engelder, T. & Lowrie, W. (1976): Formation of spaced cleavage and folds in brittle limestone by dissolution.- Geology, 4/ 11: 698-701

Amadei, B. & Stephansson, O. (1997): Rock stress and its measurement.- 490 S., Chapman & Hall

Anderson, E.M. (1942): The Dynamics of faulting and dyke formation with application to Britain.- 191 S., Oliver & Boyd, Edinburgh.

Anderson, E.M. (1951): The Dynamics of faulting and dyke formation with application to Britain.- 206 S., Oliver & Boyd, Edinburgh

Angelier. J. (1994): Fault slip analysis and *paleostress* reconstruction. In: Hancock, P.L. (ed.) Continental Deformation. Pergamon. Oxford. 101-120

Argnani, A., Cornini, S., Torelli, L. & Zitellini, N. (1986): Neogene-Quaternary foredeep system in the Strait of Sicily.- Mem. Soc. Geol. It. 36: 123-130

Arriagada, C., Roperch, P., Mpodozis, C., Dupont Nivet, G., Cobbold, P.R., Chauvin, A,, Corté,s J. (2003): Paleogene clockwise tectonic rotations in the forearc of central Andes, Antofagasta region, northern Chile. J Geophys Res 108(B1)

Atallah, M., Al-Bataina, B. & Mustafa, H. (2001): Radon emanation along the Dead Sea transform (rift) in Jordan.- Environmental Geology 40(11/12): 1440-1446.

Aubert, D. (1949): Le Jura.- Geol. Rdsch., 37: 2-17

Bahat, D. & Engelder, T. (1984): Surface Morphology of Joints of the Appalachian Plateau, New York and Pennsylvania, Tectonophysics, 104, 299-313.

Bahlburg, H. & Breitkreuz, C. (2004): Grundlagen der Geologie.- 2. Auflage, 403 S., Elsevier, Spektrum Akademischer Verlag

Baillieux, P., Schill, E. & Dezayes, C. (2011): 3D Structural regional model oft he EGS Soultz site (Northern Upper Rheine Graben, France): Insights and perspectives.- Proceedings, Thirty-Sixth Workshop on Geothermal Resevoir Engineering, Stanford University, Stanford, California

Baldschuhn, R., Binot, F., Fleig, S. & Kockel, F. (2001): Geotektonischer Atlas von Nordwest-Deutschland und dem deutschen Nordsee-Sektor - Strukturen, Strukturentwicklung, Paläogeographie. Hrg. BGR Hannover und Staatl. Geol. Dienste in der Bundesrepublik Deutschland. Hannover, 88 Seiten, 3 CD-ROMs

Bangs, N.L. & Cande, S.C. (1997): Episodic developement of a convergent margin inferred from structures and processes along the southern Chile margin. Tectonics 16/3: 489-503.

Becker, A. (2000): The Jura Mountains - an active foreland fold-and-thrust belt?.- Tectonophysics 321: 381-406

Bell, J.S. & Gough, D.I. (1979): Norteast-southwest compressive stress in Alberta: Evidence from oil wells.- Eart Planet. Sci. Lett., 45:475-482

Berckhemer, H. (1990): Grundlagen der Geophysik.- 201 S., Wiss. Buchgemeinschaft Darmstadt

Biddle, K. T. & Wielchowsky, C.C. (1994) Hydrocarbon Traps.- in Magoon, L.B & Dow, W.G. (1994): The petroleum system – from source to trap. AAPG Memoir, 60: 219-235

Bjorlykke, K. (2010) Petroleum Geoscience - From Sedimentary Environments to Rock Physics .- Springer Verlag, 508 pp

Bock, H. (1980): Das Fundamentale Kluftsystem.- Ztsch. Deutsche Geol. Ges., 131: 627-650

Bock, h. (1993): Measuring in-situ rock stress by borehole slotting, in Comprehensive Rock Engineering (ed. J.A. Hudson) Vol. 3, Chapter 16: 433-443, Pergamon Press, Oxford

Boyer, S.E. & Elliott, D. (1982): Thrust Systems.- Am.Ass.Petr.Geol.Bull. 66/9:1196-1230

Brinkmann, R. (1967): Abriß der Geologie, Band 1, Allgemeine Geologie, 10. Auflage, 268 S., Ferd. Enke Verlag, Stuttgart

© Springer-Verlag GmbH Deutschland, ein Teil von Springer Nature 2012
C.-D. Reuther, *Grundlagen der Tektonik*,
https://doi.org/10.1007/978-3-8274-2724-3

Brinkmann, R. (1972): Lehrbuch der Allgemeinen Geologie, Band 2 Tektonik, 579 S., Ferd. Enke Verlag, Stuttgart

Brudy, M. & Zoback, M.L. (1995): Compressive and tensile failure of boreholes arbitrarily-inclined to principal stress axes: application to KTB boreholes, Germany.- Int. J. Rock Mech. Sci. & Geomech. Abstr., 30:1035-1038

Bryant, E. (2005): Natural hazards, 312 pp, 2nd. Edition, Cambridge University Press

Bryant, E. (2008): Tsunami – The underrated hazard, 330 pp, 2nd. Edition, Springer Berlin, Heidelberg New York

Buck, W.R., Lavier, L.L. & Poliakov, A.N.B. (2005): Modes of faulting at mid-ocean ridges.- Nature 434: 719-723

Burbank, D.W. & Anderson, R.S. (2001) Tectonic Geomorphology.- reprinted 2003, 2004, 275 S., Blackwell Publishing

Burchfiel, B.C. & Davies, G.A. (1975): Natur and controls of Cordilleran orogenesis, western United States; extensions of an earlier synthesis. Ectonics and Mountain Ranges. - Am. Journ. of Science, 275-A: 363-396

Burg, J.P. (2001): Einführung in die Strukturgeologie, eth-Internet Skript Grundkurs 2001.- http://e-collection.library.ethz.ch/eserv/eth:24456/eth-24456-01.pdf

Butler, R.W.H. (1982): The terminology of structures in thrust belts.- Journal of Structural Geology, Vol. 4,/3: 239-245

Butler, R.W.H. & Mazzoli, S. (2006): Styles of continental contraction: A review and introduction.- in Mazzoli, S. & Butler, R.W.H.(eds.): Styles of continental contraction. Geological Society of America, Special Paper 414:1-10

Buxtorf , A. (1916): Prognosen und Befunde beim Hauensteinbasis- und Grenchenbergtunnel und die Bedeutung der letzteren für die Geologie des Juragebirges.- Verh. Naturforsch. Ges. Basel, 27:185-254

Byerlee, J. (1978) Friction of rocks.- Pageoph. 116: 615-626, Birkhäuser Verlag Basel

Campbell, I. H. (2005): Large igneous provinces and the mantle plume hypothesis.- Elements, 1: 265-269

Cembrano, J., Heré, F. & Lavenu, A. (1996): The Liquiñe Ofqui fault zone: a long-lived intra-arc fault system in southern Chile.- Tectonophysics 259: 55-66

Cembrano, J., Gonzáles, G., Arancibia, G., Ahumada, I., Olivares, V. & Herrera, V. (2005): Fault zone development and strain partitioning in an extensional strike-slip dúplex: A case study from the Mesozoic Atacama fault system, Northern Chile.- Tectonophysics 400: 105-125

Chapple, W.(1978) Mechanics of thin-skinned fold-and-thrust belts.- GSA Bulletin, 89/8: 1189-1198

Chen, S.-C. & Trenberth, K.E. (1988): Orographically Forced Planetary Waves in the Northern Hemisphere Winter: Steady state Model with Wave-Coupled Lower Boundary Formulation.- J.Atmosperic Sciences, 45/4: 657-680

Christensen, B. & Meslin, M. (2008): Rocking the Cradle of Humanity: New thoughts on climate, tectonics and human evolution.- Geotimes, Vol. 50, No. 1: 34-39

Cloos, H. (1922): Der Gebirgsbau Schlesiens, 107 S., Gebrüder Borntrãger, Berlin

Cloos, H. (1922): Tektonik und Magma - Untersuchungen zur Geologie der Tiefe. (Abh.Pr.Geol.L.A.N.F., H.89, Berlin 1922)

Cloos, H. (1928): Experimente zur Inneren Tektonik.- Centralbl. Min., Geol. U. Pal. Abt. B: 609-621

Cooper, M.A. & Williams, G.D. eds (1989): Inversion tectonics.- Geol. Soc. of London, 275 pp

Cosgrove, J.W. & Ameen, M.S. Eds. (2000): Forced folds and fractures.- Geol. Soc. London, Spec.Publ. 169, 225 S

Coward, M.P. (1983): Thrust tectonics, thin skinned or thick skinned, and the continuation of thrusts to deep in the crust.- Journal of Structural Geology, 5/7: 113-123

Currie, J.B., Patnode, A.W. &Trump, R.P. (1962): Development of folds in sedimentary strata.- Geol. Soc. Am. Bull. 73: 655-674

Dachroth, W.R. (2002): Handbuch der Baugeologie und Geotechnik.- 3. Erw. Auflage, Springer, 681 pp

Dahlen, F.A., Suppe, J. & Davis, D.M. (1984): Mechanics of fold-and-thrust belts and accretionary wedges; cohesive Coulomb theory.- J. Geophys.Res. 89(B12):10087-10101

Dahlen, F.A. (1990): Critical taper model of fold-and-thrust belts and accretionary wedges.- Ann.Rev. Earth Planet. Sci. 18:55-99

Dahlen, F.A. & Suppe, J. (1988): Mechanics, growth, and erosion of mountain belts.-Geol.Soc.Am. Spec. Paper 218: 161-170

Dahlen, F.A., Suppe, J. & Davis, D.M. (1984): Mechanics of fold-and-thrust belts and accretionary wedges; cohesive Coulomb theory.- J. Geophys.Res. 89(B12):10087-10101.

Dahlstrom, C.D.A., (1969): Balanced cross sections. Canadian Journal of Earth Sciences. 6: 743-757

Davis, D.M., Suppe, J. & Dahlen, F.A. (1983): Mechanics of fold-and-thrust belts and accretionary wedges.- J. Geophys.Res. 88(32):1153-1172

Davis, G.H. & Reynolds, J.S. (1996) Structural Geology of rocks and regions, 2nd edition.- 776 pp., John Wiley & Sons, Inc.

Dewey, J.F., Holdsworth, R.E. & Strachan, R.A. (1998): Transpression and transtension zones.- in: R.E. Holdsworth, R.A. Strachan & J.F. Dewey (eds.) 1998. Continental Transpressional and Transtensional Tectonics. Geol. Soc. London, Spec. Publ., 135: 1-14.

Dezayes, C, Genter, A. & Valley, B. (2010): Structure of the low permeable naturally fractured geothermal reservoir at Soultz.- Comptes Rendus Geosciences 347, 7-8: 517-530

Dieterich, J.H. (1969): Origin of cleavage in folded rocks.- American Journal of Science, 267: 155-165.

Dieterich, J.H. & Carter, N.L. (1969): Stress-history of folding.- Am. Journ of Science, 267:129-154

Dunne, W.M. & Hancock, P.L. (1994): Palaeostress Analysis of small-scale brittle structures.- in: Hancock, P.L. (ed.): Continental Deformation: 101-120, Pergamon Press

Durney, D. W. & Ramsay, J. G. (1973) Incremental strain measured by syntectonic crystal growth.- In K.A. de Jong & R. Scholten: Gravity and tectonics: 67-96, Wiley

Eisbacher, G. H. (1996): Einführung in die Tektonik. 2. Auflage, Enke

Elliot, D. (1976): The Motion of Thrust Sheets.- J. Geophy.Res.., 81.5: 949-963

Engelder, T. (1985): Loading paths to joint propagation during a tectonic cycle: an example from the Appalachian Plateau, Journal of Structural Geology, 7: 459-476

Engelder, T. (2004): Tectonic implications drawn from differences in the surface morphology on two joint sets in the Appalachian Valley and Ridge, Virginia.- Geology, 32/5: 413-416

Engelder, T. & Oertel. G. 1985. Correlation between abnormal pore pressure and tectonic jointing in the Devonian Catskill Delta.- Geology 13: 863-866

Engelder, T. & Whitaker, A. (2006): Early jointing in coal and black shale: Evidence for an Appalachian-wide stress field as a prelude to the Alleghanian orogeny.- Geology, 34: 581-584

Evans, D.M. (1966): Man-made earthquakes in Denver. Geotimes 10/9: 11-18

Farseth, R.B., Johnson, E. & Sperrevik, S. (2007): Methodology for risking fault seal capacity: Implications of fault zone architecture.- Amm. Ass. Of Petroleum Geologists Bulletin 91: 1231-1246

Fecker, E. & Reik, G. (1987): Baugeologie.- 418 S., Enke

Findlater, J. (1966): Cross-equatorial jet streams at low level over Kenya. Meter. Mag. 95: 353-364

Fisher, M.P. and Wilkerson, M.S. (2000): Predicting the orientation of joints from fold shape: Results of pseudo-three-dimensional modeling and curvature analysis.- Geology 28: 15-18

Fletcher, R.C. & Pollard, D.D. (1981): Anticrack model for pressure solution surfaces. Geology 9: 419-424

Fleuty, M.J. (1964): The description of folds.- Proc. Geol. Assoc. 75: 461-492

Fossen, H. (2010): Structural Geology, 463 pp, Cambridge University Press

Freund, R. (1974): Kinematcs of transform and transcurrent faults.- Tectonophysics 21: 93-134

Gibbs, A.D. (1983): Balanced cross-section construction from seismic sections in areas of extensional tectonics.- Journal of Structural Geology 5: 153-160

Gibbs, A.D. (1984): Structural evolution of extensional basin margins.- J. geol. Soc. London, 141:609-620

Gibson, G. (1997): Earthquake and dams in Australia.- In Poceedings of the Australian Earthquake Engineering Society Conference. Brisbane Australia pp 8.1 – 8.4

Giese; P., Scheuber, E., Schilling, F., Schmitz, M. & Wigger, P. (1999): Crustal thickening processes in the Central Andes and the different natures of Moho-discontinuity.- J.South Am. Earth Sciences 12: 201-220

Gillen, C. (2003): Geology and landscapes of Scotland.- 245 S., Terra Publishing, England

Goguel, J. (1952): Traité de tectonique.- 383 pp, Masson, Paris

Goguel, J. (1962): Tectonics, 384 pp, Freeman & Company

González, G., Cembrano, J., Carrizo, D., Macci, A. & Schneider, H. (2003): Link between forearc tectonics and Pliocene-Quaternary deformation of the Coastal Cordillera, Northern Chile.- J.S. Am. Earth Sci 16: 321-342

Grasso, M., Reuther, C.-D., Baumann, H. & Becker, A. (1986): Shallow curstal stress and neotectonic framework of the Malta Platform and the southeastern Pantellaria Rift (Central Mediterranean).- Geologica Romana, 25: 191 - 212.

Griffith, A.A. (1920): The phenomena of flow and rupture in solids.- Phil.Trans.Roy.Soc.Lond.Ser.A, 221:163-198

Griffith, A.A. (1924): Theory of rupture, Intern. Congr. Appl. Mech., 1st, Delft, 55-63

Griffiths, R. W. & Campbell, I. H. (1990): Stirring and structure in mantle starting plumes.- Earth Plat Sci Lett 99: 66-78

Griggs, D.T. & Handin, J. (1960): Observations on fracture and a hypothesis of earthquakes. In D.T. Griggs and J. Handin, eds.: Rock Deformation, Geol. Soc. Am. Memoir 79: 347 – 364, New York

Grotzinger, J., Jordan, T.H., Press, F. & Siever, R. (2008) Allgemeine Geologie, 5. Auflage, 735 S. Spektrum Akademischer Verlag

Guha, S.H. (2001): Induced Earthquakes, 324 pp., Springer

Hafner, W. (1951): Stress distribution and faulting.- Geol. Soc. Am. Bull, 62: 373-398

Hancock, P.L. (1985): Brittle microtectonics: principles and practise.- Journal of Structural Geology, 7: 437-457

Hatcher, R.D. (1990): Structural Geology, Principles, Concepts, and Problems, Merrill Publ. Comp., 531 pp.,

Hatcher, R., & Williams, R.T. (1986): Mechanical model for a single thrust sheet Part 1: Crystalline thrust sheets and their relationships to the mechanical/thermal behavior of orogenic belts.- Geol. Soc. of American Bull., 97: 975-985

Hay, W.W. (1996): Tectonics and climate.- Geol. Rundschau, 85:409-437

Heidbach, O., Fuchs, K., Müller, B., Wenzel, F., Reinecker, J., Tingay, M. & Sperner, B. (2007): The World Stress Map, Episodes 30/3: 197- 199

Heitfeld, K.-H. & Düllmann, H. (1978): Mechanische Eigenschaften anisotroper Gesteine in Abhängigkeit vom Korngefüge. - in: Felsmechanik Kolloquium Karlsruhe 1978, Trans Teach Publication, S. 85-106

Helgeson, D.E. & Aydin, A. (1991): Characteristics of joint propagation across layer interfaces in sedimentary rocks.- Journal of Structural Geology, 13: 897-911

Hobbs, B. E., Means, W. D. & Williams, P. E. (1976): An outline of structural geology, 571pp.- (J.Wiley & Sons, New York)

Hodgson, R.A. (1961): Classification of structures on joint surfaces.- Am. Journ. of Science, 259: 493-502

Hoffmann-Rothe, A., Kukowski, N., Dresen, G., Echtler, H., Oncken, O., Klotz, J., Scheuber, E. & Kellner, A. (2006): Oblique Convergence along the Chilean Margin: Partitioning, Margin-Parallel Faulting and Force Interaction at the Plate Interface.- in Oncken,O., Chong, G., Franz, G., Giese, P., Götze, H.-J., Ramos, V.A., Strecker, M.R. & Wigger, P., eds. (2006): The Andes Active Subduction Orogeny, Chapter 6, S. 125-146

Hoth, S., Adam, J., Kukowski, N. & Oncken, O. (2006): Influence of erosion on the kinematics of bivergent orogens: Results from scaled sandbox simulations.- in: Willet, S.D., Hovius, N., Brandon, M.T. & Fisher, D.M. (eds.), Tectonics, Climate, and Landscape Evolution, Geol. Soc. America, Spec. Paper 298: 201-225

Hubbert, M.K. & Rubey W.W. (1959): Role of fluid pressure in mechanics of overthrust faulting. Part 1.- GSA Bulletin, 79: 115-166

Hudec, M.R. & Jackson, M.P.A. (2006): Advance of allochthonous salt sheets in passive margins and orogens.- AAPG Bulletin, 90/ 10: 1535-1564

Hudec, M.R. & Jackson, M.P.A. (2007): Terra infirma: Understanding salt tectonics.- Earth-Science Reviews 82: 1-28

Hudec, M.R. & Jackson, M.P.A. (2009): Interaction between spreading salt canopies and their peripheral thrust systems.- Journal of Structural Geology, 31: 1114-1129

Hull, D. (1999): Fractography observing, measuring and interpreting fracture surface topography.- 366 S. Cambridge University Press

Iaffaldano, G., Husson, L. & Bunge, H.-P. (2011): Monsoon speeds up Indian plate motion.- Earth and Planetary Science Letters, 304: 503-510

Illies, J. H. & Greiner, G. (1978): Rhinegraber and the Alpine system.- Geological Society of America, GSA Bulletin 89/5: 770-782

Inglis, C.E. (1913): Stresses in a plate due to the presence of cracks and sharp corners.-Transactions of the Royal Institute of Naval Architectes, 60: 219-241

Jackson, M. P. A. & Talbot, C.J. (1986): External shapes, strain rates, and dynamics of salt structures.- Geol. Society of American Bulletin, 97: 305-323

Jackson, M.P.A. & Vendeville, B.C. (1994): Regional extension as a geologic trigger for diapirism.- Geol. Soc.Am.Bull., 106: 57-73

Jaeger, J.C., Cook, N.G.W. & Zimmerman, R.W. (2007): Fundamentals of rock mechanics, 4th ed., 475 pp, Blackwell Publishing

Jarrard, R.D. (1986): Relations among subduction parameters.- Reviews of Geophysics, 24(2): 217-284

Johnston, P., Wu, P. & Lambeck, K. (1998): Dependence of horizontal stress magnitude on load dimension in glacial rebound models.- Geophys. J .Int. 132: 41-60

Jones, P. B. (1987): Quantitave Geometry of Thrust and Fold Belt Structures, Methods in Exploration Series No. 6, AAPG Tulsa Oklahoma

Julivert, M., Fontboté, J.M., Ribeiro, A. & Conde, L.N. (1972): Mapa Tectónico de la Peninsula Ibérica y Baleares.- Inst. Geol. Min. Espana

Kanaori, Y., Endo, Y., Yairi, K. & Kawakami, S.I. (1990): A nested fault system with block rotation caused by left-lateral faulting, the Neodani and Atera faults, central Japan.- Tectonophysics 177:401-418

Karato, S.-I. (2008) Deformation of Earth Materials. An Introduction to the rheology of solid earth.- 463pp., Cambridge University Press

Kemski, J. (1993): Radonmessungen in der Bodenluft zur Lokalisierung von Störungen im Neuwieder Becken (Mittelrhein).- Bonner Geowiss. Schriften, 8, Bonn, 148 S.

King, C.Y., King, B.S., Evans, W.C., 1996. Spatial radon anomalies on active faults in California.- Appl. Geochem. 11: 497-510

Kleinert, K. and Strecker, M.R. (2001). Changes in moisture regime and ecology in response to late Cenozoic orographic barriers: the Santa Maria Valley, Argentina. Geological Society of America Bulletin 113: 728-742.

Kuhn, D. & Reuther, C.-D. (1999): Strike-slip faulting and nested block rotations. Structural evidence from the Cordillera de Domeyko, northern Chile.- Tectonophysics 313: 383-386

Kukla, P.A., Urai, J.L. & Mohr, M. (2008) : Dynamics of salt structures, in: Littke, R., Bayer, U. & Gajewski, D. eds (2008): Dynamics of Complex Intracontinental Basins: The Central European Basin System, 291-305, Springer Berlin, Heidelberg New York

Lageson, D. R. (1982): Regional Tectonics oft he Cordilleran Fold and Thrust Belt.- a continuing education course presented at the 1982 AAPG Fall Education Conference, 66 pp.

Lamb, S. & Davies, P. (2003): Cenozoic climate change as a possible cause fort he rise oft he Andes.- Nature 425: 792-797

Laubscher, H.P. (1962): Die Zweiphasenhypothese der Jurafaltung.- Ecogae geol. Helvetiae, 55/1: 1-22, Basel

Laubscher, H.P. (1965): Ein kinematisches Modell der Jurafaltung.- Eclogae geol. Helvetiae, 58/1: 213-318, Basel

Levin, B. & Nosov, M (2009): Physics of Tsunamis.- 327 pp Springer Berlin, Heidelberg New York

Lexikon der Geowissenschaften (2000): erschienen ab 2000 in 6 Bänden, Spektrum Akademischer Verlag Heidelberg

Lisle, R.J. (1992): Strain estimation from flattened buckle folds.- Journal of Structural Geology, 14(3): 369-371

Lister, G.S. & Davis, G.A. (1989): The origin of metamorphic core complexes and detachment faults formed during Tertiary continental extension in the northern Colorado River region, U.S.A.- Journal of Structural Geology, 11(1/2): 65-94

Lister, G.S., Etheridge, M.A. & Symonds, P.A. (1986): Application of the detachment fault model to the formation of passive continental margins.- Geology 14: 246-250

Littke, R., Bayer, U. & Gajewski, D. eds (2008): Dynamics of Complex Intracontinental Basins: The Central European Basin System, 519 pp, Springer Berlin, Heidelberg New York

Luyendyk, B.P., Kamrtling, M.J. & Terres, R. (1980): Geometric model for Neogene crustal rotations in southern California.- Geol. Soc. Am. Bull., 91: 211-217

Magoon, L.B & Dow, W.G. (1994): The petroleum system – from source to trap. AAPG Memoir, 60, 655 pp.

Mandl, G. (1987): Tectonic deformation by rotating parallel faults: the "bookshelf" mechanism.- Tectonophysics 141: 277-316

Mandl, G. (1988): Mechanics of tectonic faulting, Models and Basic concepts, 407 pp., Developments in Structural Geology 1, ed. H.J. Zwart, Elsevier

Mandl, G. (2000): Faulting in brittle rocks. An introduction to the mechanics of tectonic faults.- 434 pp., Springer

McCalpin, J.P. , ed. (2009): Paleoseismology.- International Geophysics Series Vol. 95, 629 p., Academic Press, Elsevier

McClay, K. R. ed. (1992) Thrust Tectonics, 447 S, Chapman & Hall

McClay, K. R. & Buchanan, P.G. (1992): Thrust faults in inverted extensionl basins.- in Mc Clay, K. R. ed.(1992) Thrust Tectonics: 93-104

McKenzie, D.P. (1978): Some remarks on the development of sedimentary basins. Earth Planet. Sci. Lett., 40: 25-32.

Means, W.D. (1976): Stress and strain – Basic concepts of continuum mechanics for geologists.- 339 pp Springer Verlag

Merle, O. & Vendeville, B. (1995): Experimental modelling of thin-skinned shortening around magmatic intrusions.- Bulletin of Volcanology, 57/1: 33-43

Milnes, A.G. (1979): Albert Heims's general theorie of natural rock deformation (1878).- Geology, 7(2): 99-103

Mitra, S. (2002): Fold-accommodation faults.- AAPG Bulletin, 86/4: 671 – 694

Möbus, G. (1989): Tektonik.- VEB Deutscher Verlag für Grundstoffindustrie, 472 S.

Mohr, O (1900): Welche Umstände bedingen die Elastizitätsgrenze und den Bruch eines Materials? Zeitschrift des Vereins deutscher Ingenieure, Band 44(45):1524-1530 und 1572-1577

Molnar, P. & Tapponnier, P. (1975): Cenozoic tectonics of Asia: Effects of a continental collision.- Science 189: 419-426

Montgomery, D.R., Balco, G. & Willett, S.D. (2001): Climate, tectonics, and the morphology of the Andes.- Geology 29/7: 579-582

Morgan, W. J. (1971): Convection plumes in the lower mantle.- Nature 230: 42-43

Muruta, S., Imamura, F., Katoh, K., Kawata, Y., Takahashis, S. & Takayama, T. (2010): Tsunami – To survive from Tsunami, Advanced series on Ocean Engineering, Vol 32, 302pp

Olson, J. & Pollard, D.D. (1989): Inferring paleostresses from natural fracture patterns: A new method.- Geology, 17: 345-348

Oncken, O. (1988): Aspects of the reconstruction of stress history of a fold and thrust belt (Rhenish Massif, Federal Republic of Germany).- Tectonophysics, 152:19-40

Panian, J. & Wiltschko, D. (2004): Ramp initiation in a thrust wedge.- Nature 427, 624-627

Passchier, C. W. & Trouw, R. A. J. (2005): Microtectonics.- (Springer)

Peacock, D.C.P. & Sanderson, D.J. (1994): Geometry and development of relay ramps in normal fault systems.- AAPG Bulletin, 78: 147-165

Peltzer, G., Tapponnier, P., et Cobbold, P. , (1982) „Les grands décrochements de l'Est Asiatique, évolution dans le temps et comparaisons avec un modèle expérimental.. C.R. Acad. Sc. Paris, 194: 319-324. Académie des sciences

Pérez-Estaún, A.; Bastida, F.; Alonso, J.L.; Marquínez, J.; Aller, J.; Álvarez-Marrón, J.; Marcos, A. & Pulgar, J.A. (1988): A thin-skinned tectonics model for an arcuate fold and thrust belt: the Cantabrian Zone (Variscan Ibero-Armorican Arc). Tectonics, 7: 517-537

Petit, J.-P. & Mattauer, M. (1995): Palaeostress superimposed deduced from mesoscale structures in limestones: the Matelles exposure, Lanquedoch, France. Journal of Structural Geology, 17 (2): 245-256.

Pollard, D.D. & Aydin, A. (1988): Progress in understanding jointing over the past century.- Geol.Soc. Am.Bull., 100: 1181-1204

Pollard, D.D. & Fletcher, R.C. (2008): Fundamentals of Structural Geology.- reprinted with corrections from Pollard, D.D. & Fletcher, R.C., 2005. 500 pp. Cambridge University Press.

Powell, C. Mc.A (1979): A morphological classification of rock cleavage.- Tectonophysics, 58: 21-34

Prandtl, L. (1920): Über die Härte plastischer Körper. - in: Nachrichten von der Königlichen Gesellschaft der Wissenschaften zu Göttingen. Math.-phys. Kl. 1920: 74-85,Abb. Berlin 1920

Press, F. & Siever, R. (2003) Allgemeine Geologie, 3. Auflage, 723 S. Spektrum Akademischer Verlag

Ragan, D.M. (1985): Structural Geology – An introduction to geometrical techniques.- 3rd Edition: 393 pp., John Wiley & Sons, Inc.

Ragan, D.M. (2009): Structural Geology – An introduction to geometrical techniques.- 4th Edition: 602 pp., Cambridge University Press

Ramos, V.A, Cristallini, E, Pérez, D.J. (2002): The Pampean flat-slab of the Central Andes.- J. S. Am. Earth Sci. 15: 59-78

Ramsay, J. G. (1962): The geometry and mechanics of formation of "similar" type folds.- J.Geol. 70:309-327

Ramsay, J. G. (1967): Folding and fracturing of rocks.- McGraw-Hill Book Company, New York, 568 pp.

Ramsay, J. G.& Huber, M. I. (1983): Modern Structural Geology, Volume 1: Strain Analysis.- Academic Press Inc. London

Ramsay, J. G.& Huber, M. I. (1987): The Techniques of Modern Structural Geology, Volume 2: Folds and Fractures, 700 pp., Academic Press Inc, London

Reiss, S., Reicherter, K.R. & Reuther, C.-D. (2003): Visualization and characterization of active normal faults and associated sediments by high-resolution GPR.- in Bristow, C.S. & Jol, H.M. (2003): Ground Penetrating Radar in Sediments, Geol. Soc. London, Spec. Publ. 211: 247-255

RGD Rijks Geologische Dienst (1993): Geologica Atlas of the subsurface of the Netherlands: Explanations to map sheet IV Texel-Purmerend (1:250,000). (Haarlem): 127 pp

Renshaw, C.E. & Schulson, E.M. (2001): Universal behavior in compressive failure of brittle materials, Nature, Vol. 412, 897-900

Reuther C.-D. (1984): Tectonics of the Maltese Islands. Centro, 1/1: 1-20

Reuther, C.-D. (1990): Strike-slip generated rifting and recent tectonic stresses on the African foreland (Central Mediterranean region). Annales Tectonicae, 4 (2): 120-130

Reuther, C.-D. & Eisbacher, G. (1985): Pantelleria Rift – Crustal extension in a convergent intraplate setting.- Geol. Rdsch., 74, 3: 585-597, Stuttgart 1985

Reuther, C.-D. & Moser, E. (2009): Orientation and nature of active crustal stresses determined by electromagnetic measurements in the Patagonian segment of the South America Plate.- Int. J. Earth Sci (Geol. Rundsch.), 98:585-599

Reuther, C.-D., Ben-Avraham, Z. & Grasso, M. (1993): Origin and role of major strike-slip transfers during plate collision in the Central Mediterranean. - Terra Nova, 5: 249-257

Reuther, C.-D., Potent, S. & Bonilla, R. (2003): Crustal stress history and geodynamic processes of a segmented active plate margin; South-Central Chile: the Arauco Bío-Bío trench arc system. X Congreso Geológico Chileno 2003, Universidad de Concepción, Chile

Reuther, C.-D, Buurman, N., Kühn, D., Ohrnberger, M., Dahm, T. & Scherbaum, F. (2007): Erkundung des unterirdischen Raumes der Metropolregion Hamburg – Das Projekt HADU (Hamburg a dynamic Underground).- Geotechnik 30 (1): 11- 20.

Reuther, C.-D., Dahm, T. & Ohrnberger, M. (2009): Hamburgs dynamischer geologischer Untergrund - Evaluation des Untergrunds der Metropolregion Hamburg basierend auf der Analyse und der Modellierung gegenwärtiger geologischer Strukturen und deren Dynamik 66 S., mit 41 S. Anhang Informatik von D.P.F Möller & J. Wittmann - BMBF Verbundprojekt HADU. Technische Informationsbibliothek (elektronische Bibliothek), Deutsche Forschungsberichte, Hannover, www.tib-hannover.de

Reutter, K.-J., Scheuber, E. & Helmcke, D. (1991): Structural evidence of orogen-parallel strike slip displacements in the Precordillera of Northern Chile.- Geol. Rundsch., 80: 135-153

Reutter, K.-J., Scheuber, E. & Chong, G. (1996): The Precordilleran fault system of Chuquicamata, Northern Chile: evidence for reversals along arc-parallel strike-slip faults, Tectonophysics 259: 213-228

Riedel, W. (1929): Zur Mechanik geologischer Brucherscheinungen.- Centralbl. Min., Geol. U. Pal. Abt. B: 254-368

Ring, U. (2008): Extreme uplift of the Rwenzori Mountains in the East African Rift, Uganda: Structural framework and possible role of glaciations.- Tectonics, 27 (TC4018, 19 pp –online version)

Rispoli, R. (1981): Stress fields about strike-slip faults inferred from stylolites and tension gashes Tectonophysics, 75, 3/4: T29-T36

Roeder, D., Gilbert, O.E., Jr. & Witherspoon, W.D. (1978): Evolution and macroscopic structure of Valey and Ridge thrust belt, Tennessee and Virginia, Dept. Geol. Sci. Univ.Tenn., Studies in Geology 2, 25 pp

Rosenau, M., Melnick, D., and Echtler, H., (2006): Kinematic constraints on intra-arc shear and strain partitioning in the Southern Andes between 38°S and 42°S latitude: Tectonics, v 25, p. TC4013.

Rowan, M.G., Peel, J. & Vendeville B.C. (2004): Gravity driven fold belts on passive margins.- in McClay, R. (ed.): Thust tectonics and hydrocarbon systems.- AAPG Memoir 82: 157-182.

Sander, B. (1911): Über Zusammenhänge zwischen Teilbewegung und Gefüge in Gesteinen.- Tschermacks min.petr. Mitt., Wien 30: 281-314

Sander, B. (1930): Gefügekunde der Gesteine, 352 S., Springer Verlag, Wien

Schaubs, P. & Wilson, C.J.L. (2002): The Relative Roles of Folding and Faulting in Controlling Gold Mineralization along the Deborah Anticline, Bendigo, Victoria, Australia.- Economic Geology, 97/2: 351-370

Scheuber, E., Andriessen, P.A.M., 1990, The kinematic significance of the Atacama Fault Zone, northern Chile: Journal of Structural Geology, 12: 243-257.

Scholz, C.H. (1990): The mechanics of earthquakes and faulting.- 439 S. Cambridge University Press.

Segall, P. & Pollard, D.D. (1983): Nucleation and growth of strike-slip faults in granite, J Geophys. Res., 88: 555-568

Sengör, A.M.C., Görür, N. & Saroglu, F. (1985): Strike-slip faulting and related basin formation in zones of tectonic escape: Turkey as a case study.- Soc. Econ. Palaeont. Mineral., Spec. Publ. 37: 227-264

Shedlock, K.M., Giardini, D., Grünthal, G. & Zhang, P. (2000): The GSHAP Global Seismic Hazard Map, Seismological Research Letters 71: 679-686

Siame, L.L., Bellier, O. & Sebrier, M. (2006): Active tectonics in the Argentine Precordillera and Western Sierras Pampeanas.- Rev. Asoc. Geol. Argentina 61(4): 604-619

Sibson, R.H. (1977): Fault rocks and fault mechanisms.- J.Geol.Soc. London 133:190-213

Skempton, A.W. (1966): Some observations on tectonic shear zones.- Proc. 1st Int. Cong. Rock Mechanics, Proceedings, I: 329-335

Steward, I.S. & Hancock, P.L. (1994): Neotectonics.- in: Hancock, P.L. (ed.): Continental Deformation: 370-409, Pergamon Press

Strecker, M., Cerveny, P., Bloom, A.L. & Malizia, D. (1989): Late Cenozoic tectonism and landscape development in the foreland of the Andes: Northern Sierras Pampeanas, Argentina: Tectonics, 8: 517-534

Strecker, M.R., Alonso, R.N., Boltenhagen, B., Carrapa, B., Hilley, G.E., Sobel, E.R. & Trauth, M.H. (2007): Tectonics and Climate of the Southern Central Andes: Annual Review of Earth and Planetary Sciences, 35: 747-787

Strecker, M.R., Alonso, R. Bookhagen, B., Carrapa, B. Coutand, I., Hain, M.P., Hilley, G.E., Mortimer, E., Schoenbohm, L., and Sobel. E.R., (2009): Does the topographhic distribution of the central Andean Puna Plateau result from climatic or geodynamic processes? Geology, 37: 643-646

Suppe, J. (1983): Geometry and kinematics of fault propagation folding.- Am.J.Sci., 283(7): 684-703

Suppe, J. (1985): Principles of structural geology. Prentice-Hall, Inc. Englewood Cliffs. 537 pp. New Jersey

Suppe, J. & Medwedeff, D.A. (1990): Geometry and kinematics of fault-propagation folding.- Eclogae Geologicae Helvetiae, 83/3: 409-454.

Sylvester, A.G. (1988): Strike-slip faults.- Geol.Soc. Am. Bull. 100:1666-1703

Tapponnier, P. & Molnar, P. (1976): Slip-line field theory and large scale continental tectonics.- Nature 264: 319-324

Tapponnier, P. et al (1982): Propagation extrusion tectonics in Asia: New insights from simple experiments with plasticine.- Geology 10 (12): 614-616

Tapponnier, P., Peltzer, G. & Armijo, R. (1986): On the mechanics of the collision between India and Asia.- In Coward, M.P. & Ries, A.C. (eds.): Collision Tectonics.- Geol. Soc. London Spec. Publ., 19: 115-157

Ten Brick, U.S., Marshak, S. & Granja Bruna, J.-L. (2009): Bivergent thrust wedges surrounding oceanic island arcs: Insight from observations and sandbox models of the northeastern Caribbean plate.- GSA Bulletin, 121: 11/12: 1522-1536

Terzaghi, K. (1936): The shearing resistance of saturated soils and the angle between planes of shear.- Proc.Int.Conf.Soil Mech. Found.Eng., Vol. 1: 54-56, Harvard University Press, Cambridge MA

Thorson, R.M. (2000): Glacial tectonics: a deeper perspective.- Quaternary Science Reviews, 19/14-15: 1391-1396

Trauth, M.H., Maslin, M.A., Deino, A. & Strecker, M. (2005): Late Cenozoic Moisture History of East Africa. Science, 309/ 5743: 2051-2053

Trusheim, F. (1957): Über Halokinese und die Bedeutung für die strukturelle Entwicklung Norddeutschlands.- Z.dt.Geol.Ges. 109: 11-151

Trusheim, F. (1960): Mechanism of salt migration in northern Germany .- AAPG Bulletin, 44/9: 1519-1540

Tschalenko, J.S. (1970): Similarities between shear zones of different magnitudes.- Geological Society of America Bulletin, 81: 1625-1640

Turcotte, D.L. & Schubert, G. (2002): Geodynamics. 456 pp., Cambridge University Press

Twiss, R. J. & Moores, E. M. (2007): Structural Geology.- 736 pp., 2nd-edition, Freeman & Co.

Vendeville, B.C. & Jackson, M.P.A. (1992): The rise of diapirs during thin-skinned extension.- Mar. Petrol. Geol. 9: 331-353

Walker, M.J. (2005): Quaternary dating methods.- 286 pp., John Wiley and Sons

Weischet, W. (1970): Chile - Seine länderkundliche Individualität und Struktur, 618 S., Wiss. Buchgemeinschaft Darmstadt.

Wernicke, B. (1985): Uniform normal-sense simple shear of the continental lithosphere. Can. J. Earth Sci. 22: 108-125.

Whitney, D. L., Teyssier, C. & Vanderhaege, O. (2004): Gneiss domes and crustal flow.- in: Whitney, D. L., Teyssier, C. & Siddoway, C. S. eds. (2004): Gneiss domes in orogeny.- Geol. Soc. of America, Spec. Paper 380: 15-34

Whitney, D. L., Teyssier, C. & Siddoway, C. S. eds. (2004): Gneiss domes in orogeny.- Geol. Soc. of America, Spec. Paper 380, 378 pp.

Willet, S.D. (1992): Dynamic and kinematic growth and change of a Coulomb wedge.- in: K.R. Mc Cay (ed.) Thrust Tectonics, pp. 19-31.

Willett; S.D. (1999): Orogeny and orography: The effects of erosion on the structure of mountain belts.- Journal of Geophysical Research, 104: 28957-28981

Willet, S., Beaumont, C. & Fullsack, P. (1993): Mechanical model for the tectonics of doubly vergent Compressional orogens.- Geology, 21: 371-374.

Willet, S.D., Hovius, N., Brandon, M.T. & Fisher, D.M. (2006): Introduction in: Willet, S.D., Hovius, N., Brandon, M.T. & Fisher, D.M. (eds.), Tectonics, Climate, and Landscape Evolution, Geol. Soc. America, Spec. Paper 298: vii-xi

Williams, G.D., Powell, C.M. & Cooper, M.A. (1989): Geometry and kinematics of inversion tectonics.- in Cooper, M.A. & Williams, G.D. eds (1989): Inversion tectonics.- Geol. Soc. of London Spec. Pub. 44: 3-15

Wilson, J.T. (1965): A new class of faults and their bearing on continental drift.- Nature 207: 343-347

Wittig, R. (1976): Die Gamsberg-Spalten (SW-Afrika) -Zeugen Karroo-zeitlicher Erdbeben.- Geologische Rdsch. 65(3): 1019-1034

Woodcock, N.H. & Schubert, C. (1994): Continental strike slip tectonics.- in Hancock, P.L. (ed.) Continental deformation, Pergamon Press, New York, p. 251-263

Woodward, N.H., Boyer, S.E. & Suppe, J. (1989): Balanced Geological Cross-Sections: An essential technique in geological research and exploration. Short Course in Geology, Vol. 6. 132 pp, American Geophysical Union - Washington D.C.

Wu, P., Johnston, P. & Lambeck, K. (1999): Postglacial rebound and fault instability in Fennoscandia.- Geophys.J.Int. 139: 657-670

Yin, A. (2004): Gneiss domes and gneiss dome systems.- in: Whitney, D. L., Teyssier, C. & Siddoway, C. S. eds. (2004): Gneiss domes in orogeny.- Geol. Soc. of America, Spec. Paper 380: 1-14.

Younes, A. & Engelder, T. (1999): Fringe cracks: Key structures for the interpretation of progressive Alleghanian deformation of the Appalachian Plateau: Geological Society of America Bulletin, v. 111, p. 219-239.

ák, J., Verner, K., Klomínsk, J. & Chlupáová, M. (2009): "Granite tectonics" revisited: insights from comparison of K-feldspar shape-fabric, anisotropy of magnetic susceptibility (AMS), and brittle fractures in the Jizera granit, Bohemian Massif.- Int. Journal of Earth Sciences, 98: 949-967

Záruba, Q. & Mencl, V. (1969): Landslides and their control.- 205 S., Academia Prag

Zoback, M.D., Moos, L., Mastin, L. & Anderson, R.N. (1985): Wellbore breakouts and in-situ stress.- J. Geophys. Res., 90:5523-5530

Index der deutschen Fachbegriffe

A

Abdichtung 225
Abrisspunkt 39
Abscherhorizont 79
– basaler 85, 175
Abscherung 115
Abscherungsfalte 93
Abscherungshorizont 48, 80
Abscherungs-Knickung 94
Abschiebungen 37, **47**, 48
– synsedimentär
Abstrahlcharakterisik 158
Abstrahlmuster, radiales 158
Abtauchen 39, 105, 238
Abtauchrichtung 159, 240
Abtauchwinkel 240
Achsenebene 104
Achsenfläche 104
Achsenflächenschieferung 137
Achsenwinkel 104
Ader 223
advektiver Transport 167
ähnliche Falten 111
Akkomodationszone 54, 56
Akkretion 8
– frontale 76
Akkretionskeil 75, 76
aktive Gesteinsspannungen 162
aktiver Plattenrand 74
aktive Spannungen 236
Allochthon 80
Alpine Fault 61, 168
Altersbestimmung 172
Altyn Tagh-Störung 64
Amontons, G. 191
Amontons'sche Gesetze 191
Amplitude 104
anastomisierende Horizontal-
  verschiebungszone 71
Anderson-Theorie 44
Anisotropie 103
Anisotropieebene 116
antezedente Eintiefung 156
antiform 89, 103
antiformer Schuppenstapel 90
Antiklinale 104
Antiklinorien 109

Antirisse 72
antitaxiales Wachstum 32
antithetisch 53
antithetische Flexur 51, 98
antithetische Mikrobrüche 43
Anwachskeil 76
Äquatorebene 240
Aquiclud 229
Aquifer 229
Aquitard 229
Archäoseismologie 157
artesischer Brunnen 230
artesisches Wasser 230
Asthenosphäre 7
Asturisch-Cantabrische Orokline
  102
asymmetrische Falten 106
asymmetrische Runzelschieferung
  136
asymmetrische Schleppfalten 122
Atacama-Störung 62
atektonische Falten 125
Aufdomung 48
Auflast 236
Aufpressscholle 91
Aufpressungen 69
Aufschiebungen 37, 74
Auf- und Überschiebungen **74**
Ausgangslage 144
Ausgeglichene Profile 226
Äußeres Becken 75
ausstreichende Überschiebung 84
Autochthon 80

B

back arc, Bereich hinter dem magma-
  tischen Bogen 74, 76
basaler Abscherhorizont 85, 175
Basaltsäulen 25, 26
Batholith 145
Baugeologie 234
Bauwesen 222
Becken, strukturelles 113
Begrenzungspunkte 228
Bergbau 162
Bergmannskompass 238

Bergschläge 236
Bergstürze 171
Besenstruktur 22
– gekrümmte 22
– gerade 22
– rhythmisch gekrümmte 22
Beule, tektonische 113
Biegefalten 112
Biegefaltung 112
Biegefließen 121
Biegefließfaltung 137
Biegegleitfalten 114
Biegegleitung 116, 121
Biegescherfalten 121
Biegescherfaltung 137
Biegung 112
– blockierende 69
– entlastende 69
bivergent 76
Blattverschiebung 58
blinde Überschiebung 84, 85
Blumenstruktur
– negative 72
– positive 72
Bodenbewegung 157
Bohrloch-induzierte Zugbrüche 166
Bohrlochrandausbrüche 166
Bohrloch-Schlitzsonde 165
Bolivianische Orokline 102
Böschungen 234
Boudinage 141
Boudin-Linie 141
Brandungshohlkehre 156
Brekzienzone 225
Brekziierung 41
Bruch 189
Brüche **12**, 199
– Extensionsbruch 12
– hydraulische 28
– Scherbruch 12
– Zugbruch 12
Bruchebene 12, 13
Bruchflächen 12
Bruchflächenwinkel 44
Bruchfront 13
Bruchkriterium,
– Coulomb'sches 189
– Mohr-Coulomb'sches 44, 189

© Springer-Verlag GmbH Deutschland, ein Teil von Springer Nature 2012
C.-D. Reuther, *Grundlagen der Tektonik*,
https://doi.org/10.1007/978-3-8274-2724-3

– theoretisches 14
Bruchstufen, muschelförmige 23
Bruchsystem-Architektur 29
Bruchverfahren
– hydraulisches 165
Bruchzonen 50, 60, 233
Buckelfalten 112
Buckelfaltung 112
Byerlee'sches Gesetz 192

C

C-Foliation 129
Clar, E. 239
Clar-Wert 239
Cloos, E. 137
Cloos, H. 27, 67
Coulomb, de C.A. 191
Coulomb-Kriterium 189
Coulomb'sches Bruchkriterium 189

D

Dachschiefer 132
Dachüberschiebung 88
Darcy'sches Gesetz 230
Datierungsmethoden 172
Decke 80
– gravitative 78
Decken 87
Deckgebirgsüberschiebungen 80
Deformation 199
– Aufteilung der 62
– bruchhafte 199
– bruchlose 199
– duktile 215
– ebene
– finite 207, 208
– homogene 201
– infinitesimale 202
– inhomogene 201
– lineare 202
– plastische 199
– progressive 202, 211
– spröde 199
Deformationsanalyse 202
Deformationsellipse 204
Deformationsellipsoid 204
– oblates 111
Deformationsgeschichte 202
Deformationsmarker 137
Deformationsmesssonden 163
Deformationsmessung am Bohrkern 164
Deformationspfade 211

Deformationsrosette 163
Deformationstheorie
– infinitesimale 163
deformierter Endzustand 201
Dehnungsmessstreifen DMS 162, 209
Delaminations-Modell 49
Delta-Linear 119
Dendrochronologie 172
Denudation 175
– tektonische 49
Depression 108
Deviatorspannung 183
dextral 58
Diapir 144
– abgequetschter 147
diapirisches Fließen 145
Diapirismus **144**
– aktiver 150
– reagierender 150
Diapir, passiv 150
Dichteinversion 144
Differentialspannung 185
differentielle Radarinterferometrie 154
Diffusion 167
Diffusionsfließen 139
Dike, neptunisch 35
Dilatation 158
Dilatationsbrekzie 41
Dilatometerversuche 218
disharmonisch gefaltet 112
Dislokation 159
Dobratsch 171
Dom, struktureller 113
Doorstopper-Deformationsmesszelle 163
Doorstopper-Messung 164
Doorstopper-Methode 163
doppeltvergentes Gebirge 175
Drapierfalte 54, 149
Dreieckszone 91
Druck 200
Druckkegel 26
Druckkissen
– hydraulisches 162
Druckkissenmethode 162
Druck, lithostatischer 17
Drucklösungserscheinungen 33
Druckschatten 43, 142
Drucksuturen 33, 72, 134
Druck-Temperatur-Zeit-Pfad 130
Druckversuch
– uniaxialer 219
duktile Deformation 215
duktile Scherzone 138, 140
Duplexentwicklung 89
Durchschnittsspannung 183
Durchstoßpunkt 240

E

ebene Deformation 128
ebene Verformung 227
effektive Normalspannung 197
Einbuchtungslinie 141
einfache Scherung 65, 67, 139, 211
Einfallen 159, 238
Einfallsrichtung 159, 238, 239
elastische Verformung 213
Elastizitätsgrenze 188
Elastizitätsmodul 162, 163, 217
Elongation 203
– quadratische 203
E-Modul 217
endogene Prozesse 173
Entlastungsverformung 162
epigenetisch 223
Epizentrum 158
Erdanziehungskraft 161
Erdbeben 9, 156, 157, 167, 233
Erdbebendichte, Karten zur 168
Erdfälle 171
Erdgas 224
Erdöl 224
Erdölfalle an einer Abschiebung 225
Erdölfalle in einer Sattelstruktur 225
Erdölmuttergestein 224
Erdölspeichergesteine 225
Erdwärme 231
Erosionsrate 174
Erschütterungs-Karten 168
Erstausschlag 158
Erzlagerstätten 223
Erzwungene Falten 121
Euler, L. 191
eustatische Meeresspiegelschwankungen 156
Evaporation 146
Extensionsbruch 15
extrusiver Salzdom 147
extrusive Salzstrukturen 147
extrusives Fortschreiten 151

F

fächerförmig 137
Fächerform, umgekehrte 137
Fallbeschleunigung 4
Fallen 39, 106
Fallenstrukturen 225
Fall-Isogonen 111
Fall-Striemung 44
Fallwinkel 106
Falte,
– liegende 106, 107
– überkippte 109
Falten **101**, 199

– ähnliche 111
– asymmetrische 106
– atektonische 125
– aufrechte 106
– disharmonische 112
– durchgeschnittene 138
– geneigte 106
– konzentrische 114, 229
– kuspate 112
– lobate 112
– ptygmatische 112
– wurzellose 119
– Zick-Zack- 101, 115
Faltenachse 104
Falten-Anpassungsverwerfungen 117
Faltenbereiche 103
Faltenbreite 104
Falten dritter Ordnung 109
Faltenelemente 104
Faltenflanken 103
Faltenformen, Klassifikation 111
Faltengürtel 108
Faltenhöhe 104
Falten höherer Ordnung 109
Faltenkerndeformation 115
Faltenschenkel 103
Faltenspiegel 109, 110
Faltenstil 103
Falten- und Überschiebungsgürtel 75, 77
Faltenzüge 108
Faltungsvorschub 114
Feldinversionen 172
Felsmechanik 162
Fernerkundung 154
Festigkeit 21, 199
Fiederpalten 67
finite Deformation 207, 208
Firste 223
Flachbahn 84
Flachbahn-Antiklinale 54
Flachbeben 8
Fläche 180
Flächenausgleich 228
Flächenpol 159, 240
flächentreue Projektion 240
flächentreues Stereonetz 240
Flankenaufschiebungen 116, 224
Flexur 54, 108
– antithetische 51, 98
Fließfalten 120, 125
– passive 117
Fließfestigkeit 140
Fließgrenze 215
Fluchtschollen 63
Fluchtschollentektonik 63
Flügel-förmige Salzintrusion 151
Flügelrisse 15

Foliation 118, **127**
– aufspalten 127
– Domänen 127
– durchgängige Schieferung 127
– mylonitische Foliation 127
– penetrativen Schieferung 127
– primäre Foliation 127
– Schieferung 127
– Schieferungen mit Zwischenraum 127
– sekundäre Foliation 127
Foliationen **132**
frontale Akkretion 76
frontale Knickung 92
frontale Rampe 84
Futteralfalte 145
Futteralfalten 120

G

Gailtal-Störung 171
Gang 223
Gangart 223
Gänge 34
– Lagergänge 34
– magmatische Gänge 34
– Sedimentäre Gänge 35
Ganglagerstätten 223
Gebirgsentlastungsverfahren 162
Gebirgsgürtel 77
Gebirgskeil 175
Gefüge 40
Gefügekompass 239
Gefügeschreibweise 239
Geodäsie 155
Geogefahren 167
Geologenkompass 237, 238
geologisches Profil 226
Geomorphologie, tektonische 155
Geophonauslage 160
Georadar-Verfahren 161
Georisiken 167
Geosutur 78
Geothermie 231
Geothermische Energie 231
geothermische Tiefenstufe 231
geowissenschaftliche Praxis 222
gespanntes Grundwasser 230
Gesteinsdeformation 216
Gesteinsspannungen
– aktive 162
Gewässernetz 156
Glazialtektonik 78
Gleitdecke 78, 81
– gravitative 83
Gleiten
– stabiles 192
Gleitlinien 64

Gleitreibungskoeffizient 192
Gleittektonik 81
Gleitvektor 39
Glimmerfisch 42, 43
Glimmerschiefer 131
Gneis 131
Gneis-Dom 145
– ummantelter 145
Goodman-Sonde 217
GPS-Messungen 155
Graben 51
– tektonischer 52
Gradient
– hydraulischer 230
Granit-Dom 145
Granittektonik 27
Grat 39
graviative Decke 78
Gravimetrie 161
Gravitationsspannung 45
gravitative Gleitdecke 83
Griffelschiefer 132
Griffith, A. A. 14
Griffith-Risse 14
Großkontinente 178
Großkreis 240
Grundgebirge 80
Grundwasser 229
– gespanntes 230
– ungespanntes 230
Grundwasserabsenkung 230
Grundwasserdruckfläche 230
Grundwasserleiter 229
Grundwasserspiegel 229
Grundwasserstockwerke 231

H

Haftreibung 191
Haftreibungskoeffizient 191
Halbkugel, untere 240
Halokinese 125, 146, 148
Haltelinien 23
Hangendabriss 84
Hangendblock 37
Hangendblock Bypass Überschiebung 97
Hangneigung 175
Harnisch 39
Harnischfläche 142, 143
Hauptdeformationsebenen 204
Hauptgleitfläche 37
Hauptrichtungen der Deformation 204
Hauptspannung 183
– größte 183
– kleinste 183
– mittlere 183

Hauptspannungsebene 183
Haupt-Spannungstrajektorien 45
Hauptüberschiebungsbahn 88
Hauptverformungsachsen 204
HDR Verfahren 233
Hebungsraten, tektonische 174
Heim, A. 203
Herdfläche 158
Herdflächenlösung 158, 160
Herdkugel 159
Herdtiefe 158
Hilfsfläche 158
Hinterland 86
Hochenthalpie-Systeme 231
homogene Deformation 201
Homoklinale 108
Hooke'scher Körper 213
Hooke'sches Gesetz 213
Horizontal-Striemung 44
Horizontalstylolithe 134
Horizontalverschiebungen 37, **58**
Horizontalverschiebungs-Duplex 70
Horizontalverschiebungszone 58
Horst 51
Huckepack-Becken 87
Hüllkurve 189
Hutgestein 147
Hydration 145
hydraulische Leitfähigkeit 230
hydraulischer Gradient 230
hydraulisches Bruchverfahren 165
hydraulisches Druckkissen 162
Hypozentrum 157

I

Impakt 130
induzierte Seismizität, Stausee 236
induzierte Spannungen 198
infinitesimal 182
infinitesimale Deformation 202
infinitesimale Deformationstheorie 163
infinitesimale Verformung 207
Inglis, C. E. 13
inhomogene Deformation 201
Inselbogen 76
In situ-Bestimmung 162
Intrafolialfalten 119
intrakontinentale Gräben 168
Intraplatten-Erdbeben 174
Intrusionsbrekzien 41
Inversionstektonik **95**
– Beckeninversion 96
– Extensionsbecken 96
– negative Inversion 96, 98
– partielle Inversion 98
– positive Inversion 96

Isogonenmuster 111
isoklinal 104
isostatisches Rückfedern 77, 146
isotroper Spannungszustand 183

K

Kammlinie 104
Kapillarsaum 229
Kaskadenfalte 145
Kataklase 40, 196
kataklastisches Fließen 138, 196
klastische Gänge 24
Kleinfalten 109, 122
Kleinkreise 240
Kleinstrukturen 122
Klima 173
Klippe 80
Kluftanalyse 29
Klüfte 12, **18**
– Diagonalklüfte 27
– Entlastungsklüfte 24
– Hauptklüfte 19, 20
– Hauptkluftflächen 22
– hybride Klüfte 32
– Kluftabstand 19
– Klüfte, hydraulische 24
– Klufthäufigkeit 20
– Kluftnetz 20, 21
– Kluftschar 19
– Kluftspur 19
– Kluftstrukturen 20
– Kluftsystem 19
– Kluftsystem, fundamental 24
– Kluftsystem, orthogonal 24
– Lagerklüfte 27
– Längsklüfte 27
– Nebenklüfte 20
– nicht-systematischen Klüfte 20
– Querklüfte 27
– Scherklüfte 32
– systematische Klüfte 20
Kluftsysteme 233
Kluftzonen 233
Knickbänder 92, 115, 116, 201
Knickebene 115
Knickfalten 92, 110, 115, 116, 224
Knickung
– frontale 92
Kniefalter 110
Knitterfalten 136
Knotenlinien 158
koaxiale Verformung 211
Kofferfalten 94, 116
Kohäsion 188, 189
Kohäsionsverlust 12, 215
Kohlenstoff-14 172
Kollisionswiderstand 9

Kompaktionsabschiebung 57
Kompetenzkontrast 112
Kompression 158
Kompressionswellen 158
kongruente Falten 111, 119
konjugierte Horizontalverschiebungen 64
konjugierte Riedelscherflächen 67
Kontaktdehnungsaufnehmer 165
Kontinent-Kontinent-Kollision 76
Kontinent-Kontinent-Kollisionszonen 168
Konvektionsströme 6
Konvergenter Plattenrand 75
konzentrische Falten 114, 229
Korngefüge 103, 128
– regellos 133
Kraft 180
Kräfte **4**
– Erdanziehungskraft 4
– Körperkräfte 4
– Kraftübertragung 4
– Mantelschleppkraft 8
– Normalkraft 5
– Oberflächenkräfte 4
– Plattenzugkraft 8
– Rückendruckkraft 8
– Saugkraft 9
– Scherkraft 5
– Schwerkraft 4
– Volumenkraft 4
– Zentrifugalkraft 4
Kräftegleichgewicht 184
Krenulations-Schieferung 133
Kriechen 218
kriechend 39
Kristallfasern 30
kristalline Decken 80
Kristallisationsdifferentiation, gravitative 6
kritische Keilform 79, 175
kritischer Flüssigkeitsdruck pc 165
kritischer Keil 79
kritischer Zugspannungswert 192
kritische Scherspannung 189
Krümmung 103
Krustensplitter 63
Kryoturbation 126
Kulmination 108
Kulmination eines Sattels 109
kuspat 112
kuspat-lobate Falten 112

L

Lagenkugel 240
Lagenkugelprojektion 159

Lagerstätte 222
Lakkolith 34
Längenausgleich 228
langgestreckte Mineralfasern 39
Längsdeformation 219
Längung, axiale 204
Laser-Entfernungsmessungen 155
laterale Rampe 84
Leitfähigkeit
– hydraulische 230
Leitschicht 111, 228
Leonardo da Vinci 191
LIDAR-Messtechnik 155
Liegendabriss 84
Liegendblock 37
Liegendblock-Abkürzungsüberschiebung 97
Linear 237
Lineationen 26, **127**, 128, **140**
– Bleistiftstrukturen 140
– Boudin-Linien 140
– Faltenscharnier-Lineationen 140
– Fotolineation 128
– Griffelschiefer 140
– Harnisch 128
– längliche Kornverbände 140
– Mineralfasern 128
– Mineralllineationen 140
– Reduktionsflecken 140
– Runzellineationen 140
– Streckungslinear 128
– Streckungslineation 140
– Striemung 128
– tektonische Striemungen 140
– Überschneidungslineare 140
– Überschneidungslineation 128
linkstretend 67
Liquiñe-Ofqui-Störungszone 62
listrisch 46
Lithosphäre 4, 6
Lithosphärenverbiegung 103
longitudinale Verformung ε 163, 202
lösungsbedingter Schichtversatz 135
Lösungsschieferung 135
L-S Tektonit 129
L-Tektonit 129

M

Magma-Druck 34
Magmatischer Bogen 75
Magnitude 158
Manteldiapire 97, 144
Mantelkeil 9
marine Terrassen 156
Markierungslagen 118
Massenbewegungen 171
Materialversagen 216

maximale Scherspannung 187
McKenzie-Modell 49
Meeresstraßen 178
Megabrekzie 40
Meilerstellung 119
metamorpher Kernkomplex 49, 146
metamorpher Schiefergürtel 77
Metamorphose 129
– Amphibolitfazies 130
– Blauschieferfazies 130
– Druck-betonte Metamorphose 129
– Druck-Temperatur-Zeit-Pfad 130
– Dynamometamorphose 130
– Eklogitfazies 130
– Glaukophanschieferfaszies 130
– Granulitfazies 130
– Grünschieferfazies 130
– Hornfelsfazies 130
– Impaktmetamorphose 130
– kataklastische Metamorphose 130
– Kontaktmetamorphose 129
– metamorphe Fazies 130
– Metamorphosegrad 130
– prograde Metamorphose 130
– Regionalmetamorphose 130
– retrograde Metamorphose 130
– Temperaturmetamorphose 129
– Thermodynamometamorphose 130
– Versenkungsmetamorphose 130
– Zeolithfazies 130
meteorisches Wasser 223
Meteoriteneinschlag 26
M-Form 122
Migration 167, 225
Mikrobrekzie 40
Mikrobrüche
– antithetische 43
– synthetische 43
Mikrolithon 133, 134
Mikroplatte 78
Mineralfasern 142, 143
Mineralisation, wiederholte 223
mineralische Rohstoffe 222
mineralisierte Sattelumbiegungen 224
Minerallagerstätten, nichtmetallisch 223
Minerallineationen 142
Mineralstäbe 143
Mineralvergesellschaftungen 130
Mittelozeanischer Rücken 50, 60, 168
Mohr, C. O. 186
Mohr-Coulomb'sches Bruchkriterium 44, 189
Mohr'sche Einhüllende 189
Mohr'scher Deformationskreis 208
Mohr'scher Spannungskreis 186
Moine Überschiebung 81, 83

Monoklinale 108
Monoklinalfalte 108
Morphotektonik 155
Mulde 104
– vergente 107
Muldenauspressung 117, 118
Muldenkern 104
Muldenspiegel 109
Mullions 112, 142
Mylonite 41, 83
Mylonitzone 129

N

Naturgefahren 167
negative Blumenstruktur 72
negative Zugspannungen 180
Neotektonik **153**
neptunische Dikes 35
Netto-Extension 96
Netto-Kompression 96
neutrale Verwerfungsabschnitte 98
Newton-Körper 214
nicht-koaxiale Verformung 211
nichtmetallische Minerallagerstätten 223
Nordanatolische Horizontalverschiebung 64
Normalspannung 180, 185
– effektive 197
Nullpunkt 97
Nullzonen 98

O

Obduktion 78
Oberflächenprozesse 155
oblates Deformationsellipsoid 111
Öffnungswinkel 103
Ölfenster 224
Ooide 137
Ophiolit 77, 78
Orokline 101
Orthogneis 131
Ostafrikanisches Grabensystem 177
Ostanatolische Horizontalverschiebung 64

P

Packer 165
Paläoerdbeben 156
Paläoseismologie 156
Parabelrisse 40
Paragneis 131
Parallelfalten 111, 114

Parasitärfalten 122
parautochthon 81
passive Fließfalten 117
passiver Salzdiapir 151
passive Scherfalten 117
Periadriatische Naht 171
Permeabilität 230
petrothermales System 233
Pferdeschwanzstrukturen 70
phreatische Zone 229
Phyllit 131
planare Scherrisse 40
planare Zugrisse 40
plastische Deformation 199
plastische Verformung 214
Platten-Abriss 76
Plattengrenzen 60, 168
Plattenrand
– aktiver 74
Plättung 111, 128
– axiale 204
Pluton 145
Poisson-Zahl 45, 162, 217, 219
Polpunkt 240
Porenfluiddruck 196
Porenfluide 196
Porenflüssigkeitsdruck 24
Porphyroblasten 43
Porphyroklasten 42
positive Blumenstruktur 72
positive Druckspannungen 180
Präkordilleren-Störungssystem 62
Primärfalte 122
Primärwellen 158
Profil, wiederhergestelltes 226
Protolith 130
P-Scherflächen 67
Pseudotachylit 41
ptygmatische Falten 112
P-Wellen 158

Q

quadratische Elongation 203
Querdeformation 219
Querplattung 134
Querstörung 64
Querverschiebung 65

R

Radarinterferometrie, differentielle 154
radiales Abstrahlmuster 158
Radon-Messungen 167
Rampe 84
– frontale 84

– schiefe 84
Rampen-Mulde 54
Ramsay, J G. 111
Randklüfte 23
Randsenken 147
raue Schieferung 136
Rayleigh-Taylor-Instabilität 125
Reaktivierung prä-existenter Bruch-
  flächen 196
rechtstretend 67
Reflexionsseismik 160
Refraktionsseismik 161
regellose Korngefüge 133
Regression 174
Reibung 191
– Winkel der inneren 189, 191
Reibungsgleiten 191
Reibungskoeffizient 189, 191
– dynamischer 192
– statischer 191
Reibungskraft 191
Reibungswiderstand 8
Reibungswinkel 191
reine Scherspannung 188
reine Scherung 65, 211
Relaisrampe 54
Reliefumkehr 51
Rheingraben 99
Rheologie 213
Riedelscherflächen 67
– konjugierte 67
Riedelscherrisse, rotierte 68
Riedel, W. 67
Riefungen 143
Rippen 23
Risikoanalysen 233
Risse, münzenförmige 14
Rohstoffe
– mineralische 222
Rotation 200
rotierte Riedelscherrisse 68
R-R-Transformstörung 60
R-T-Transformstörung 60
Rückfederung 174
Ruckgleiten 192
Rückschenkel 92, 106
Rücküberschiebung 89, 90, 91
Rundfalte 110
Runzelschieferung 133, 136
– asymmetrische 136
Runzelung 109
Rutschfalten 125

S

Sägezahngeometrie 134
Saint Venant-Körper 215
Säkularvariationen 172

Salband 136
Salzantiklinale 147
Salzdecke 147, 151
Salzdiapir 146
– passiver 151
Salzdom 146
– extrusiv 147
Salzgletscher 147
Salzintrusion
– flügel-förmige 151
Salzkissen 147
Salzmauer 147
Salzstockdach 147
Salzstöcke **146**
Salzstrukturen
– extrusive 147
Salztektonik **147**
Salzursprungslage 146
Salzwalze 147
Salzwurzel 147
San Andreas-Transformstörung 61
Sandkastenversuche 176
SAR-Aufnahmen 155
Sattel 104
Sattelkern 104
Sattelspiegel 109
S-C Gefüge 129
Scharnier 103
– wulstförmiges 116
Scharnierkollaps 116, 117
Scharnierverwerfung 55, 56
Scharnierzone 103
Scherbruch 189
Scherfalten 117
– passive 117
Scherfaltung 112, 119
Scherspannung 180, 184
– maximale 137
– reine 188
Scherrisse, planare 40
Scherung 121
– einfache 65, 67, 139, 211
– reine 65, 211
Scherungsrisse 67
Scherverformung 203, 204
Scherzone
– duktile 138, 140
schichtparalleles Gleiten 113, 114
schiefe Rampe 84
Schieferung 103, 118
– diffus 133
– disjunktiv 133
– durchgängig 133
– gebändert 133
– glatte 136
– mit Zwischenraum 133, 135
– raue 136
– stylolithische 133, 134
Schieferungsbrechung 119

Schieferungsdomäne 133, 134
Schieferungsfächer 119, 137
Schieferungsfläche, stylolithische 135
Schieferungsmeiler 119
Schieferungsrefraktion 119, 137
schiefe Subduktion 62
Schlammvulkane 146
Schleppfalten 54, 67, 122
– asymmetrische 122
Schleppfaltengeometrie 123
Schlitz 162
Schmetterkegel 26
Schmidt'sches Netz 159, 240
Schneeballporphyroblast 43
Schrägabschiebung 55, 57
Schrägstylolithen 39
Schrammen 39
Schrumpfung 25
Schubweite 84
Schuppen 87, 88
Schuppenfächer 70, 87
Schuppenstapel 89
– antiformer 90
Schuss 160
Schwereanomalien 161
Schwerebeschleunigung 4, 5
Schweregleitung 81
sedimentäres Deckgebirge 80
Seebeben 169
2-D Seismik 161
3-D Seismik 161
seismische Gefährdung, Karten zur 168
seismisches Profil 160
Seismische Tomographie 160
Seismotektonik 157
Seitenverschiebung 58
Sekundärstrukturen 122
Senkungsraten, tektonische 174
Serpentinisierung 145
Serpentinit-Diapir 145
S-Foliation 129
S-Form 122
Sichelstrukturen 40
Sickerwasser-Bereich 229
Sigmoidalklüftung 134
Sill 34
Silt 131
sinistral 58
Sohlüberschiebung 84
Spalten 72
Spaltspuren 172
Spannungen **180,** 181
– induzierte 198
Spannungsabbau 158
Spannungsaufbau 158
Spannungsellipsen 183
Spannungsellipsoid 183

Spannungsfeld 45, 46
Spannungsintensität 28
Spannungstrajektorien 46
Spannungsvektor 180, 181
Spannungszustand
– an einem Punkt 181
– isotroper 183
spätorogene Plutone 77
sphärische Projektion 240
Spiegelharnisch 39
Spreizungsrate 50
Spröd-Deformation 215
stabiles Gleiten 192
staffelförmig 67
Standortbeschaffenheit 222
statischer Reibungskoeffizient 191
Stauchfalten 111, 112
Stauchung 112
S-Tektonit 129
Stereonetz 240
– winkeltreues 240
stimulierte petrothermale Systeme 233
Störung 37
Störungsausbreitungsfalten 92, 229
Störungs-Biegefalten 92, 229
Störungsbiegesattel 54
Störungsbrekzie 40, 196
Störungsfläche 37
Störungsletten 40, 225, 234
Störungszonen 37, 233
Stoßwellen 26
Strahlen 22
Strahlenkegel 26
Strandplattform 156
Streckungsachsen, momentane 138
Streckungslineation 210
Streichen 39, 106, 159, 237, 238
– umlaufendes 108
Streichlinie 238
Streichrichtung 159
Streichwert 238
Stretch 203
Stretchwert 203
Striemung 39
strukturelle Becken 113
strukturelle Dome 113
strukturelle Terrasse 108
Stylolithen 33, 72, 134
stylolithische Schieferung 133, 134
stylolithische Schieferungsfläche 135
Subduktion 175
– schiefe 62
Subduktionszonen 8, 60, 168
Subrosion 147
Suturzone 78
Synform 103
Synklinale 104
Synklinorien 109

synsedimentäre Abschiebung 55, 57
syntaxiales Wachstum 31
synthetische Mikrobrüche 43
synthetische Zweigabschiebungen 51

T

Taschenfalten 120
Tauchfalten 108, 109
Teilchentrajektorien 211
Tektonik 2
tektonische Beulen 113
tektonische Denudation 49
tektonische Geomorphologie 155
tektonische Hebungsraten 174
tektonischer Graben 52
tektonische Senkungsraten 174
tektonische Verdickung 80
Tektonite 40, 128
Tephrochronologie 172
Terran 77, 78
Terrassen
– marine 156
– strukturelle 108
thermische Grenzlage 145
Thermolumineszenz 172
Tiefbeben 157
Tiefenprofil 161
Tiefseerinne 8, 75, 76
– parallele Horizontalverschiebungen 62
Tonbänder 134
Tondiapire 97, 146
Tonschiefer 131, 132, 136
Tonstein 131
Totes Meer-Transformstörung 61, 168
Tränendiapir 150
Transektionsschieferungen 138
Transferstörungen
– horizontal verschiebend 64
Transferverschiebungen 65
Transformstörungen 58, 59, 60, 168
Transgression 174
Translation 200
Transport
– advektiver 167
Transpositionsschieferung 137
Transpression 72, 73
Transpressionszonen 138
Transtension 72, 73
Transversalverschiebung 58
Triaxialversuch 189
Triaxialzelle 164
Tripelpunkt 60
Trockenrisse 25
Troglinie 104

Tschalenko, J.S. 67
Tsunamis 169
T-T-Transformstörung 60
Tunnelbau 162

U

überkippt 108
überkippte Falte 109
Überlagerungsdruck 17
Überlappungsbereich 69
Überlappungsüberschiebung 87
Überlappungs-Überschiebungssystem 86
Überschiebung 74, 80
– ausstreichende 84
– blinde 84, 85
Überschiebungsgürtel 76
Übertritt 67
Übertrittsbereich 69
Umfangsspannung 166
umgekehrte Fächerform 137
Umlagerungsdruck 189
umlaufendes Streichen 108
ummantelter Gneis-Dom 145
ungespanntes Grundwasser 230
uniaxialer Druckversuch 219
untere Halbkugel 240
Unterplattung 76
Uran-234 172

V

Verbindungsstrukturen 69
Verdickung 74
– tektonische 80
Verformung
– elastische 213
– infinitesimale 207

– koaxiale 211
– longitudinale 163, 202
– nicht-koaxiale 211
– plastische 214
– viskose 214
Verformungsgrad 204
Verformungshärtung 140
Verformungsschwächung 140
Verformungsverhalten **213**
vergent 175
vergente Mulde 107
Vergenz 76, 106
Verkürzung 74, 202, 229
Verlängerung 202
Versatz 39, 199
Verschiebung 88, 200
Verschiebungsfeld 201
Verschiebungsvektoren 201
Verschnittlinear 119
Verstärkungsrate 112
Verwerfungen 12, **37**, 38, 199
Verwerfungsfläche 37
Verwerfungsstufe 37
Verzerrung 200
Verzweigungspunkt 98
viskose Verformung 214
Volumenänderung 200
Volumenverformung 204
Vorderschenkel 92, 106
Vorderschenkel-Überschiebungen 117
Vorland 76, 86
Vorlandbecken 78, 87
Vortiefe 77, 78
Vorüberschiebung 91

W

Wärmeströme 6
Warvenchronologie 172

Wasserball-Diagramme 160
Wasserscheide 156
Wellenlänge 104
Wendelinien 103
Wernicke-Modell 49
wiederhergestelltes Profil 226
wiederholte Mineralisation 223
Wilson, J.T. 60
Windstrom 177
Winkel der inneren Reibung 189, 191
Winkelscherung 203
Winkelströmung 9
winkeltreues Stereonetz 240
Wollsackverwitterung 25
wulstförmiges Scharnier 116
wurzellose Falten 119

Y

y-Graben 51

Z

Zerrgräben 69
Z-Form 122
Zickzack-Falten 101, 115
Zug 200
Zugbruch 192
– Bohrloch-induziert 166
Zug-Bruch-Einhüllende 192
Zugfestigkeit 13, 192
Zugrisse 67
– planare 40
Zugspalten 124
Zugspannung 12, 13, 192
Zweiggleitflächen 37
Zweigabschiebung, synthetische 51
Zweigüberschiebung 88

Index der englischen Fachbegriffe

A

abrasion platform Strandplattform 156
accomodation zone Akkomodationszone 54
accretionary prism Akkretionskeil 76
active diapirism aktiver Diapirismus 150
active plate margin aktiver Plattenrand 74
aggregate lineation längliche Kornverbände 140
allochthon Allochthon 80
alteration spots Reduktionsflecken 140
amplification rate Verstärkungsrate 112
amplitude Amplitude 104
anastomosing verzweigt 156
Anderson's theory Anderson-Theorie 44
angle of dip Fallwinkel 106
angle of internal friction Winkel der inneren Reibung 191
angular shear Winkelscherung 203
anisotropy Anisotropie 103
antecendent incision antezedente Eintiefung 156
anticline Antiklinale 92, 104
anticlinoria Antiklinorien 109
anticracks Antirisse 72
antifanning umgekehrte Fächerform 137
antiformal stack antiformer (sattelförmiger) Schuppenstapel 89
antiform Antiform 103
antitaxial growth antitaxiales Wachstum 32
antithetic accomodation thrust Rücküberschiebung 89
aperture Öffnung 12
aquifer Grundwasserleiter 229
aquitard Aquitard 229
archeoseismology Archäoseismologie 157
area Fläche 180
arrays of geophones Geophonauslage 160
arrest lines Haltelinien 23
artesian water artesisches Wasser 230
asthenosphere Asthenosphäre 7
asymmetric folds asymmetrische Falten 106
autochthon Autochthon 80
auxiliary plane Hilfsfläche 158
axial angle Achsenwinkel 104, 229
axial plane Achsenebene 104
axial plane cleavage Achsenflächenschieferung 137
axial surface Achsenfläche 104

B

back arc Bereich hinter dem magmatischen Bogen 76
backlimb Rückschenkel 92, 106
back thrust Rücküberschiebung 89
balanced cross section Ausgeglichenes (bilanziertes) Profil 226
banded cleavage gebänderte Schieferung 133
basal decollement basaler Abscherhorizont 175
basal thrust basale Überschiebung 85, 175
basement Grundgebirge 80
basin inversion Beckeninversion 96
batholiths Batholithe 145
beach ball diagrams Wasserball-Diagramme 160
bedding joints Lagerklüfte 27
bedding-plane slip schichtparalleles Gleiten 114
bending Biegefaltung 112
bends Biegungen 69
bivergent bivergent 76
blind thrust blinde Überschiebung 84
body force Körperkraft 4
borehole breakouts Bohrlochrandausbrüche 166
borehole-slotter Bohrloch-Schlitzsonde 165
boudinage Boudinage 141
boudin-lines Boudin-Linien 140, 141
box folds Kofferfalten 94, 116
branch point Verzweigungspunkt 98
branch thrusts Zweigüberschiebungen 88
breakdown pressure kritischer Flüssigkeitsdruck 165
brecciated zone Brekzienzone 225
brecciation Brekziierung 41
brittle deformation Spröd-Deformation 199, 215
brittle spröd 189
buckle folds Stauchfalten, Buckelfalten 111, 112
buckling Buckelfaltung 112
building activities Baumaßnahmen 222
bulbous hinge wulstförmiges Scharnier 116
buoyancy Auftrieb 144
buoyancy stress Auftriebsspannung 177
burial-metamorphosis Versenkungsmetamorphose 130
Byerlee's law Byerlee'sches Gesetz 192

C

capillary fringe Kapillarsaum 229
cataclasis Kataklase 40, 130, 196
cataclasite Kataklasit 40
cataclastic flow kataklastisches Fließen 138, 196
cataclastic-metamorphosis kataklastische Metamorphose 130
chevron folds Knickfalten 92, 110, 116
circumferential stress Umfangsspannung 166
circumferential strike umlaufendes Streichen 108

clastic dike klastischer Gang 24
clay diapir Tondiapir 146
clay-seams Tonbänder 134
cleavage domains Schieferungsdomänen 133
cleavage fans Schieferungsfächer 119, 137
cleavage refraction Schieferungsbrechung, Schieferungsrefraktion 119
cleavage Schieferung 103, 118
– *continuous* durchgängige Schieferung 127, 133
– *crenulation* Runzelschieferung 133, 136
– *diffuse* diffuse Schieferung 133
– *disjunctive* disjunktive Schieferung 133
– *pencil* Griffelschiefer 132, 140
– *penetrative* penetrativen Schieferung 127
– *refracted* Schieferungsrefraktion 137
– *slaty* Dachschiefer 132
– *smooth* glatte Schieferung 136
– *solution* Lösungsschieferung 135
– *spaced* Schieferung mit Zwischenraum 127, 133, 135
– *stylolitic* stylolithische Schieferung 133
– *transection* Transektionsschieferung 138
– *transposition* Transpositionsschieferung 137
coaxial strain koaxiale Verformung 211
coefficient of dynamic friction Gleitreibungskoeffizient 192
coefficient of static friction Haftreibungskoeffizient 191
collisional resistance force Kollisionswiderstand 9
compaction fault Kompaktionsabschiebung 57
competency contrast Kompetenzkontrast 112
complete state of stress at a point Spannungszustand an einem Punkt 181
components of infinitesimal strain Komponenten der infinitesimalen Deformation 208
composite growth Zusammengesetztes Wachstum 32
compositional cleavage Schieferung nach der Zusammensetzung 133
compressive stress kompressive, positive Druckspannung 180

concentric folds konzentrische Falten 114, 229
conchoidal step fractures muschelförmige Bruchstufen 23
confineded aquifer gespanntes Grundwasser 230
confining pressure Umlagerungsdruck 189
conjugate kink bands konjugierte Knickbänder 116
conjugate Riedel shears Konjugierte Riedelscherflächen 67
constant area balancing Flächenausgleich 228
constant line balancing Längenausgleich 228
construction engineering Bauwesen 222
contact strain sensor Kontaktdehnungsaufnehmer 165
continental collision Kontinent-Kontinent-Kollision 76
continous cleavage durchgängige Schieferung 127, 133
continous foliation durchgängige Schieferung 133
core of the anticline Sattelkern 104
core of the syncline Muldenkern 104
Coulomb fracture criterion Coulomb'sches Bruchkriterium 189
creeping kriechend 39
creep Kriechen 218
crenulation cleavage Runzelschieferung 133, 136
crenulation lineation Runzellineationen 140
crenulation Runzelung 109
crest Kammlinie 104
critical surface slope kritische Oberflächenneigung 175
critical taper analysis kritische Keilanalyse 79
critical taper kritische Keilform 79, 175
cross joints Querklüfte 27
crustal slivers Krustensplitter 63
cryoturbation Kryoturbation 126
crystalline nappes kristalline Decken 80
crystal-plastic kristall-plastisch 138
culmination Kulmination 108
curvature Krümmung 103
curving plume structure gekrümmte Besenstruktur 22
cuspate-lobate folds kuspat-lobate Falten 112
cut off point Abrisspunkt 39

D

Darcy's law Darcy'schen Gesetz 230
decollement buckling Abscherungs-Knickung 94
deformation Deformation 199
– *brittle* spröde (bruchhafte) Deformation 199, 215
– *ductile* duktile Deformation 215
– *plastic* plastische (bruchlose) Deformation 199
– *progressive* progressive Deformation 202
deformation history Deformationsgeschichte 202
deformation modulus Verformungsmodul 218
density inversion Dichteinversion 144
denudation Denudation 175
deposit Lagerstätte 222
depression Depression 108
depth section Tiefenprofil 161
depth-to-detachment Tiefenlage Abscherhorizont 228
desiccation fissures Trockenrisse 25
detachment Abscherung, Abscherungshorizont 48, 80, 115
detachment fold Abscherungsfalte 93
deviatoric stress Deviatorspannung 183
diapirism Diapirismus 144
– *passive* passiver Diapirismus 150
– *reactive* reagierender Diapirismus 150
diapirs Diapire 144
differential stress Differentialspannung 185
diffuse cleavage diffuse Schieferung 133
diffusional flow Diffusionsfließen 139
dike Dike 34
dilatational breccia Dilatationsbrekzie 41
dip direction Einfallsrichtung 159
dip Einfallen, Fallen 159, 39, 106
dip isogons Fall-Isogonen 111
dip-slip striation Fall-Striemung 44
disharmonic folded disharmonisch gefaltet 112
disjunctive cleavage disjunktive Schieferung 133
dislocation Dislokation, Versatz 158, 159, 199

displacement field Verschiebungsfeld 201
displacement vector Verschiebungsvektor 201
displacement Versatz 39
diving folds Tauchfalten 108
domains Domänen 127
doming Aufdomung 48
doorstopper-method Doorstopper-Methode 163
drag folds Schleppfalten 54, 67, 122
drainage divide Wasserscheiden 156
drainage pattern Gewässernetz 156
drawdown Grundwasserabsenkung 230
drilling-induced tensile fractures DITF Bohrloch-induzierte Zugbrüche 166
Druck compression 200
ductile deformation duktile Deformation 215
ductile duktil 189
ductile shear-zones Duktile Scherzonen 138
duplex Duplex 88
dynamic-metamorphosis Dynamometamorphose 130

E

earthquake density maps Karten zur Erdbebendichte 168
emergent thrust ausstreichende Überschiebung 84
enveloping fold surface Faltenspiegel 109
epicenter Epizentrum 158
epigenetic epigenetisch 223
erosion rate Erosionsrate 174
escape blocks Fluchtschollen 63
escape tectonics Fluchtschollentektonik 63
evaporation Evaporation 146
extensional basin Extensionsbecken 96
extensional veins Zugspalten 124
extension fracture Extensionsbruch 12, Zugriss 67
extension veins Fiederpalten 67
extension Verlängerung 202
extrusive advance extrusives Fortschreiten 151
extrusive salt structures extrusive Salzstrukturen 147

F

fabric Gefüge 40
fabric Korngefüge 103, 128
fanning fächerförmig 137
fault Verwerfung, Störung 12, 37, 199
- *compaction* Kompaktionsabschiebung 57
- *hinge* Scharnierverwerfung 55
- *neutral* neutraler Verwerfungsabschnitt 98
- *normal* Abschiebung 37, 48, 55
- *strike-slip* Horizontalverschiebung 37, 58
- *reverse* Aufschiebung 37, 74
- *synsedimentary normal* synsedimentäre Abschiebung 55
- *tear* Querverschiebung 65
- *thrust* Aufschiebung 37
- *transfer strike-slip* horizonzal verschiebende Transferstörung
fault-bend anticline Störungsbiegesattel 54
fault-bend fold Störungs-Biegefalte 92, 229
fault breccia Störungsbrekzie 40, 196
fault gauge Störungsletten 40, 225
fault plane Herdfläche 158
fault plane solutions Herdflächenlösungen 158
fault-propagation fold Störungsausbreitungsfalte 92, 229
fault-ramp synkline Rampen-Mulde 54
fault scarp Bruch– oder Verwerfungsstufe 37
fault surface Verwerfungs– oder Störungsfläche 37
finite state of strain deformierter Endzustand 201
finite strain-marker Deformationsmarker 137
first motion Erstausschlag 158
first-order fold Primärfalte 122
flat Flachbahn 84
flat jack hydraulisches Druckkissen 162
flat-jack method Druckkissenmethode 162
flattening Plättung 111, 128
flexural drape fold Drapierfalte 54
flexural flow Biegefließen 121
flexural-flow folding Biegefließfaltung 138
flexural-shear folding Biegescherfaltung 137
flexural-shear folds Biegescherfalten 121

flexural slip Biegegleitung 116, 121
flexural-slip folds Biegegleitfalten 114
flexural slip schichtparalleles Gleiten 114
flexure Flexur 108
flow folds Fließfalten 120, 125
flow strength Fließfestigkeit 140
focal depth Herdtiefe 158
focus Anfangspunkt des Bruches 157
fold-accommodation faults Falten-Anpassungsverwerfungen 117
fold axis Faltenachse 104
fold belts Faltengürtel 108
fold domains Faltenbereiche 103
fold hinge lineation Faltenscharnier-Lineationen 140
fold limbs Faltenschenkel 103
fold orientation Lage einer Falte 105
folds Falten 199
- *asymmetric* asymmetrische Falten 106
- *box* Kofferfalten 94
- *chevron* Knickfalten 92, 110, 116
- *concentric* konzentrische Falten 114, 229
- *cuspate* kuspate Falten 112
- *detachment* Abscherungsfalten 93
- *diving* Tauchfalten 108
- *drag* Schleppfalten 54, 67, 122
- *first-order* Primärfalten 122
- *flexural drape* Drapierfalten 54
- *flexural-shear* Biegescherfalten 121
- *flexural-slip* Biegegleitfalten 114
- *flow* Fließfalten 120, 125
- *forced* erzwungene Falten 121
- *inclined* geneigte Falten 106
- *intrafolial* Intrafolialfalten 119
- *high order* Falten höherer Ordnung 109
- *kink* Knickfalten 115
- *knee* Kniefalten 110
- *lobate* lobate Falten 112
- *minor* Kleinfalten 122
- *parallel* Parallelfalten 111, 114
- *parasitic* Parasitärfalten 122
- *ptygmatic* ptygmatische Falten 112
- *recumbent* liegende Falten 106
- *rootless* wurzellosen Falten 119
- *rounded* Rundfalten 110
- *shear* Scherfalten 117
- *sheath* Taschenfalten oder Futteralfalten 120

Index der englischen Fachbegriffe

- *third order* Falten dritter Ordnung 109
- *transected* durchgeschnittene Falten 138
- *upright* aufrechte Falten 106
- *zigzag* Zickzack-Falten 115
fold style Faltenstil 103
fold trains Faltenzüge 108
foliation Foliation 118, 127
- *continuous* durchgängige Foliation, Schieferung 133
- *primary* primäre Foliation 127
- *secondary* sekundäre Foliation 127
- *spaced Foliation* Schieferung mit Zwischenraum 127, 133
footwall cutoff Liegendabriss 84
foot wall Liegendblock 37
footwall Liegendes 86
footwall shortcut thrust Liegendblock-Abkürzungsüberschiebung 97
forced folds erzwungene Falten 121
force Kraft 180
forces Kräfte 4
forearc Bereich vor dem magmatischen Bogen 76
foredeep Vortiefe 78
foreland basin Vorlandbecken 78, 87
foreland Vorland 76, 86
forelimb thrust Vorderschenkel-Überschiebung 117
forelimb Vorderschenkel 92, 106
forethrust Vorüberschiebung 91
fracture Bruch 12, 199
fracture-system architecture Bruchsystem-Architektur 29
fracture zones Bruchzonen 50, 60
frictional sliding Reibungsgleiten 191
fringe joints Randklüfte 23
frontal accretion frontale Akkretion 76
frontal ramp frontale Rampe 84

G

geodesy Geodäsie 155
geohazards Geogefahren 167
geological cross section geologisches Profil 226
georisks Georisiken 167
geothermal energy Geothermische Energie 231
geothermal step geothermische Tiefenstufe 231
glaciotectonics Glazialtektonik 78

gneiss dome Gneis-Dom 145
gneiss Gneis 131
graben Graben 51
grain lineations ausgelängte Mineralkörner 140
granite dome Granit-Dom 145
granite tectonics Granittektonik 27
gravimetry Gravimetrie 161
gravitational gliding Schweregleitung 81
gravitational nappes gravitative Gleitdecken 81
great circle Großkreis 240
Griffith cracks Griffith-Risse 14
grooves Schrammen, Riefungen 39, 143
ground motion Bodenbewegung 157
Ground Penetrating Radar – GPR Georadar 161
ground water Grundwasser 229

H

hackles Strahlen 22
halokinesis Halokinese 125, 148
hanging wall bypass thrust Hangendblock Bypass Überschiebung 97
hangingwall cutoff Hangendabriss 84
hanging wall Hangendblock 37
height of fold Faltenhöhe 104
high order folds Falten höherer Ordnung 109
hinge collapse Scharnierkollaps 116
hinge fault Scharnierverwerfung 55
hinge lines Scharnierlinien 103
hinge Scharnier 103
hinge zones Scharnierzonen 103
hinterland Hinterland 86
homocline Homoklinale 108
homogeneous strain homogene Deformation 201
Hooke's law Hooke'sches Gesetz 213
hoop stress Umfangsspannung 166
horsetail structur Pferdeschwanzstruktur 70
horst Horst 51
hotspot Hot Spot, heißer Fleck 145
hybrid joints hybride Klüfte 32
hydration Hydration 145
hydraulic fracturing Hydraulisches Bruchverfahren 165
hydrocarbons Kohlenwasserstoffe 224
hydrology Hydrologie 222
hypocenter Hypozentrum 157

I

imbricate fan Schuppenfächer 70, 87
impact-metamorphosis Impaktmetamorphose 130
impact Impakt 130
implosion breccias Implosionsbrekzien 41
inclined fold geneigte Falte 106
incremental distortion kleine Verformungsschritte 202
infinite infinitesimal 182
infinitesimal strain infinitesimale Deformation 202
inflexion lines Wendelinien 103
inhomogeneous strain inhomogene Deformation 201
instantaneous stretching axes momentanen Streckungsachsen 138
Interferometric Synthetic Aperture Radar differentielle Radarinterferometrie 154
interlayer slip Faltungsvorschub 114
interlimb angle Öffnungswinkel 103
intersection lineation Überschneidungslineare 140
intersection lineation Verschnittlinear, Delta-Linear, Überschneidungslineation 119, 128
intrafolial folds Intrafolialfalten 119
intrusive breccias Intrusionsbrekzien 41
inversion tectonics Inversionstektonik 96
island arc Inselbogen 76
isoclinal isoklinal 104
isostasy Isostasie 77
isostatic rebound isostatische Rückfederung 77, 146

J

jet-stream Windstrom 177
joint Kluft 12
- *fringe* Randkluft 23
- *hybrid* hybride Kluft 32
- *master* Hauptkluft 19
- *nonsystematic* nicht-systematischen Kluft 20
- *shear joint* Scherkluft 32
- *systematic* systematische Kluft 20
- *unloading* Entlastungskluft 25
joint network Kluftnetz 20

joint set   Kluftschar   19
joint spacing   Kluftabstand   19
joint system   Kluftsystem   19
joint trace   Kluftspur   19

K

key bed   Leitschicht   228
kink band   Knickband   92, 115
kink fold   Knickfalte   92
kink folds   Knickfalten   115
kink plane   Knickebene   115
klippe   Klippe   80
knee folds   Kniefalten   110

L

laccolith   Lakkolith   34
large scale   Großskalige   144
lateral ramp   laterale Rampe   84
left stepping   linkstretend   67
lenticular   linsenförmig   141
limb thrust   Flankenaufschiebung   116, 224
lineations   Lineationen   27, 128, 140
listric   listrisch   46
lithospheric bending   Lithosphärenverbiegung   103
lode deposits   Ganglagerstätten   223
longitudinal joints   Längsklüfte   27
longitudinal strain   longitudinale Verformung   163, 202
lower hemisphere   untere Halbkugel   240

M

magma pressure   Magma-Druck   34
magnitude   Magnitude   158
main joint faces   Hauptkluftflächen   22
mantled gneiss dome   ummantelter Gneis-Dom   145
mantle drag force   Mantelschleppkraft   8
mantle plume   Manteldiapir   97, 144
marine terraces   marine Terrassen   156
marker layer   Leitschicht   111
marker layer   Markierungslage   118
master joints   Hauptklüfte   19
mean stress   Durchschnittsspannung   183
megabreccias   Megabrekzien   40
metamorphic core complex   metamorphen Kernkomplex   49, 146

metamorphic facies   metamorphen Fazies   130
metamorphosis   Metamorphose   129
mica fish   Glimmerfisch   42
mica-schists   Glimmerschiefer   131
microbreccia   Mikrobrekzie   40
microlithon   Mikrolithon   133
mid oceanic ridges   Mittelozeanischer Rücken   50
mineral assemblages   Mineralparagenesen   130
mineral fibers   Kristallfasern   30
mineral lineations   Minerallineationen   140
mineral resources   mineralische Rohstoffe   222
mining, mining industry   Bergbau   162, 222
minor folds   Kleinfalten   122
minor structures   Sekundärstrukturen   122
Mohr circle of strain   Mohr'scher Deformationskreis   208
Mohr-Coulomb criterion   Mohr-Coulomb'sches Bruchkriterium   189
Mohr stress circle   Mohr'scher Spannungskreis   186
monocline   Monoklinalfalte oder Monoklinale   108
mud-cracks   Trockenrisse   25
mud diapir   Tondiapir   97

mud volcano   Schlammvulkan   146
mullion   Mullion   112, 140, 142
multiple mineralisation   wiederholte Mineralisation   223
mushroom-shaped   pilzartig   147
mylonitic foliation   mylonitische Foliation   127
mylonitic rocks   Mylonite   41

N

nappe   Decke   80
natural hazards   Naturgefahren   167
neck line   Einbuchtungslinie   141
neck   Einbuchtung   141
negative flower structure   negative Blumenstruktur   72
negative inversion   negative Inversion   96
neotectonics   Neotektonik   153
neptunian dike   neptunischer Dike   35
net compression   Netto-Kompression   96

net extension   Netto-Extension   96
neutral faults   neutrale Verwerfungsabschnitte   98
nodal lines   Knotenlinien   158
noncoaxial strain   nicht-koaxiale Verformung   211
nonsystematic joints   nicht-systematischen Klüfte   20
normal fault   Abschiebung   37, 48
normal force   Normalkraft   5
normal strain   Normaldeformation   208
normal stress   Normalspannung   180
null point   Nullpunkt   97
null zones   Nullzonen   98

O

obduction   Obduktion   78
oblique joints   Diagonalklüfte   27
oblique ramp   schiefe Rampe   84
oblique   schräg   39
oblique slip   Schrägverschiebung   55
oblique stril-slip fault   schiefe Horizontalverschiebung   58
oblique subduction   schiefe Subduktion   62
oil window   Ölfenster   224
on-site conditions   Standortbeschaffenheit   222
open-toed sheet   überlagerte Salzdecke   151
ophiolite   Ophiolithe   78
ore deposits   Erzlagerstätten   223
oroclines   Oroklinen   101
orogenic belt   Gebirgsgürtel   77
orogenic wedge   Gebirgskeil   175
out-of-the syncline thrust   Muldenauspressung   117
overlap thrust   Überlappungsüberschiebung   87
overstep thrust   Überlappungsüberschiebung   87
overturned   überkippt   108, 138

P

Paleoseismology   Paläoseismologie   156
parallel folds   Parallelfalten   111, 114
parasitic folds   Parasitärfalten   122
parautochthonous   parautochthon   81
parent stratum   Ausgangslage   144

particle trajectories Teilchentrajektorien 211
passive diapir passiver Diapir 150
passive flow folds passive Fließfalten 117
passive shear folds passive Scherfalten 117
pencil cleavage Griffelschiefer 132, 140
pencil structure Griffelschiefer 132
pencil structures Bleistiftstrukturen 140
penetrative cleavage penetrativen Schieferung 127
penny-shaped cracks münzenförmige Risse 14
photo lineation Fotolineation 128
phyllite Phyllit 131
piercing point Abrisspunkt, Bezugspunkt 39
piggy back basin Huckepack-Becken 87
piggy back huckepack 86
pinch and swell structure ab- und anschwellende Struktur 141
pin points Begrenzungspunkte 228
plane of anisotropy Anisotropieebene 116
plane strain ebenen Deformation 128
plane strain ebene Verformung 227
plastic deformation plastische (bruchlose) Deformation 199
plume structure Besenstruktur 22
– *curving plume* gekrümmte Besenstruktur 22
– *rhythmic c-type* rhythmisch gekrümmte Besenstruktur 22
– *straight plume* gerade Besenstruktur 22
plunge Abtauchen, Abtauchrichtung 39, 105, 159, 238
pluton Pluton 145
Poisson ratio Poisson Zahl 162
pole Polpunkt 240
polished slip surface Spiegelharnisch 39
pop-up structure Aufpressscholle 91
porhyroblasts Porphyroblasten 43
porphyroclasts Porphyroklasten 42
positive flower structure positive Blumenstruktur 72
positive inversion positive Inversion 96
potentiometric surface Grundwasserdruckfläche 230

pressure-metamorphosis Druckbetonte Metamorphose 129
pressure shadow Druckschatten 43, 142
primary foliation primäre Foliation 127
primary migration 1. Migration 225
primary wave Primärwellen 158
principal axes of strain Hauptverformungsachsen 204
principal directions of strain Hauptrichtungen der Deformation 204
principal planes of strain Hauptdeformationsebenen 204
principal planes of stress Hauptspannungsebenen 183
principal slip surface Hauptgleitfläche 37
principal stresses Hauptspannungen 183
principal stress trajectories Hauptspannungstrajektorien 45
prograde metamorphisis prograde Metamorphose 130
progressive deformation progressive Deformation 202
protolith Protolith 130
psammite Psammit 136
pseudotachylite Pseudotachylit 41
P-shears P-Scherflächen 67
ptygmatic folds ptygmatische Falten 112
pull apart structure Zerrgraben 96
pull apart Zerrgraben 69
pure shear reine Scherung 65
pure shear stress reine Scherspannung 188
push ups Aufpressungen 69

Q

quadratic elongation quadratische Elongation 203

R

radiation pattern Abstrahlcharakterisik 158
ramp anticlines Rampenantiklinale 86
ramp Rampe 84
random fabric regellose Korngefüge 133

rates of tectonic uplift / subsidence tektonische Hebungs-/ und Senkungsraten 174
Rayleigh-Taylor-instability Rayleigh-Taylor-Instabilität 125
reactive diapirm reagierender Diapirismus 150
recumbent fold liegende Falte 106
reduction spots Reduktionsflecken 140
reflection seismics Reflexionsseismik 160
refracted cleavage Schieferungsrefraktion 137
refraction seismics Refraktionsseismik 161
regional-metamorphosis Regionalmetamorphose 130
regression Regression 174
relay ramp Relaisrampe 54
releasing bend entlastende Biegung 69
reservoir induced seismicity RIS Stausee induzierte Seismizität 236
reservoir rocks Erdölspeichergesteine 225
resistance Festigkeit 199
restored section wiederhergestelltes Profil 226
restraining bend blockierende Biegung 69
retrograde Metamorphosis retrograden Metamorphose 130
reverse fault Aufschiebung 74
rheology Rheologie 213
rhythmic c-type plume rhythmisch gekrümmte Besenstruktur 22
ribs Rippen 23
ridge-push force Rückendruckkraft 8
ridge resistance Reibungswiderstand 8
ridge-ridge transform fault Rücken-Rücken- oder R-R-Transformstörung 60
ridge Grat 59
ridge-trench transform fault R-T-Transformstörung 60
Riedel shear Riedelscherfläche 67
right stepping rechtstretend 67
rim synclines Randsenken 147
rock-bursts Bergschläge 236
Rock Mechanics Felsmechanik 162
rods Mineralstäbe 143
roof thrust Dachüberschiebung 88
rootless folds wurzellosen Falten 119
rotation Rotation 200

rounded folds Rundfalten 110
rupture Bruch 12

S

saddle reefs mineralisierte Sattelumbiegungen 224
salt anticlines Salzantiklinale 146
salt diapir Salzdiapir 97, 146
salt dome cap rock Hutgestein 147
salt dome Salzdom 146
salt glacier Salzgletscher 147
salt nappe Salzdecke 146, 151
salt pillow Salzkissen 146
salt plug Salzstock 146
salt ridgs Salzrücken 146
salt rolles Salzwalze 146
salt root Salzwurzel 147
salt sheet Salzdecke 146, 151
salt source layer Salzursprungslage, ursprüngliche Salzlage 146, 150
salt stock Salzstock 146
salt tectonics Salztektonik 147
salt wall Salzmauer 146
salt wing Flügel-förmige Salzintrusion 151
sandbox experiment Sandkastenversuch 176
scratches Schrammen 39
seal Abdichtung 225
sea-way Meeresstraße 178
secondary foliation sekundäre Foliation 127
secondary slip surfaces Neben– oder Zweiggleitflächen 37
second order folds Sättel und Mulden zweiter Ordnung 109
sedimentary cover sedimentäre Deckgebirge 48, 80
seismic hazard maps Karten zur seismischen Gefährdung 168
seismic section seismisches Profil 160
seismic tomography Seismische Tomographie 160
Seismotectonics Seismotektonik 157
selvages Salbänder 136
serpentinisation Serpentinisierung 145
serpentinite diapir Serpentinit-Diapir 145
shake maps Erschütterungs-Karten 168
shale, shales Tonschiefer 131, 132, 136
shallow earthquake Flachbeben 8

shatter cone Druck-, Schmetter– oder Strahlenkegel 26
shear fold Scherfalte 117
shear force Scherkraft 5
shear fracture Scherbruch 189
shearing Scherung 121
shear joint Scherkluft 32
shear strain Scherverformung 203
shear stress Scherspannung 180
sheath folds Taschenfalten oder Futteralfalten 120
sheath Futteral 145
sheeting Entlastungsklüfte 25
shortening Verkürzung 74
shot Schuss 160
shrinkage Schrumpfung 25
sill Lagergang 34
similar folds kongruente oder ähnliche Falten 111, 119
simple shear einfache Scherung 65, 139
slab break-off Platten-Abriss 76
slab-pull force Plattenzugkraft 8
slates Dachschiefer, Tonschiefer 132, 136
slaty cleavage Dachschiefer 132
slickenfibers langgestreckte Mineralfasern 39
slickenline Striemung, Harnisch, Bewegungsspur 128, 143
slickenside Striemung, Harnisch, Harnischfläche 39, 128, 143
slickolites Schrägstylolithen 39
slip lines Gleitlinien 64
slip sheets Gleitdecken 81
slip vector Gleitvektor 39
slip Verschiebung 88
slot Schlitz 162
slump folds Rutschfalten 125
small scale folds Kleinfalten 109
smooth cleavage glatte Schieferung 136
sole thrust Sohlüberschiebung 84
solution cleavage Lösungsschieferung 135
source-rock Erdölmuttergestein 224
spaced cleavage Schieferung mit Zwischenraum 127, 133, 135
spaced foliation Schieferung mit Zwischenraum 127, 133
spacing Abstand 112
sphere Kugel 240
spherical projection sphärische Projektion 240
spheroidal weathering Wollsackverwitterung 25
stable sliding stabiles Gleiten 192

stem Stamm 147
stepover Übertritt 67
stepover zone Übertritts- oder Überlappungsbereich 69
stereonet Stereonetz 240
stick-slip sliding Ruckgleiten 192
straight plume gerade Besenstruktur 22
strain Verformung, Deformation 199
– *coaxial* koaxiale Verformung 211
– *components of infinitesimal* Komponenten der infinitesimalen Deformation 208
– *homogeneous* homogene Deformation 201
– *infinitesimal* infinitesimale Deformation 202
– *noncoaxial* nicht-koaxiale Verformung 211
– *normal* Normaldeformation 208
– *plane* ebene Verformung 227
– *principal axes of* Hauptverformungsachsen 204
– *principal directions of* Hauptrichtungen der Deformation 204
– *principal planes of* Hauptdeformationsebenen 204
– *shear* Scherverformung 203
– *volumetric* Volumenverformung 204
strain ellipse Deformationsellipse 204
strain ellipsoid Deformationsellipsoid 204
strain gauge Deformationsmesssonde 162, 163
strain hardening Verformungshärtung 140
strain intensity Verformungsgrad 204
strain partitioning Aufteilung der Deformation 62
strain-rosette Deformationsrosette 163
strain softening Verformungsschwächung 140
strenght Festigkeit 21, 199
stress ellipsoid Spannungsellipsoid 183
stress field Spannungsfeld 45
stress intensity Spannungsintensität 28
stress release Spannungsabbau 158
stress relief method Gebirgsentlastungsverfahren 162
stress Spannung 180, 181

- *compressive* kompressive, positive Druckspannung 180
- *deviatoric* Deviatorspannung 183
- *differential* Differentialspannung 185
- *mean* Durchschnittsspannung 183
- *normal* Normalspannung 180
- *principal* Hauptspannung 183
- *principal planes of* Hauptspannungsebenen 183
- *pure shear* reine Scherspannung 188
- *shear* Scherspannung 180
- *trajectories* Spannungstrajektorien 45

stress vector Spannungsvektor 180
stretching lineation Streckungslineation 140, 210
stretch Stretch 203
strike-slip duplex Horizontalverschiebungs-Duplex 70
strike-slip fault Horizontalverschiebung 37, 58
strike-slip fault zone Horizontalverschiebungszone 58
strike-slip Streichen 39
strike-slip striation Horizontal-Striemung 44
strike Streichen 39, 106, 159, 237
structural basin strukturelles Becken 113
structural dome tektonische Beule oder struktureller Dom 113
structural slickenlines tektonische Striemungen 140
structural terraces strukturelle Terrassen 108
stylolites Stylolithen 33
stylolitic cleavage stylolithische Schieferung 133
subduction Subduktion 175
subrosion Subrosion 147
suction force Saugkraft 9
super-continents Großkontinente 178
surface forces Oberflächenkräfte 4
surface processes Oberflächenprozesse 155
suture Suturzone 78
syncline Synklinale 86, 104
synclinoria Synklinorien 109
synform Synform 103
synsedimentary normal fault synsedimentäre Abschiebung 55
syntaxial growth syntaxiales Wachstum 31

systematic joint systematische Kluft 20

T

teardrop diapir Tränendiapir 150
teardrop-shaped tränenförmig 147
tear fault Querverschiebung 65
tectonic denudation tektonische Denudation 49
tectonic striation Striemung, Harnisch 128
tectonic thickening tektonische Verdickung 80
tectonite Tektonit 40, 128
temperature-metamorphosis Temperaturmetamorphose 129
tensile fracture Zugbruch 12
tensile strength Zugfestigkeit 192
tensile stress (negative) Zugspannung 180, 192
tension fracture Zugbruch 192
tension Zug 200
terran Terran, Krustenblock 78
theoretical criterion of rupture theoretisches Bruchkriterium 14
thermal boundary layer thermische Grenzlage 145
thickening Verdickung 74
third order folds Falten dritter Ordnung 109
thrust advance fortschreitende Überschiebung 151
thrust belt Überschiebungsgürtel 76
thrust fault Überschiebung 74
thrust horse Schuppe 88
thrust fault Aufschiebung 37
- *emergent* ausstreichende Auf/Überschiebung 84
- *forelimb* Vorderschenkel-Auf/Überschiebung 117
- *out-of-the syncline* Muldenauspressung 117
- *overlap, overstep* Überlappungsüberschiebung 87
- *roof* Dachüberschiebung 88

thrust sheet Decke 80, 87
thrust slice Schuppe 87, 88
thrust splay Zweigüberschiebung 88
topographic slope Hangneigung 175
traction Kraftübertragung 4
transcurrent fault Horizontalverschiebung 58
transected folds durchgeschnittene Falten 138

transection cleavages Transektionsschieferungen 138
transfer strike-slip faults Horizontal verschiebende Transferstörungen 64
transform-faults Transformstörungen 58
- *ridge-ridge* Rücken-Rücken- oder R-R-Transformstörung 60
- *ridge-trench* Rücken-Tiefseerinne oder R-T-Transformstörung 60
- *trench-trench* Tiefseerinne-Tiefseerinne oder T-T-Transformstörung 60

transgression Transgression 174
translation Translation 200
transposition cleavage Transpositionsschieferung 137
transpression zones Transpressionszonen 138
trench Graben 157
trench parallel strike-slip faults Tiefseerinnen parallele Horizontalverschiebungen 62
trench Tiefseerinne 8, 76
trench-trench transform fault Tiefseerinne-Tiefseerinne oder T-T-Transformstörung 60
trend Richtung 39
trend Streichrichtung 159
triangle zone Dreieckszone 91
triaxial strain cell Triaxialzelle 164
triple junction Tripelpunkt 60
trough line Mulden- oder Troglinie 104
tunneling Tunnelbau 162

U

unconfinded aquifer ungespanntes Grundwasser 230
underplating Unterplattung 76
unloading joint Entlastungskluft 25
upright fold aufrechte Falte 106

V

vadose Zone Sickerwasser-Bereich 229
vein deposits Ganglagerstätten 223
vein Spalte, Gang 72, 223
vergence Vergenz 76, 106
vergent vergent 175
volumetric strain Volumenverformung 204
vulnerability Anfälligkeit 167

W

waste-deposal Abfallentsorgung 222
water table Grundwasserspiegel 229
wave-cut notch Brandungshohlkehren 156
wave-cut platform Strandplattformen 156
wavelength Wellenlänge 104

width of fold Faltenbreite 104
window Fenster 80
wing cracks Flügelrisse 15

Y

yield point Elastizitätsgrenze 188
yield stress Fließgrenze 215
Young modulus Elastizitätsmodul 162, 217

Z

zigzag folds Zickzack-Falten 115
zone of aeration Sickerwasser-Bereich 229
zone of saturation phreatischen Zone 229

Springer Spektrum

springer-spektrum.de

:hlektüre fürs Studium

Grundlagen der Geologie

H. Bahlburg / C. Breitkreuz

Im System Erde wirken geologische, geophysikalische, mineralogische, chemische und astronomische Vorgänge und Kräfte zusammen. Auch der Mensch ist Teil des geologischen Geschehens. Für die vierte Auflage haben Heinrich Bahlburg und Christoph Breitkreuz den Inhalt dieses Lehrbuchklassikers an vielen Stellen überarbeitet und erweitert, v.a. die Abschnitte über Sedimentation und über den Menschen im System Erde.

4. Aufl. 2012. ca. 448 S. mit 390 Abb. Geb.
ISBN 978-3-8274-2820-2
▶ € (D) 44,95 | € (A) 46,21 | *sFr 56,00

Gesteinskunde

U. Sebastian

Dieses Buch vermittelt einen leicht verständlichen Überblick über das Gebiet der Petrographie. Einsteiger werden nicht durch theoretisches Detailwissen überfordert, sondern erlangen schnell ein Grundwissen in Mineralogie mit den wichtigsten gesteinsbildenden Mineralen, Petrographie mit den häufigsten Gesteinen sowie technischer Gesteinskunde mit den Eigenschaften der Gesteine, die für die Verwendung wichtig sind.

2. Aufl. 2012, X, 132 S. 132 Abb. in Farbe. Br.
ISBN 978-3-8274-2822-6
▶ € (D) 19,95 | € (A) 20,51 | *sFr 25,00

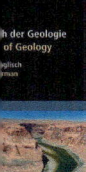

Wörterbuch der Geologie / Dictionary of Geology

V. Schweizer

Wissenschaftliche Publikationen werden heute fast nur noch in Englisch verfasst. Sowohl für das Verständnis englischsprachiger Fachliteratur als auch für das Verfassen eigener Publikationen braucht man ein verlässliches Fachwörterbuch. Volker Schweizer hat sich als erfahrener Übersetzer großer geologischer Lehrbücher eine hohe Kompetenz erworben und dieses Wörterbuch zusammengestellt.

2012. X, 850 S. Geb.
ISBN 978-3-8274-1825-8
▶ € (D) 129,95 | € (A) 133,59 | *sFr 162,00

Press/Siever - Allgemeine Geologie

J. Grotzinger / T. H. Jordan / F. Press / R. Siever

Dieses bewährte Lehrbuch erläutert die grundlegenden geologischen Prozesse durch leicht verständliche Texte. Bestechende Fotos führen die Studenten gleichsam an den Ort des Geschehens. Didaktisch hervorragende Zeichnungen verdeutlichen die geologischen Vorgänge in Gegenwart und Vergangenheit. Auf diese Weise wird der geologische Prüfungsstoff in diesem Lehrbuch zu einer weltweiten Exkursion.

5. Aufl. 2008. XXIV, 736 S. mit 543 Abb. u. 35 Tab. Geb.
ISBN 978-3-8274-1812-8
▶ € (D) 72,00 | € (A) 74,02 | *sFr 96,50

gebundene Ladenpreise in Deutschland und enthalten 7% MwSt; € (A) sind gebundene Ladenpreise in Österreich und enthalten 10% MwSt. Die mit * neten Preise für Bücher und die mit ** gekennzeichneten Preise für elektronische Produkte sind unverbindliche Preisempfehlungen und enthalten die e MwSt. ▶ Preisänderungen und Irrtümer vorbehalten.

Springer Spektrum

springer-spektrum.de

chlektüre fürs Studium

Gesteinsbestimmung im Gelände

R. Vinx

Mit diesem Buch kann jeder auch ohne große petrographische Vorkenntnisse die charakteristischen Merkmale der Gesteine verstehen lernen. Eine Vielzahl sehr guter farbiger Fotos von allen beschriebenen Mineralen und Gesteinen sowie von vielen gesteinstypischen Geländeformen erleichtern das Bestimmen. Das Buch füllt eine Lücke zwischen theoretischen Lehrbüchern einerseits und Gesteins- und Mineralienführern andererseits.

3. Aufl. 2011. XII, 480 S. mit 415 Abb. Geb.
ISBN 978-3-8274-2748-9
▶ € (D) 44,95 | € (A) 46,21 | *sFr 56,00

Minerale und Gesteine

G. Markl

Dieses Buch ist eine verständliche Einführung in die Grundlagen der Mineralogie, Petrologie und Geochemie und richtet sich an Studierende geowissenschaftlicher Fächer. Das Lehrbuch besticht durch moderne Stoffauswahl und -darstellung, übersichtlich strukturierte und verständliche Texte, die gelungene Verbindung von Mineralogie, Petrologie und Geochemie sowie die große Zahl farbiger Fotos und instruktiver zweifarbiger Grafiken.

2. Aufl. 2008. X V, 610 S. mit 895 Abb. u. 30 Tab. Geb.
ISBN 978-3-8274-1804-3
▶ € (D) 44,95 € (A) 46,21 | *sFr 56,00

Mineralogie

M. Okrusch / S. Matthes

Diese Einführung in die spezielle Mineralogie, Petrologie, Geochemie und Lagerstättenkunde auf genetischer Grundlage konzentriert sich auf wesentliche Inhalte des Fachgebietes, die aber eingehend behandelt und durch zahlreiche Abbildungen verständlich gemacht werden. Grundkenntnisse in Physik, Chemie und allgemeiner Geologie werden vorausgesetzt. Der Inhalt der 8. Auflage wurde gründlich überarbeitet

8. Aufl. 2010. XXII, 639 S. mit 328 Abb. u. 61 Tab. Geb.
ISBN: 978-3-540-78200-1
▶ € (D) 44,95 | € (A) 46,21 | *sFr 56,00

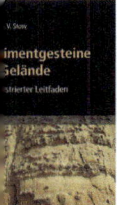

Sedimentgesteine im Gelände

D.A.V. Stow

Konzepte und Vorstellungen ändern sich in der Sedimentologie schnell, was bleibt ist die Geländearbeit und die Erhebung von Daten als Basis der Wissenschaft. Dieses Buch ist ein Bestimmungsatlas, der hilft, Sedimentgesteine im Gelände zu erkennen und zu beschreiben. Der Benutzer erfährt, was er im Gelände beobachten und aufzeichnen muss, und wie er die Daten richtig interpretiert.

2008. 320 S. mit 500 Abb. u. 33 Tab. Br.
ISBN 978-3-8274-2015-2
▶ € (D) 34,95 | € (A) 35,93 | *sFr 43,50

Printing: Ten Brink, Meppel, The Netherlands
Binding: Stürtz, Würzburg, Germany

GPSR Compliance

The European Union's (EU) General Product Safety Regulation (GPSR) is a set of rules that requires consumer products to be safe and our obligations to ensure this.

If you have any concerns about our products, you can contact us on ProductSafety@springernature.com

In case Publisher is established outside the EU, the EU authorized representative is:

Springer Nature Customer Service Center GmbH
Europaplatz 3
69115 Heidelberg, Germany

Batch number: 09019854

Printed by Printforce, the Netherlands